内蒙古自治区
村庄规划优秀成果案例集

郝　军　红格尔　杨　冰　主编

中国农业大学出版社
·北京·

内容简介

本书是在"多规合一"理念下，根据新时代国土空间规划体系下村庄规划的新定位，综合考虑村庄规划理念的先进性、内容的科学性、方案的可实施性、案例的代表性和典型性、成果的创新性和创造性等因素，按照不同村庄类型分别遴选出12个集聚提升类、8个特色保护类、6个城郊融合类、2个其他类，共28个优秀村庄规划案例。

本书按照村庄产业兴旺、生态宜居、乡风文明、治理有效、生活富裕的总要求，着重从村庄概况、目标与定位、国土空间布局与管控、产业规划、中心村规划、历史文化传承及保护、生态修复和国土综合整治、防灾减灾、近期规划安排、实施保障、总结与启示11个方面进行重点展示，对村庄的调查与分析、产业发展与管控、资源保护与利用、村庄整治与建设、特色风貌与住宅设计、政策支持与具体应用等方面的经验进行了归纳总结，形成了村庄规划编制的经验与启示，以期为内蒙古自治区乃至更大范围内村庄规划的编制提供示范和借鉴，进一步提高村庄规划编制的科学性、针对性，突出村庄规划成果的实用性、操作性，助力乡村振兴战略在内蒙古自治区落地开花。

图书在版编目（CIP）数据

内蒙古自治区村庄规划优秀成果案例集 / 郝军，红格尔，杨冰主编 . -- 北京：中国农业大学出版社，2023.10

ISBN 978-7-5655-3075-3

Ⅰ. ①内… Ⅱ. ①郝…②红…③杨… Ⅲ. ①乡村规划—案例—汇编—内蒙古 Ⅳ. ① TU982.292.6

中国国家版本馆 CIP 数据核字（2023）第 183225 号

审图号：蒙 S（2025）9 号

书　名 内蒙古自治区村庄规划优秀成果案例集
Neimenggu Zizhiqu Cunzhuang Guihua Youxiu Chengguo Anliji

作　者 郝　军　红格尔　杨　冰　主编

策划编辑 赵　艳　　**责任编辑** 赵　艳

封面设计 中通世奥图文设计中心

出版发行 中国农业大学出版社

社　址 北京市海淀区圆明园西路 2 号　　**邮政编码** 100193

电　话 发行部 010-62733489，1190　　读者服务部 010-62732336
编辑部 010-62732617，2618　　出　版　部 010-62733440

网　址 http：// www.caupress.cn　　**E-mail** cbsszs@cau.edu.cn

经　销 新华书店

印　刷 河北虎彩印刷有限公司

版　次 2025 年 3 月第 1 版　2025 年 3 月第 1 次印刷

规　格 210 mm × 285 mm　16 开本　21.5 印张　632 千字

定　价 298.00 元

编写委员会

编写人员

主　编	郝　军	红格尔	杨　冰			
副主编	赵佳斌	张驭新	戈　锋	张　倩		
参　编	陈改香	刘佳雨	温独苏	赵　璐	乔晓磊	张兴悦
	朱丽敏	王　琦	王新丽	邓　爽	邬文艳	李文华
	王　彬	萨仁高娃		于艳华	袁继英	张晶晶
	许静新	包萨楚荣贵		贾　恪	包晓彤	裴振源
	朱瑞华	苏　越	王　蔷	杨　超	嘎毕日	包金兰
	张志亮	田晓航	司　洋	樊胜男	王　华	李虎啸
	张艳玲	唐永杰	郝彦彪	刘津玉	赵　娟	冯瑞雪
	杨志浩	邱　诚	刘伟东	李泊材	李思含	阎　玢
	赵海男	张晓辉	陈　宇	徐子恒	扎雅娜	刘国辉
	白敬丹	乌　兰	张立忠	贾　旭	苏日娜	李北辰
	巴达日胡		包玉龙	李那日苏		陈丹晨
	尹　茹	白　璐	王桂艳	舒　海	王　丽	青　英
	赵　阳					

前言

2019年5月，中共中央、国务院印发《关于建立国土空间规划体系并监督实施的若干意见》，文件指出，在城镇开发边界外的乡村地区，以一个或几个行政村为单元，由乡镇政府组织编制“多规合一”的实用性村庄规划，作为详细规划。同年，《自然资源部办公厅关于加强村庄规划促进乡村振兴的通知》指出，村庄规划是法定规划，是乡村地区开展国土空间开发保护活动、实施国土空间用途管制、核发乡村建设项目规划许可、进行各项建设等的法定依据。从中央和部委印发的文件可知，村庄规划在定位上属于详细规划；在范围上为村域全部国土空间；在目标上要助力乡村振兴战略实施；在理念上要突出“多规合一”与实用性；在作用上要体现规划的引领与管控；在管理上既要通过实施国土空间用途管制服务于集体土地转用，又要通过核发乡村建设项目规划许可指导项目具体建设，可以说村庄规划一头连着土地市场的供给端，一头连着土地市场的需求端，是乡村振兴战略实施的重要抓手，其重要性可见一斑。

近年来，内蒙古自治区各地积极推进村庄规划编制和实施，取得了一定成效。但也存在村庄规划编制照搬总体规划模式，程度深浅不一、质量良莠不齐，地方对村庄规划的认识也存在定位不准、功能模糊的情况，没有准确理解村庄规划的重要意义，片面关注国土空间用途管制或核发乡村建设项目许可的作用，没有将二者有机地融合起来。为充分体现改革成果，提高各地区“多规合一”实用性村庄规划的编制质量，增强村庄规划的科学性和可操作性，更好地发挥村庄规划对引领乡村振兴战略实施的作用，在内蒙古自治区村庄规划优秀成果评选工作的基础上，综合考虑村庄类型、理念的先进性、内容的科学性、方案的可实施性、案例的代表性和典型性、成果的创新性和创造性等因素，最终遴选出28个村庄规划优秀成果案例，并按村庄分类进行汇编，以期为今后内蒙古自治区乃至更大范围内村庄规划的编制提供示范，形成带动作用，进一步提高村庄规划编制的科学性、针对性，突出村庄规划成果的实用性、操作性，奋力谱写中国式现代化内蒙古自治区农村牧区的新篇章。

乡村要振兴，产业必先行，产业是乡村振兴的基石，没有产业的兴旺，乡村振兴就是无源之水、无本之木。本书内容的选编按照产业兴旺、生态宜居、乡风文明、治理有效、生活富裕的总要求，分别从村庄

概况、目标与定位、国土空间布局与管控、产业规划、中心村规划、历史文化传承及保护、生态修复和国土综合整治、防灾减灾、近期规划安排、实施保障、总结与启示 11 个方面进行结果展示，汇集了村庄规划的调查与分析、产业发展与管控、资源保护与利用、村庄整治与建设、特色风貌与住宅设计、政策支持与具体应用等方面的经验，充分发挥乡村在保障农产品供给和粮食安全、保护生态环境、传承和发展中华优秀传统文化等方面的特有功能。

本书编写过程中，得到了内蒙古自治区国土空间规划院领导班子成员的大力支持和相关部门同志的无私帮助，得到了村庄所在的旗县（区）级自然资源主管部门、规划编制单位的精诚配合，同时也得到了内蒙古自治区相关高校、院所专家学者的积极协助与悉心指导，在此一并表示真诚的感谢。

由于编者对村庄规划认识能力和学术水平有限，书中难免有疏漏与不足之处，望读者不吝赐教。

编者

2023 年 7 月

目 录

第一篇 集聚提升类

第二篇 特色保护类

第三篇　城郊融合类

第四篇　其他类

第一篇　集聚提升类

赤峰市巴林左旗隆昌镇黄家营子村村庄规划
（2021—2035年）

1 村庄介绍

1.1 村庄概况

黄家营子村位于赤峰市巴林左旗南端，隆昌镇西部，与半拉沟村、野猪沟村、老房身村、哈通河村和巴林右旗相邻，距离隆昌镇人民政府驻地37 km，距离巴林左旗人民政府驻地林东镇35 km，西邻国道G305，乡道Y304从南侧入村，向东穿越村庄（图1）。

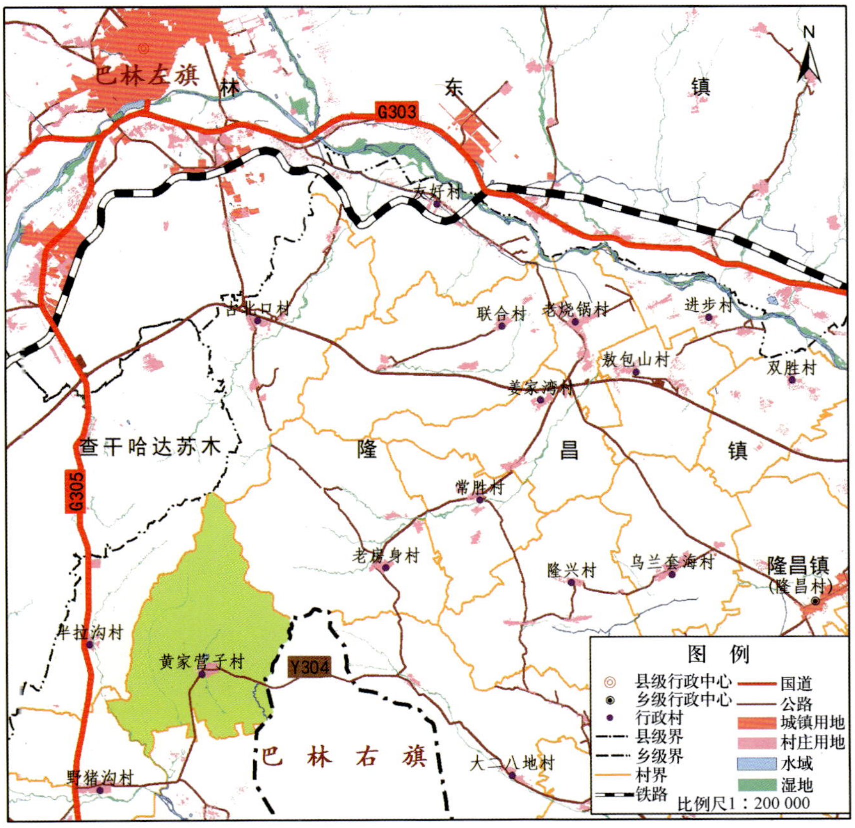

图1 区位图

1.2 资源禀赋

黄家营子村以山地丘陵为主，北部山区坡度较大，无地质灾害隐患，山地中下部种植人工林，树种以山杏、大扁杏为主；南部地势较为平缓，主要分布耕地及草地。村庄北面建有塘坝，用于集蓄雨水灌溉农田。

根据第三次全国国土调查成果，村域土地总面积 3 282.85 hm^2，其中：耕地 764.60 hm^2，占比 23.29%；林地、草地、湿地生态用地面积共计 2 418.37 hm^2，占比 73.67%；建设用地总规模 38.23 hm^2，占比 1.16%，其中村庄建设用地 31.68 hm^2，占比 0.96%；其他土地 13.25 hm^2，占比 0.40%（图 2）。

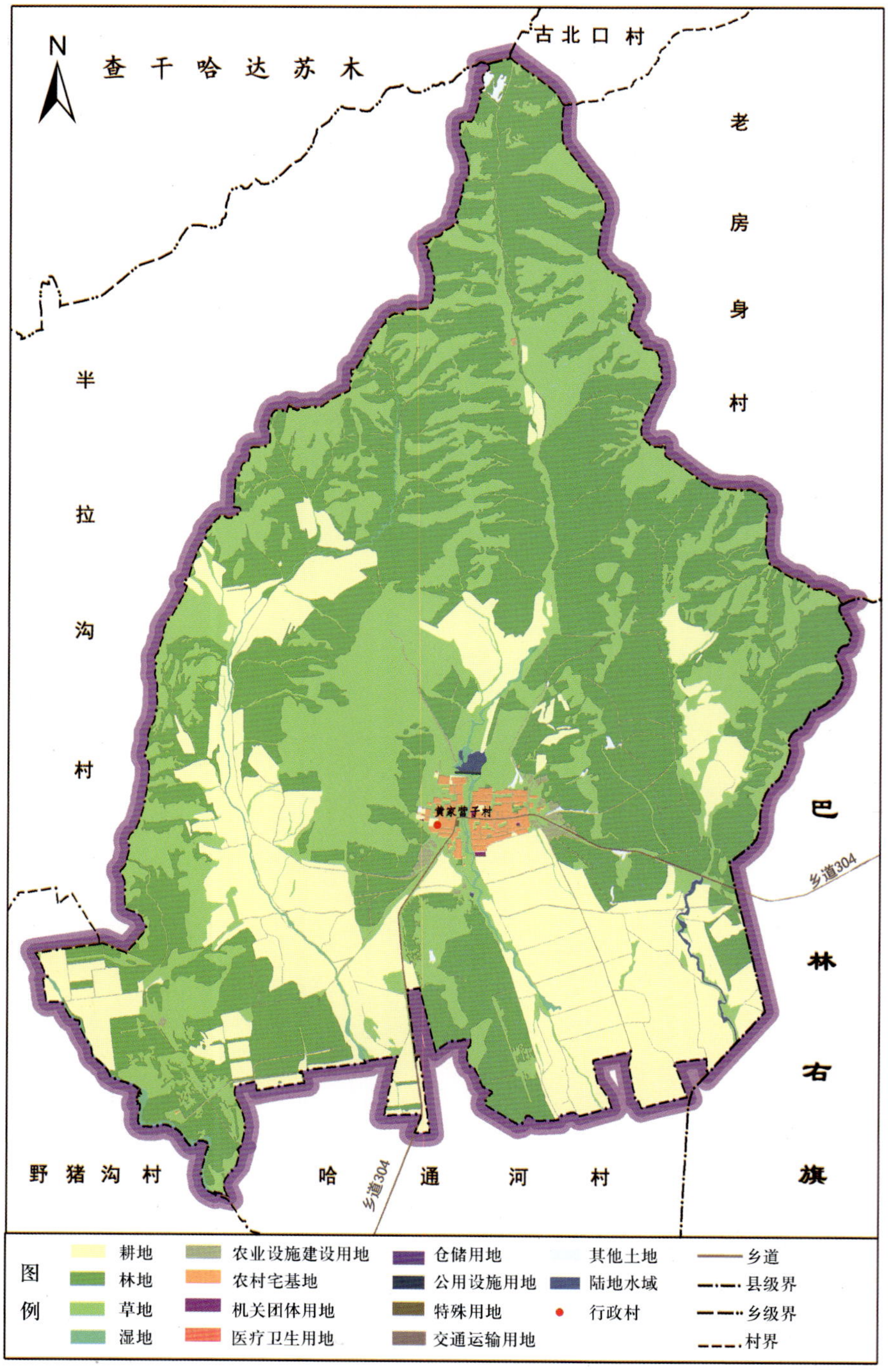

图 2　村域土地利用现状图

1.3 社会经济

黄家营子村共辖4个村民小组，2020年户籍人口360户836人，常住人口170户430人。农户人均年收入为11 000元，收入主要来源为种植玉米、高粱、谷子等粮食作物和苦参、山杏等经济作物，以及养殖肉羊、肉牛、肉驴等。

村内建有村委会、活动广场1处、卫生室1所；自来水普及率、使用率均达100%；电网、通信基本覆盖；排水采用自然排水；无集中供热设施、教育机构及养老设施。

1.4 人居环境

村内没有配备垃圾箱，现有垃圾收集点5个，为无盖式垃圾池，布置较为分散，村域内无垃圾处理站。

村内没有完整的排污系统，现状雨水和污水主要沿地面漫流。

村口有活动广场，广场功能结构单一且距离居民点较远，利用率较低。

村庄景观风貌以自然景观为主，北面靠山，南面分布耕地，村庄中部有河沟穿过，上游建有塘坝。村庄风貌建筑外立面以黄色墙壁、红色屋顶为主。缺少村庄导引指示标识和绿化与景观亮点。

2 规划目标与定位

2.1 村庄类型

黄家营子村属于集聚提升类村庄。

2.2 主要目标

以习近平新时代中国特色社会主义思想为指导，坚持农业农村优先发展，贯彻创新、协调、绿色、开放、共享的新发展理念，优化村庄生态空间、农牧空间和建设空间，明确村域开发保护格局，发挥村庄规划在引领发展、指导建设、配置资源等方面的基础作用，充分体现集地方特色、文化特色，融田园风光、人文景观和现代文明于一体。

到2035年，耕地保有量不低于764.60 hm^2，永久基本农田保护面积保持在448.12 hm^2以上，建设用地总规模38.48 hm^2，城乡建设用地规模32.05 hm^2，公共管理与公共服务用地规模0.36 hm^2，户均宅基地控制在716.90 m^2/户以内（表1）。

表1 村庄规划目标

指标	规划基期年	规划近期目标年（2025年）	规划远期目标年（2035年）	属性
耕地保有量 /hm^2	764.60	764.60	764.60	约束性
永久基本农田保护面积 /hm^2	448.12	448.12	448.12	约束性
生态保护红线面积 /hm^2	0	0	0	约束性
建设用地总规模 /hm^2	38.23	38.33	38.48	预期性
城乡建设用地规模 /hm^2	31.68	31.83	32.05	约束性

续表 1

指标	规划基期年	规划近期目标年（2025 年）	规划远期目标年（2035 年）	属性
公共管理与公共服务用地规模 /hm^2	0.53	0.36	0.36	预期性
公用设施用地规模 /hm^2	0	0	0	预期性
户均宅基地 /（m^2/ 户）	716.90	716.90	716.90	约束性

2.3　村庄定位

立足巴林左旗农产品主产区主体功能，规划重点打造巴林左旗重要的小米生产基地，建设“南农北林”的宜居宜业宜游美丽乡村。

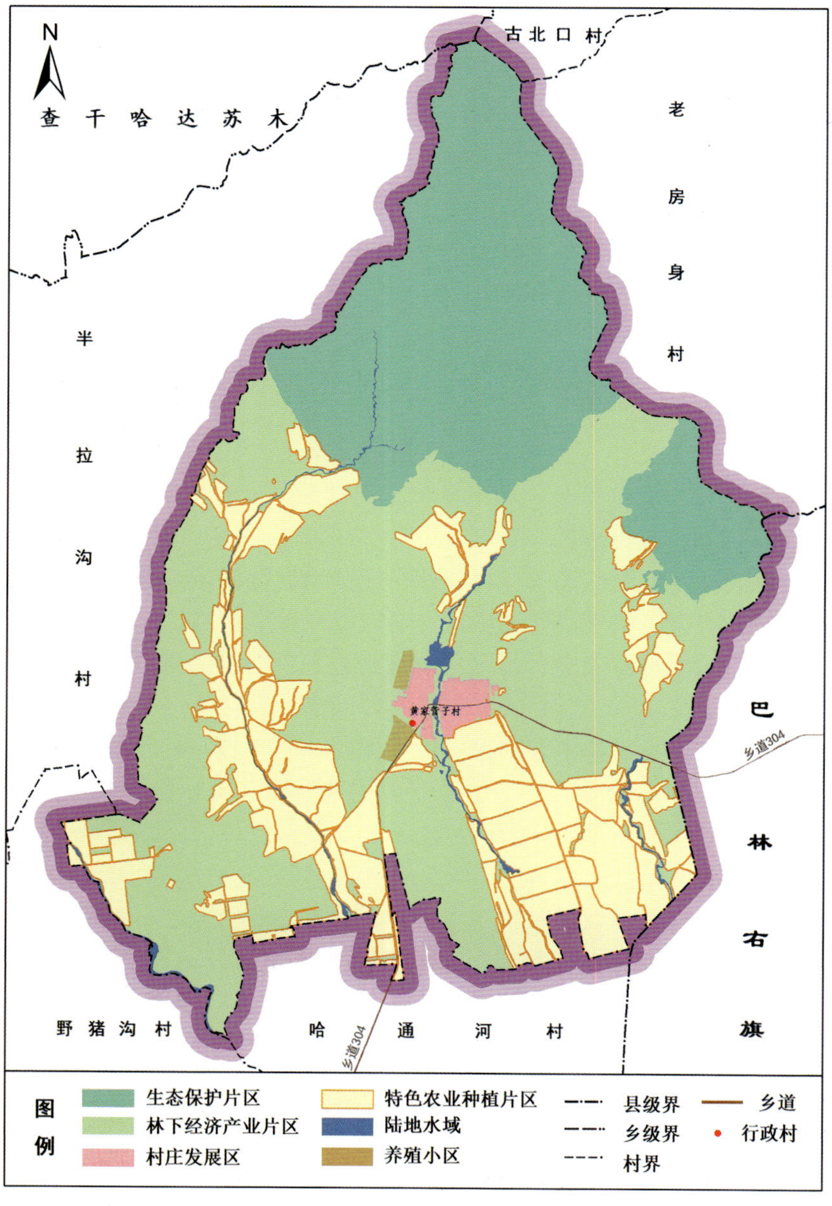

图 3　村域空间总体布局图

3　规划安排

3.1　空间布局

国土空间保护开发格局，依托自然地理格局和产业发展需求，以小米产业发展为核心，兼养殖产业基地，借助丰富的林业资源，构建“北生态南农牧”村域国土空间保护开发格局，逐步形成农牧、生态和建设三大空间（图 3）。

（1）北生态　村域北部山地形成生态片区，重点以生态保护为主。

（2）南农牧　村域南部耕地，形成小米、玉米种植片区；村庄西北部，规划养殖小区，发展肉牛养殖；村庄周围林地，大力发展林下经济产业。

3.2　三条控制线

严格落实生态保护红线、永久基本农田，以隆昌镇国土空间规划管控任务为基础，划定黄家营子村村庄建设边界。按照村域自然地理格局和产业发展为框架划定农牧、生态和建设空间，明确三类空间规模及管控要求（图 4）。

（1）农牧空间布局与管控　落实永久基本农田保护面积 448.12 hm^2，主要分布在村庄的南部，以耕地、园地、林地、草地及其配套设施用地为主。到 2035 年，农牧空间 2 321.69 hm^2，占村域总面积 70.72%。

严格落实永久基本农田保护管制规则；严格执行耕地占用补偿制度；不得随意扩大设施农用地面积或改变其空间布局；未经批准，禁止占用林地进行非农业建设，禁止占用林地进行毁林开垦、采石、挖沙、取土等活动。

（2）生态空间布局与管控　村域范围内无生态保护红线，基于自然生态要素保护要求，将村北部的大后山划定为生态空间。到 2035 年，生态空间面积为 922.72 hm^2，占村域总面积的 28.11%。

有序引导生态空间内各地类之间的相互转变，禁止与生态功能冲突的开发建设，符合准入条件下，控制各类建设项目的规模和利用强度。允许基础设施、农牧业、农村牧区产业融合项目开发和依法批准的休闲农业及其配套设施建设。

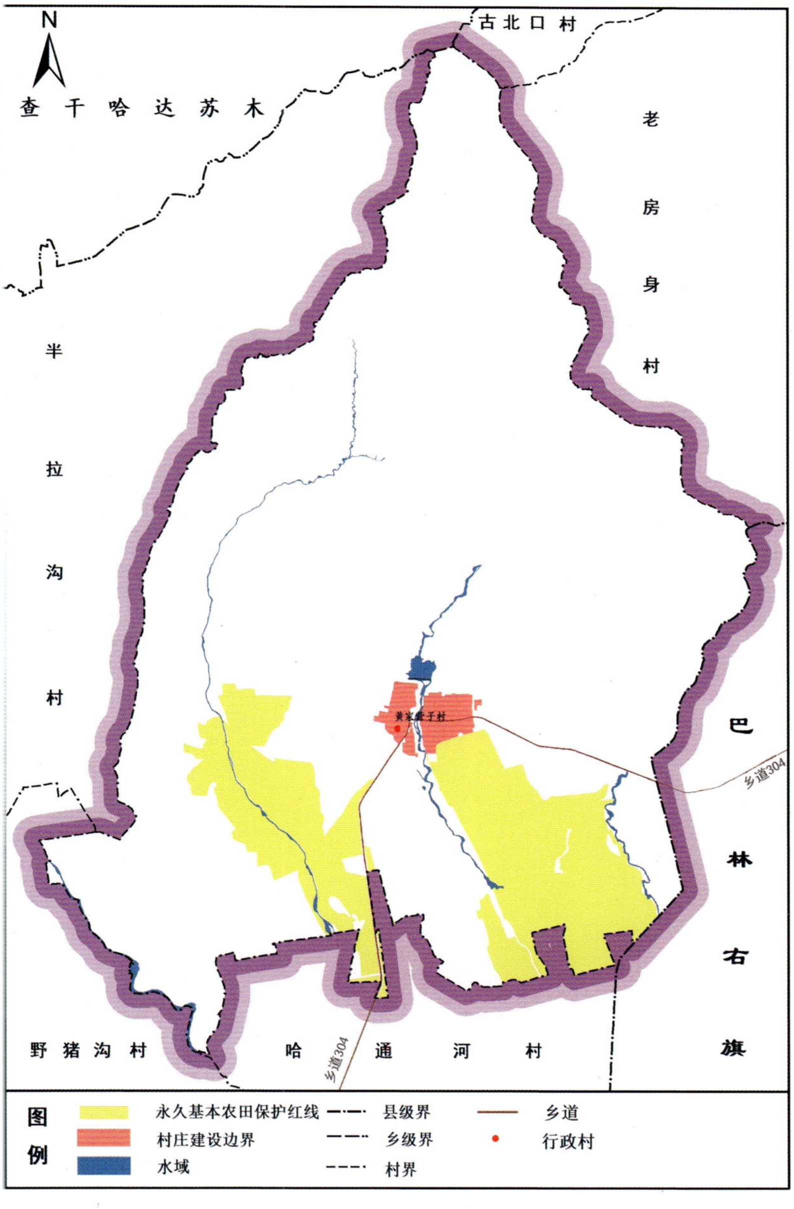

图 4　控制线示意图

(3)建设空间布局与管控　以隆昌镇国土空间规划管控任务为基础，划定黄家营子村村庄建设边界，主要用于村民居住、公共服务和基础设施建设，以及休憩生产等。到2035年，村庄建设边界38.44 hm^2，建设空间占村域总面积的11.40%。

划定村庄建设边界，严格执行“一户一宅”政策，规划申请新的宅基地，优先利用村内空闲地。允许农村集体经营性建设用地使用权出让、租赁、作价出资(入股)。留白用地用于规划期间村庄农产品生产、加工、营销、乡村旅游配套等新产业、新业态发展。

3.3　规划分区

以村域国土空间的保护与保留、开发与利用两大功能属性作为规划分区的基本取向，结合管控要求划定(图5)。

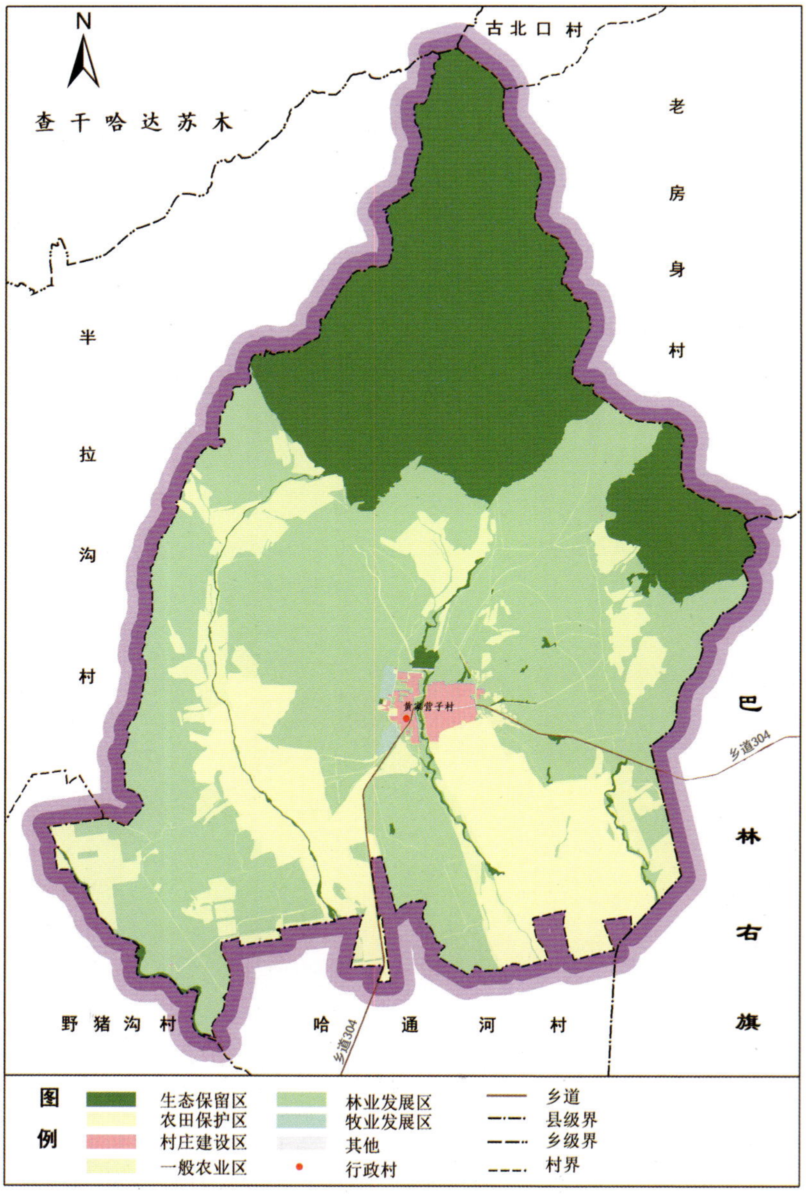

图5　村域规划分区图

规划分区分为一级规划分区和二级规划分区。一级规划分区包括:生态控制区、农田保护区、乡村发展区。乡村发展区细分为二级规划分区:村庄建设区、一般农业区、林业发展区、牧业发展区(表 2)。

表 2　规划用途分区

一级规划分区	二级规划分区	面积 /hm^2
生态控制区	生态保留区	922.72
农田保护区	永久基本农田保护区	448.12
乡村发展区	村庄建设区	42.50
	一般农业区	817.40
	林业发展区	7.38
	牧业发展区	1 044.73

3.4　产业规划

产业发展突出“种特养特、一村一品”,以农林种植业和畜牧养殖业为主,旅游服务为辅。以谷子种植和肉牛养殖为主,发展林下经济,形成三产循环经济产业。

(1)农林特色种植　村域南部耕地,形成种植片区,重点发展小米、玉米等粮食作物,将谷子打造为本村的特色产业;村庄周围林地,大力发展杏林种植和林下经济产业,在山杏林下栽植中草药。

(2)畜牧规模养殖　整合现有多户养殖情况,在村庄西北部,规划建设养殖小区,发展规模化肉牛养殖。

(3)农旅休闲观光　林下种植芍药、苦参、防风、桔梗等经济作物,以花海参观为主,与半拉沟村联合发展形成旅游产业链。

3.5　中心村规划

(1)宅基地规划　住房用地以存量利用为主,宅基地规模不增加,户均宅基地指标不降低,对闲置宅基地进行整合,对条件较差的房屋进行翻新。到 2035 年,村庄居住用地规模为 26.33 hm^2,户均宅基地不超过 716.9 m^2/ 户。

(2)道路交通规划　对外交通延续村庄现有道路肌理,对道路进行升级和维护。提高村庄内部道路硬化率,维护完善道路两侧绿化,道路宽度控制在 5 m 以内。村域西北沿半拉沟村至乡村旅游综合服务中心新建花海参观旅游专线。

(3)公用设施规划

①电力电信供热工程规划:目前电力设备及管线道路满足村民需求,规划供电采用环状、支状相结合的供电系统。通信光缆沿村庄主要道路采用架空敷设,有线广播电视线路原则上与村庄通信线缆统一规划。村内冬季供热采用各户单独供暖,供热采用煤改电的方式,新建、改建住房预留集中供热的管线位置(图 6)。

②给排水工程:给水水源由现状村内给水站提供,采用集中供水方式,村民院内自建水井,作为补充用水,保障村庄供水。给水管采用支状布置形式,主要方向按地势及用水主要流向延伸。排水工程采用雨污合流的排水体制,排水采取边沟暗渠的方式。沿村庄道路铺设污水支管,自流至污水干管后进入污水处理设施(图 6、图 7)。

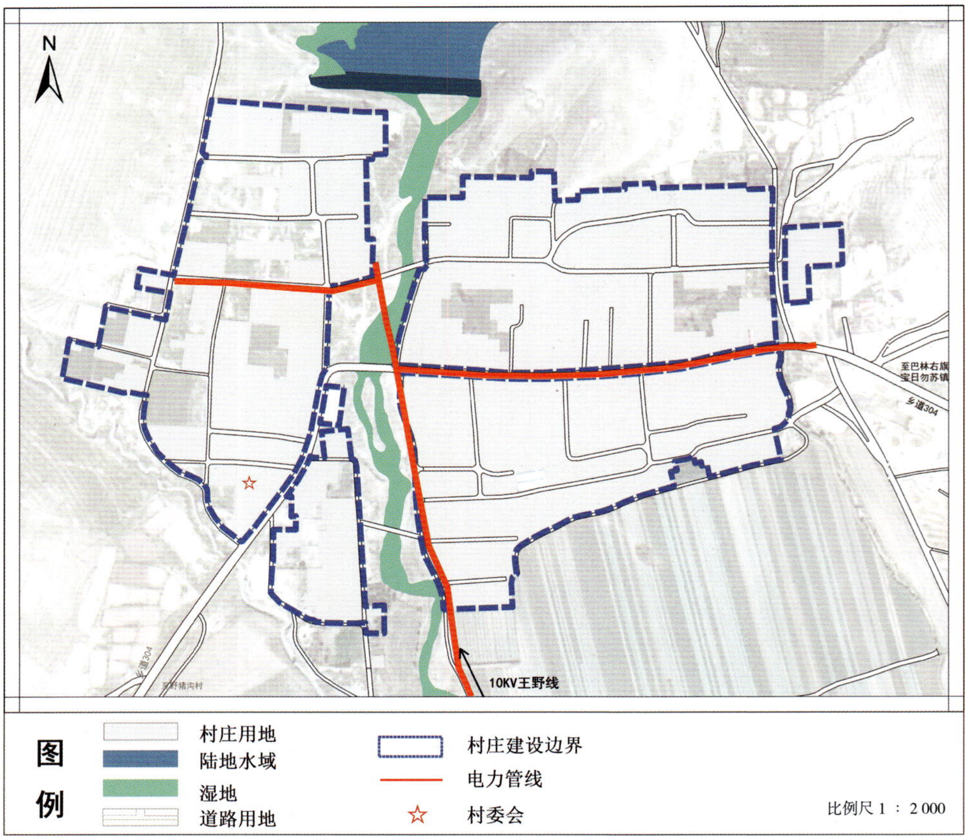

图 6　中心村电力工程规划图

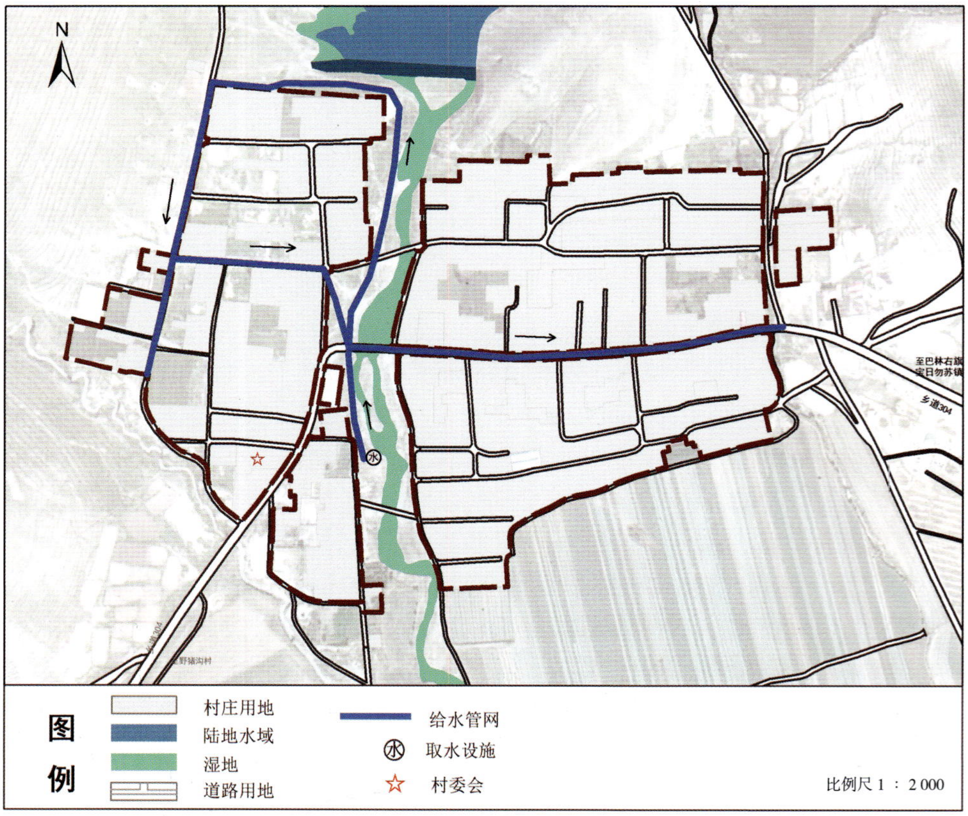

图 7　中心村给水工程规划图

③环卫设施规划：规划实行生活垃圾集中垃圾收集点处理，及时清运，进行无害化处理。在公共活动场地、主要道路沿线合理设置分类垃圾桶。

④公共服务设施规划：搬迁村委会至村西南入口处，原址改建为老年活动室、便民农家店、物流配送中心等，面积 0.52 hm²。村委会配置乡村旅游综合服务中心、农家书屋、文化活动中心、公共厕所等公共服务设施。改建原活动广场，进行绿化种植，配备座椅、健身器材等便民服务设施（图 8）。

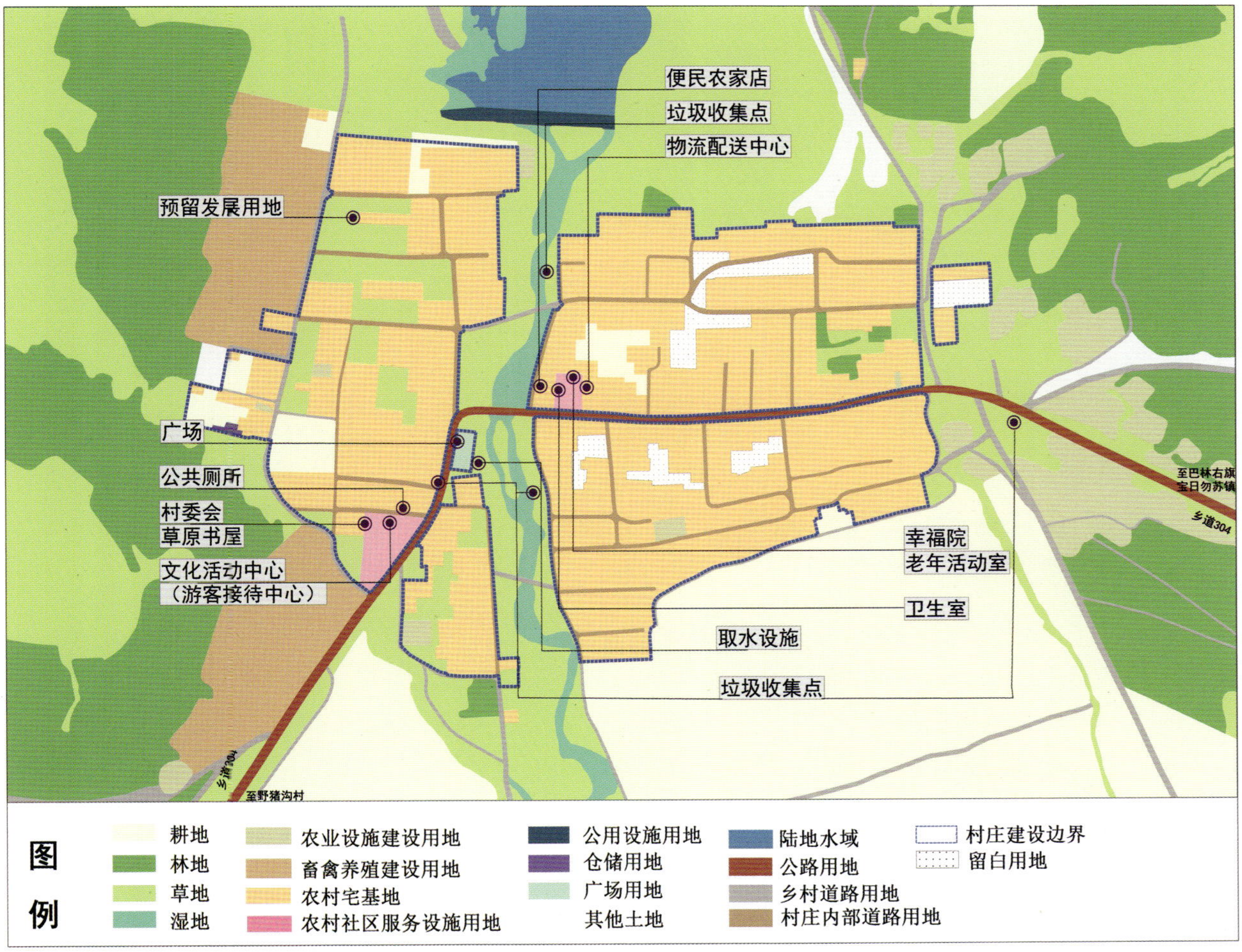

图 8　中心村建设引导图

⑤绿化与景观规划：以全村街巷绿化、硬化、亮化、美化为目标，改善街巷空间条件，综合环境景观绿化补植，美化居住环境。

结合公共活动场地，形成集中式的中心绿地，重点打造塘坝及沟渠两侧公共区域；在村内沟渠两旁设置景观带，形成生态轴带；新建及改造建筑的高度与风貌应与村庄整体风貌协调，开敞空间景观营造应保持乡村风貌（图 9）。

3.6　历史文化传承及保护

村域范围内对各类建设及自然景观进行风貌规划和引导，保持和延续传统格局和空间尺度，不改变与其相互依存的自然景观和环境，不得对其传统格局和历史风貌构成破坏性影响；防止大拆大建，保持原有的高度、体量、外观形象及色彩等。

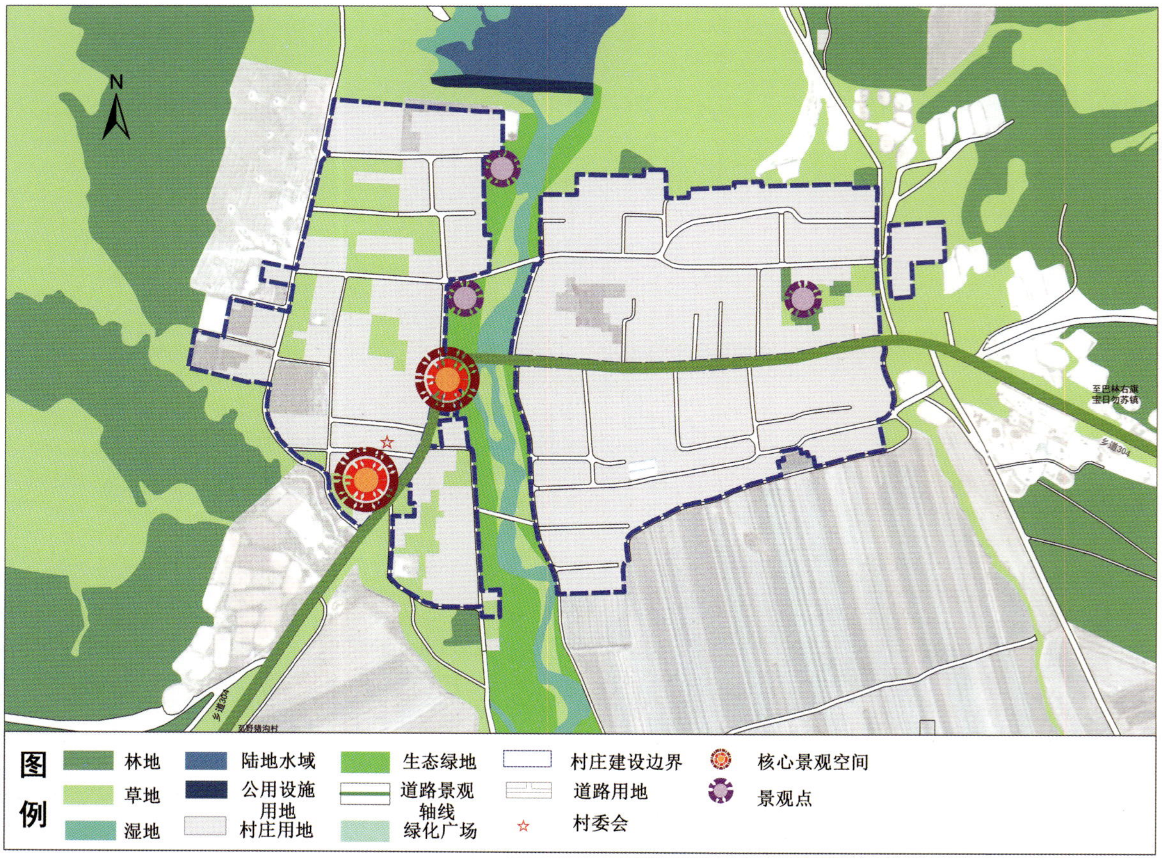

图 9　中心村绿化与景观规划引导图

3.7　生态修复和国土综合整治

落实上位规划确定的国土空间规划综合整治和生态修复目标与项目安排，针对空间治理问题，分类开展整治、修复与更新，提高国土空间的品质与价值。

(1) 农村建设用地整理　以提高土地利用效率为目的，盘活存量建设用地，根据周边土地利用情况及土地适宜性，合理确定规划用途，妥善整理村庄内部建设用地。

(2) 人居环境整治　针对人居环境问题，从农村垃圾治理、生活污水治理和水环境等方面，对村庄实施精细化治理，完善乡村社区生活圈服务要素配置，对塘坝、河道两侧及广场进行绿化、美化，逐步实现提升人居环境舒适度。

3.8　防灾减灾规划

主要建筑物、公共场所、打麦场设置消防设施，利用村庄道路形成顺畅的消防通道；加固、完善现有塘坝及沟渠，提高防洪标准；对供水、供热设施节点做防灾处理，提高抗震性能；利用公共绿地、广场作为紧急避震疏散场所。

3.9　近期规划安排

近期规划安排各类重点建设项目共 19 项，其中，产业发展项目 4 项，即杏核加工厂、乡村旅游综合服务中心、综合养殖场、物流配送点；基础设施建设项目 6 项，即垃圾处理厂、污水处理站、垃圾中转站、公共厕所、乡村道路硬化和亮化、花海参观旅游专线；公共服务设施建设项目 8 项，即村委会、文化活动室、体育活动场地、农家书屋、村级幸福院、老年活动室、文化活动广场、便民农家店；人居环境整治项目 1 项，即塘坝及沟渠两侧绿化工程。

3.10　实施保障

(1) 规划传导与指标管控　村庄规划严格在上位国土空间规划的指导与约束下编制，落实国土空间规划确定的规划目标、规划分区、重要控制线、要素配置等规划内容。落实相关约束性指标，不违背各项管控要求。

(2) 规划“留白”　引导村庄建设，形成相对集中集聚集约高效的村庄建设布局，在规划中预留不超过 5% 的建设用地总量指标作为规划留白，用于农村新产业新业态发展。规划留白用地为 1.57 hm^2，占建设用地总规模的 4.08%。

(3) 规划动态完善　建立规划动态维护制度，加强评估及监督检查，及时研究规划实施过程中新情况，做好规划动态完善，有计划、有组织地对村庄规划的实施情况进行评估和维护。

(4) 公众参与　深入了解村民意愿，提升村庄规划的实用性和可操作性；规划成果经村委会审议和村民代表决议后，报县政府审批；以多种方式及时公布并长期公开，将规划的主要内容纳入村规民约。

(5) 政策机制　运用建设用地增减挂钩、工矿废弃地复垦利用等政策工具，融合财政、投资、产业、交通、水利等各类措施，建立政策统筹机制平台，保障规划目标的实现，促进村域国土空间格局的优化。

4　规划总结与启示

4.1　规划总结

强化生态保护及维护划定规划分区，严格落实耕地保护任务三线管控要求，空间管制、指标约束及划定村庄建设边界。

根据相关规划要求及村委会的发展意愿，营造具有特色的产业发展布局结构。

以集聚提升为根本出发点，实现空间结构优化。

人居环境整治为重要手段，对景观风貌规划和引导，保护好村庄的特色风貌。

合理确定宅基地规模，村庄建设边界内落实宅基地建设范围，严格落实“一户一宅”。

4.2　规划启示

(1) 方法　秉承发现问题、分析问题、解决问题的思维方式，采用认知、求解和实施的逻辑开展工作。遵循从整体框架衍生递进展开的原则，强调从空间格局构建向底线管控措施落实，产业发展统筹向人居环境整治实施的规划构建。

(2) 技术　现状调查使用现场踏勘和无人机航测技术相结合，获取土地利用、村庄特征、基础设施及环境等空间数据。

(3) 成果　创新规划表达方式，将规划主要内容，提炼成为“规划主要内容及村民公约”，促进村民形成共识，落实到村庄日常建设管理中。

通辽市奈曼旗大沁他拉镇昂乃村村庄规划
（2021—2035 年）

1 村庄介绍

1.1 村庄概况

昂乃村位于大沁他拉镇政府所在地东郊 20 km 处，国道 G111 及京通铁路穿村而过，村域面积 47 km^2，为叫来河冲积平原的一部分，地势平坦开阔，与北京及东三省各大城市均有较好的交通联系。

昂乃村与奈曼旗城关镇大沁他拉车程半小时，适宜开展近郊游，同时昂乃村与奈曼旗现状旅游区宝古图沙漠及孟家段水库均有良好的联系（图 1）。

图 1 区位图

昂乃村有3个自然小组，东道力钦小组、昂乃中心村小组、满都拉图小组。有3条主要道路，东侧为叫来河河道，现状基本农田主要集中在滨河及村落两侧。昂乃村现状产业主要是砂矿产业和养牛产业，建设了占地500亩（1亩≈ 1/15 hm^2）的养殖小区，已完成管护房52栋、棚舍44栋、草料库44栋、窖池4座，水电路等相关配套正在完善，小区牛存栏669头，羊存栏5 510只。同时滨水区有滨水庄园、叫来河庄园发展旅游接待功能。

国道G111是昂乃村主要的对外联系道路，东西向2号村路联系国道G111和叫来河，3号路与奈曼南出口高速连接线相连。现状道路路况良好，满足居民日常生产、生活要求，但对发展旅游业来说，道路不成系统，未来国道G111要升级为宽度19 m的一级路面（图2）。

图2 村域交通现状

1.2 社会经济

至2021年，全村人口524户，1 541人。2017—2021年，村庄人口稳定，老龄化人口占12.39%，育龄人口占13.95%，学龄人口占9.74%（表1）。

表1 人口结构

年份	户数	户籍人口	常住人口 本村人口	年龄结构				
				0～6岁	7～15岁	16～64岁	其中20～30岁	65岁以上
2021	524	1 541	1 168	75	150	1 125	215	191
2020	523	1 540	1 167	70	145	1 120	213	189
2019	523	1 538	1 165	68	140	1 119	216	185
2018	520	1 535	1 160	59	138	1 115	215	182
2017	517	1 529	1 158	40	120	1 110	205	175

1.3 产业结构

传统产业以种植和养殖为主，种植玉米等作物的有368户，村内现状养殖牛2 800头、羊4 200头；特色产业有砂矿、鱼塘、渔家乐等。

1.4 资源禀赋

历史上的“叫来河”为奈曼旗创造了几十万亩的粮田土壤。奈曼旗的地形缩成“南山、中沙、北河川”，其中沙地带的数十万亩良田，都是叫来河的洪水给带来的细黏土所形成的。

1.5 国土空间现状用地

根据第三次全国国土调查成果，村域土地总面积 4 686.52 hm^2，其中：耕地 1 313.40 hm^2，占比 28.03%；林地、草地、湿地生态用地面积共计 2 857.38 hm^2，占比 60.97%；建设用地总规模 171.12 hm^2，占比 3.65%，其中城乡建设用地 152.53 hm^2，占比 3.25%（图 3）。

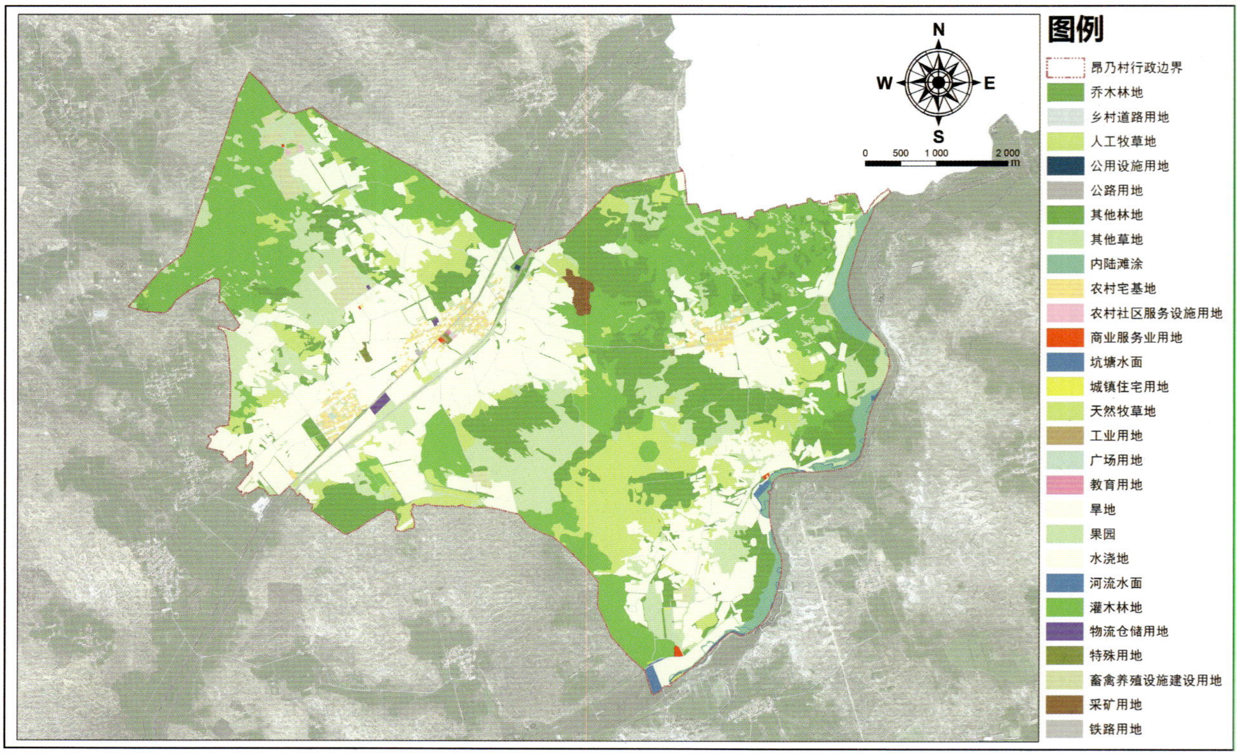

图 3　村域现状图

1.6 村庄现状需求

（1）强产业　昂乃村未来重点发展是巩固特色养殖产业，对现状养牛产业和滨河庄园旅游进行升级和规模扩大，形成高端生态养殖和绿色庄园经济。加大设施农业、生态林果的投入。大力发展商业服务业，如农家乐、娱乐休闲、土特产、绿色有机食品专卖等。

（2）补设施　打造“一站式”近郊旅游目的地，主要体现在乡道硬化、道路亮化、公共服务设施与市政设施的优化、休闲场地和运动设施、商业业态的设计衔接旗域近郊旅游。

2 规划目标与定位

2.1 村庄类型

昂乃村属于集聚提升类村庄。

2.2 主要目标

(1)村庄发展目标　乡村振兴取得决定性进展,农业农村现代化基本实现。农业结构得到根本性改善,产业发展全面提升,农民人均收入与居民生活水平显著提高,共同富裕迈出坚实步伐;城乡融合发展体制更加完善。

(2)国土地空间开发保护目标　"三区三线"得到落实,永久基本农田与生态环境得到根本保护,土地利用结构与国土空间布局进一步优化;土地资源利用高效集约。

(3)人居环境整治目标　农村垃圾污水得到全面治理,村庄公共服务设施与基础设施全面完善,生活环境基本好转,生态宜居的美丽乡村基本实现。

到 2035 年,耕地保有量不低于 1 319.80 hm^2,永久基本农田保护面积保持在 1 158.27 hm^2 以上,建设用地总规模 187.21 hm^2,城乡建设用地规模 152.53 hm^2,公共管理与公共服务用地规模 0.43 hm^2,户均宅基地控制在 1 030.10 m^2/ 户以内(表 2)。

表 2　村庄规划目标

指标	规划基期年	规划近期目标年(2025 年)	规划远期目标年(2035 年)	属性
耕地保有量 /hm^2	1 319.80	1 319.80	1 319.80	约束性
永久基本农田保护面积 /hm^2	1 158.27	1 158.27	1 158.27	约束性
生态保护红线面积 /hm^2	0	0	0	约束性
建设用地总规模 /hm^2	171.12	187.21	187.21	预期性
城乡建设用地规模 /hm^2	152.53	152.53	152.53	约束性
公共管理与公共服务用地规模 /hm^2	0.43	0.43	0.43	预期性
公用设施用地规模 /hm^2	0.51	1.37	1.37	预期性
户均宅基地 /(m^2/ 户)	1 064.10	1 030.10	1 030.10	约束性

2.3 村庄定位

紧扣"两个基地,一个桥头堡"新思路。形成高水平保护、高质量发展、高品质生活、高效能治理、"一兴四美"的美丽乡村。

3 规划安排

3.1 空间布局

国土空间保护开发格局,依托自然地理格局和产业发展需求,以农牧业发展为核心,兼养殖产业基地,借助丰富的林草资源,构建"东生态、中生活、西生产"村域国土空间保护开发格局,逐步形成农牧、生态和建设三大空间(图 4)。

(1)东部生态片区　村域东部依托叫来河自然资源，形成生态片区，在生态保护的同时，还可适当发展庄园经济。

(2)西部生产片区　村域西部及中南部，规划养殖小区，发展肉牛养殖。

(3)中部生活片区　以村庄现状的三处聚落形成的村民生活片区。

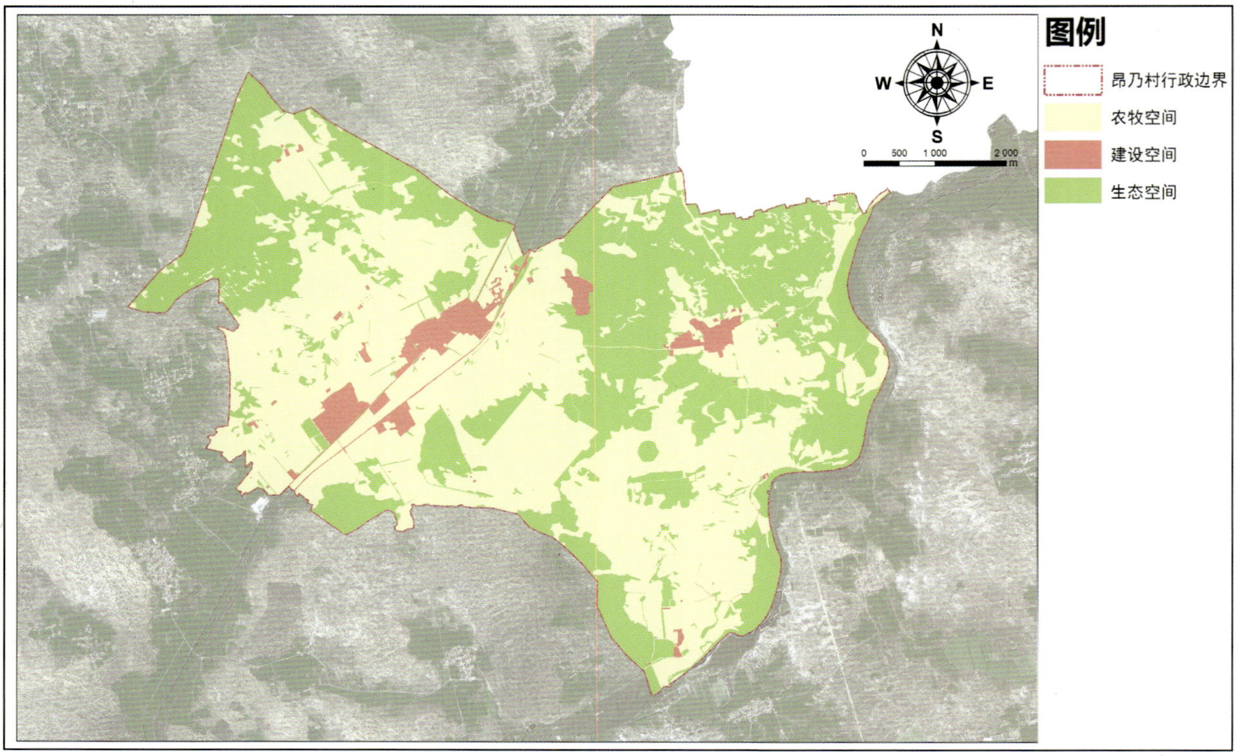

图 4　村域空间总体布局图

3.2　三条控制线

严格落实生态保护红线、永久基本农田。以大沁他拉镇国土空间规划管控任务为基础，按照村域自然地理格局和产业发展为框架划定农牧空间、生态空间和建设空间，明确三类空间规模及管控要求（图 5）。

(1)农牧空间布局与管控　农牧空间以耕地、园地、草地及其配套设施用地为主，主要分布在村庄居民点的周边，同时落实永久基本农田保护面积 1 158.27 hm^2。到 2035 年，农牧空间 2 571.27 hm^2，占村域总面积 54.87%。

(2)生态空间布局与管控　村域范围内无生态保护红线，基于自然生态要素保护要求，将村域东北和西北及叫来河河道等用地划定为生态空间。到 2035 年，生态空间为 1 928.04 hm^2，占村域总面积 41.14%。

(3)建设空间布局与管控　村庄建设空间即为本村村民日常生活、生产服务的开发建设区域。到 2035 年，建设空间面积为 187.21 hm^2，建设空间占村域总面积的 4.0%。其中，村庄建设边界面积为 152.53 hm^2。

3.3　规划分区

在村域边界内，规划分区分为一级规划分区和二级规划分区（图 6）。一级规划分区包括：生态控制区、农田保护区、乡村发展区。乡村发展区细分为二级规划分区：村庄建设区、一般农业区、林业发展区、牧业发展区（表 3）。

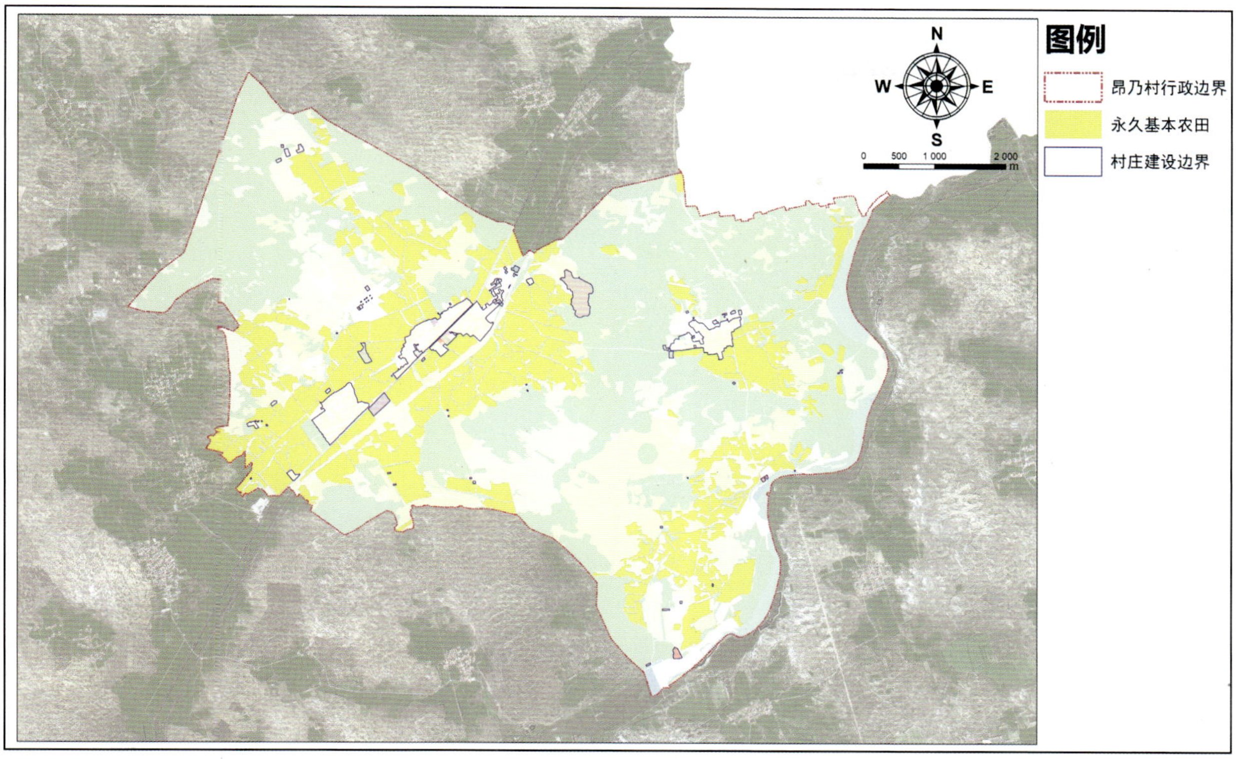

图 5　控制线图

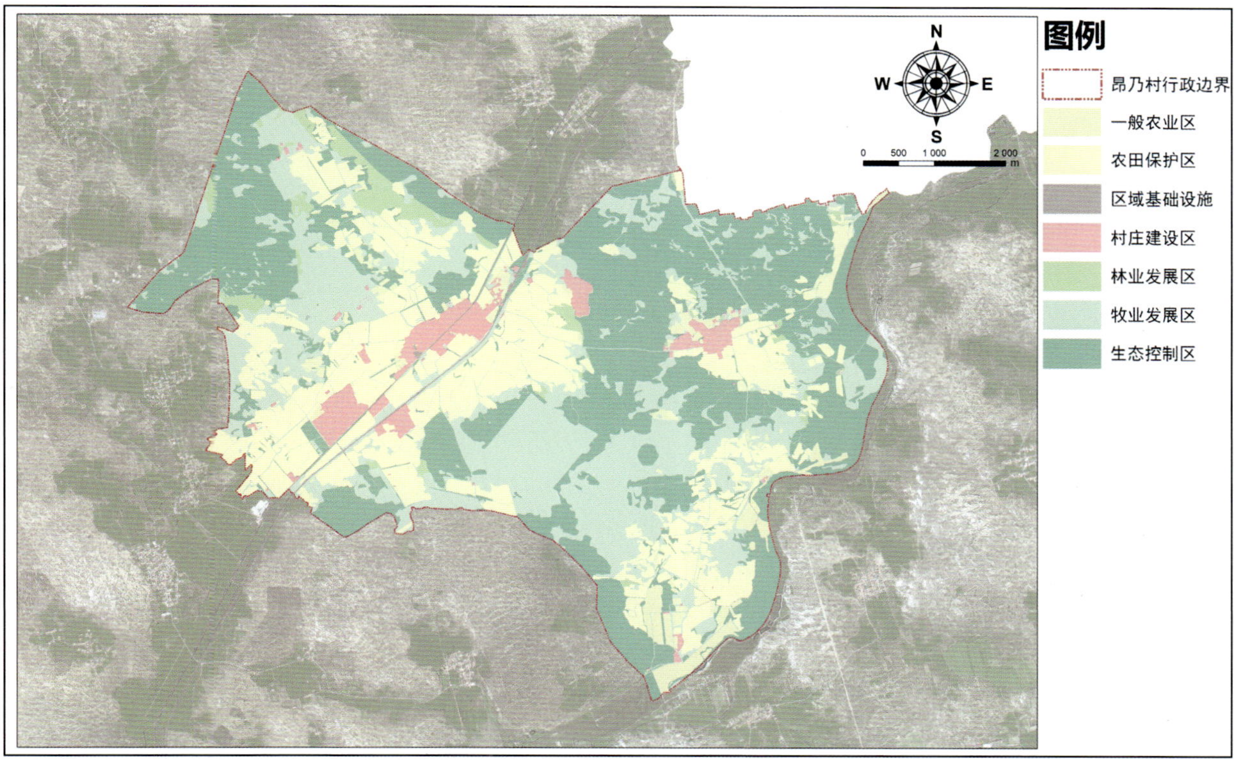

图 6　村域规划用途分区图

表 3　规划用途分区表

一级区	二级区	面积/hm^2
生态控制区	生态保留区	1 072.90
	生态保育区	735.30
农田保护区	永久基本农田保护区	1 158.30
乡村发展区	村庄建设区	168.70
	一般农业区	175.40
	林业发展区	119.80
	牧业发展区	1 237.60
其他		18.50
合计		4 686.50

3.4　产业规划

(1)科学养殖　积极引导当地村民加入肉牛养殖产业链,带动周边村组加快发展肉牛养殖、牛场务工、种植饲草料等产业,让当地群众走上“有牛可卖牛、没牛可种草、牛场可打工”的多重增收路子。通过推广一体化养殖技术、标准化饲养管理方式,形成规范化养殖产业,同时加大电子商务与线下体验业务,将牛、羊养殖与销售和旅游体验相结合,扩大品牌影响力(图 7)。

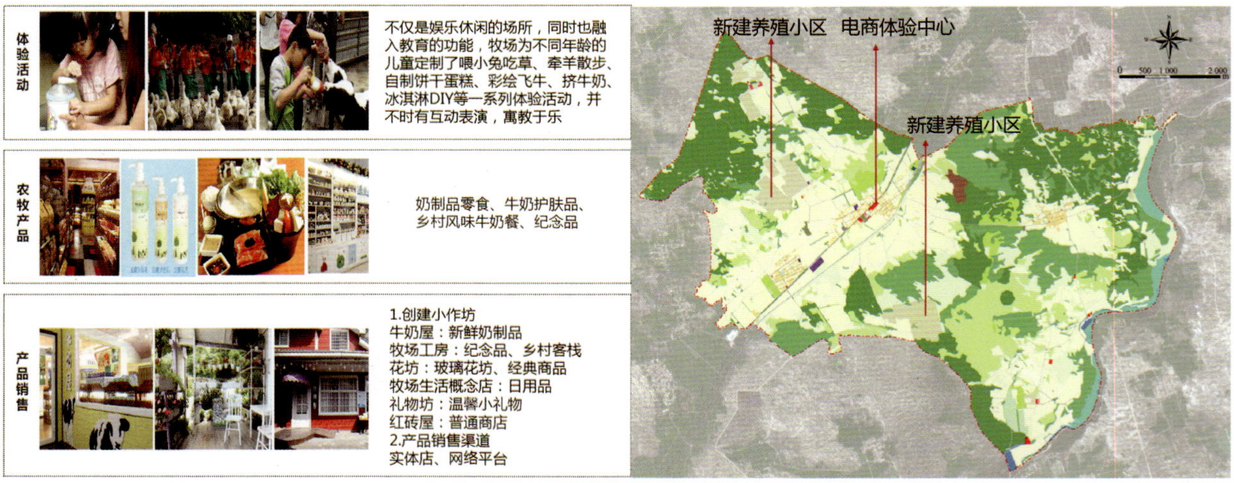

图 7　产业联动发展布局图

(2)庄园经济　庄园经济就是企业或开发商向政府、农户租赁或承包大规模土地,利用自有资金或社会闲散资金,对土地进行统一规划、开发、管理并力求获取投资报酬的一种土地经营模式。这种经营模式的特征是:生产专业化、产品市场化、经营一体化、管理企业化、利益分配契约化、生产要素集约化、农业功能多样化等。

结合现状叫来河庄园,在滨水区新建滨水庄园,发展采摘、民宿、酒庄、民俗庄园等庄园经济(图 8)。

(3)酒庄 + 养殖　研究表明,酒糟营养价值较高,是一种优质饲料,在肉牛羊育肥过程中,饲喂酒糟后能够提高动物免疫性能和生产效率,改善胴体特征,节约部分精料补充料,降低饲养成本约 30%,具有良好的养殖效益。同时研究提出高粱秸秆、牛羊粪便收集、运输、资源化利用的补贴方案,推动白酒企业提升订单种植比重,深度参与生态循环发展。

图 8 庄园经济示意图

两大产业的联合，在高粱种植、牛羊养殖、白酒生产、酒糟资源化利用企业之间建立和推广效益补偿机制。让白酒生产反补高粱种植、酒糟综合利用，让牛羊养殖让利反补资源化利用，提升酒糟资源化利用的经济效益，在高粱种植、生态养殖、白酒生产、资源化利用之间形成良性循环，实现经济效益和生态效益的最大化（图 9）。

图 9 酒庄、养殖产业联合建设意向图

3.5 中心村规划

（1）宅基地规划　住房用地以存量利用为主，宅基地规模不增加，对闲置宅基地进行整合，对条件较差的房屋翻新。到 2035 年，村庄居住用地规模为 54.22 hm^2，户均宅基地不超过 1 030.10 m^2/ 户。

(2)道路交通规划　梳理现状道路系统,对主要道路进行拓宽、硬化。新增乡村道路,强化村庄与产业用地之间的联系。对内交通是村庄内部的交通,根据交通现状和设施建设情况,提出现有道路设施的修建和改造措施,对内道路宽度按照 5 m 进行设计,本着方便通行和适用的原则进行规划,对局部新建道路,明确布局和用地安排。

(3)公共服务设施规划　根据村委会及村民意愿及诉求,新增公共服务设施:对村庄内现有的广场进行整治提升;新增高标准饮用水设施;利用村部大院,加设快递接收点;升级文化中心、养老设施、卫生所等公共服务设施。

(4)公用设施规划　升级改造垃圾收集点,便于垃圾收集和分类处理。规划实行集中年处理,及时清运,进行无害化处理。在公共活动场地、主要道路沿线合理设置分类垃圾桶。

(5)绿化与景观规划　以美化、绿化、亮化为重点,全面实施"美化、绿化、亮化工程"。同时,建立长效管理养护机制,让村庄常年维持被绿植鲜花所覆盖。

3.6　生态修复和国土综合整治

落实上位规划确定的国土空间规划综合整治和生态修复目标与项目安排,针对空间治理问题,分类开展整治、修复与更新,提高国土空间的品质与价值(图 10)。

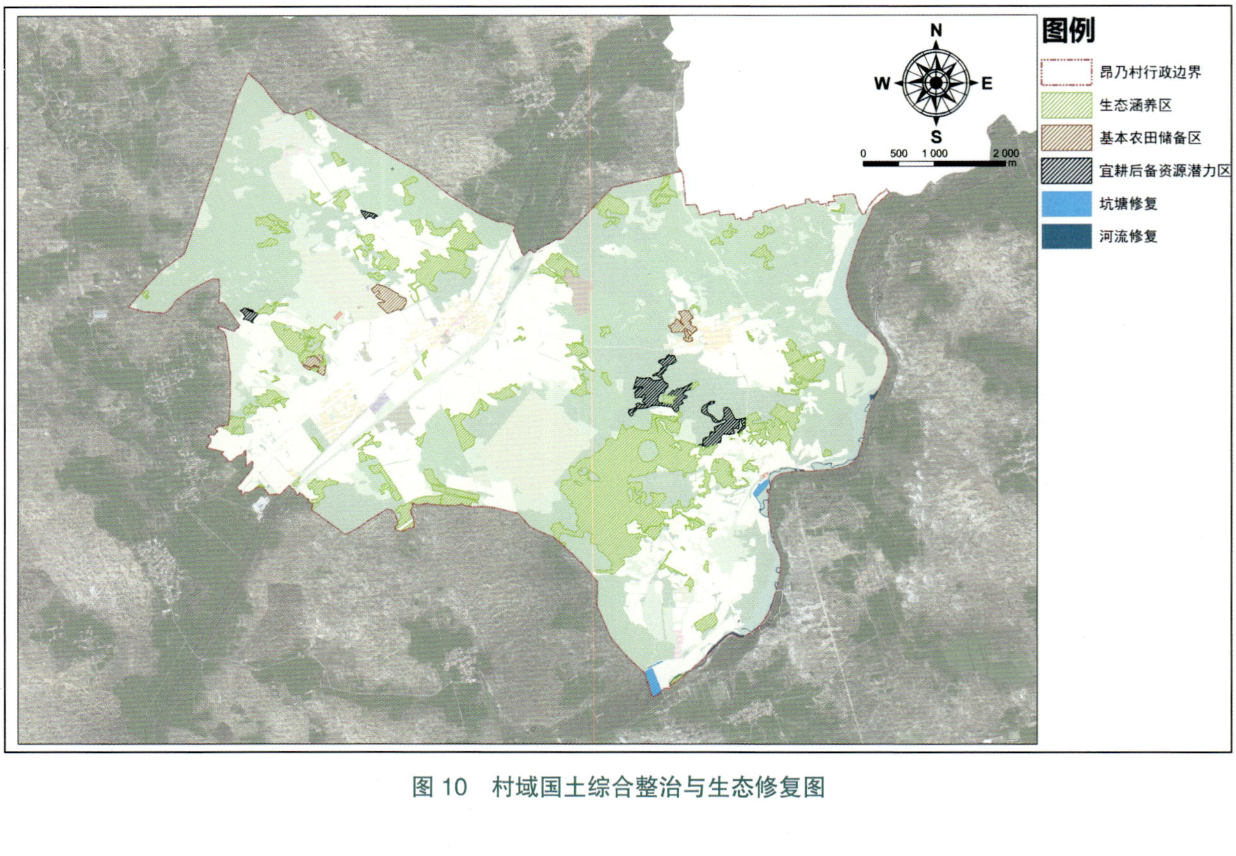

图 10　村域国土综合整治与生态修复图

(1)山水林田湖草沙生态修复　水土流失、土地沙化、土地盐碱化、土壤污染、土地生态服务功能衰退和生物多样性损失严重的区域,以及历史遗留损毁土地、损毁山体、矿山废弃地等地质环境治理区域,分别提出生态保护与修复的方向和措施。

(2)农用地整治　在规划期内通过土地开发整理复垦和耕地质量提升等工程性建设,不断提高耕地连片程度和质量水平,逐步形成与周边已有永久基本农田地块连片、设施统一、质量相当的优质耕地。

在永久基本农田之外其他质量较好的耕地中，且达到永久基本农田标准的，纳入永久基本农田储备区管理。优先在永久基本农田上开展高标准农田建设，提高耕地质量。

(3) 人居环境整治　针对村域人居环境的问题，从农村垃圾治理、农村生活污水治理、“厕所革命”和水环境治理等方面对村庄实施精细化综合整治，确定近、远期整治项目，逐步实现提升人居环境舒适度。

3.7　防灾减灾规划

主要建筑物、公共场所设置消防设施，利用村庄道路形成顺畅的消防通道；加固、完善现有河道，提高防洪标准；对供水、供热设施节点做防灾处理，提高抗震性能；利用公共绿地、广场作为紧急避震疏散场所。

3.8　近期规划安排

近期规划安排各类重点建设项目共 12 项，其中：产业发展 5 项，包括养殖小区、商业街的改造、广场、商服设施、庄园的建设；人居环境整治 3 项，补充村庄污水处理设施、垃圾处理设施、家庭厕所改造等；其他基础设施和公共服务设施建设 4 项，基础设施管网的完善和维护、绿地广场的修缮和新建、停车场地的建设现状道路的亮化和硬化，道路边沟的完善等。

3.9　实施保障

(1) 加强规划宣传，强化公众参与　村庄规划编制中，收集资料、调查研究、确定规划目标、规划重点内容、方案比选、公告公示等阶段，广泛征求相关部门和农牧民意见，召开规划协调会，对有关问题进行协商处理，形成一致意见。

(2) 加强部门协作，强化项目落实　成立建设工作领导小组。由村党支部书记任组长，村民代表任成员。工作小组负责制定具体的工作规划和实施细则，组织实施好村庄规划工作。有关部门要各司其职，各负其责，全面推进实用性村庄规划建设。

(3) 加强农户培训，促进村庄发展　依托各种载体，深入开展新型农民培训活动，用建设成果激发农民群众建设新农村的积极性。通过吸引和培养农村精英，进一步改善农业生产者、农业经营者的人才结构，促进乡村产业发展。提高农民的整体素养。

(4) 建立长效机制，提高村民素质　充分发挥农民群众建设新家园的主体作用，尊重农民意愿，大力倡导科学、健康、文明的新风貌。深入开展具有浓郁农村特色的文化活动、体育健身活动，促进家庭、邻里和谐。

4　规划总结与启示

乡村振兴的根本在于产业发展，规划应依据村域现状资源特征及分布情况，合理确定产业发展门类，促进一二三产业的融合发展。

重视村庄的文化遗产的保护和传承。考虑保护传统建筑、文化景观、乡土风俗等方面，融入文化元素和历史特色，展示村庄的独特魅力和文化底蕴。

阿拉善盟额济纳旗苏泊淖尔苏木
策克嘎查村庄规划
（2021—2035 年）

1 村庄介绍

1.1 村庄概况

策克嘎查隶属于阿拉善盟额济纳旗苏泊淖尔苏木，位于我国北疆边境，与蒙古国接壤，辖区内中蒙边境线长 119.38 km。

策克嘎查北接蒙古国，西与赛汉陶来嘎查相邻，南与乌苏荣贵嘎查、伊布图嘎查接壤，东与格日勒图嘎查毗邻，由原策克嘎查、巴音布拉格嘎查、布日格德嘎查于 2006 年合并而成，现策克嘎查包含 3 个居民集中点：策克队（嘎查队部所在地）、永红队、福泉队，嘎查面积 4 213.53 km^2。

1.2 资源禀赋

自然资源禀赋优良，发展潜力大。

（1）地形地貌——地势平坦，河流末端

额济纳旗为北东走向的断裂凹陷盆地。地形呈扇状，总势西南高，北边低，中间低平。地形主要由戈壁、低山、沙漠、河流、湖泊和绿洲等类型构成。

策克嘎查境内 91.4% 为荒漠戈壁；沿河绿洲占 8.6%。

（2）气候特征——干旱少雨多风，温差大

额济纳旗属内陆干燥气候。具有干旱少雨，蒸发量大，日照充足，温差较大，风沙多等气候特点。额济纳旗年均蒸发量 3 841.51 mm。额济纳旗日均气温 0 ℃以上持续时间为 3 月中旬至 10 月下旬。年均降水量 37 mm，年极端最大降水量 103.0 mm，最小降水量 7.0 mm。

（3）自然人文景观——历史悠久，文化底蕴丰厚

①居延海：居延海为我国第二大内陆河——黑河的尾闾湖，水的源头是由祁连山的融雪、雨季山洪和泉水汇集而来的，居延海的生态环境是农牧民生活环境的重要屏障。

②漠中胡杨：地处巴丹吉林沙漠北缘，胡杨与沙海相伴，是一个集大漠自然风光与沙地特色游乐项目于一体的旅游景区（图 1）。

图 1　漠中胡杨

(4) 自然资源——资源丰富，种类多样

①矿产资源：额济纳旗矿产资源比较丰富，查明资源储量的矿产 20 种，矿产地 35 处。

②植物资源：额济纳旗内分布有野生植物 37 科 153 种，代表植物有胡杨、沙枣、梭梭等。

③动物资源：额济纳旗动物群属于温带荒漠、半荒漠动物群。截至 2021 年，额济纳旗分布有野生动物（不包括昆虫）118 种（图 2）。

图 2　双峰驼

1.3　经济社会

地广人稀，人口密度低。

(1) 现状人口　策克嘎查总人口 256 户 574 人，其中：农户 108 户 263 人，牧户 148 户 311 人。常住人口 363 人，外出务工人数 11 人。

(2) 经济概况　策克嘎查 2021 年村集体经营性收入 947 847 元，来源为嘎查集体耕地承包费、旅游分红、车辆租赁、征地补偿等；村民人均收入 28 829 元，收入主要来源为农牧业、奖补等。

1.4 人居环境

服务设施齐备，基本满足村民使用(图 3)。

图 3 村域公共基础设施

(1)道路交通

①村域对外交通：公路方面 G7、S312 从村域南部穿过，南北方向 G213 直通策克口岸，铁路方面临哈线、嘉策铁路、天策联络线从村域范围内通过，交通比较便捷。

②村域内部交通：嘎查内部的道路框架比较规整、道路质量较好，交通条件良好。但主次道路等级不明显，道路两侧绿化少。

(2)公共服务设施

嘎查内公共服务设施比较健全，有嘎查委员会、图书室、便民超市，基本可以满足村民的需要，但缺少村民休闲文化活动场所，现状厕所基本为自建旱厕。

(3)基础设施

①电力：嘎查内现在有 10 kV 输变电线路，居民用电普及率 100%。

②电信：村内广播、电视、电信基本实现全覆盖。

③供水：目前嘎查有比较完善的给水设施，给水管道沿着主要道路铺设，能够满足嘎查目前需要，但水质有待提高。

④污水：自然排放，自然蒸发。

⑤供热、燃气：嘎查现状未统一供燃气，供热方式为分户自采暖。

2 规划目标与定位

2.1 村庄类型

策克嘎查属于集聚提升类村庄。

2.2 规划思路

以目标和问题为导向，解决村庄实际问题，形成一套切实可行的行动方案。结合当地发展实际，根据策克嘎查紧邻边境线的区位特征，立足安边固边兴边和三产融合发展示范性嘎查的定位，引导支持人口向边境一线村庄聚集，进一步加强国土综合整治与生态修复，鼓励集中发展边境优势特色产业，推进军民共建共享，从而实现固边兴边、人口聚集、产业融合、人居环境提升、土地集约、生态宜居、乡风文明的目标。

2.3 主要目标

落实上位规划中的约束性指标，建设用地总量在现有基础上不增加（表 1）。

表 1 村庄规划目标

指标	规划基期年	规划近期目标年（2025 年）	规划远期目标年（2035 年）	规划基期与远期变化量	属性
耕地保有量 /hm^2	1 144.88	1 144.88	1 144.88	0	约束性
永久基本农田保护面积 /hm^2	273.76	273.76	273.76	0	约束性
生态保护红线规模 /hm^2	299 641.75	299 641.75	299 641.75	0	约束性
建设用地总规模 /hm^2	1 626.04	1 607.59	1 570.68	–55.36	预期性
城乡建设用地规模 /hm^2	58.06	58.43	59.18	1.12	约束性
公共服务设施用地规模 /hm^2	2.26	2.26	2.26	0	预期性
公用设施用地规模 /hm^2	4.52	4.62	4.81	0.29	预期性
户均宅基地 /（m^2/ 户）	356	353	350	–6	约束性

（1）耕地和永久基本农田保护目标　规划至 2035 年，村庄耕地保有量不低于 1 144.88 hm^2，永久基本农田保护面积不低于 273.76 hm^2。

（2）生态保护目标　村庄生态保护主体为草地、林地；生态修复的主体为裸土地和沙地。规划至 2035 年，村庄草地面积为 257 032.78 hm^2，林地面积为 41 937.72 hm^2。

（3）城镇建设目标　规划至 2035 年，村域内建设用地面积控制在 1 570.68 hm^2 以内，其中村庄建设用地面积控制在 59.18 hm^2 以内。

2.4 村庄定位

本次规划以乡村振兴为契机、以乡村农业发展为基底，以乡村生态宜居为目标，并根据村庄的地理位置、资源禀赋、历史文化、经济社会发展等因素，融合区域发展需求和村民发展诉求，将策克嘎查村定位为：安边固边兴边、三产融合发展的示范性现代化嘎查（图 4）。

图 4　村庄建设意向图

3　规划安排

3.1　总体格局

落实上位规划要求，充分尊重生态的前提下，根据本规划发展目标和现状资源本底，优化调整村域用地布局，确保山水林田湖草沙等各项生态要素以及农村住宅用地、村庄生产生活服务设施、商业服务设施、公用设施、绿地与广场等建设用地的合理布局与细化。对暂时不能明确的土地用途，采用规划“留白”管控方式。

依据村庄发展的定位和要求，以路网、自然山水界线等为框架，构建“三区三线”融合的村域发展格局，明确“三区三线”空间的主要区域。

（1）农牧空间布局与管控　落实永久基本农田面积 273.76 hm^2，主要集中分布在嘎查西南区域。

策克嘎查农牧空间总面积 2 079.33 hm^2，约占村域面积的 0.49%，主要为耕地（685.38 hm^2）、林地（988.69 hm^2）、草地（263.7 hm^2）、农业设施建设用地（16.34 hm^2）等。

耕地保护目标和永久基本农田保护红线依法落实后，任何单位和个人不得擅自占用或改变用途。建设项目选址应避让永久基本农田，国家能源、交通、水利、军事设施等重点建设项目选址确实难以避让永久基本农田的，必须在可行性研究阶段，对占用永久基本农田的必要性、合理性和补划方案的可行性进行严格论证，经依法批准，应在落实耕地占补平衡基础上，按照数量不减、质量不降原则，在可以长期稳定利用的耕地上落实永久基本农田补划任务，严禁通过擅自调整旗县（市、区、旗）、苏木乡镇国土空间规划，规避占用永久基本农田的审批。

（2）生态空间布局与管控　生态保护红线落实上位规划内容，面积为 299 641.75 hm^2。

策克嘎查生态空间总面积 419 244.67 hm^2，约占村域面积的 99.5%，主要为陆地水域（11 469.98 hm^2）、湿地（488.72 hm^2）、草地（256 768.13 hm^2）、林地（40 942.41 hm^2）等。

生态保护红线依法落实后，生态保护红线内自然保护地核心保护区原则上禁止人为活动。自然保护地核心保护区外，禁止开发性、生产性建设活动，在符合法律法规的前提下，仅允许对生态功能不造成破坏的有限人为活动。规划范围内的生态林地、水域等其他生态功能用地，按照“慎砍树、不填湖”的要求，严格控制各类开发活动占用、破坏，未经批准不得进行破坏生态景观、污染环境的开发活动。

（3）建设空间布局与管控　策克嘎查建设空间由现状各个村民的集聚点构成。本次规划建设空间总面积 29.42 hm^2，约占村域面积的 0.01%，主要为农村宅基地等。同时，按照规划要求，本次在建设空间内划定集中建设区，村庄建设边界内集中建设区面积 13.92 hm^2，其中策克队 4.75 hm^2，福泉队 3.90 hm^2，永红队 5.27 hm^2。

建设项目符合本规划使用规定的，可依程序办理建设用地审批手续。

严格执行“一户一宅”政策及国家、自治区、盟宅基地等相关办法；规划新申请的宅基地，优先利用村内空闲地、闲置宅基地和未利用地；新建宅基地户均用地面积不超过 1 000 m^2。

有序推进零星建设用地整合，合理安排农村建设用地，优先满足嘎查基本公共服务设施用地需求。适度允许区域性基础设施建设、生态环境保护工程配套、生态旅游开发及特殊用地建设，严格控制开发强度和非农活动影响范围。

3.2　道路交通规划

完善村域道路体系，配置完善的交通服务设施。

（1）对外交通规划

①公路方面：G7、S312 从村域南部穿过，南北方向 G213 直通策克口岸。

②铁路方面：临哈线、嘉策铁路、天策联络线从村域范围内通过，交通比较便捷。

（2）内部交通规划

①村庄主路：为集中居民点内各地块之间的联系道路，基本呈棋盘状分布于村内，确保地块的规整。道路面宽宜为 4～6 m，局部受限路段为 3～4 m，不能满足会车要求的，应在一定距离内根据地形条件设置会车场。

②村庄次路：为村庄内的巷道，在现状基础上进行局部道路疏通和道路拓宽。应满足单向行车以及非机动车行驶和步行要求，道路面宽为 2～3 m。

③停车设施：规划结合各村实际情况，设置房车营地各 1 处，占地面积 1.89 hm^2，其余主要采用路边规范停车方式。

3.3　产业发展规划

依据“一体化、融合化、联动化”的产业发展战略，推动一二三产业融合发展。综合考虑策克嘎查政策背景、区位条件、资源禀赋、经济基础、发展定位等因素，构建以现代农业为基础，以胡杨观光为特色、以发展乡村旅游为补充，改良提升第一产业，创新发展第二产业，大力发展第三产业，三者相互转换融合，形成多种新业态、新产品的产业联动发展体系。

构建以胡杨观光为特色、以发展乡村旅游为补充的产业兴旺嘎查。优化嘎查的各用地布局，构建“一核、两环、双轴、多景点”的总体产业布局（图 5）。

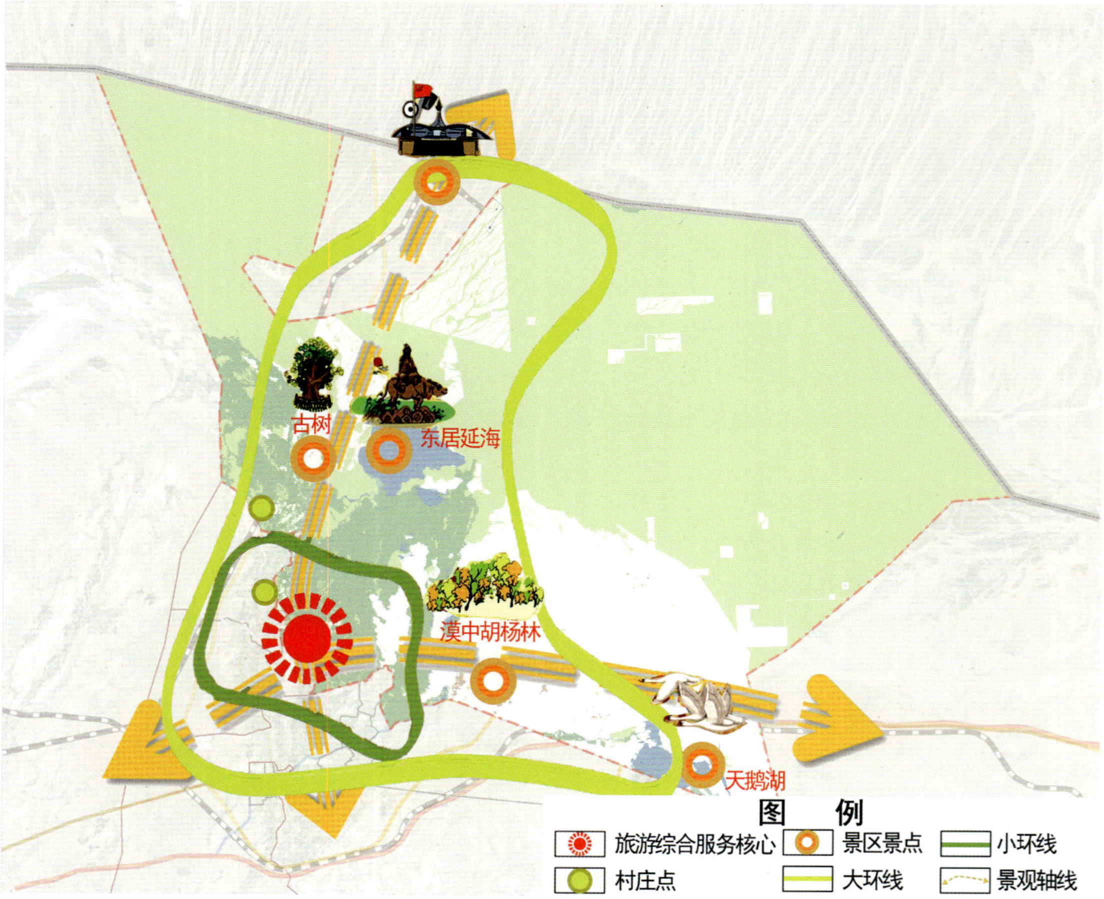

图 5　村域产业布局规划图

①一核：借助村域建设边界，建设旅游综合服务核心。

②两环：依托策克口岸、胡杨林、天鹅湖以及国道 G213 和天策铁路的交通条件构成。

③双轴：沿 G7、S312 的横向轴线，沿 G213 的纵向轴线。

④多景点：依托策克口岸、胡杨林、天鹅湖、居延海景区、神树等多个景点形成的布局。

3.4　住房布局规划

（1）宅基地用地规模　策克嘎查至规划期末，农村宅基地用地规模为 8.98 hm^2，比现状的 9.13 hm^2 减少 0.15 hm^2；户均宅基地面积为 350 m^2/ 户，比现状的 356 m^2/ 户减少 6 m^2/ 户。

要求严格执行“一户一宅”政策，严格执行《内蒙古自治区农村牧区宅基地管理办法》确定的宅基地面积标准，规划新申请的宅基地必须控制在标准规定范围内。宅基地选址应避开地质灾害隐患点、避让区，退让距离应符合铁路、高压走廊、国道、省道、县道、乡道、河流渠道水体等标准的规定。

（2）住宅改造及新建引导　尊重村民生活生产方式，保留“围合院落”式空间模式。坚持适当集中的原则，不鼓励另选新宅基地，鼓励保留原有肌理。尽量建造具有蒙西风格的建筑，使村落建筑风格统一，可适当增加冬季保温措施，如采用内保温或外保温层，可增设屋顶隔热、通风夹层（图 6）。

图 6　住宅效果图

3.5　公共服务设施和公用设施规划

明确内涵、公正公平；把握诉求、精准施策；构建乡村共享生活圈；凸显特色、强化属性。

(1) 公共服务设施布局　策克嘎查公共服务设施配套主要为面向村民的生活性服务配套，包括保留现状公共服务设施，新增公园绿地用地 4 处，位于各个居民集聚点周边，总面积 1.13 hm^2。规划民兵训练场、升旗台、设置爱国主义与边境边防安全的宣传教育场所。

(2) 公用设施规划　为满足村庄卫生和村民安全需求，在现有公用设施的基础上，结合村民需求和村庄发展需要，规划给水、排水、电力、通信、燃气等工程。

规划对部分老旧管网进行改造，各居民集聚地规划排水用地 1 处，面积共计 0.29 hm^2。

3.6　国土综合整治与生态修复

开展"山水林田湖草沙"全要素综合整治修复，提升环境品质。

(1) 农用地整治　对规划范围内实施农用地整治，将部分废弃地、低洼地覆土以及拆旧复垦，提高耕地集中连片度及耕地质量，提升田间基础设施配套，使农业空间成为灌排设施完善、土地平整肥沃、田间道路通畅、产出效益高、适应现代农业发展要求的农业生产区。

(2) 建设用地整治　通过实施城乡建设用地增减挂钩、三优三保专项规划等各类建设用地整治项目，改善闲置低效用地使用效率问题，提升全域人居环境，助力产业转型升级，优化建设用地布局结构。

(3) 山水林田湖草沙生态修复　规划将沟渠生态受损区域进行修复和整治，构建生态绿道网络系统。规划对村内的沟渠进行清淤疏浚，按照沟渠的自然走向和生态环境进行修复。

3.7 防灾减灾规划

(1)消防规划　坚持“预防为主,防消结合”的消防策略。策克嘎查配置3处公共消防器材存放点。

(2)防洪排涝　根据额济纳旗防洪标准和流域防洪规划,因地制宜,做好村庄内河流水系沿线防洪排涝工作,保障村庄居民点免受洪涝灾害威胁。

(3)抗震规划　策克嘎查的抗震设防标准为7度。新建工程必须按国家颁布的《建筑抗震设计规范》(GB 50011)进行抗震设计和建设。

3.8 近期建设行动

近期规划安排各类重点建设项目共10项,其中,生态修复项目1项,产业发展项目1项,基础设施项目3项,公共服务设施4项,环境整治项目1项(表2)。

表2　近期重点建设项目

项目类型	项目名称	建设性质	建设年限	空间位置	建设规模	筹措方式	责任主体	协作部门
生态修复	裸土地、裸岩石砾地生态修复工程	新建	2022—2035年	村域	—	财政资金	政府	村委会
产业发展	房车营地	新建	2021—2035年	村域	9 395 m^2	财政资金	政府	村委会
基础设施	供水管网建设	新建	2021—2035年	村域	—	专项资金	政府	村委会
	污水设施建设	新建	2021—2035年	各自然村	—	专项资金	政府	村委会
	布置灾害预警广播系统	新建	2021—2035年	中心村	—	专项资金	政府	村委会
公共服务设施	路灯	修缮	2021—2035年	村域	—	专项资金	政府	村委会
	厕所	新建	2021—2035年	村域	4个	专项资金	政府	村委会
	民兵训练场	新建	2021—2035年	中心村	—	专项资金	政府	村委会
	广场建设	新建	2021—2035年	村域	1.13 hm^2	专项资金	政府	村委会
环境整治	农村宅基地风貌整治	改建	2021—2035年	村域	—	专项资金	政府	村委会

3.9 规划实施

依托村庄规划,策克嘎查全力推进实施砂石路维修、分水闸新建等一批打基础、利长远的农牧业生产基础设施建设工程和道路硬化、污水处理、厕所改造、绿化美化亮化等人居环境整治工程,实现了嘎查项目建设的法律保障,并为后续项目建设奠定了坚实基础(图7)。

图 7 规划实施情况

4 规划总结与启示

4.1 公众参与

本规划以“公众参与”为手段，全程参与、全民参与，形成村民和相关利益主体全程公众参与的机制，使村庄规划能更好地表达广大居民的意愿，尊重当地风俗习惯，力求规划切合实际，让居民接受，规划完成后，通过公开展示，深入宣传，以村规民约的方式确定规划，使规划具有约束力，形成执行规划的自觉性。

4.2 创新表达

本次“多规合一”村庄规划成立额济纳旗自然资源调度组、村委村民代表组、规划设计团队，各队之间建立联系网，积极沟通。

规划设计团队常驻嘎查，深入农牧户，一户一户了解农牧民现状及需求，绘制形式直观的统计问卷。

规划建设内容充分体现策克嘎查作为稳边固边兴边政策的载体，坚持安边固边兴边精神，规划升旗台、设置爱国主义与边境边防安全的宣传教育场所、布置灾害预警广播系统等。

规划民兵训练场，协助嘎查委员会制定牧民边境巡逻规程。

规划成果直观、清晰，便于村民看懂理解。

4.3 思考与经验

(1)规划各环节积极沟通,注重公众参与。在前期现场调研、村干部座谈、编制成果、后期调整等各个环节,积极及时地与当地沟通。

(2)扬长补短,区域合作,联合发展。嘎查应发挥自身的资源禀赋,注重产业发展,作为区域的重要节点,达到乡村振兴的目标。

(3)宏观性与微观性并存。规划中体现全域要素空间统筹,并做到村庄每块用地用途都有据可循,未来审批有据可依。

(4)优化村庄规划成果表达,确保能让村民看得懂。村庄规划图、近期建设项目表在村庄公示板张贴公告,直观、清楚地表达村庄规划布局、村庄建设安排,简单、生动、易懂,便于村民理解。

通辽市扎鲁特旗乌力吉木仁苏木白音图门嘎查村庄规划（2019—2035年）

1　村庄介绍

1.1　村庄概况

白音图门嘎查位于扎鲁特旗南部，中心村为镇政府所在地，村庄东邻苏布日根塔拉嘎查，南接召日格村，西靠南宝力皋嘎查，地缘优势明显。村域所辖总面积约占苏木域的1/5。

村域现状有县道455经中心村分别向东、北方向跨境而过，路况质量良好，北至鲁北镇，东达开鲁县，另有乡道自中心村向外辐射，交通便利性良好。但除县道、乡道以外的村庄道路路况质量一般，服务水平较低。

1.2　资源禀赋

白音图门嘎查地势西北高、东南低，属于松辽倾斜平原。村域内有一条河流即乌力吉木仁河，是扎鲁特旗九条主要河流之一。村内农、林、牧业产品资源丰富（图1）。农作物主要为玉米、大豆、绿豆、葵花等，农业生产中秸秆资源最为丰富；动物资源以牛、羊为主；矿产资源以煤炭、石料为主。

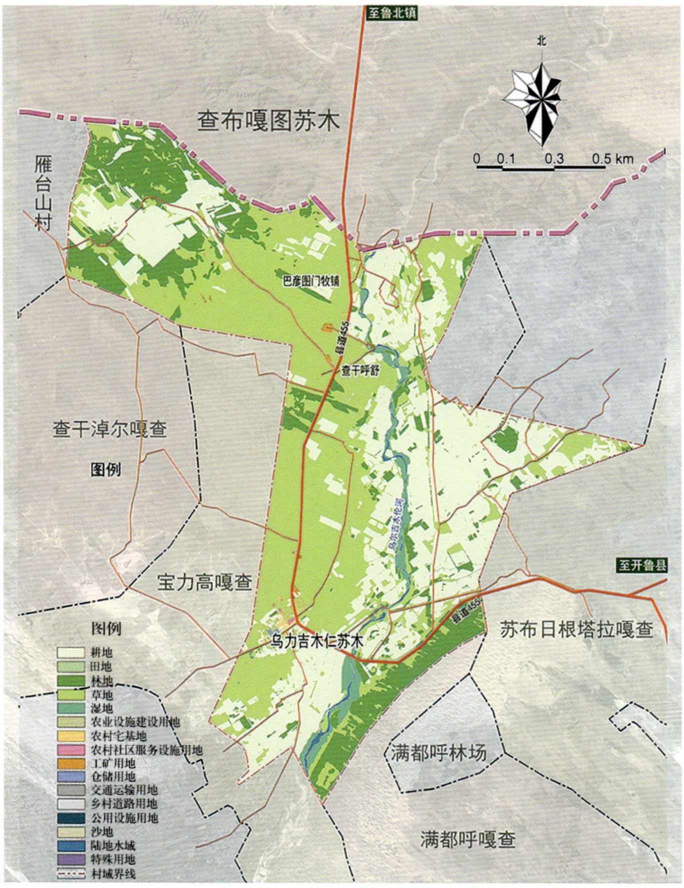

图1　村庄现状图

1.3 社会经济

白音图门嘎查呈现半农半牧型经济特征，目前村民人均纯收入 3 000 元，村民收入来源主要依靠务农及外出务工，经济水平在旗内居中下游。

村域下辖 17 个村民小组，全村户籍总人口为 1 829 人，共计 544 户，其中少数民族约有 1 400 人。

中心村现有镇政府及村委会各 1 处，派出所、交警支队、医院、幼儿园、小学各 1 处，此外沿现状乡道及民开线两侧分布大量商业设施，为过境交通及村内提供基本的商业服务。

1.4 人居环境

村庄没有集中的污水收集和处理设施，污水自然散排，对地下水有一定影响。

村内有变电所 1 处，位于中心村北侧，各村屯配置变压器作为村庄电源，其中中心村现有变压器 7 处。

村内现无集中供暖设施，村民用自备火炉和暖气装置取暖。

燃气以瓶装液化气罐为主，多数村民仍采用简陋地灶，主要燃烧原料为秸秆或柴草。

除商业设施外，村庄尚未设置公共厕所，农户各家厕所为旱厕形式。

村内现状以街巷为单位设置少量垃圾收集池，暂无各类防灾设施。

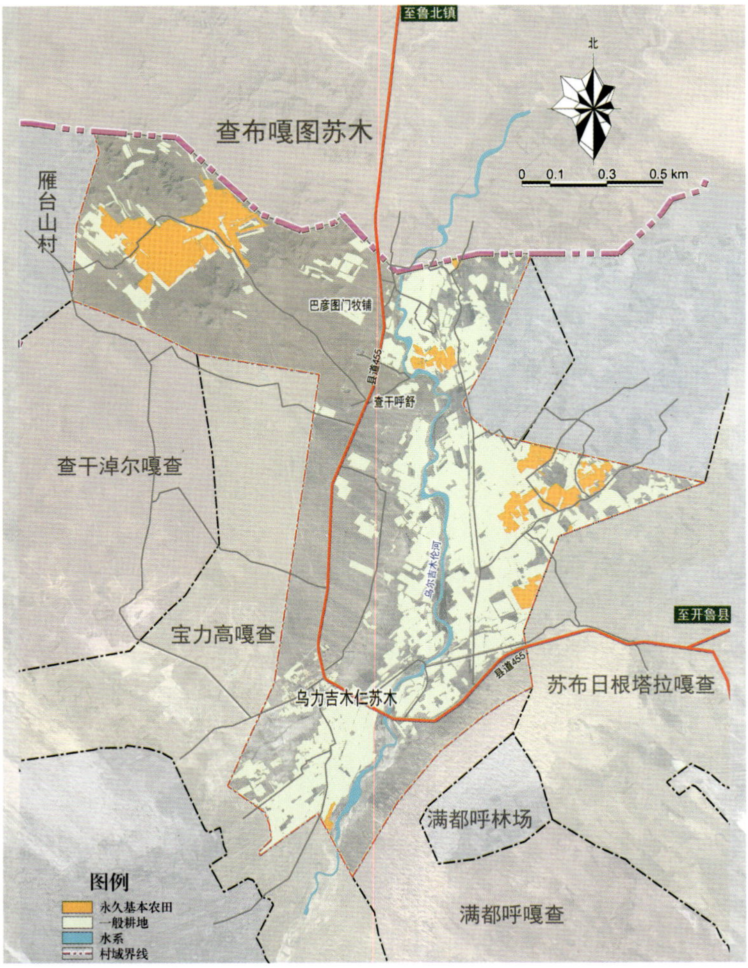

图 2 村庄耕地和永久基本农田分布图

2 规划目标与定位

2.1 村庄类型

白音图门嘎查属于集聚提升型村庄。

2.2 村庄定位

从实际状况出发，秉承因地制宜和可持续发展的原则，通过关键要素整合与基础条件分析（图 2），将白音图门嘎查打造成为：农业高效，畜牧有序，服务业稳定增长的集聚提升型村庄（图 3）。

2.3 主要目标

充分利用各类资源，把白音图门嘎查建成结构合理，经济繁荣，社会文明，服务功能完善，各项基础设施配套齐全，环境优美的宜居村庄（表 1）。

图 3　村庄“三区三线”图

表 1　村庄规划目标

指标	规划基期年	规划近期目标年	规划远期目标年	规划基期与远期变化量	属性
耕地保有量 /hm²	6 889.81	6 878.32	6 851.34	–38.47	约束性
永久基本农田保护面积 /hm²	1 376.32	1 376.32	1 376.32	0	约束性
生态保护红线面积 /hm²	1 579.27	1 579.27	1 579.27	0	约束性
建设用地总规模 /hm²	215.82	275.66	402.66	186.84	预期性
城乡建设用地规模 /hm²	540.62	603.69	743.98	203.36	约束性
公共管理与公共服务用地规模 /hm²	6.04	6.85	8.47	2.43	预期性
公用设施用地规模 /hm²	8.99	10.08	13.13	4.13	预期性
户均宅基地 /（m²/ 户）	800	700	600	–200	约束性

3 规划安排

3.1 产业规划

(1)空间布局　依托村域自然肌理及功能布局,规划形成“一心一廊、三轴三区”的总体布局结构(图4)。

(2)产业引导

第一产业:以传统种植业为基础,积极探索新型作物。

第二产业:巩固采矿产业优势,带动村域经济发展。

第三产业:定位草原旅游发展,促进全村产业兴旺。

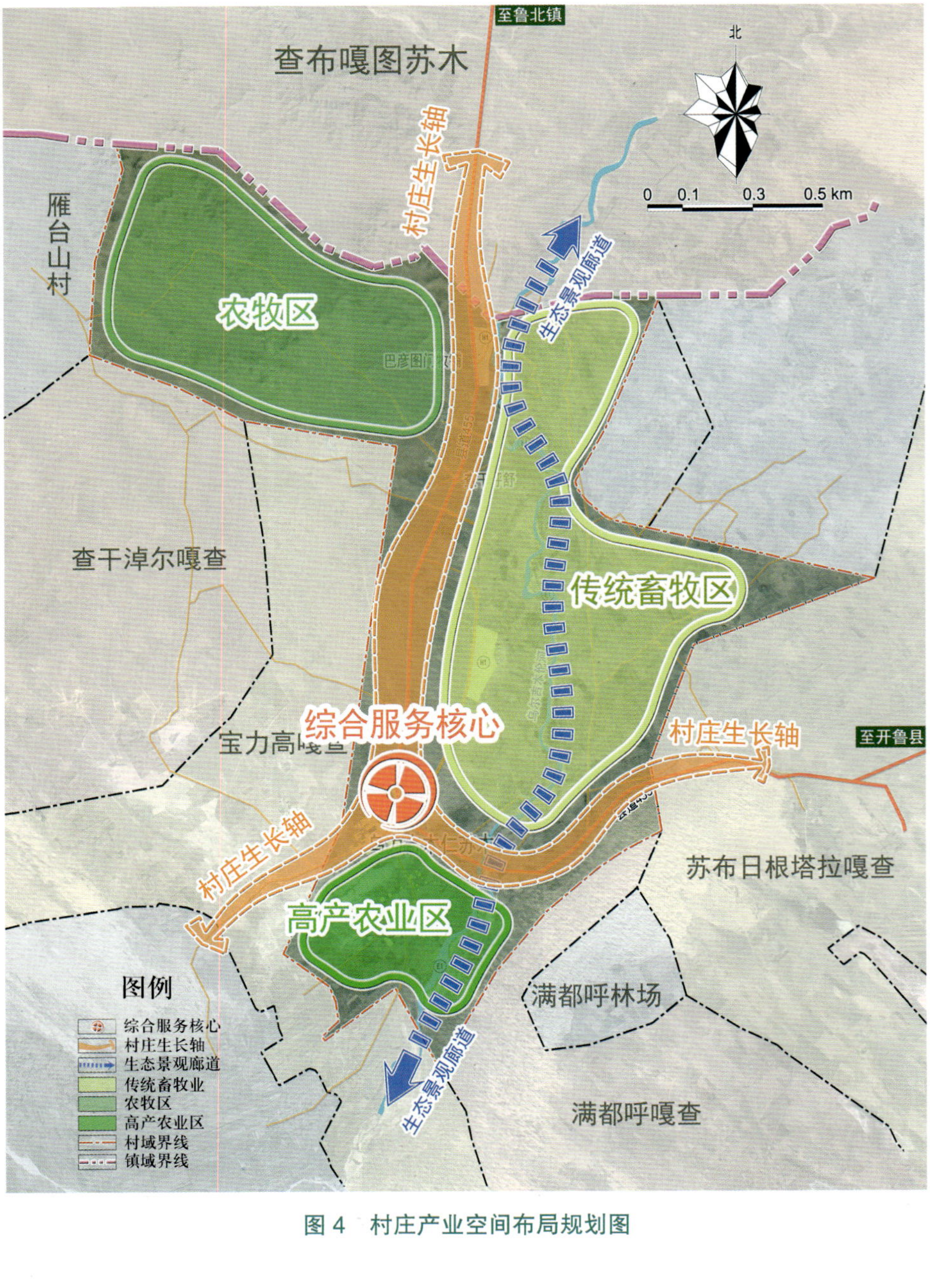

图4　村庄产业空间布局规划图

3.2 人口分析

秉承上位规划引导，根据区域建设目标定位，未来随着区域旅游休闲基地的建设、旅游服务业的发展壮大、工业企业的入驻、商贸市场建设和基础设施的不断完善，白音图门嘎查将吸引较多的人口在此集中，经计算，远期 2035 年集镇发展人口规模为 4 349 人，总户数约为 1 290 户。

3.3 国土空间布局

(1) 村域公共服务设施规划　中心村设置 1 处村委会，图书室、文化活动室、党建活动室结合村委会设置；设置 1 处医养综合体，位于中心村中部；设置小学及幼儿园各 1 所，服务本村及邻近村庄，保障少年儿童就近集中就读小学、幼儿园（图 5）。

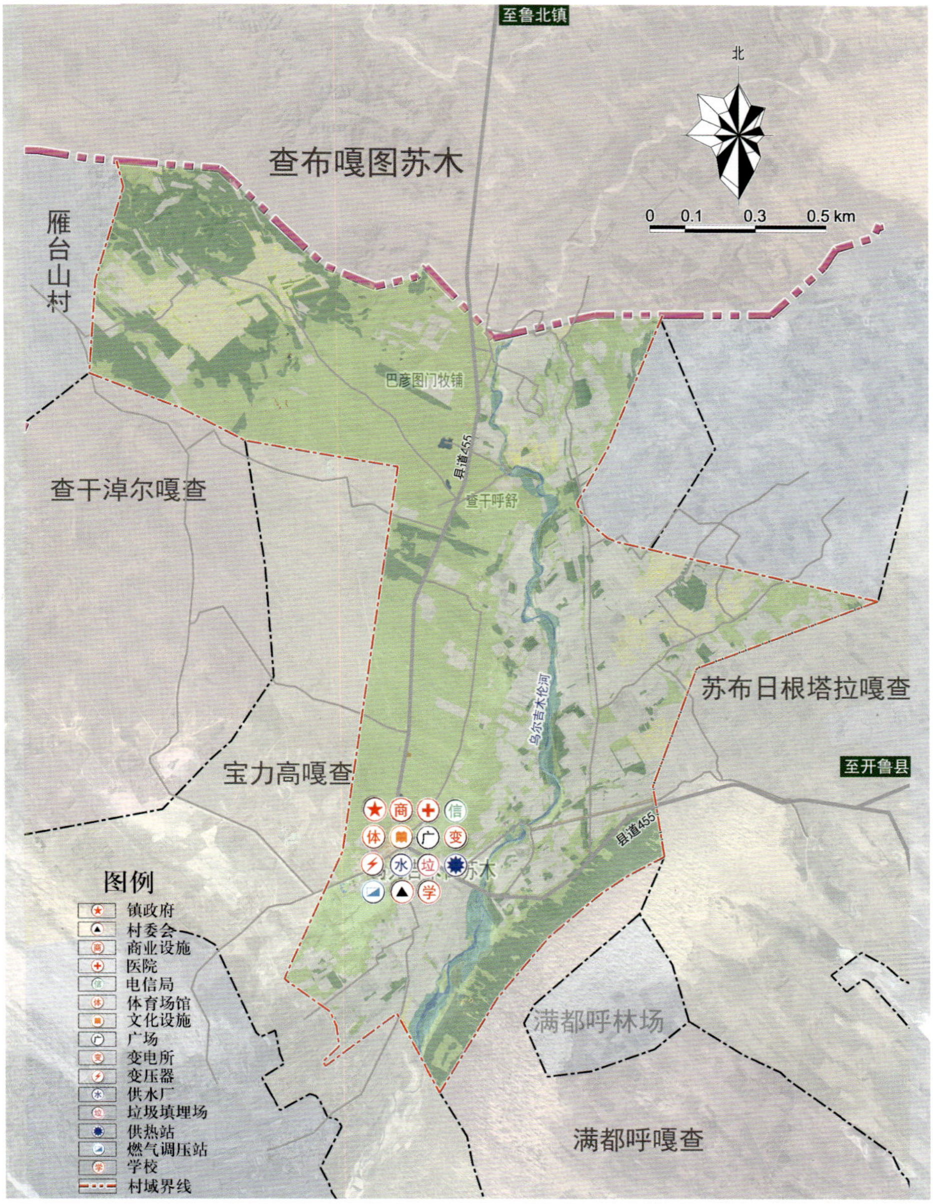

图 5　村庄公共服务与基础设施规划

(2)村域基础设施规划

①交通规划:对现状有部分损毁的村庄硬质路面进行及时修缮整治;主要道路两侧除布置绿化设施外,配备路灯等照明设施,村庄内部道路留有边沟;在中心村和基层村内选择设置公交站点。

②给水规划:规划在镇政府西侧新增1处集中供水厂,远期对中心村实行集中统一供水,服务对象包括村民生活及商业运营、工业生产等(图5)。

③排水规划:规划村域和村庄道路设置排水边沟,并在中心村东南侧设置一处污水处理厂,配套污水收集管网;厕所结合中心村商业及公共服务设施鼓励厕所对外开放,村民各家各户自备卫生厕所(图5)。

④供电规划:规划沿用现状变电所及变压器,远期根据村域产业发展情况,考虑增设变压器,服务于二三产业(图5)。

⑤通信规划:规划结合新建电信局1处(图5)。

⑥供热规划:规划远期在中心村新建1处热源,配备供热管网及换热站(图5)。

⑦燃气规划:规划新增1处燃气供应站,配备燃气管网及调压站,为村民及中心村工业、商业设施实行集中供气(图5)。

⑧环卫规划:规划完善现状垃圾收集点设施和规模,推广垃圾分类收集,对生活垃圾进行减量化、资源化利用(图5)。

⑨防灾规划:规划结合村域内现有主要道路形成防灾疏散通道,规划在中心村新增1处消防站,通过绿化及人工手段,增加护坡固定措施,既防止水土流失,又能达到防汛的效果。

(3)村域生态与景观规划　以恢复培育生态环境,提高农业综合生产力和增加农民收入为目标,按照生态学和生态经济学原理及系统工程方法,实施生物措施、农艺措施与工程措施相结合,促进农业可持续发展。

(4)耕地与永久基本农田保护　白音图门嘎查规划全域耕地面积不少于6 851.34 hm^2(表2),严格落实上级下达的永久基本农田保护任务,坚持永久基本农田布局不调整、规划不减少。

(5)草原空间　严格执行《内蒙古自治区草畜平衡和禁牧休牧条例》,建立健全乌力吉木仁苏木白音图门嘎查三级草原管护网络,强化草畜平衡和禁牧休牧责任落实。

(6)国土综合整治与生态修复

①生活空间整治:优化村庄建设边界,集中建设,提高土地利用效率;改善村庄生活环境,做到灰色空间还田、还绿。

②农牧空间整治:守牢耕地红线、保障粮食长久安全;土地复垦可通过采取工程或生物措施,恢复到可利用状态;加大综合应用各种节水技术,建设高效节水生态农业示范点。

③生态空间整治:丰富水系的生态功能结构,利用水系沿线生态岸线,因地制宜实施滨水游憩空间建设;开展水体修复整治工程,清理水系杂物及淤积泥沙,同时对林地及草地空间进行合理优化(图6、图7)。

表2　村庄"三区三线"面积统计

"三区三线"		面积/hm^2
生态空间		14 320.47
其中	生态保护红线面积	1 579.27
农牧空间		6 851.34
其中	永久基本农田保护面积	1 376.32
建设空间		743.98
其中	村庄建设边界内集中建设区面积	308.47
总面积		21 915.80

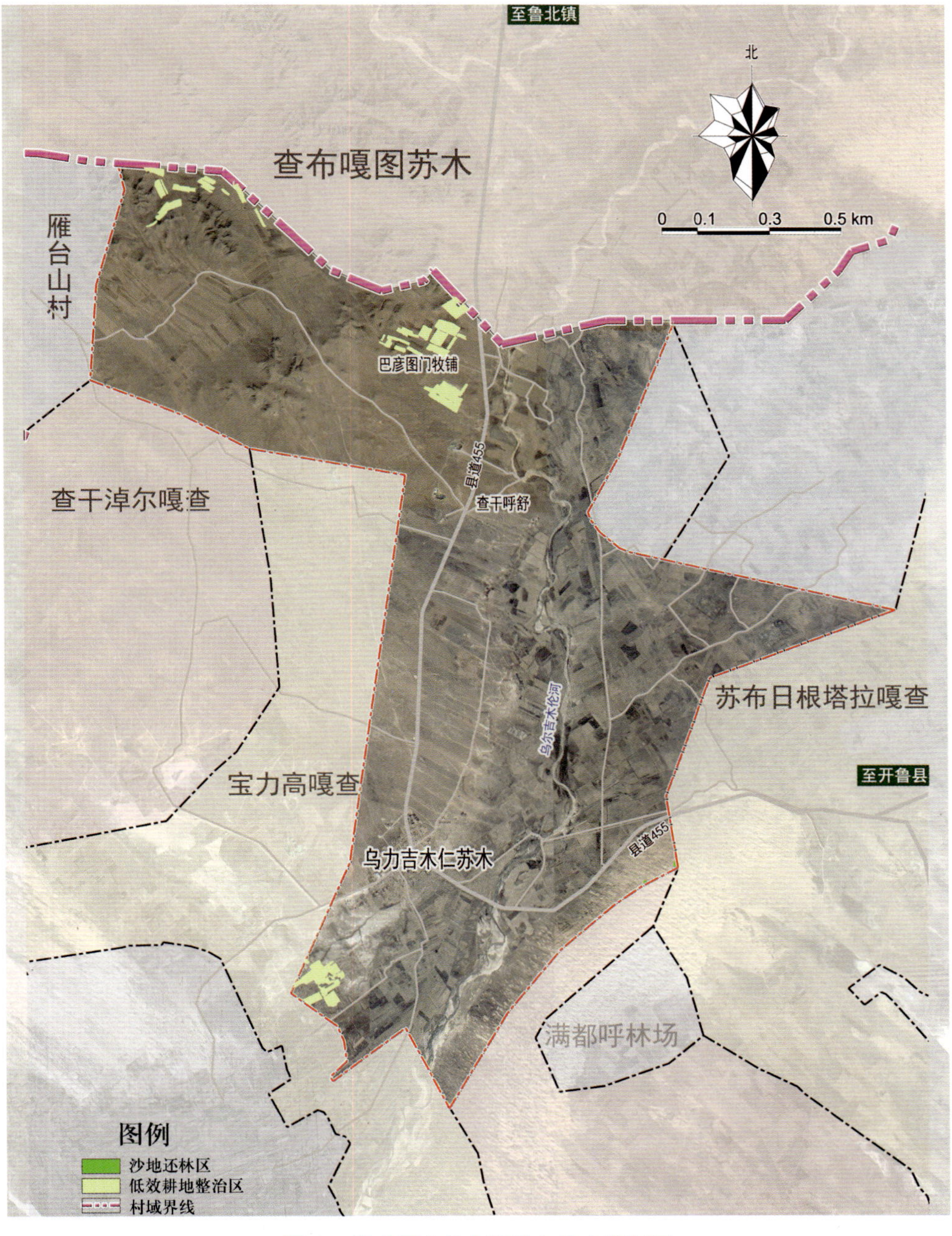

图6 村庄国土综合整治与生态修复图

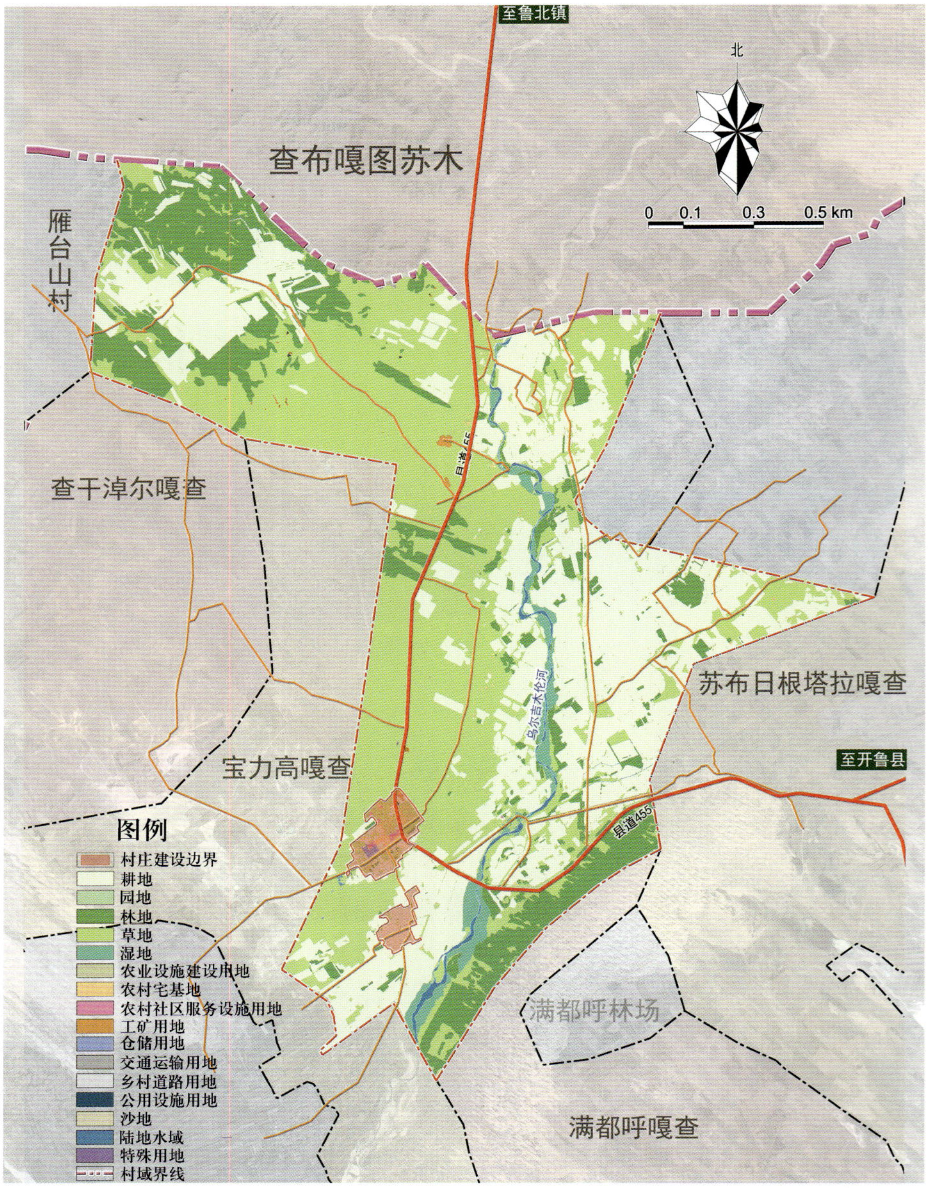

图 7　村庄规划图

3.4　中心村用地布局规划

(1) 村民住宅用地　本次规划村民住宅用地共 168.39 hm^2，占总建设用地的 59.26%，主要为村民户独家使用的低层住宅用地，及其附属设施、户间间距、进户小路用地。

(2) 公共服务用地　行政管理用地共 8.86 hm^2，占总建设用地的 3.12%，主要为政府、团体、经济、社会管理机构用地。教育机构用地共 4.43 hm^2，占总建设用地的 1.56%，主要为幼儿园、小学等用地。文体科技用地共 0.51 hm^2，占总建设用地的 0.18%，主要为文化、体育、展览、娱乐等用地。医疗保健用地共 0.97 hm^2，占总建设用地的 0.34%，主要为医疗、保健、疗养等用地。商业金融用地共 15.04 hm^2，占总建设用地的 5.29%，主要为商业店铺、银行及其附属设施用地。集贸市场用地共 5.38 hm^2，占总建设用地的 1.96%，主要为集市贸易等用地。

(3) 生产设施用地　工业用地共 11.88 hm^2，占总建设用地的 4.18%，主要为对居住和公共环境有一定干扰和污染的工业用地。农业服务设施用地共 0.31 hm^2，占总建设用地的 0.11%，主要为各类农产品加工和服务设施用地。

(4) 仓储用地　普通仓储用地共 4.8 hm^2，占总建设用地的 1.69%，主要为存放一般物品的仓储用地。

(5) 道路广场用地　道路用地共 51.14 hm^2，占总建设用地的 18%，主要为规划范围内宽度≥ 6 m 的各种道路、交叉口等用地。广场用地共 0.94 hm^2，占总建设用地的 0.33%，主要为公共活动广场、公共使用的停车场地等。

(6) 工程设施用地　公用工程用地共 2.41 hm^2，占总建设用地的 0.85%，主要为给水、排水、供电、邮政、通信、燃气等设施用地。环卫设施用地共 0.56 hm^2，占总建设用地的 0.2%，主要为公厕、垃圾站、环卫站等设施用地。

(7) 绿地　公共绿地共 5.64 hm^2，占总建设用地的 1.98%，主要为面向公众、有一定游憩设施的用地。防护绿地共 2.68 hm^2，占总建设用地的 0.94%，主要为用于安全、卫生、防风等的防护绿地（图 8、图 9）。

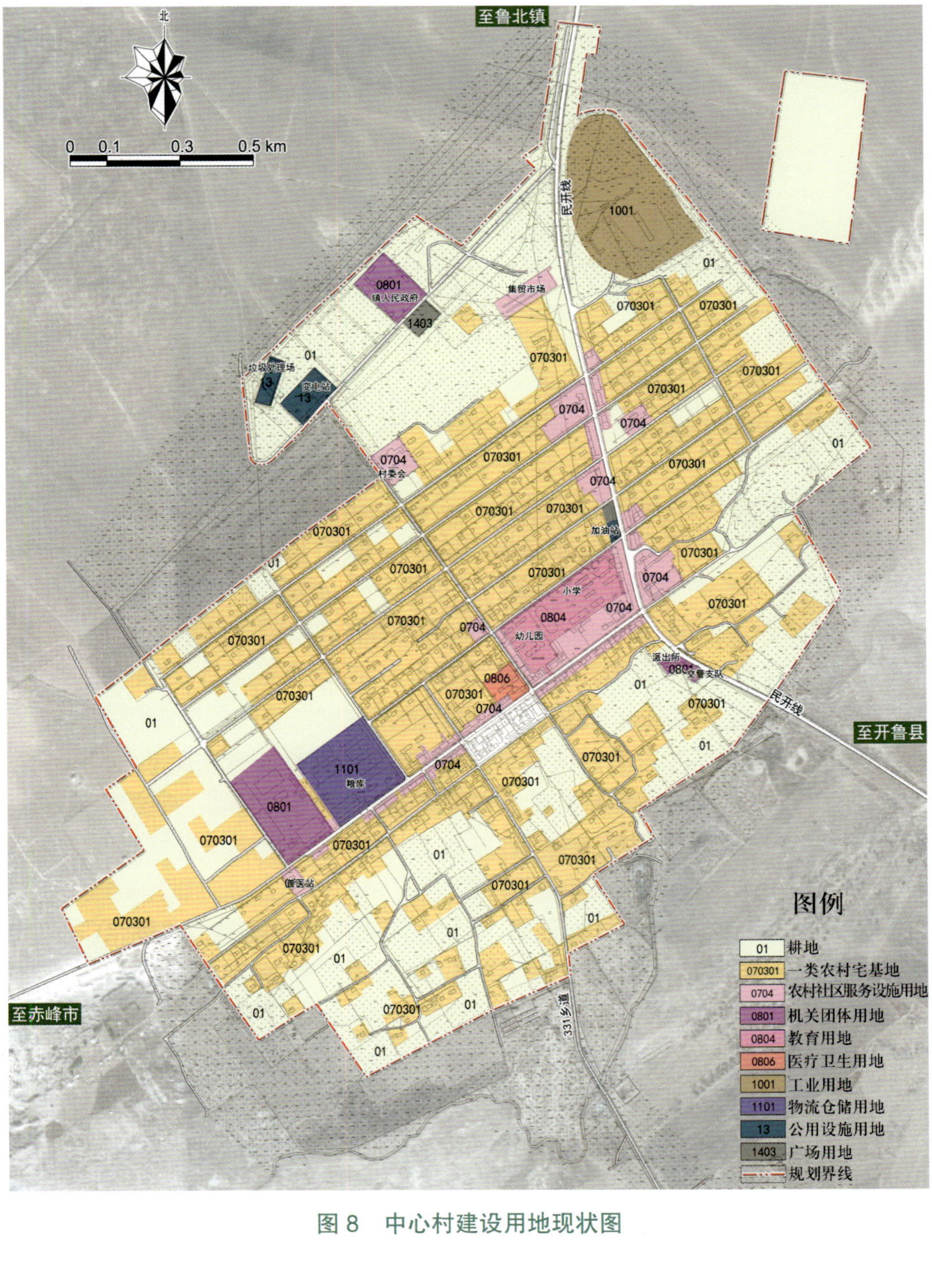

图 8　中心村建设用地现状图

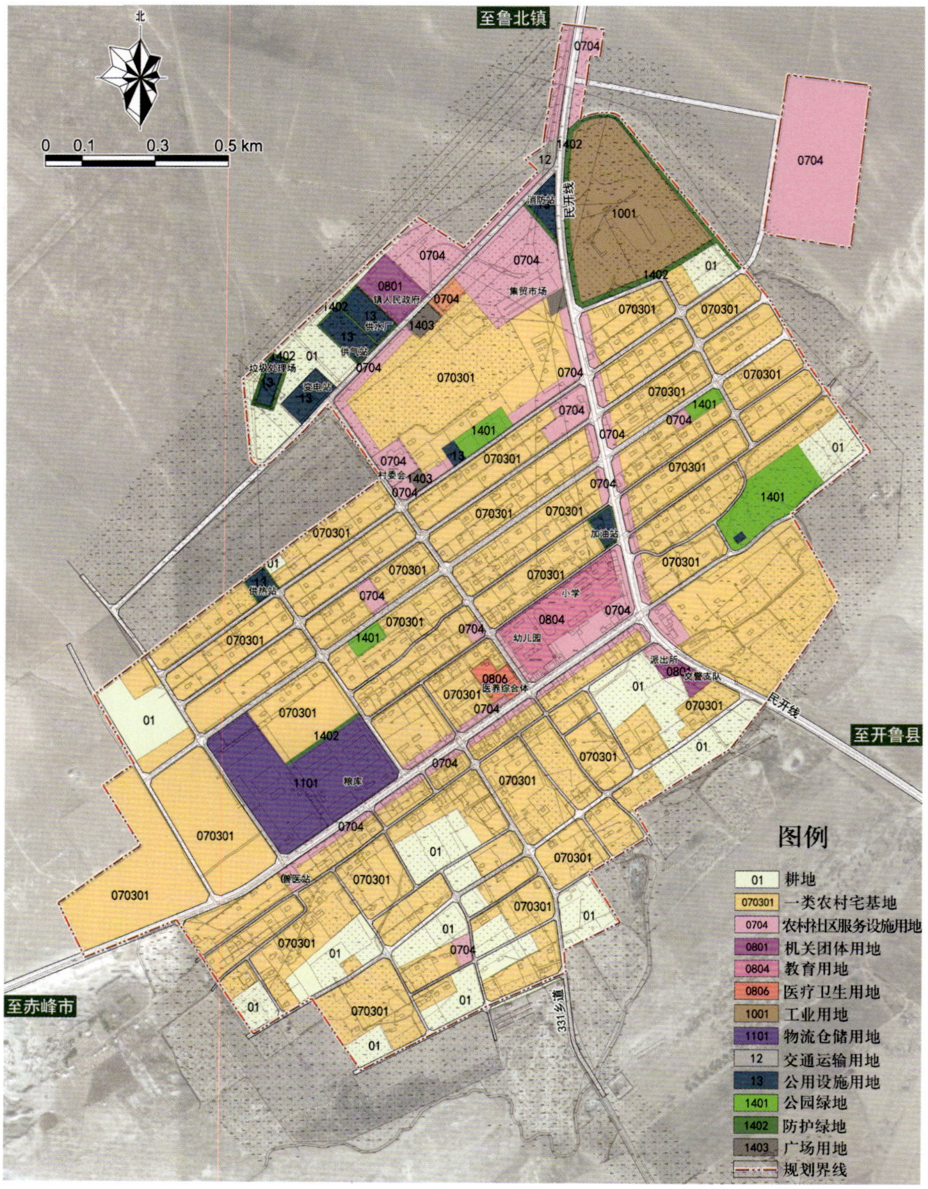

图 9　中心村建设用地规划图

3.5　中心村道路交通规划

(1) 中心村对外交通　村庄规划对外交通仍以公路交通为主,同时通过村路联系其他村庄居民点。在中心村北部结合县道设置 1 处客运站,方便村民出行(图 10)。

(2) 中心村内部交通　中心村道路规划分为 4 级:主干路、次干路、支路、巷路(图 11)。

3.6　中心村公用设施规划

(1) 给水规划　村庄给水管网分为干管和支管 2 个级别。干管将水送到村庄内各个地块,支管连接干管与各个村民用户。给水管网采用支状与环状相结合的布置形式,方向按用水主要流向延伸(图 12)。

至鲁北镇
北
0 0.1 0.3 0.5 km
查布嘎图苏木
雁台山村
巴彦图门牧铺
查干淖尔嘎查
查干呼舒
乌尔吉木伦河
苏布日根塔拉嘎查
至开鲁县
宝力高嘎查
县道455
乌力吉木仁苏木
满都呼林场
满都呼嘎查
图例
县道
村庄道路
村域界线

图 10　村庄交通规划图

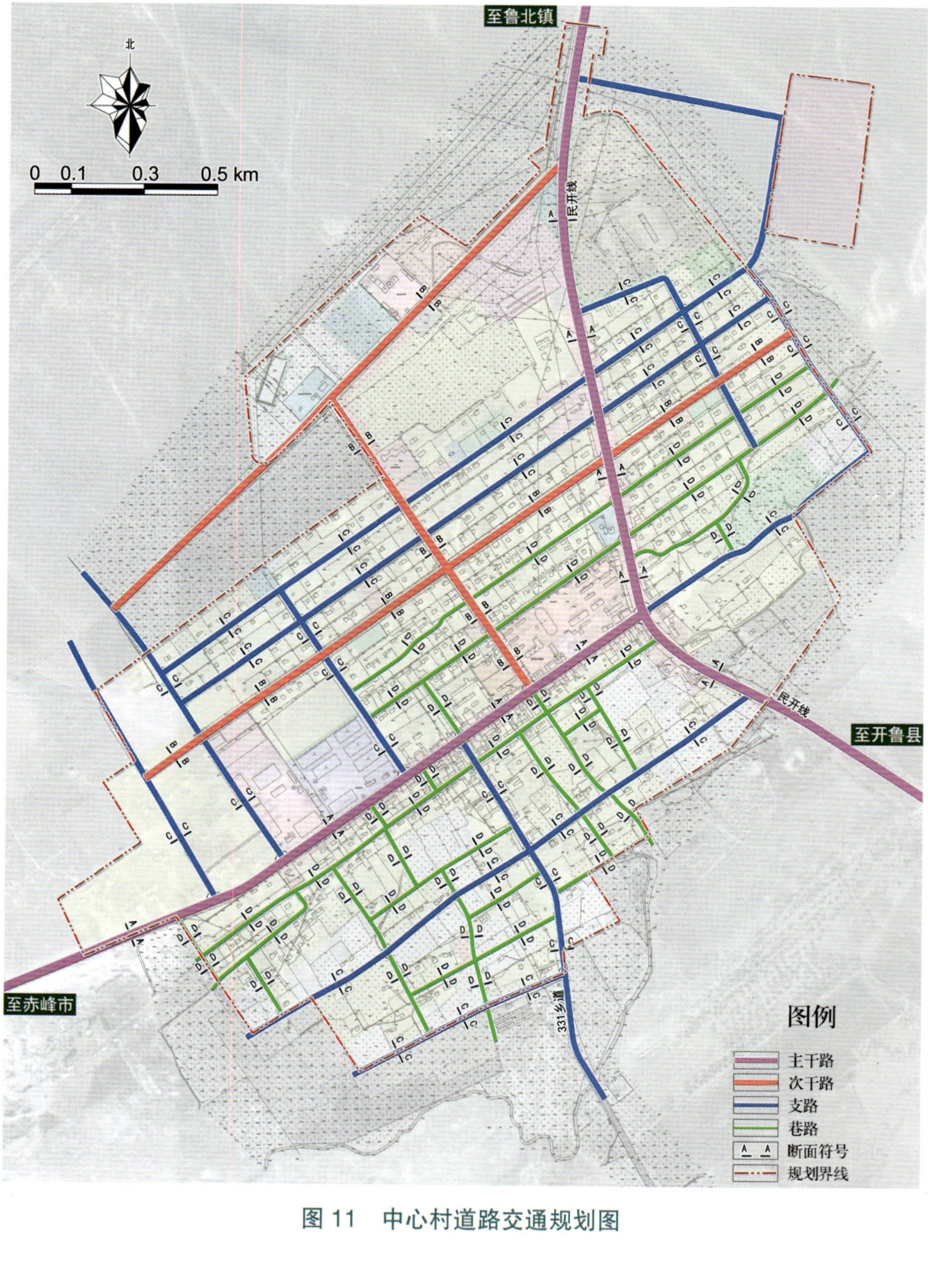

图 11 中心村道路交通规划图

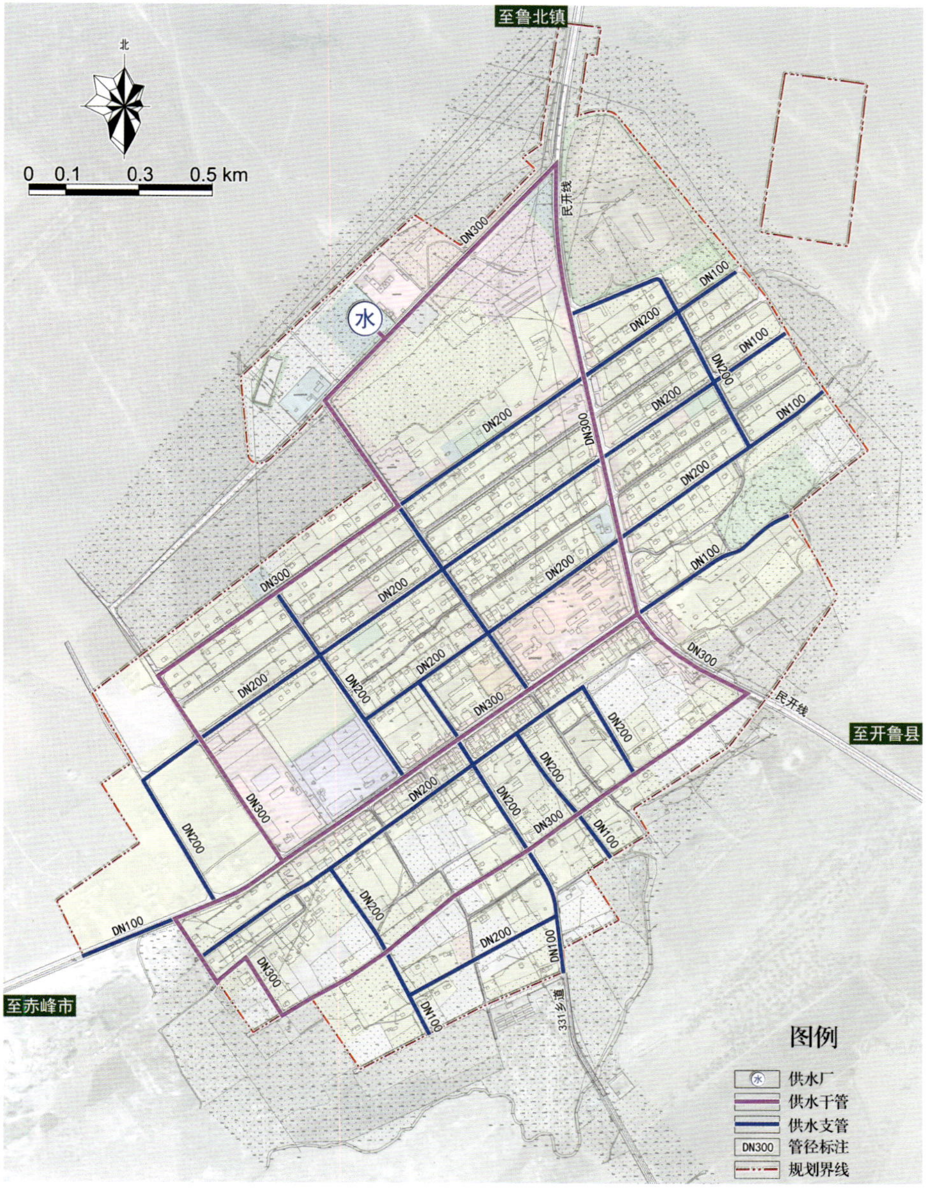

图 12　中心村供水系统规划图

(2)排水规划　排水系统的改造和建设,应结合实际的经济和发展情况进行逐步实施。雨水通过边沟排入农田及自然水体(图 13)。污水通过管网收集,集中排放至上位规划确定的污水处理厂进行处理,经处理达标后排放至自然水系或用于农田灌溉(图 14)。

(3)供电规划　规划沿用现状变电所,同时保留中心村现状 7 个变压器,供电半径不超过 500 m(图 15)。

(4)通信规划

①电信:结合电信企业设计大力发展宽带网络和无线网络。规划在中心村北部、村委会以东新建电信局 1 处(图 16)。

②有线电视:规划逐步使用有线电视信号,加强有线电视线路管理和维护。

③邮政:规划在村委会设邮政服务站 1 处。中心村的报刊订阅户以及网购商品,均由邮政局快递员人工发送到村委会,各用户自行领取。

(5)供热规划　规划近期村庄住宅仍然采用分户采暖方式。远期在中心村西北侧新建 1 处供热站,对村庄生活区以及商业设施采取集中供热(图 17)。

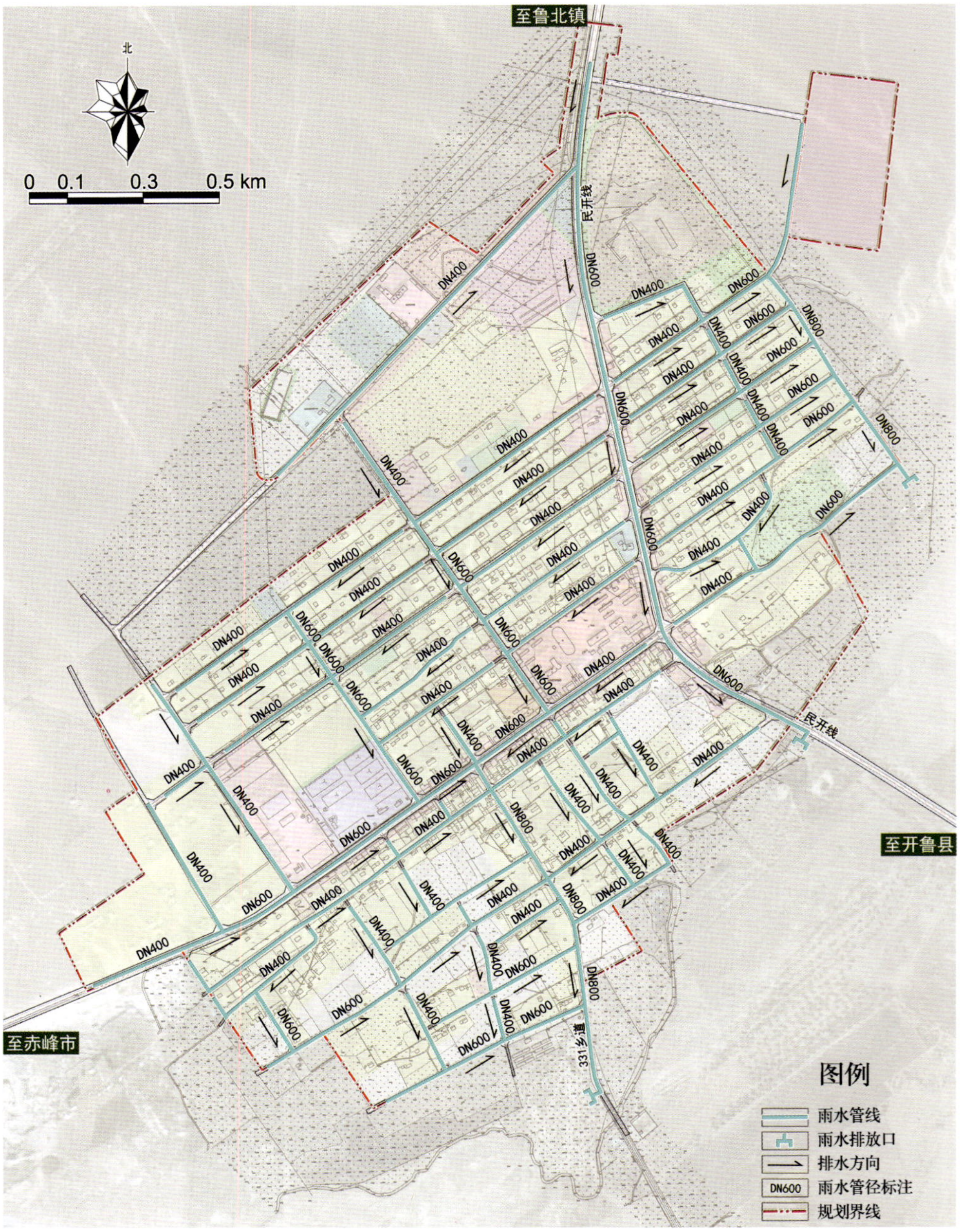

图 13　中心村雨水系统规划图

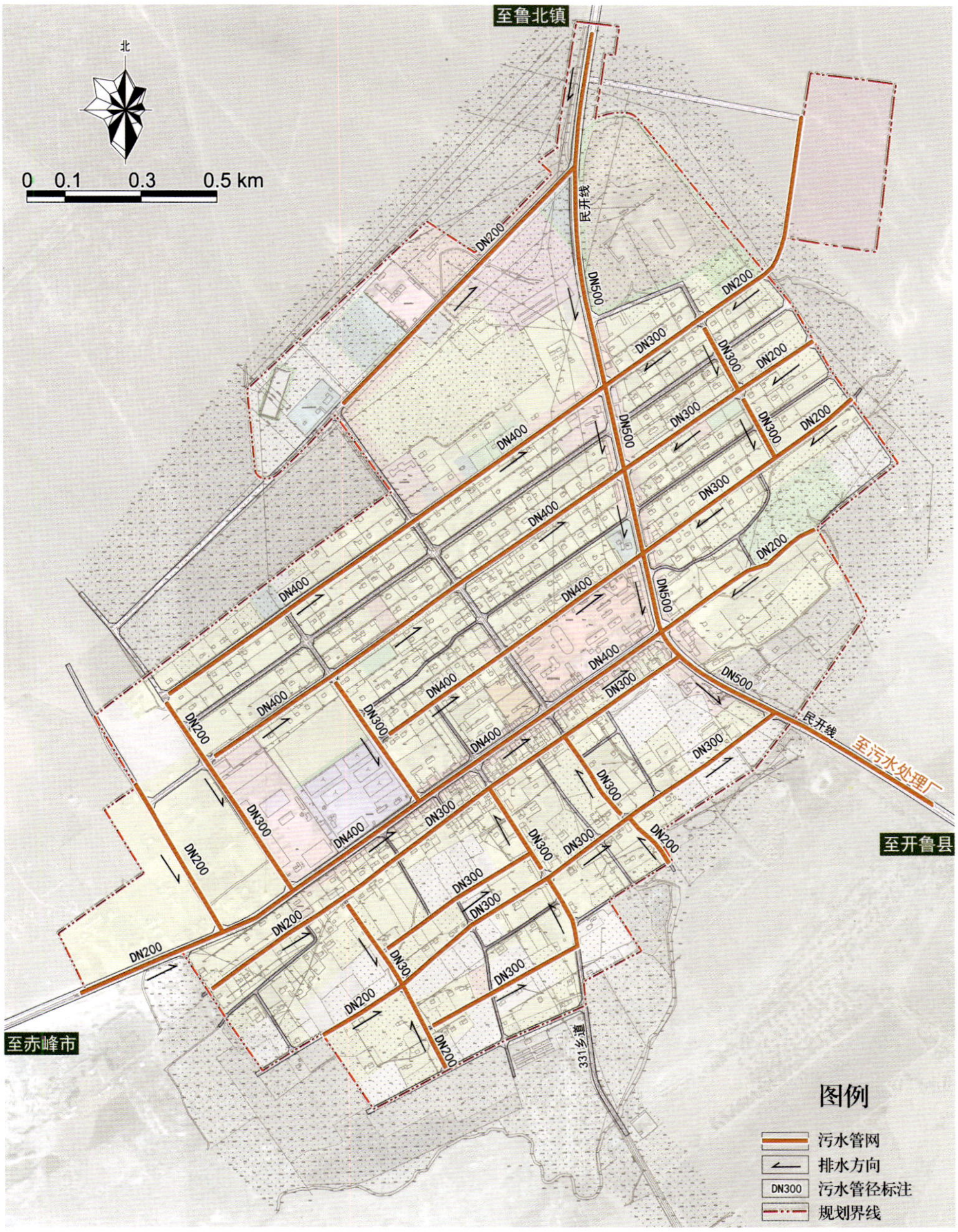

图 14　中心村污水系统规划图

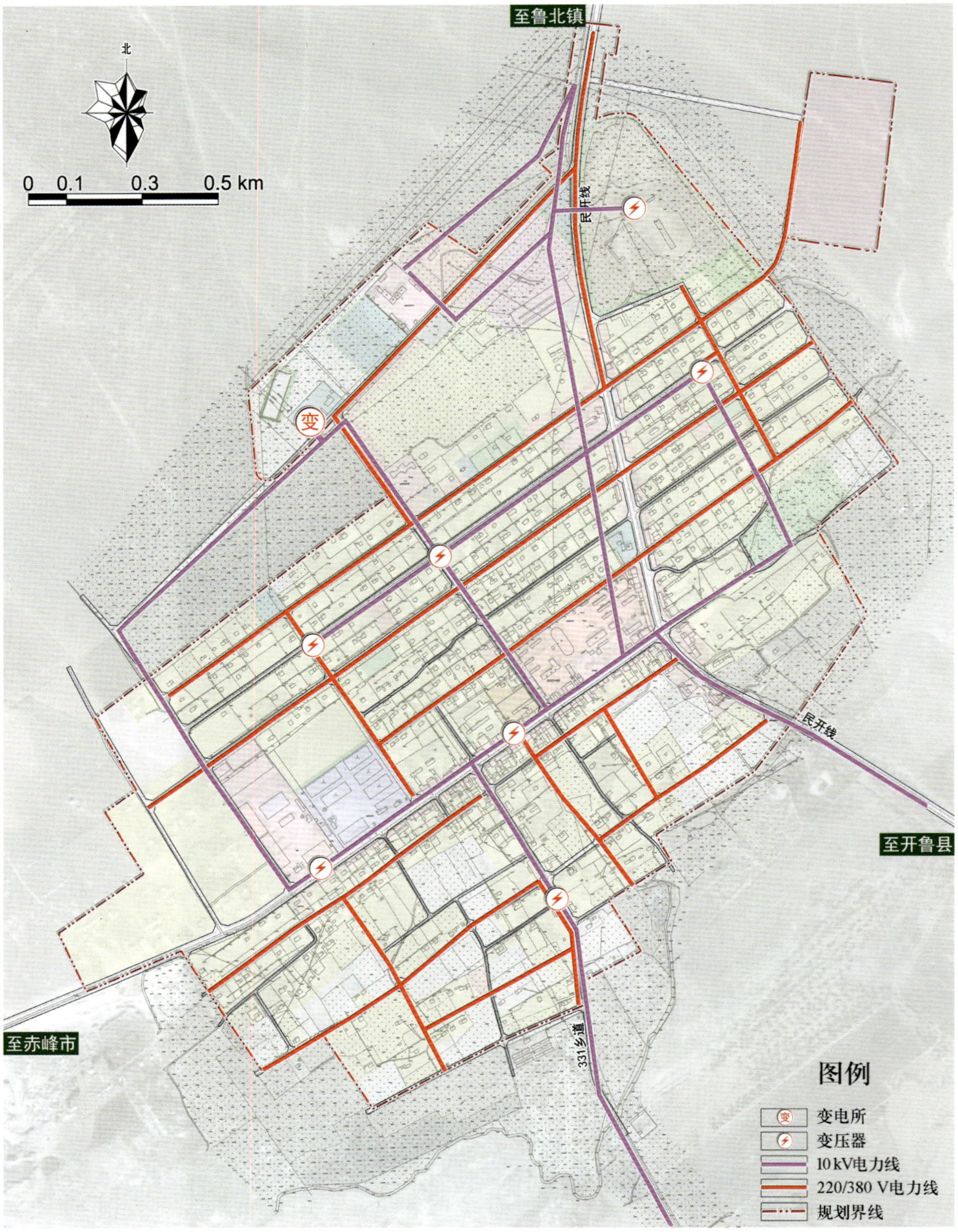

图 15　中心村供电系统规划图

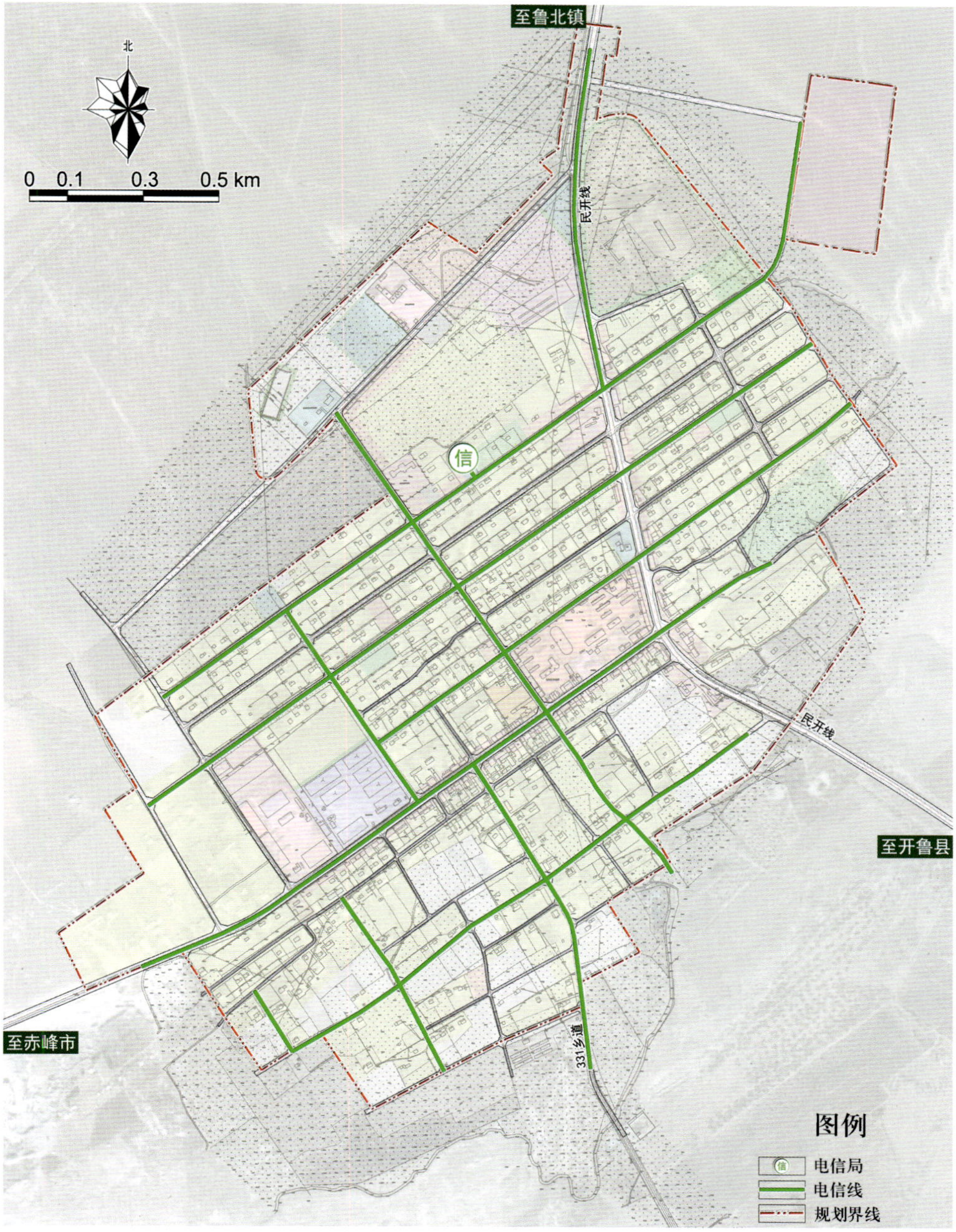

图 16　中心村电信系统规划图

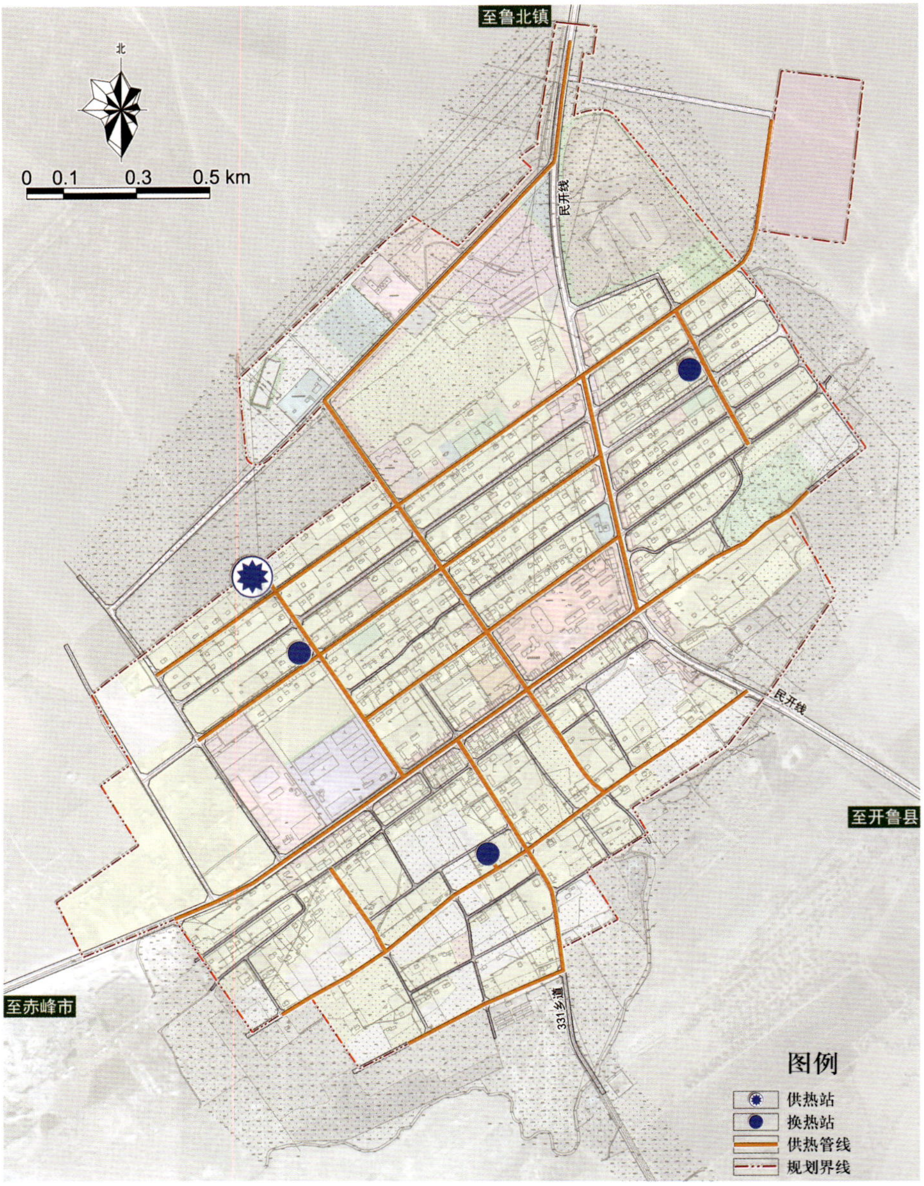

图 17 中心村供热系统规划图

(6) 中心村燃气规划 逐步使用清洁能源，规划在中心村北侧新增燃气供应站 1 处，对村庄内的生活、生产设施实行集中统一供气（图 18）。

(7) 中心村环卫规划 按照 70 m 的服务半径设置生活垃圾收集点，沿用现状垃圾处理场，条件成熟时可以探索设置垃圾综合处理设施（图 19 和图 20）。

3.7 中心村防灾减灾规划

(1) 防洪防涝规划

①防洪规划：通过修筑堤防、穿堤涵洞、生态护岸等综合治理工程整治现状河道，防止洪水带来灾害。

②防涝规划：按照畅通水系、恢复引排能力、改善环境、修复生态、拆坝建桥、方便群众的要求，加快推进边沟和河道疏浚，提升村庄排涝能力。

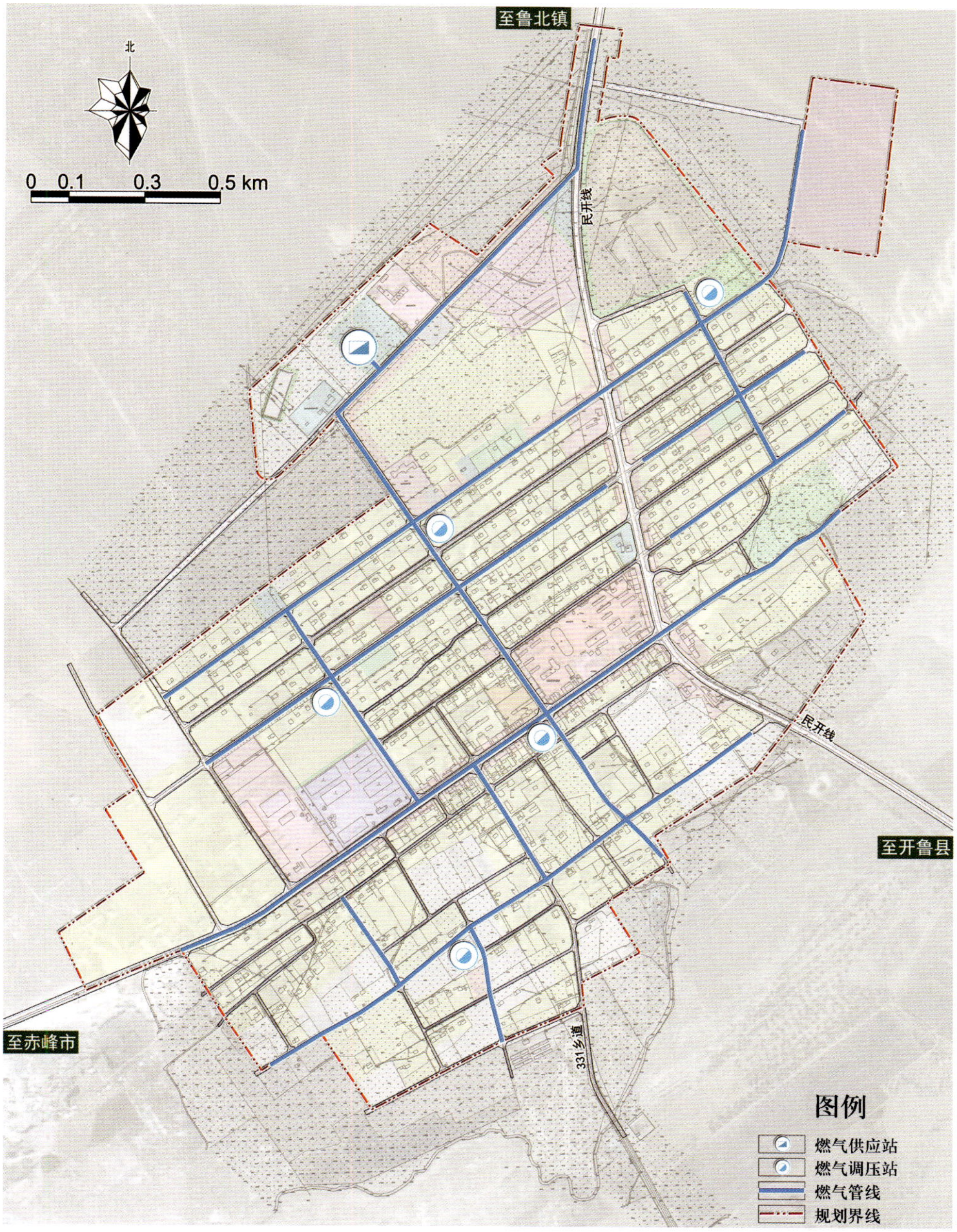

图 18　中心村燃气系统规划图

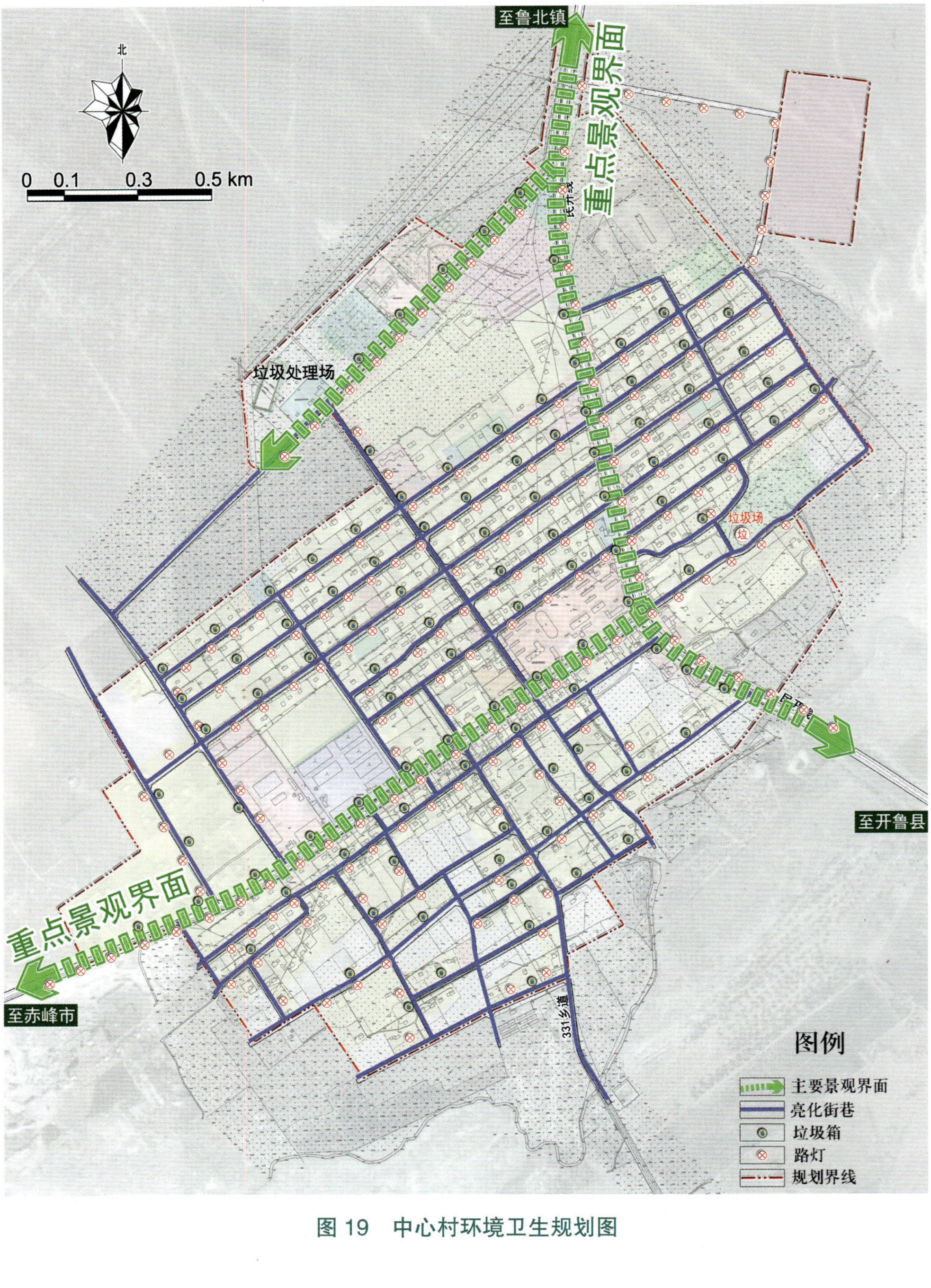

图 19 中心村环境卫生规划图

图 20　中心村总平面规划图

(2)消防规划

①消防用水:中心村近期消防用水主要由地下水井供水,远景随着中心村供水系统的逐渐完善再设置消火栓。

②消防通道:消防通道主要利用村庄主干路和次干路,切实保障通道的畅通无阻,保证消防车的通行。

(3)抗震规划

对已建工程,抗震加固工作要进行规划。中心村主要道路、次要道路作为主要疏散通道,共有4个对外疏散口(图21)。

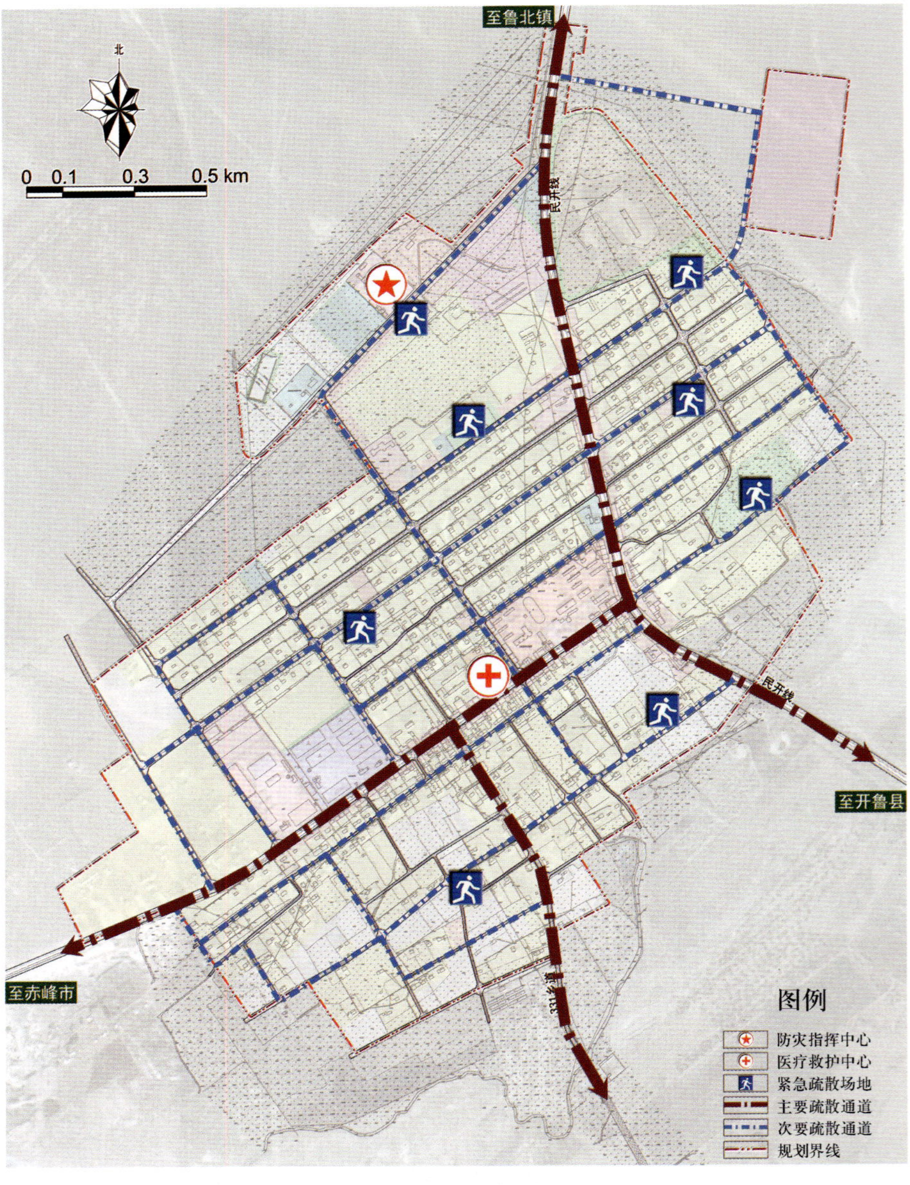

图21 中心村防灾减灾规划图

3.8 中心村环境与景观规划

(1)中心村生态环境 推广生态农业,减少农药化肥用量,生产绿色食品。改变落后的燃烧方式,创建村庄无烟控制区。提倡节约用水。大力推行清洁生产,实行固体废弃物减量化。在道路两侧通过种植行道树作为绿化隔离，减轻交通噪声对村庄的干扰。

(2) 中心村景观系统　规划以成片的村民住宅形成的居住景观片区和乌尔吉木伦河形成的生态景观廊道，作为景观主题的背景。

(3) 中心村建筑风貌　建筑形式突出北方特色，在局部的细节上采用传统民居风格，增加景观效果。把庭院空间明确划分为居住空间、附属空间、交通休闲空间、菜地等，丰富了庭院的空间层次，提升了空间质量。规划对现状围墙、大门加以整体改造，对现状部分砖结构的围墙进行修复。

建设一套导视系统，在村庄出入口设置地标式景观小品或雕塑，在通往村庄的道路上、村庄主要道路交叉口等位置设置指路标识。

(4) 村庄整治　全村空间布局合理，村庄形态总体改观。公用性基础设施服务水平达标，公共服务设施基本完备，防灾减灾措施得当。丰富村貌整洁、舒适，村民素质和全村风尚显著提高。

(5) 近期行动计划　村庄实施建设采取分期进行的方法，2019—2025 年为近期，2026—2035 年为远期，近期项目计划如下。

①产业发展：打造集贸市场、特色采摘园等项目。

②基础设施：完善道路绿化亮化，补充供水污水设施，完善边沟治理，集中建设供热站供气站。

③公共服务：打造街头游园及医养综合体。

④环境整治：设置景观节点，美化围墙大门，修缮民房。

4　规划实施建议

(1) 加强组织领导，科学民主决策。

(2) 健全管理机制，控制引导并用。

(3) 拓宽资金渠道，加大投入力度。

(4) 尊重村民意愿，强化公众参与。

(5) 强化长效管理，力促永续发展。

乌兰察布市四子王旗大黑河乡窑滩村村庄规划
(2021—2035年)

1　村庄介绍

1.1　村庄概况

窑滩村，隶属于四子王旗大黑河乡，地处四子王旗西南部，南临武川县，西临达茂旗，距乌兰花镇约28 km。窑滩村原属东八号乡所辖村落，后并入大黑河乡。村内无较高等级的过境公路，一条南北向乡道及西北向乡道呈“Y”字形从中心村太平庄村穿过，主要对外交通为中心村太平庄村东侧的103乡道及横贯太平庄北部的石小线；中心村与其他自然村通过通村路连接(图1)。

1.2　资源禀赋

窑滩村地处南部山地丘陵地区，属丘间洼地区，地下水位深30～70 m，水源条件较好，故存在大量耕地且基本为永久基本农田。村庄主导风向为西北风，太平庄河南北贯穿窑滩村村域，为塔布河支流。

现状窑滩村村域土地总用地2 391 hm^2，其中农用地2 156.03 hm^2，建设用地61.78 hm^2，未利用地173.21 hm^2。耕地面积1 782.31 hm^2，目前已划定永久基本农田1 545.68 hm^2，占全部耕地比例约86.72%(图2)。

1.3　社会经济

窑滩村是一个以种植业为主的村庄，主要种植作物为马铃薯、玉米。水浇地采用膜下滴灌的方式灌溉，全村基本实现机械化种植。畜牧业以牛羊养殖为主，全村养殖数量不多，基本为散养。

窑滩村村内公共服务设施有村委会、卫生室、图书室、文化活动室、信用社、加油站、幸福院、客运站、广场等。市政设施方面自来水供应、电力电信已实现全覆盖，排水为自然排放，采暖以土暖气形式为主。

1.4　人居环境

全村公厕31座，均为旱厕；垃圾收集箱20个，小型垃圾运输车3辆，路面清扫车1辆。

村内没有明显的村庄入口标识；中心村现有1处广场，位于村委会南侧；有农家乐1处，规模较大，内有池塘。

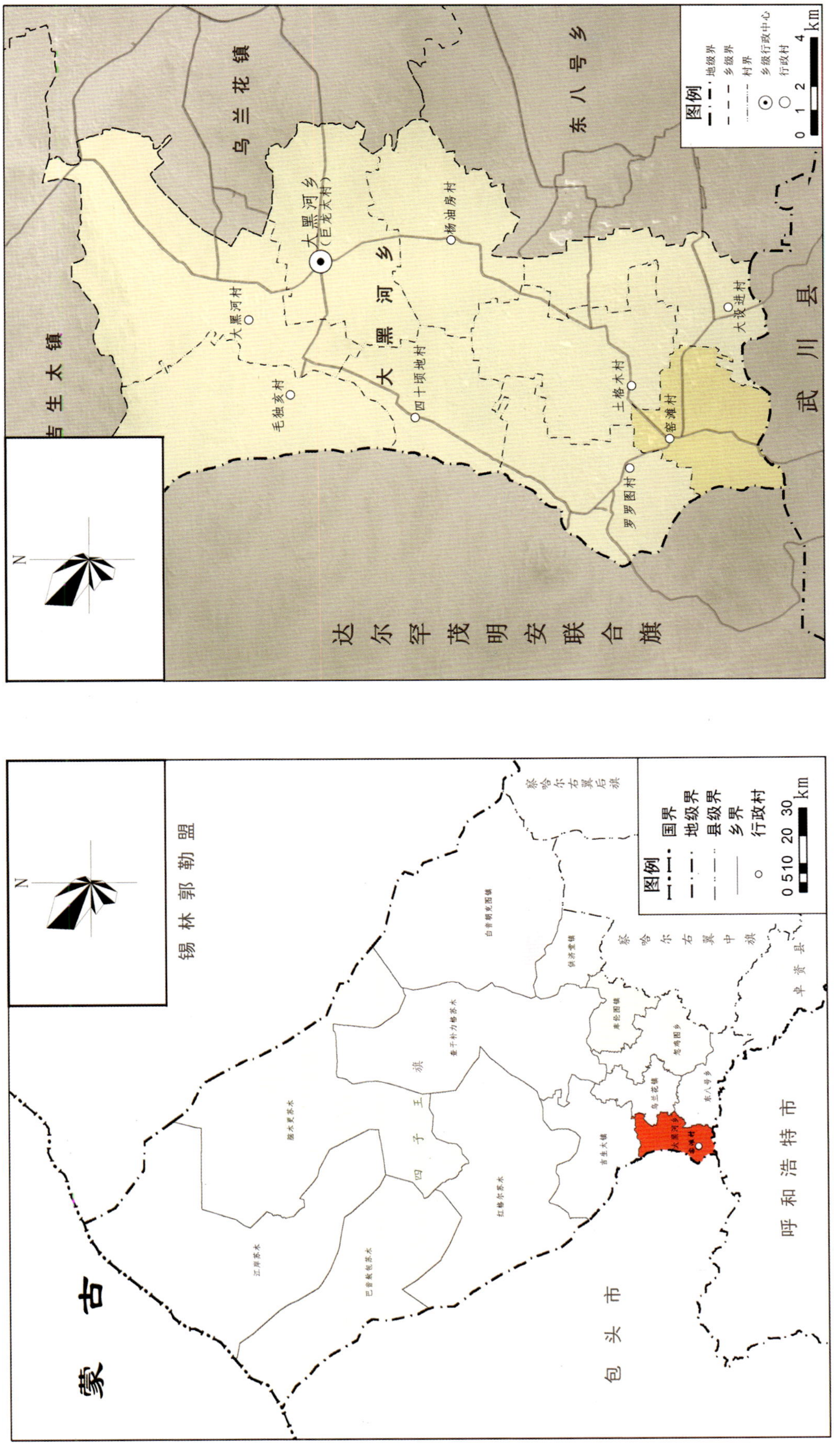

乌兰花镇
东八号乡
大黑河乡
（巨龙太村）
杨油房村
大黑河村
大黑河乡
毛独亥村
四十顷地村
土格木村
窑滩村
罗罗图村
武川县
达尔罕茂明安联合旗
图例
地级界
乡级界
村界
乡级行政中心
行政村
0 1 2 4 km
N
蒙古
锡林郭勒盟
包头市
呼和浩特市
四子王旗
察哈尔右翼中旗
察哈尔右翼后旗
卓资县
图例
国界
地级界
县级界
乡界
行政村
0 5 10 20 30 km
N

图1 区位图

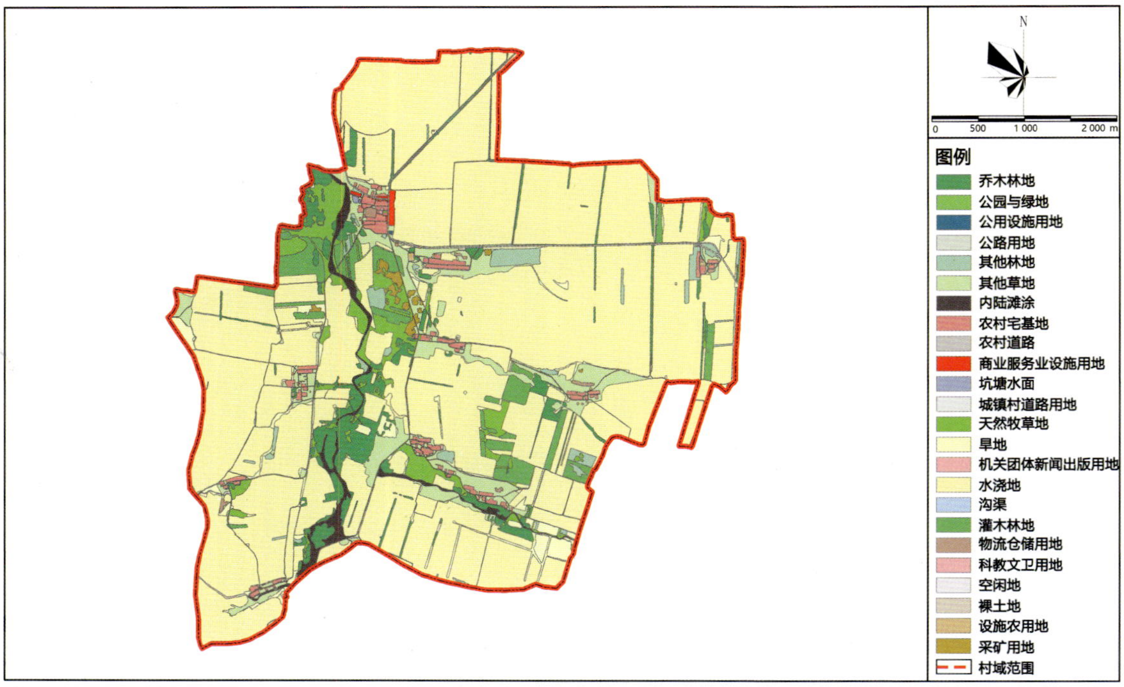

图 2　村域土地利用现状图

村庄内部绿化景观较少，现有带状绿化基本集中在 103 乡道及石小线一侧；现状树木基本集中在村庄北侧，大部分处于居民院落内；村庄南部幸福院具有块状绿化场地，但缺少维护管理，现仅有部分树木存留（图 3）。

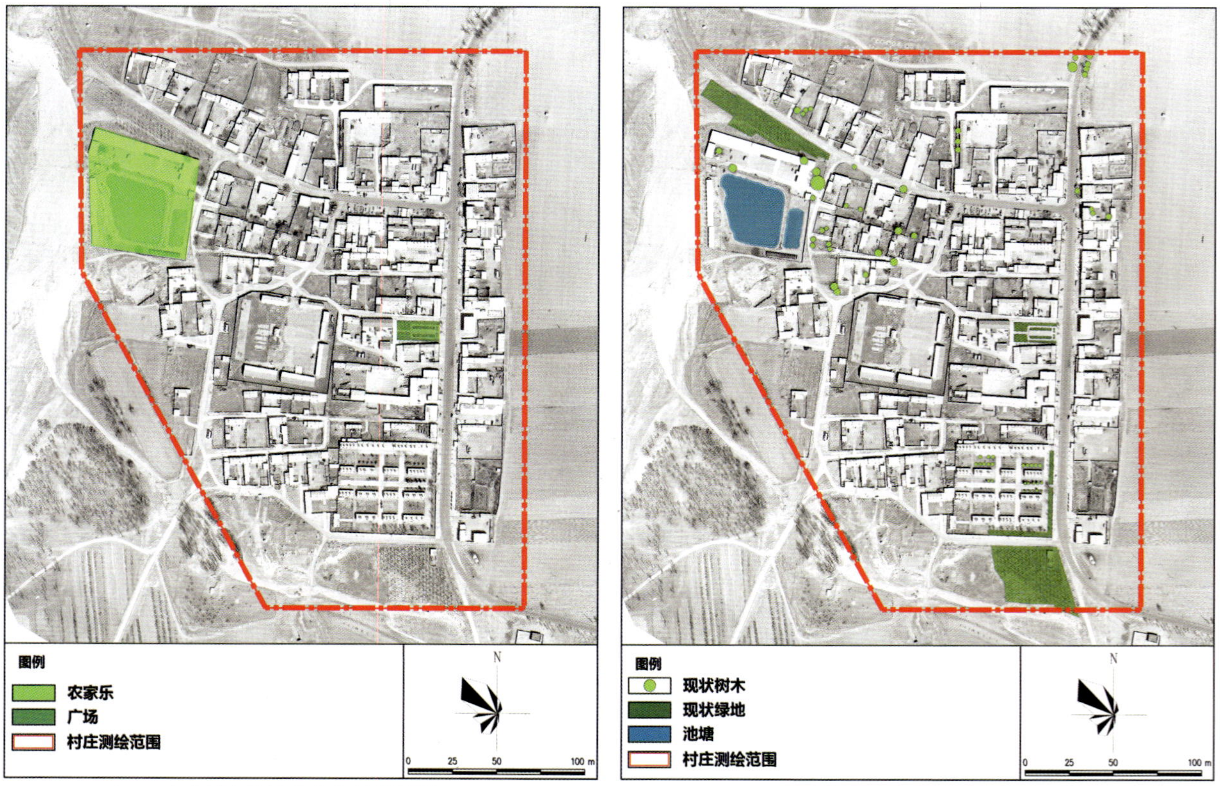

（A）村庄绿地公共空间现状图

（B）村庄绿化景观现状图

图 3　村庄绿地现状图

村庄现状居民住宅均为一层、双坡顶、传统院落式建筑，大部分为红瓦屋面，部分为红色、蓝色彩钢屋面，墙体为淡黄色涂料，建筑风貌较为统一，整体建筑质量较好。

2　规划目标与定位

2.1　村庄类型

窑滩村属于集聚提升类村庄。

2.2　主要目标

实施窑滩村“多规合一”实用性村庄规划，推动窑滩村环境提升和产业落位，实现窑滩村乡村振兴。

到 2035 年，耕地保有量不低于 1 782.81 hm^2，永久基本农田保护面积保持在 1 545.68 hm^2 以上，建设用地总规模 54.44 hm^2，城乡建设用地 39.14 hm^2，公共设施用地 3.82 hm^2，公用设施用地 0.17 hm^2，户均宅基地控制在 531.53 m^2/ 户以内（表 1）。

2.3　村庄定位

依托现状农田景观，秉承村庄特色，构建产业融合、生态宜居的美丽乡村，打造“休闲田园·乐活宜居”的田园特色休闲农旅体验村落。

表 1　村庄规划目标

指标	规划基期年	规划近期目标年（2025 年）	规划远期目标年（2035 年）	属性
耕地保有量 /hm^2	1 782.22	1 782.81	1 782.81	约束性
永久基本农田保护面积 /hm^2	1 545.57	1 545.68	1 545.68	约束性
生态保护红线规模 /hm^2	0	0	0	约束性
建设用地总规模 /hm^2	61.78	51.11	54.44	预期性
城乡建设用地规模 /hm^2	49.78	39.14	39.14	约束性
公共设施用地规模 /hm^2	3.82	3.82	3.82	预期性
公用设施用地规模 /hm^2	0.17	0.17	0.17	预期性
户均宅基地 /（m^2/ 户）	545.70	531.53	531.53	约束性

3　规划安排

3.1　空间布局

通过分析窑滩村村域用地属性、村庄现状、生态保护情况等，融合“三生融合”理念，以优化村庄空间形态、保护耕地、提升生态环境、强化产业结构等作为总体开发保护思路，形成“一心、两带、三区、多节点”的开发保护格局（图 4）。

图 4 "三生"空间格局结构分析图

(1)一心　以中心村太平庄村作为整个片区的核心，构建"村庄会客厅"，承接配套服务功能。

(2)两带　为村庄连片发展生长的秀美田园生长带及顺应村域现状河流发展的生态景观渗透带。

(3)三区　以种植业为主的现代农田生产区，以生态涵养、保护为主的生态涵养发展区，以村民生活居住为主的秀美田园生活区。

3.2 三条控制线

(1)生态空间布局与管控　村域范围内没有生态红线的划定，生态空间为村域内的限制开发区域，面积约为 529.12 hm^2。

限制开发区内主要地类包括沟渠、灌木林地、坑塘水面、空闲地、裸土地、内陆滩涂、其他草地、其他林地、乔木林地、天然牧草地。

保护村内林地、水域、自然保留地等生态用地，不得进行破坏生态环境、污染环境的开发建设活动。

(2)农牧空间布局与管控　农牧空间总面积约为 1 807.73 hm^2，其中永久基本农田面积约为 1 545.68 hm^2。农牧空间内主要地类包括旱地、农村道路、设施农用地、水浇地。

未经批准，不得在园地、商品林及其他农用地进行非农建设活动，不得进行毁林开垦、采石、挖沙、采矿、取土等活动。各项建设不得占用永久基本农田。

(3)建设空间布局与管控　村庄建设空间面积约为 54.04 hm^2，其中村庄建设用地约为 36.98 hm^2，其余为城镇建设用地，包括商业服务用地、交通枢纽用地、加油加气站用地、公路用地等(图 5)。

坚持节约集约用地方针，开展"存量规划""流量规划"和"减量规划"编制，有效控制村庄建设用地无序扩张，不断提高农村建设用地利用水平和效率。

图 5　村庄“三区三线”布局图

3.3　用地规划

(1) 村域用地规划　窑滩村规划村域总用地面积约为 2 390.89 hm^2，其中耕地 1 782.90 hm^2，占比 74.57%；宅基地 30.38 hm^2，占比 1.27%；公共设施 7.9 hm^2，占比 0.33%；道路与交通设施 1.62 hm^2，占比 0.07%；留白用地 3.33 hm^2，占比 0.14%；区域基础设施 10.82 hm^2，占比 0.45%（图 6）。

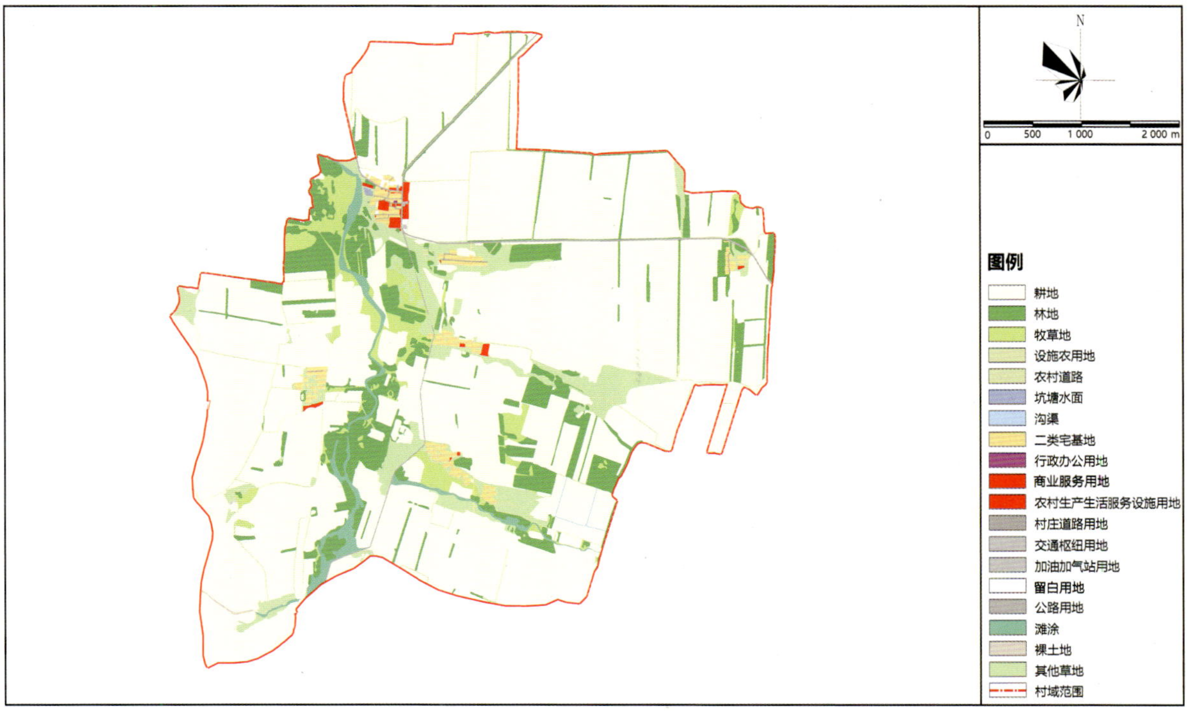

图 6　村域土地利用规划图

(2)中心村用地规划　太平庄村为窑滩村的中心村，规划总用地面积约为 27.48 hm^2，其中宅基地 7.99 hm^2，占比 29.09%；公共设施 5.92 hm^2，占比 21.55%；道路与交通设施 1.05 hm^2，占比 3.82%；留白用地 2.91 hm^2，占比 10.60%；区域基础设施 1.19 hm^2，占比 4.35%(图 7)。

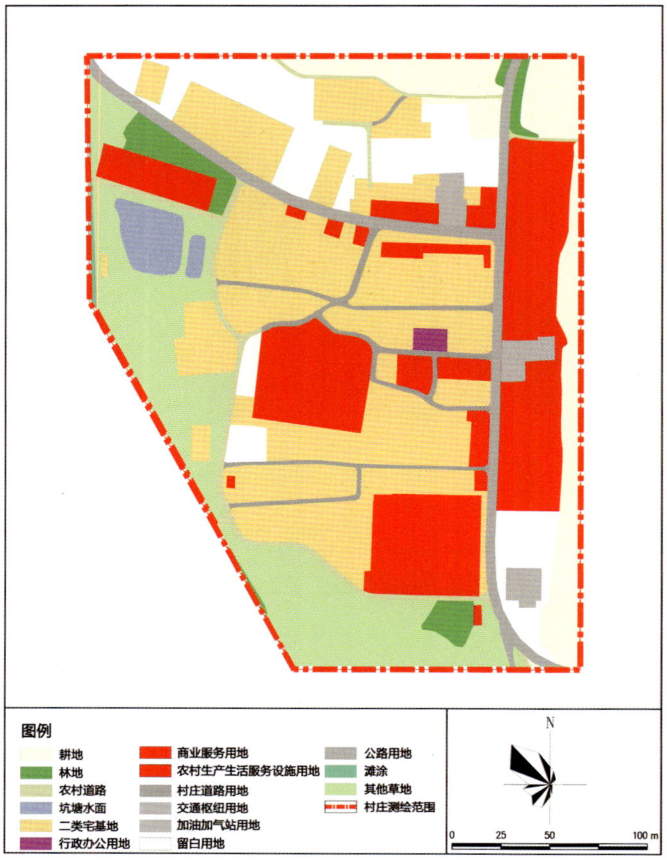

图 7　中心村土地利用规划图

3.4　产业规划

规划村庄产业以种植业为主导，村庄服务业为补充，适度发展养殖业。通过种植作物结构调整、机械化种植逐步推进、技术下乡指导等手段来提升村庄种植业效率。强化村庄服务业的辅助产业地位，创造养殖业发展条件，构建“固基础、强服务、提养殖”的产业发展策略。构建“三产融合、五区联动”的产业发展格局(图 8)，总体形成以下五大产业板块。

(1)综合服务产业发展区　集中在太平庄村及胜利庄村，依托其优越的交通区位，发展农机维修、特色农庄、农事体验等服务产业，构建综合服务产业片区。

(2)规模化养殖产业发展区　集中在后腮村及十顷地、四顶房合并村，依托村内充足的设施农用地发展规模化养殖产业，补充现状第一产业产业结构，增加村民收入。

(3)特色农庄产业发展区　集中在窑滩、东腮合并村及前腮、哈拉乌素、阿路不浪合并村，依托周边生态涵养区优美的景观资源，利用现有农家院落，发展特色农庄产业，为周边旗县、城市居民提供近郊游目的地。

(4)现代化农业种植区　依托现有优质农田，引入机械化种植、改良现有农作物品种等现代农业种植技术，提高现有农产品产量，构建现代化农业种植区，提升农民收入。

(5)生态涵养发展区　依托现有生态景观资源，进一步进行生态修复，在不破坏生态环境的前提下为村民、游客提供生态休憩、闲游场所，与特色农庄产业形成联动发展。

图 8　村域产业发展布局图

3.5　住房布局规划

规划拟对全村的村庄进行撤并，合并后全村保留太平庄村、后腮村、窑滩村、十顷地村、胜利庄、前腮村 6 个自然村，四顶房规划并入十顷地，阿路不浪、哈拉乌素并入前腮村，东腮村并入窑滩村，各村宅基地应按照未来村庄搬迁撤并工作的推进稳步优化，对废弃宅基地实施生态修复或复垦，同时合理安排撤并村民的宅基地，建设要求应符合全村建设风貌（图 9）。

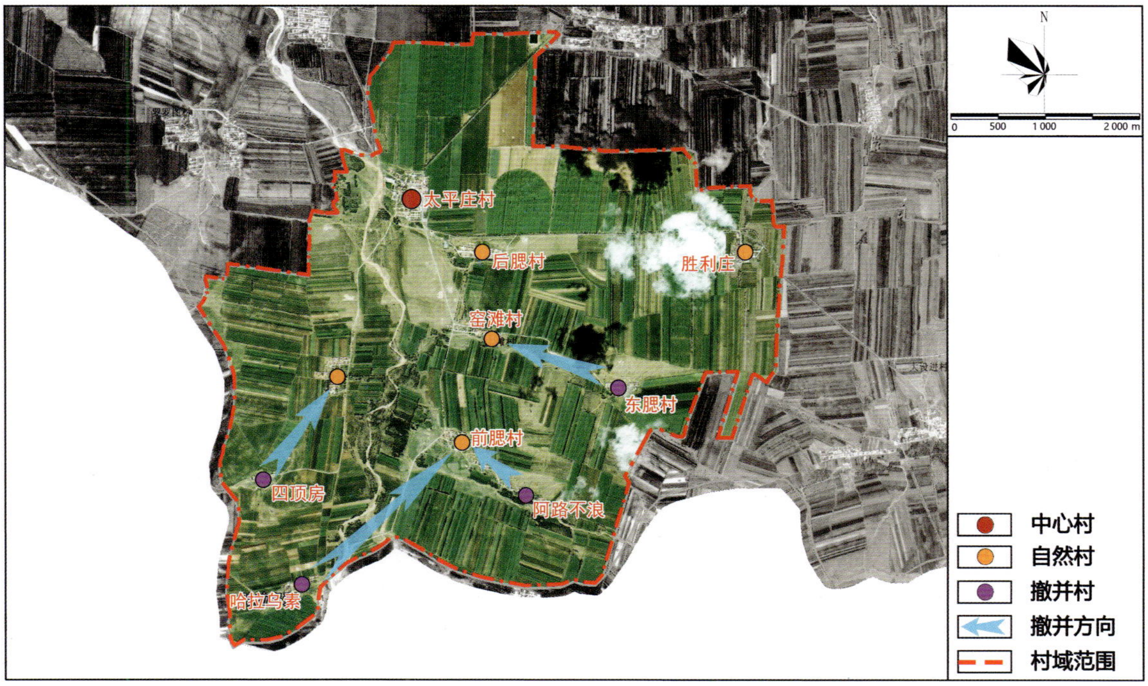

图 9　村庄撤并图

3.6 基础设施规划

(1)道路系统规划　村庄东侧及北侧为两条主要的对外交通,为103乡道及石小线。维持现有路网,在两条对外交通沿线设有沿街公共停车位,以解决现状路边停车杂乱、环境较差的问题(图10)。

(2)公用设施规划

①排水工程:排水工程采用雨污分流体制,污水管网远期接入镇区排污设施,实现村庄污水集中收集,统一处理。污水主管管径为DN300,沿村庄外围环路敷设,污水支管管径为DN150,沿村庄内部横向街巷敷设(图11)。建设雨水明渠排放雨水,按照就近分散排放的原则布置,尽量缩短雨水明渠的长度。

②环卫设施规划:补充现状环卫设施,加强村民分类回收、资源再利用的意识,对未进行户厕改造的居民进行户厕改造。

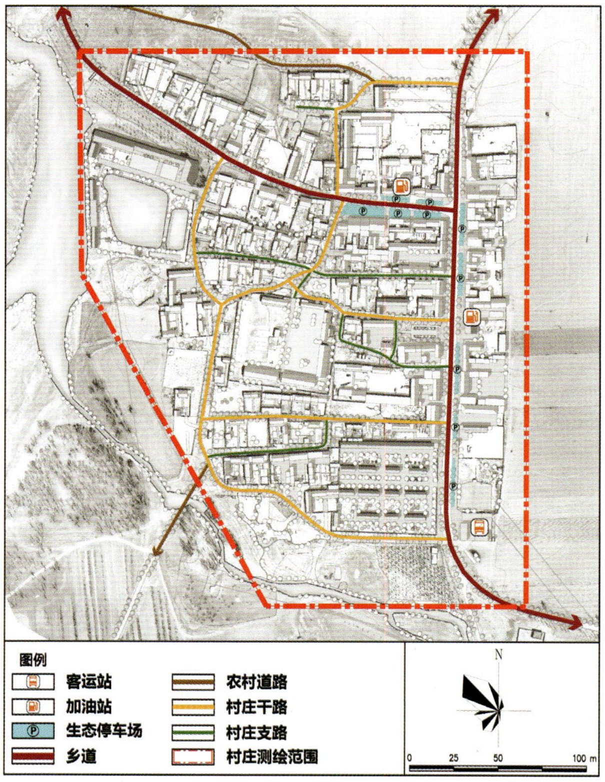

图10　中心村道路系统规划图

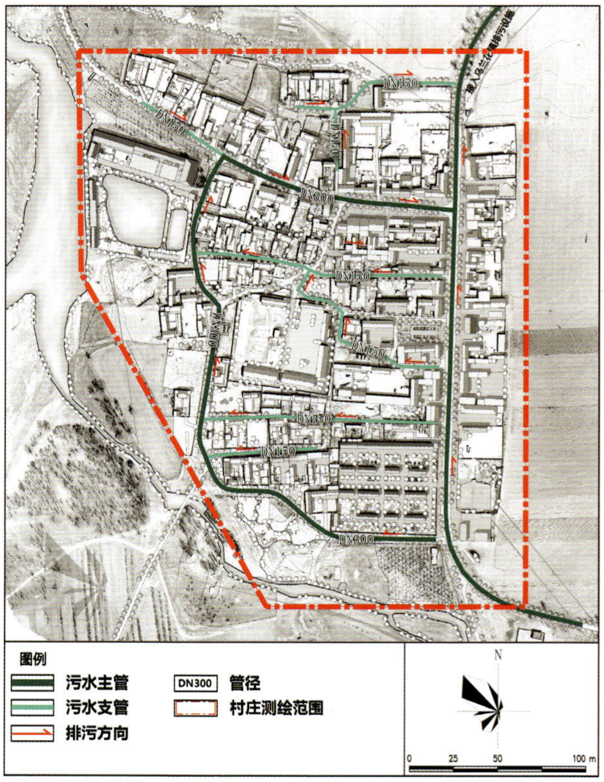

图11　村庄排污设施规划图

3.7 公共服务设施规划

规划在两个合并村利用规划后村内的农村生产生活服务设施用地,各建设1处村委会、1处健身广场,配备健身器材(图12)。

3.8 绿地与景观规划

围绕村域内优质的农田,打造农田景观基底,依托现有的太平庄河打造生态景观廊道,通过村庄内

图 12　村域公共服务设施规划图

景观提升，营造村庄景观斑块，形成“一廊、三带、一面、六斑块、多节点”的景观结构。其中，“一廊”为纵向的生态景观廊道；“三带”为景观廊道延伸出的三条横向景观延伸带；“一面”为农田景观基底；“六板块”为依托村庄景观构建的六大村落景观斑块；“多节点”为村域内多个景观节点(图 13)。

图 13　村域景观体系规划图

3.9 生态修复和国土综合整治

(1)国土综合整治规划　通过对村庄现状用地的整理，计算全村目前具备开发潜力的土地约 173.21 hm^2(表 2)。

表 2　土地整体潜力分析统计

类型	建设用地整治潜力 /hm^2					农用地整治潜力				后备资源开发潜力 /hm^2			
	闲置宅基地	废弃宅基地	废弃工矿地	旧村改造面积	污染及灾毁用地	耕地总面积 /hm^2	耕地利用程度	近三年是否有土地整治项目	是否需要开展土地整治工程	荒草地面积	盐碱地面积	滩涂用地面积	其他未利用地面积(不含河流水面)
窑滩村	0	0	9.45	0	0	1 782.31	较高	无	是	0	0	34.28	138.93

(2)建设用地增减量方案　窑滩村现状存在村庄撤并情况，故建设用地会出现整体增量及整体减量的情况，通过对村域内建设用地增减量核算后得出，建设用地增量约为 10.23 hm^2，减量约为 17.09 hm^2(表 3)。

表 3　建设用地增减量统计

出入情况		用地面积 /hm^2
增量用地		10.23
其中	留白用地	3.33
减量用地		17.09
近期总计(减量)		10.19
远期总计(减量)		6.86

(3)生态修复规划　规划以“环境整治 + 景观营造”为整体生态修复理念，构建“基质、斑块、廊道”同步推进的生态修复总体格局(图 14)。

3.10 防灾减灾规划

(1)防洪规划　规划对太平庄河河道及两岸进行生态修复，构建生态堤岸，防洪标准要求达到防御 20 年一遇的洪水。

(2)防震规划　本村所在的四子王旗地震峰值加速度为 0.05g，相当于《中国地震烈度区划图》(1990)中地震烈度Ⅴ度。规划坚持“以预防为主，防、抗、救相结合”的基本原则，从实际情况出发，做好震前防灾工作，提高村落的综合抗震能力。

(3)消防规划　以村庄供水系统为主提供消防水源，利用村庄道路形成顺畅的消防通道，以公共绿地、广场作为紧急避震疏散场所，严格执行国家颁布的消防规范、防火等级，健全消防设施，做好消防组织工作。

3.11 近期规划安排

风貌整治方面，增加宅间、路旁绿化，提升公共空间景观品质。设施建设方面，修复破损路灯，新建环卫设施。产业建设方面，建设高标准农田，改良种植物品种(表 4)。

图 14　生态修复总体格局布局

表 4　近期建设项目一览

项目类型	项目名称	建设性质	建设年限	空间位置	规模
产业发展	高标准农田建设	改建	2021—2025 年	—	—
	种植物品种改良	—	2021—2025 年	—	—
基础设施建设	新建环卫设施	新建	2021—2025 年	窑滩、十倾地、前腮村	3 座
	修复破损路灯	改建	2021—2025 年	太平庄村	约 10 盏
公共服务设施建设	休闲游园	新建	2021—2025 年	太平庄村	约 484.66 m^2
人居环境整治	宅间、路旁绿化建设	新建	2021—2025 年	太平庄村	约 5 933.25 m^2

3.12　实施保障

(1) 建立协调机制　建立镇、乡两级村庄规划建设统筹协调机制，成立由发改委、自然资源局、住建委、农委、财政、水务、环保、园林等相关部门组成的村庄建设管理协调小组，对重点项目、资金使用及相关政策进行统筹协调。建立以村集体经济组织为实施主体，村庄建设管理协调小组统筹指导，乡镇人民政府监督备案的建设乡村资金统筹协调模式。

(2) 建立动态管理机制　村庄规划编制完成后，定期对规划实施情况进行跟踪、评估，总结经验，为制定相关政策提供依据。

(3) 建立人才引进机制　村委会可自行组织成立人才储备引入平台，上报乡镇与乡镇政府共同制定自主创业交流平台，提供自主创业优惠服务与信息支持，吸引能人返乡。

(4) 推进村庄规划建设、信息化建设　由自然资源局、各乡镇分局牵头，基于各个村庄建设发展规划，以各区为单位，由自然资源局建立统一标准，建立信息平台。各区分局及时反馈数据、动态维护信息。

3.13　公众参与

鼓励以村民为主体、村委会为主导，通过共同建设、责任承包、联欢活动、竞赛排名等不同方式，在设施建设、环境整治、文化推广、产品宣传、学习培训等方面开展公众参与，激发和调动村民参与美丽乡村规划与建设、维护村庄发展的积极性与主动性，增强村民的凝聚力。

呼和浩特市新城区保合少镇水泉村村庄规划（2021—2035 年）

1 村庄介绍

1.1 村庄概况

水泉村位于呼和浩特市新城区保合少镇东南部，东临卓资县，西靠庄子村，南邻赛罕区，北近大窑村，距离呼和浩特市 21.3 km，距离保合少镇镇政府 4.5 km，南侧紧邻 G6 高速公路和 G110 国道，西侧紧邻省道 S105 和 G7 高速公路，交通区位优势明显。

1.2 资源禀赋

水泉村地形主要由山地、山前冲积扇地和平原三部分构成，地形起伏大，东南高，西北低，三面青山为依，四周田园为底。中心村内部地势起伏明显，形成错落的台地，规划可以加以利用创造良好的山地景观环境。

水泉村村域面积为 1 070.89 hm^2（约 16 063.35 亩）。其中，农用地 1 030.87 hm^2，占比 96.26%，内含耕地 124.11 hm^2，林地 721.10 hm^2，草地 170.90 hm^2；建设用地 38.68 hm^2，占比 3.61%，其中城乡建设用地 17.76 hm^2，采矿用地 15.98 hm^2；其他用地 1.34 hm^2，占比 0.13%（图 1）。

1.3 历史沿革

清朝乾隆年间，水泉村因村内有一泉眼而得名，泉水清洌甘甜，吸引村民来此居住。目前，水泉村历史记载的文化资源少且分散。有以古井、古树为标志的历史文化，文化大院为缩影的农耕文化，窑洞为遗存的红色文化，二人台为基础的民俗文化，窗花剪纸、踩高跷、捏面人等为代表的非物质文化遗产。

1.4 自然条件

水泉村整体自然条件较好，山、沟、林、田共同构成水泉村的自然生态本底。山体之间形成多处自然冲沟，包括脑包沟、水泉沟、迷糊沟、甲窑沟等，沟内局部地段植被茂盛，野生沙棘成片生长。沟内部形成

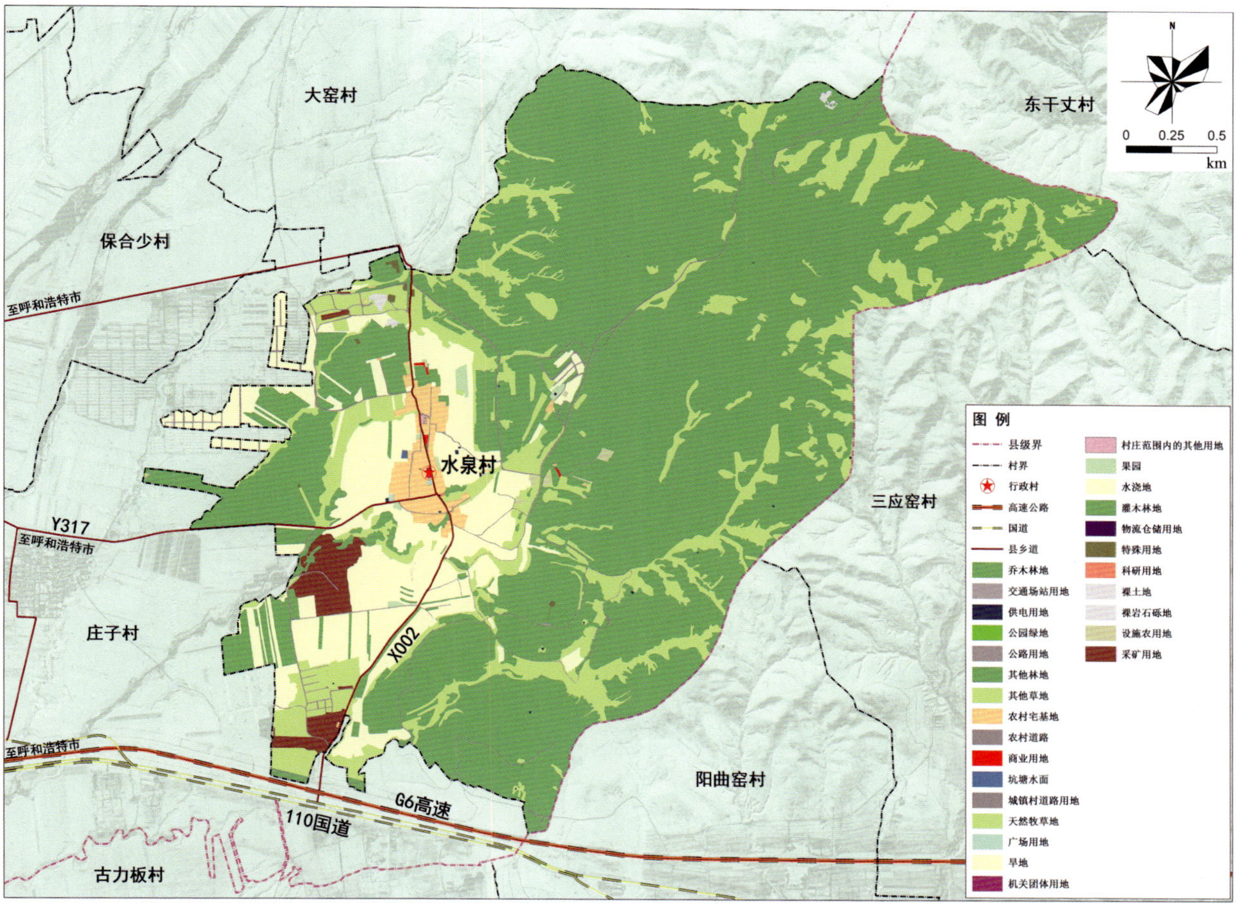

图 1　村庄现状图

砂石，从居民点道路延伸至山体深处，冲沟两侧地貌多样，形成独特的地质景观，沟内植被破坏较为严重，生态环境自我修复能力减弱，需要通过修复重现生机。

1.5　社会经济

2020 年水泉村常住人口为 446 人(155 户)，户籍人口为 586 人(267 户)。其中，蒙古族 19 人，满族 10 人，景颇族 2 人，汉族 554 人；男性 288 人，女性 298 人。村民年龄 20～29 岁的有 61 人，人口主要集中在 30～59 岁，60 岁以上老人有 133 人，80 岁以上老人 16 人。村民整体文化水平较高，以小学和初中文化为主。

水泉村村集体经济发展处于起步阶段，现已形成农业合作社 + 民宿旅游的发展模式。水泉村村民收入以外出务工、土地流转及养老保险收入为主。

水泉村产业现状以一产和三产为主。一产以杭白菊等中草药种植为主，有少量的养殖，还有“QQ 菜园”、庭院经济等小规模特色化蔬果种植。三产以旅游为主，利用本村闲置房屋发展民宿旅游项目，有农家乐、牧家乐、文化大院等旅游服务点。全部开放后接待床位达 98 个，运营 3 个月可接待人数 1 万多人，收入约 38 万元。

1.6　人居环境

水泉村现状公共服务设施分为公益性服务设施和商业性服务设施。公益性服务设施主要为村委会

(党群活动中心)、文化活动中心、文化大院、卫生室、幸福院、广场、小型足球场等。商业性服务设施主要有旅游接待中心、农家乐(兴泉饭庄)1处,牧家乐1处和便民超市等。

村庄饮用水水源为位于大窑村的深水井,饮用水缺乏。村庄污水大部分排入市政管网,部分住户没有接入,除此之外,目前村内有2处渗水井用于日常生活污水排放,雨水以自然排放为主。用电接入市政电网,路灯设施较为完善。村民冬季取暖供热以烧煤为主,接入天然气成本和难度较大。电信设施村内网络已入户。村口设垃圾转运站1处,垃圾分类收集,每隔约50 m设一组4个纯钢材质的垃圾桶,由环卫公司统一收运。全村共设4处公共卫生间(水厕),户厕入户率达100%。

2　规划目标与定位

2.1　村庄类型

水泉村属于集聚提升类村庄。

2.2　主要目标

保护村庄良好生态环境,村庄垃圾、污水得到有效治理,村庄绿化美化水平不断提高,农村卫生长效保洁机制基本建立,农村人居环境明显优化。村庄人口相对集中居住,盘活存量建设用地,农村土地集约利用的水平不断提高。发挥自身资源优势,形成以杭白菊等中草药种植为基础,民宿旅游为特色产业、生态休闲旅游为主线的产业体系,实现农村经济快速增长,提高农民收入水平。综合以上所述,规划将水泉村建设成为一个生态优先、土地集约、产业振兴、文化复活、生活富裕的活力乡村(表1)。

表1　村庄规划目标

指标	规划基期年	规划远期目标年(2035年)	规划基期与远期变化量	属性
耕地保有量 /hm^2	124.11	124.11	0.00	约束性
永久基本农田保护面积 /hm^2	—	—	—	约束性
生态保护红线规模 /hm^2	—	—	—	约束性
建设用地总规模 /hm^2	38.68	38.15	−0.53	预期性
城乡建设用地规模 /hm^2	19.76	26.14	6.38	约束性
公共设施用地规模 /hm^2	0.18	0.45	0.27	预期性
公用设施用地规模 /hm^2	0.27	0.27	0.00	预期性
户均宅基地 /(m^2/户)	667.79	496.33	−171.46	约束性

2.3　村庄定位

基于对村庄自然资源产业基础和传统文化的梳理,依托村庄良好的生态资源,融合区域发展需求与村民诉求,规划将水泉村定位为:“秀美菊园　共享水泉”。

将水泉村建设成为“呼和浩特市东郊,以杭白菊等中草药种植、民宿旅游、田园养老为特色产业,以田园休闲度假、乡村文化体验、生态观光为旅游主线,宜居宜业宜游宜养的集聚提升型共享村落”。

3 规划安排

3.1 总体格局

规划形成“一心、两轴、三区、多节点”的国土空间总体格局。

(1)“一心” 以水泉村居民点为中心的集游客接待、文化体验、民宿、农家乐与牧家乐等休闲旅游服务于一体的综合服务中心。

(2)“两轴” 包括以大窑历史文化为主线,结合农耕文化(文化大院、农事体验)、村庄历史文化(村史馆、常家祠堂)以及民俗文化(二人台)的文化休闲体验轴;东西向的生态休闲轴,串联入口景观广场、中药材博览园、花海景观、果园景观等生态型节点。

(3)“三区” 即生活区、生产区和生态区。

(4)“多节点” 包含综合服务中心、中药材博览园、农事体验区、村史馆、文化大院、花海景观区、牧家乐、农家乐、拓展训练基地等多个游览节点。

3.2 国土空间布局

规划依据水泉村发展定位和要求,以第三次全国国土调查成果的地类及其分布为基础,以村域路网、大青山生态廊道为框架划定三类空间,明确村庄开发保护格局和各类空间规模,形成“农业生产、村民生活、生态保护”融合发展的村域开发保护格局。规划形成农业空间、生态空间和建设空间三大空间(图2)。

(1)农业空间划定 主要指提供农产品为主体功能的空间。水泉村不涉及永久基本农田保护红线。规划将村域西侧地势较为平缓区域内的耕地、园地、林地、草地、农业设施建设用地、零星建设用地等主体功能是提供农产品的用地纳入农业空间,规划农业空间面积为234.76 hm^2。

(2)生态空间划定 主要指以提供生态产品或生态服务为主体功能的空间。水泉村不涉及生态保护红线。规划按照保留乡村原有地形地貌,保护乡村自然风光和田园景观的原则,以增加生态碳汇为导向,加强生态环境系统修复和整治,优化乡村林网、大青山生态廊道等生态空间格局,将村域东侧大青山林地、草地、耕地等划入一般生态空间,对其进行重点保护。规划生态空间面积798.58 hm^2。

(3)建设空间和村庄建设边界划定 建设空间主要包括农村宅基地,公共管理与公共服务设施用地、交通运输用地、商业服务业用地、物流仓储用地、公用设施用地、区域交通设施用地和特殊用地等。规划建设空间面积为37.55 hm^2。

村庄建设边界是在规划期内指导和约束村庄建设,完善村庄功能和规划集中建设的区域边界。规划以第三次全国国土调查现状为基础,按照“整体减量、局部增量,刚性控制、弹性调整,集约节约、布局优化”的原则,结合村庄人口规模预测,在综合考虑村庄定位和涉农产业发展需求的基础上,结合道路、林地等实体边界划定村庄建设边界26.37 hm^2,村庄建设边界由现状保留区、规划新增区和弹性发展区三部分构成。现状保留区面积24.98 hm^2,规划新增区面积1.20 hm^2,其中包括用于建设奶食品加工厂的用地0.86 hm^2,留白用地0.31 hm^2。规划预留发展用地0.19 hm^2,作为村庄建设边界外腾退指标调入区。

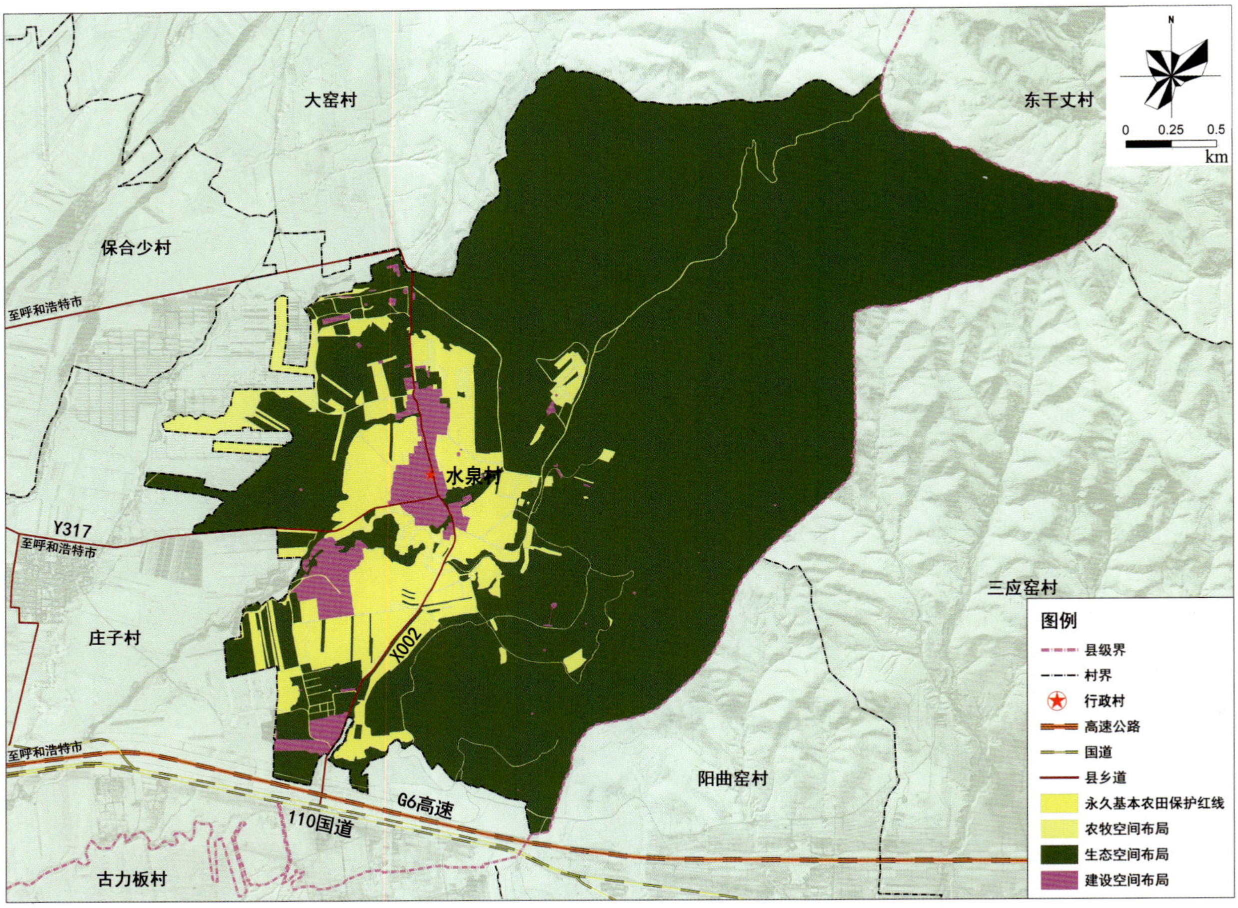

图 2　村域国土空间控制线规划图

3.3　产业规划

水泉村由于地处二级水源保护区范围内，对二产发展有所限制，基于现有资源条件，以带动村民增收为目标，坚持“以三产为主导、一产为支撑”的产业发展思路，以中草药种植为基础，融入民宿旅游度假元素，将一三产融合发展，以完善的旅游服务配套设施为抓手，规划提出“优化农业、融合农旅、提升服务”三大产业发展策略。

规划将水泉村形成“一轴、一带、六区、多点”的产业空间格局（图 3）。“一轴”是指东西向山野生态体验轴；“一带”是指南北向乡村文化展示带；“六区”包括乡村文化体验区、农事体验观光区、野外拓展区、生态农林区、生态休闲旅游区和生态恢复区等六个片区；“多点”是指多个项目点。

①乡村文化体验区：保留村民最原始的特色生活空间和生活场景，展现乡风民俗的古朴、醇厚之美；注入部分高品质民宿，融合大窑文化设立农家、牧家接待区；开发窗花剪纸、黏土陶艺、面人等乡村手工艺商品；展示乡村生活场景，如二人台表演等；开发乡村故事演绎。

②农事体验观光区：让游客参与农耕、农牧，感受农趣。同时也将农事活动、农耕文化与农业知识相结合，在传承农耕文明的同时，通过原乡、原俗的农事体验，展现农业生产劳动热烈场面，让游客体验农业劳动生活。并且种植各色花卉，形成花团锦簇、欣欣向荣的热烈气氛。

③野外拓展区：将企业拓展与儿童户外体验相结合，提升城市居民的户外体验。

④生态农林区：保留现状元宝枫。

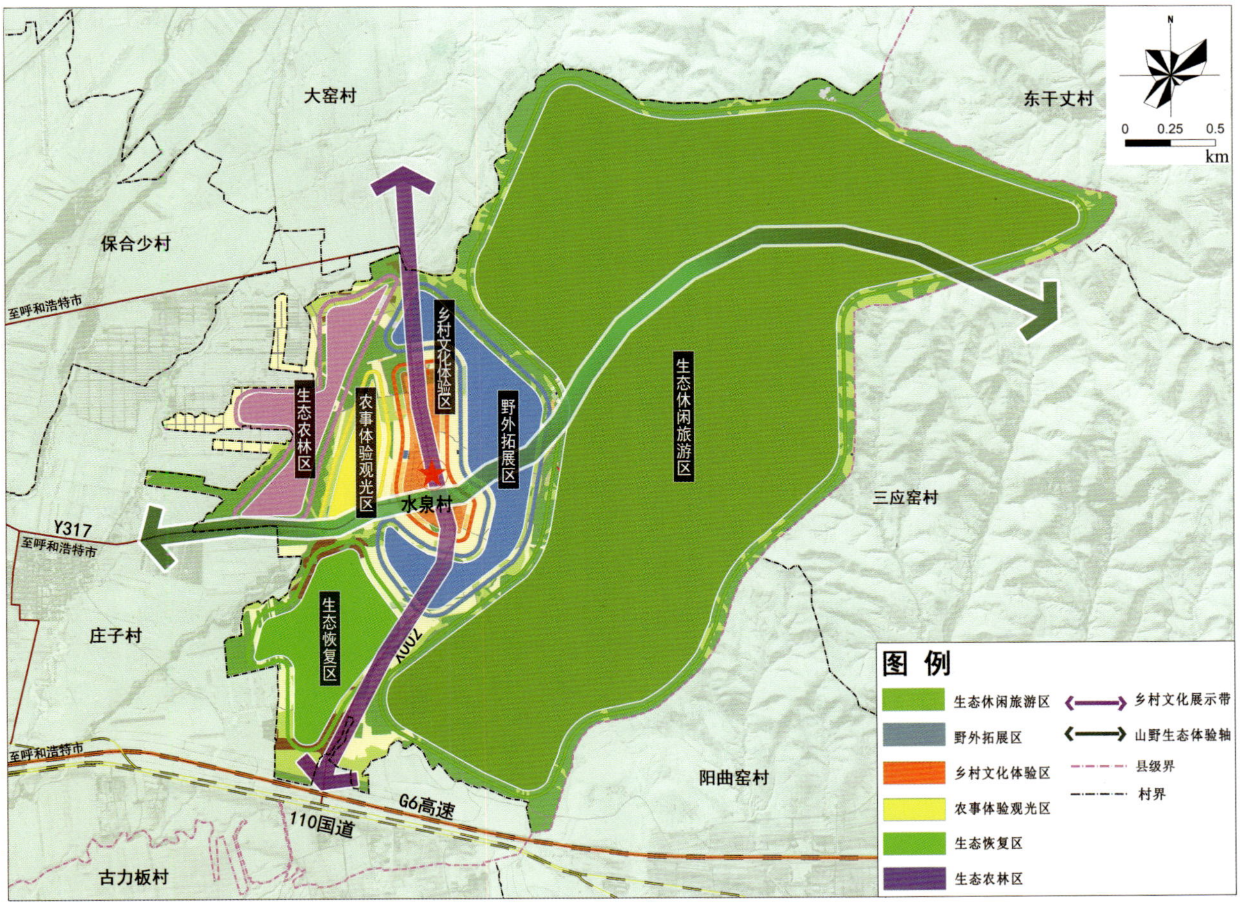

图 3 村庄产业布局规划图

⑤生态休闲旅游区：结合山体、沟渠及现状沙棘、杨树林地，注入休闲娱乐活动。

⑥生态恢复区：将原有砖厂用地进行整治再利用，使破坏的生态系统得以恢复。

3.4 乡村旅游规划

规划总体思路为“新农村建设 + 街道庭院生态廊道设计 + 五谷杂粮创意化设计”，通过打造品乡味、体乡情、观乡景、听乡音四大板块使得水泉村在吃、住、游、购、体验全方位发展。挖掘地域农业产业特色、地域文化特色、传统技艺特色和人民生活习俗特色。特色餐饮、民俗体验、民宿接待等将成为主要盈利点。围绕旅游，在村庄景观、道路景观、居民庭院、文化生活和民宿设计等方面进行精细化设计。

规划形成八大主题片区：花海茶园、亲子农耕、特色餐饮、共享村落、户外拓展、果香怡人、农牧体验、党建引领等八大主题片区，分主题打造景观风貌。

3.5 中心村规划

(1) 宅基地规划　规划充分尊重水泉村自然本底和原有肌理，按照适度集中原则，统筹安排居民点居住、产业、公共服务、景观绿化等用地布局，满足新时代农民生产生活需要。规划整理激活零散用地、闲置空间，合理增补各类功能空间，优化组织内部路网，推动居民点用地集聚、功能提升和有机更新。

严格执行“一户一宅”政策，新增宅基地面积标准≤ 400 m^2/ 户。规划农村宅基地 14.52 hm^2，比规划基期年减少 2.7 hm^2。调出指标分别细化为公共管理与公共服务用地、绿地与开敞空间用地、留白用地和乡村道路用地。

为适度提高村庄规划管理的灵活性，满足村民分户需求，规划共预留留白用地 0.93 hm^2，可用于后续新增宅基地使用，按照每户 400 m^2 的宅基地建设标准，可安排 23 户宅基地。

(2) 住宅和庭院建设指引　规划充分考虑水泉村所在地区防寒保暖、防御风沙等地域性基本需求，对建筑色彩、建筑屋顶、建筑高度等方面进行建设指引。新建住房建筑及院墙色彩应以白色为主色调，红色和灰色为辅。建筑和院墙材质以涂料为主，院门以红色为主。屋顶形式以坡屋顶为主，屋面材料选用灰色砖瓦。农村民居高度应与周边环境协调，考虑到水泉村发展民宿的诉求，同时考虑村庄天际线的起伏变化，规划新建民居建筑层高不宜低于 2.8 m，单层坡屋顶住房主体不宜超过 5 m。住宅层数不超过 2 层，住宅总高度不宜超过 8 m。

充分考虑现代农村生产生活方式及庭院经济等新时代乡村发展诉求，合理优化院落功能，灵活布置住宅及辅房，塑造符合呼和浩特郊区特色民居院落空间。

(3) 道路交通规划　村庄对外交通 3 条道路，分别为西、北、南 3 个方向，道路宽度为 6 m，道路为沥青路。对内交通是村庄内部的交通，根据交通现状和设施建设情况，提出现有道路设施的修建和改造措施，对新建道路，应明确布局和用地安排。对内道路应分为主干路、次干路、支路三级（图 4）。水泉村西侧主入口有 1 处公共停车场，居民点内主要采用院内停车。规划期内增加呼和浩特市市区到水泉村的通勤车。

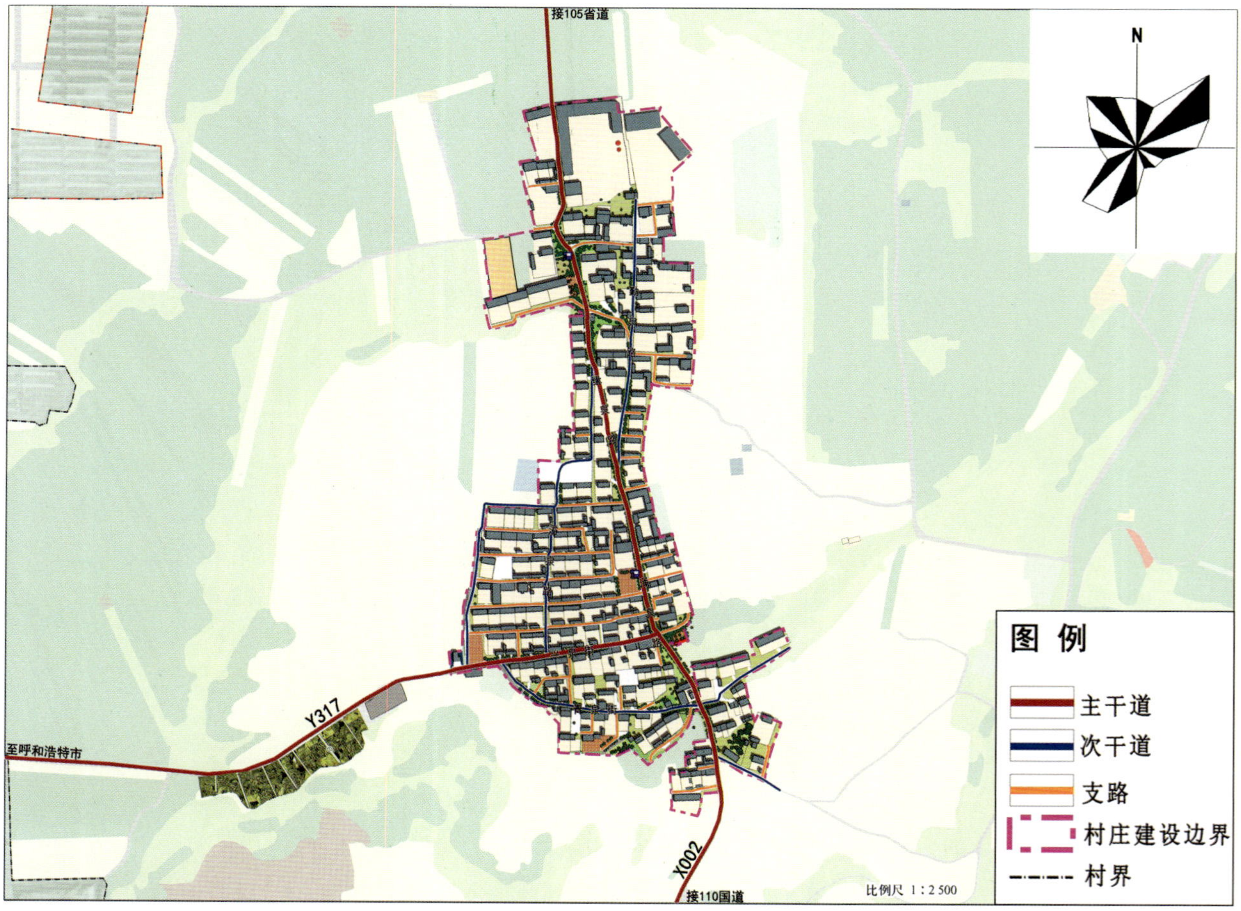

图 4　中心村道路体系规划图

(4) 公共服务设施规划 按照推进城乡基本公共服务均等化目标,结合区位条件和发展定位,以人口为基础合理配置公共服务设施用地。水泉村公共服务设施主要分为公益性服务设施与商业性服务设施,公益性服务设施主要包括村委会、卫生室、室外健身场地、公共厕所等;商业性服务设施主要包括便利店等。规划新增公园 3 处、广场 1 处,村史馆 1 处、主题餐厅 1 处、农产品展销中心 1 处(图 5)。

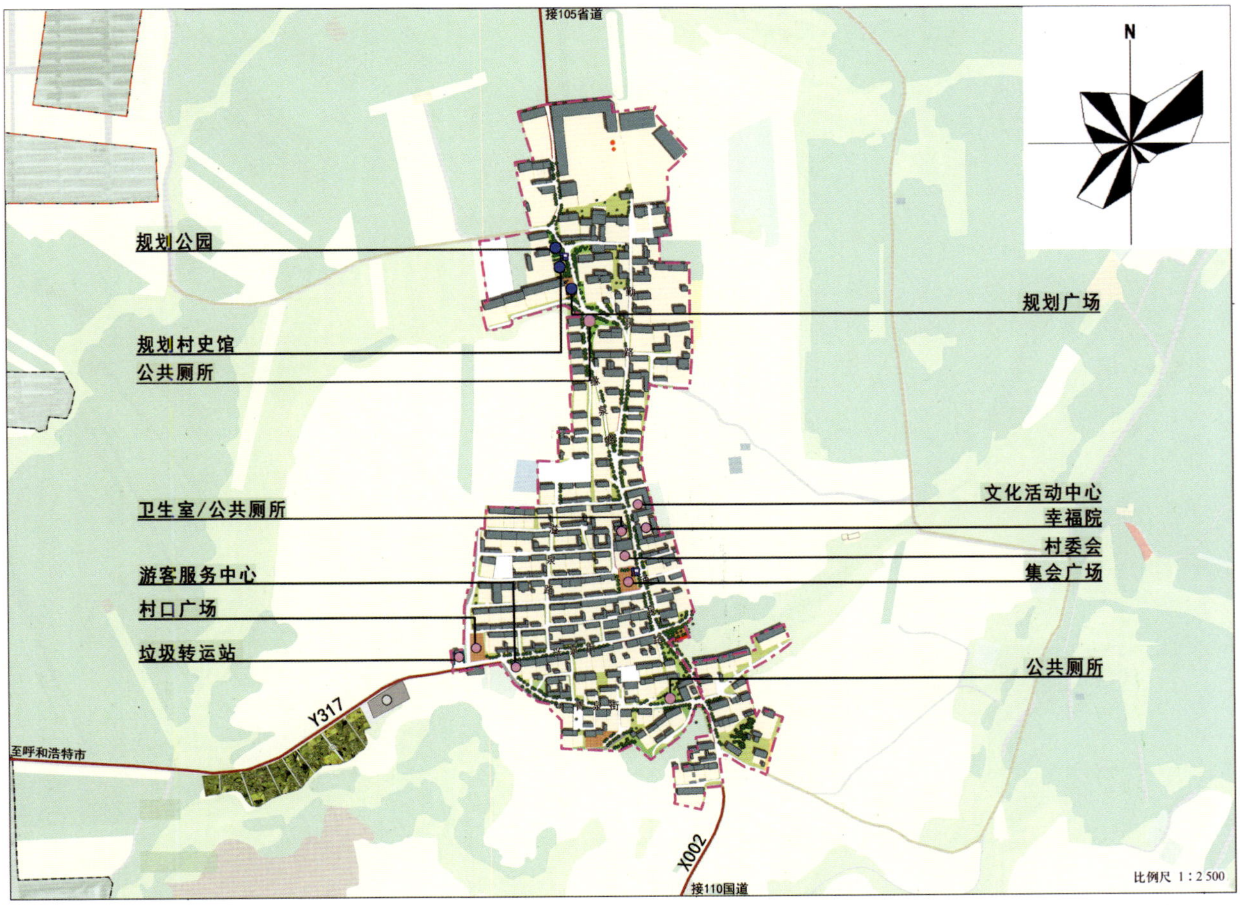

图 5 中心村公共服务设施规划图

(5) 公用设施规划 规划水源与现状水源保持不变,为位于村北大窑村的自备井,规划期内供水方式不变。现状污水已接通市政管网,部分住户未接入,规划期内实现污水全部接入新城区市政管网。

电力、电信目前都已全覆盖。

规划期内实现集中供热。

按照户收集、村集中、镇转运、区处理和垃圾分类再利用的农村生活垃圾收运模式,进一步细化实施垃圾分类再利用,形成垃圾分类利用的示范效应,打造生态保护示范村、垃圾分类示范村(图 6、图 7)。

3.6 综合防灾减灾规划

防灾指挥中心和防灾救护中心结合村委会和卫生室设置。

贯彻“以防为主,避让与治理相结合,重点整治,综合治理”的方针,建立完善的防洪体系。重点加强山洪防治工作,疏浚完善泄洪渠,保证行洪断面通畅,防洪等级为 20 年一遇。严禁侵占泄洪沟建房和向沟内倾倒各类废弃物。对于违章修建的建(构)筑物,应责成其限期拆除。

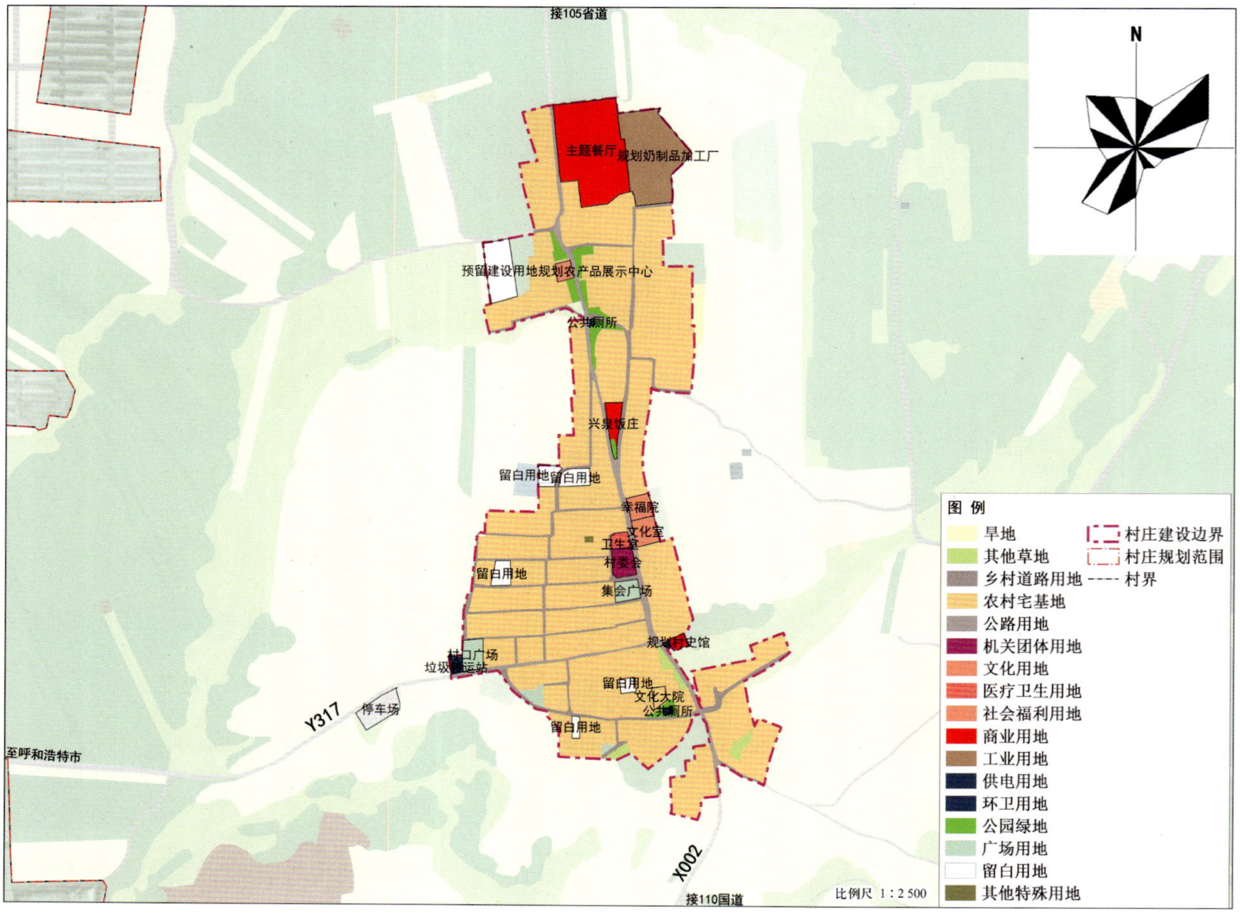

图 6　中心村建设用地规划图

规划在村委会设置应急救灾小组，配置简易消防设备，如有条件建议设置消防水池。

规划严格执行抗震设防标准。抗震防灾规划应贯彻“预防为主，防、抗、避、救相结合”的方针，根据抗震防灾需要，以人为本，平灾结合、因地制宜、突出重点、统筹规划。水泉村按基本烈度 8 度以上抗震标准设防。新建永久性建筑物和构筑物，均应按地震基本烈度为 8 度的抗震要求设防。以村庄对外交通为主要疏散通道，坚持就近避难原则，按人均疏散用地面积为 2 m^2、疏散半径小于 1 km，充分利用村内农田、公园、广场、空地等作为综合防灾疏散场所。

3.7　特色风貌规划

尊重水泉村的自然地形地貌、生态环境和村落传统格局与肌理，遵循“组团式、生态化”布局理念，将村庄宅院、公共空间节点、道路绿化与山、林、田有机融合，形成一个村庄生命共同体。

强化村庄建设，产业支撑，集中连片地发展特色中草药种植基地，在此基础上，发挥现代农业景观化、田园化的功能，将农业种植项目与村庄环境提升建设有机结合，串珠成线，连线成片，抓好农业基地景观化、旅游设施标准化建设，在水泉村充分利用杭白菊种植，结合观景栈道、平台等观光设施建设，形成以农田为主体、以园区为景观的产业形态。

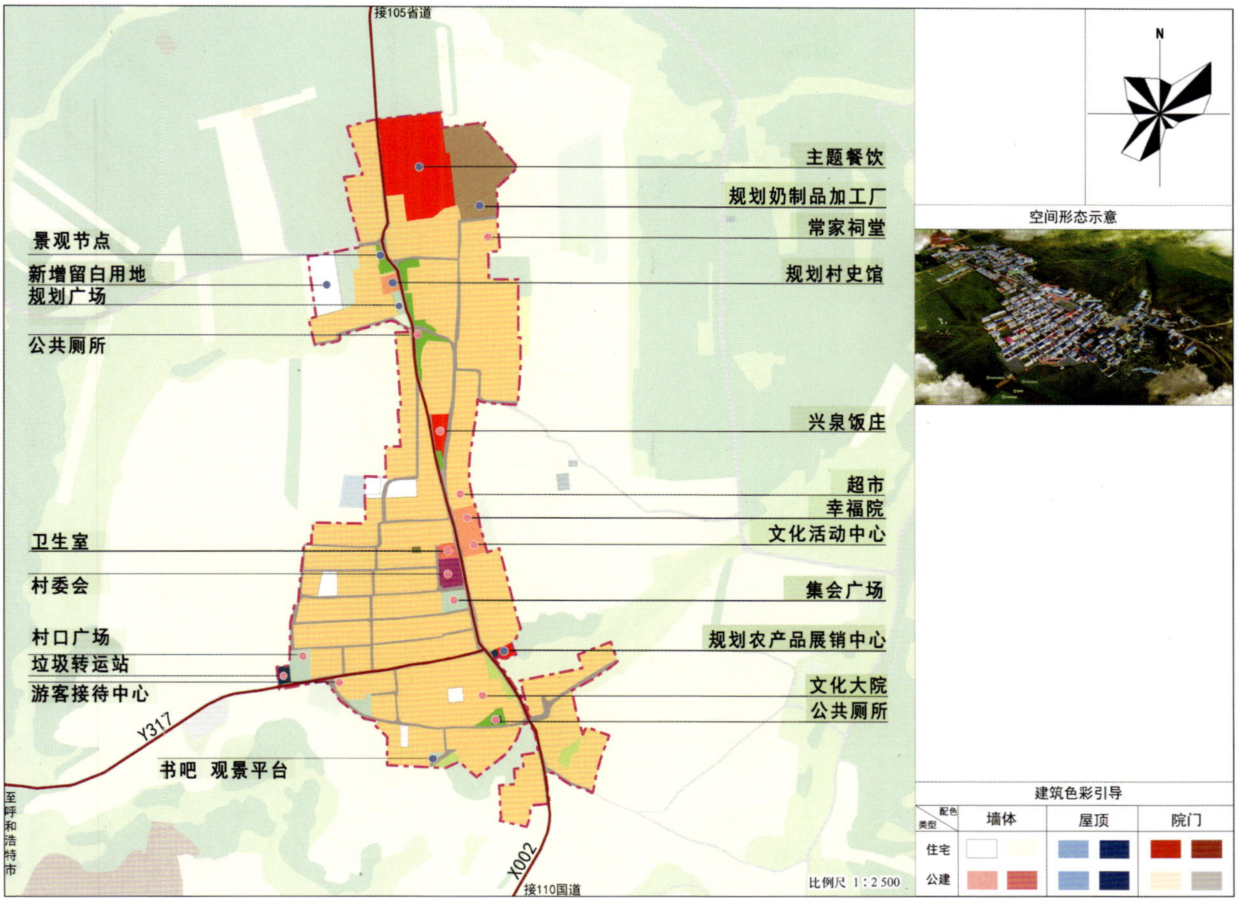

图 7　中心村建设风貌引导图

3.8　生态修复和国土综合整治

村庄国土综合整治与生态修复的实质是乡村有机更新，重点是综合整治农村山、水、林、田、湖、草、沙等要素，优化农村生态、生产、生活空间布局，目的是实现空间形态、产业发展、生态环境、人居环境、基础设施、乡风文明、乡村治理的系统性重塑和综合集成创新。

（1）农用地改造提升　首先，采取土地平整工程、土壤改良工程等工程措施，对村域集中连片的农用地进行提质改造，最终实现灌溉与排水设施完善。至规划远期，通过管道输水、喷灌措施，推广节水灌溉，适当减少现有渠系，便于机械耕种。其次，结合现状和机械化作业需求，适当调整减少及拓宽现有田间道路体系。

（2）建设用地整治　基于新增 - 腾退挂钩的农村建设用地整治模式，将不予保留的各类破旧、闲置、散乱、低效、废弃的建设用地规划为非建设用地，并根据其土地适宜性和周边土地利用情况，合理确定其规划用途。规划将 1.46 hm^2 的低效建设用地（占用农村宅基地）复垦为草地，将 0.13 hm^2 低效建设用地（占用农村宅基地）复垦为耕地。规划共复垦为耕地 0.13 hm^2，复垦为草地 1.70 hm^2。

（3）废弃采矿用地利用　规划对村庄内部废弃采矿用地进行合理规划，确保合理利用每一寸土地。将 3 处废弃采矿用地复垦为草地，复垦面积 0.8 hm^2。

将保留 9.07 hm^2 采矿用地指标，可作为城乡建设用地增减挂钩指标。

（4）山体生态修复　规划对水泉村山区裸露的林草地进行生态修复。

3.9 近期建设计划

水泉村近期建设项目见表 2。

表 2　水泉村近期建设项目

项目类型		项目名称	项目位置	用地规模 /hm²
产业	休闲与观光农业项目			
	乡村旅游项目			
	农产品加工项目	奶食品加工厂	中心村内部	0.87
	农产品冷链、物流仓储、市场项目	中草药烘干厂	中心村南侧废弃砖厂	0.86
	农业生产性服务项目	农产品展销中心	中心村内部	0.04
公共设施	政务服务			
	公共教育			
	医疗卫生			
	文化体育	村史馆	中心村内部	0.06
基础设施	道路交通			
	市政公用设施			

4 规划总结与启示

(1) 加强组织领导，做好技术指导　加强对规划实施的组织领导，市、区、镇各级政府及自然资源部门建立必要的联系沟通机制，定期开展技术指导和巡回服务，解决项目建设所需的资金、技术和人才壁垒，为村庄的建设创造良好的政策环境。落实责任规划、驻村规划师制度，加强对村镇两级建设规划管理者的长期培训，提高其对村庄规划的认识，直接负责村庄建设等日常工作，严格落实项目建设和规划实施。

(2) 拓宽资金渠道，增强村庄“造血”功能　积极探索土地资产运作、个人资本参与、企业投资经营、业主承包开发、共同投资管理等多渠道、多层次筹集建设资金的办法，吸纳社会资金参与新农村建设及产业发展，增强村庄“造血”功能。充分争取国家经济政策，通过争取“以奖代投”“贴息贷款”等政策，进一步提升中心村精致化建设水平、农业产业纵向发展、生态用地保护整治和旅游服务等水平。改善村庄生产生活条件，实现农民持续增收。

(3) 尊重村民意愿，强化公众参与　通过召开各种座谈和村民代表会议，使村民了解村庄规划的内容和要求，以及规划实施的意义，鼓励村民全过程参与规划编制与实施，使村民享有知情权、参与权、表达权、监督权，保护村民的各项权益。规划内容以解决村民需求为导向，内容深度能指导项目实施标准，突出规划的实用性。

(4) 加强规划管理，控制引导并用　根据村庄规划内容，制定实施细则和管理办法，指导各项建设活动，把本次规划所确定的内容，贯穿于规划、设计、建设和管理的全过程，并将更多内容吸纳到村规民约中，让村民自觉遵守相关管理规定。

(5) 提升村庄治理能力，促进村庄永续发展　镇政府、村委会是村庄发展的掌舵者，村庄规划落实的执行者，村民利益的保护者。在规划实施与村庄发展中，无论采取何种发展模式，都要确保经济发展健康稳定，农民利益不受损、生态环境不破坏。同时，将规划实施管理列入镇政府、村委会工作政绩考核内容，定期考核，做到有管理目标、管理制度、管理队伍、管理经费、运作机制、监督措施。

乌海市海勃湾区千里山镇新丰村村庄规划
（2021—2035 年）

1 村庄介绍

1.1 村庄概况

新丰村位于乌海市海勃湾区千里山镇，占地 498.09 hm^2（数据来源于第三次全国国土调查），距千里山镇镇区仅 1.5 km。东邻乌海飞机场，西靠包兰铁路与国道 G110，南与王元地村相邻（以十三孔桥、沙河槽为界），北与团结新村和新地村相接，地理位置优越（图 1）。

图 1 区位图

1.2 资源禀赋

海勃湾区境内蕴藏着丰富的矿产资源，已探明储量并具有开采价值的矿产有能源、化工、建材所需的综合性配套矿产资源近37种，查明的矿床、矿化点百余处，是一块具有开发建设价值的经济发展宝地。其主要矿产资源有煤、石灰岩、硅石、高岭土、各种黏土，次之有金属矿种10余种。其中，煤炭保有储量10.4亿吨，占全市总储量近1/3，素有“塞上煤城”之称；石灰岩远景储量40亿t以上，氧化钙含量高，杂质少；黏土总储量50亿t以上。另外还有辉绿岩、角闪石、世界名贵的血红色大理石等。黄河是海勃湾区工农业用水的主要水源。黄河流经全境，年均水流量321亿m^3，年最大流量达556亿m^3，这为地区工农业发展、人民生活用水提供了可靠的保证。

新丰村全域国土空间面积为498.09 hm^2。规划基期年，农林用地面积377.22 hm^2，占村域面积75.73%，建设用地面积101.54 hm^2，占村域面积20.39%，其他用地19.334 hm^2，占村域面积3.88%。

1.3 社会经济

新丰村下辖2个自然村，分别是三坝村和新丰村。共有4个村民小组、622户1 616人，其中男性850人、女性766人。常住人口1 156人，其中60岁及以上297人，占比25.7%；青壮年劳动力646人，占比55.9%；16岁及以下213人，占比8.4%。外出流动人口460人，占全村人口28.5%，主要流向棋盘井镇、蒙西镇和鄂尔多斯市。

1.4 人居环境

村内建有村委会、文化室、活动广场各1处、卫生室1所、老年照料中心1处、海勃湾区第十幼儿园；村民户厕均为无害化水冲厕所；电网、通信基本覆盖；供水已接入到千里山镇集中供水管网。无污水处理设施，污水接入千里山镇市政管网，雨水主要沿路面排水，顺地势流入村庄低洼地方，排水效果差；无集中供热设施。

2 规划目标与定位

2.1 村庄类型

新丰村属于集聚提升类村庄。

2.2 规划目标

以田园综合体的发展模式，使得村庄在规划期末，打造成为自治区现代村庄示范区；通过对村庄耕地的整治及生产方式的规划，推进现代化农田的建设，在规划期末使得村内耕地生产效率得到明显提高；整合旅游资源，挖掘旅游潜力，规划配套旅游设施，争取在规划期末，村庄旅游业基本形成。

至规划期末2035年，村庄生态空间面积不低于62.46 hm^2，耕地保有量不低于219.22 hm^2。村域村庄建设用地总面积控制在35.04 hm^2以内，其中居住用地控制在26.097 hm^2以内。

2.3　村庄定位

依据乌海市国土空间总体规划，确定新丰村属于集聚提升类村庄，根据新丰村便利的交通地理区位、开阔平坦的地形地貌、丰富的矿产资源、水资源以及完善的公共基础服务设施等因素，规划将在保护生态的前提下建设以葡萄种植为主导产业，结合休闲农业和乡村旅游项目，最终将新丰村打造成一个集产业园区与农家旅游于一体的田园综合体，发展研学游、亲子游等项目，将新丰村打造为自治区现代村庄的示范区、高效农业示范区和乡村旅游示范区。

3　规划安排

3.1　空间布局

至 2035 年，规划农林用地为 369.86 hm^2，占村域总面积 74.26%；总建设用地为 112.91 hm^2，占村域总面积 22.67%；其他用地为 15.29 hm^2，占村域总面积 3.07%（图 2）。

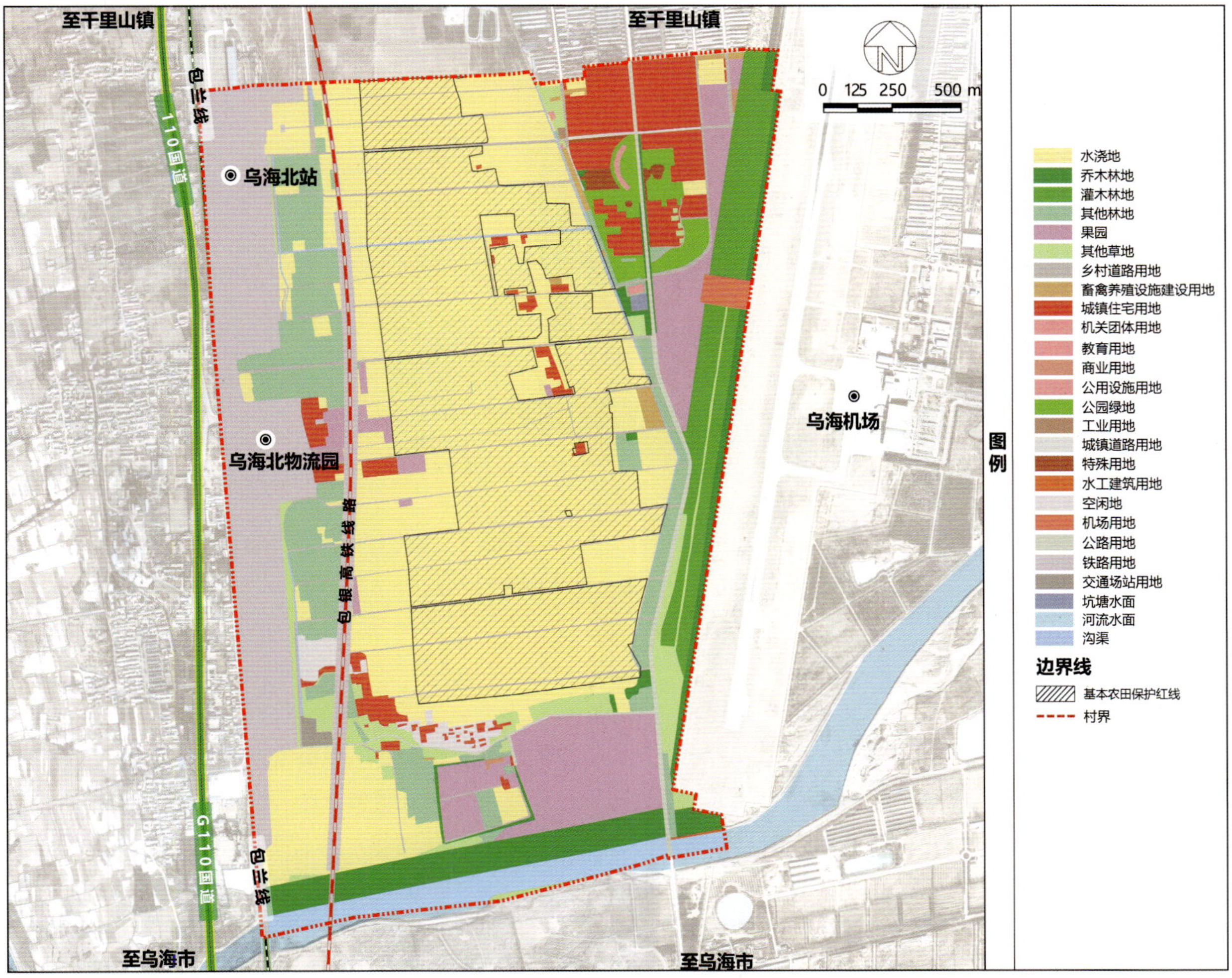

图 2　村域规划图

3.2 “三区三线”

到 2035 年，永久基本农田保护面积 136.77 hm^2。

村域范围内划分农业、生态、建设三大空间（图 3）。农业空间面积 317.44 hm^2；生态空间面积 62.46 hm^2；建设空间面积 118.19 hm^2。

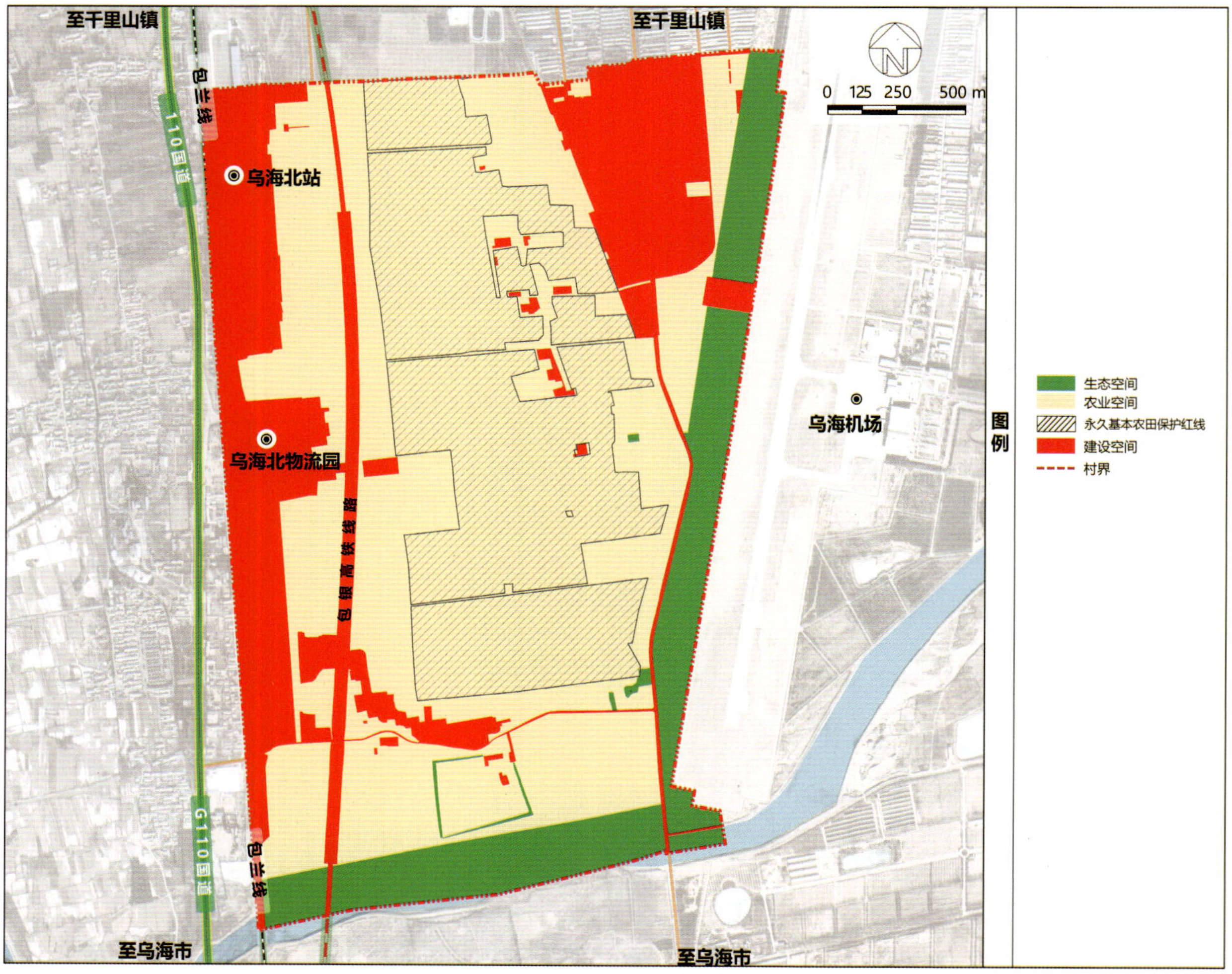

图 3 村域国土空间布局图

3.3 产业规划

（1）第一产业　严守耕地资源，确保村庄耕地保有量，整治村庄耕地 24.597 hm^2，加快农田土壤改良工程，增加土壤肥力；增加农田灌溉和排水系统建设，构建便捷、高效的农灌系统；加快村域田间机耕路整治工程；逐步推进现代化农业种植技术。主要种植小麦、玉米等粮食作物。在满足乌海市海勃湾区千里山镇农村水源地二级保护区及生态涵养区的要求下，利用村内闲置土地，设置无害化养殖场 1 处，占地 0.835 hm^2。运用生态技术措施，改善养殖水质和生态环境，按照特定的养殖模式进行养殖，投放无公害饲料，进行生态养殖。按照“公司 + 合作社 + 农户”的“3+”模式提供给农民散养。壮大规模养殖不仅可以实现种养结合的生循环农业，也可改变村容村貌和村庄生态环境并解决居民“吃肉难”的问题。结合汉森葡萄酒厂，设置园地 1 处，占地 11.16 hm^2，种植葡萄，同时可发展乡村旅游业和采摘等项目。

(2)第三产业 将机场路南侧规划建设为生态体验园,总占地 26.58 hm^2,其中将 8.85 hm^2 的耕地打造为大田种植景观,发展观光型农业,将 17.73 hm^2 的闲置土地建设为葡萄种植基地,形成葡萄走廊带,形成集葡萄采摘、酿酒、品酒于一体的葡萄种植观光园;并配套建设人文景观、特色养殖,形成生态林与葡萄互相交错、沙漠观光与葡萄园采摘和野外度假相融的观光园,使人们亲自体验农家主人的乐趣,与自然亲密接触,享受大自然的魅力。

3.4 中心村规划

(1)宅基地 规划基期年,新丰村常住人口共 622 户,宅基地面积 26.19 hm^2,占村域总面积的 5.23%,户均宅基地面积为 421.07 m^2/ 户;至规划期末,维持人口现状 622 户,新丰村宅基地面积未变动,户均宅基地面积仍为 421.07 m^2/ 户。

(2)道路交通 村庄建设区内部道路已经全部硬化,对已经破损的路面进行修缮,提升村庄内部道路两侧景观。完善村域内机耕道交通体系,规划机耕道路总长度约 2.8 km,为村民耕作出行提供方便,也为村庄未来产业发展奠定便捷的交通运输基础。

(3)给排水工程

①水量:根据现状用水量,由于水资源有限,按照农村人均及牲畜饮用水标准,本着节约用水的原则,综合用水指标选取近期为 100～120 L/(人· d);远期为 150～180 L/(人· d)。水质符合现行饮用水卫生标准。

②供水水源:新丰村现已接入千里山镇自来水管。

③供水管网及设施:目前自来水供水管网已经铺设完成,全村已经实现自来水 100% 覆盖。

④污水量:根据用水量,考虑到村民生活污水排放及村域内部分养殖区域,预测总污水量为 80 m^3/d。

⑤排水体制:采用雨污分流排制水系统。雨水排放按照自然村划分雨水排出口,通过雨水管渠采用重力流方式排入就近水塘、河流、沟渠和农田中;污水以生活污水为主,新丰村现已接入千里山镇市政管网。

(4)电力电信供热工程规划

①电力:目前,电力设备及管线道路满足村民需求,村庄供电线路大都是架空明线。

②移动电话:目前新丰村规划范围内移动电话实行 100% 全覆盖。

③邮政:邮政实行定点投放,统一由邮递员接收,在村委会或公共场所设立邮信投递接收点。

④电视:有线电视、广播网络实现村域全面覆盖。设立光缆交接箱。

⑤热源:目前新丰村供热能源为天然气,村民使用天然气壁挂炉为家中供暖。远期考虑铺设供暖管网,采用集中供热或太阳能供热来解决村庄取暖需求。

⑥供热管网:目前暂未铺设,远期考虑接入镇区供热管网。

(5)环卫设施规划

①生活垃圾处理:目前新丰村生活垃圾由政府统一处理,统一外运卫生填埋处理;每 3～5 户设置 1 处分类垃圾桶,实行垃圾分类收集。

②公共厕所:在居住组团、公共活动空间等人流聚集区设置公厕,可结合活动室设置。规划按照旅游公厕的标准进行设计,并达到二类公厕标准。村庄目前已有 1 处环保厕所,近期规划增加 4 处公共厕所,对各户现有独立厕所原则保留,但要进行整治改造、提高标准,符合环保要求。

③固体废弃物处理处置:固体废弃物环境质量近期目标以垃圾无害化为主,实行垃圾全封闭密闭式运输,远期逐步实现减量和资源化。

(6)公共服务设施规划

①行政管理设施规划:远期规划党群服务中心(图 4)维持现状,可附设其他设施,建设规模结合需要配置的功能进行确定。

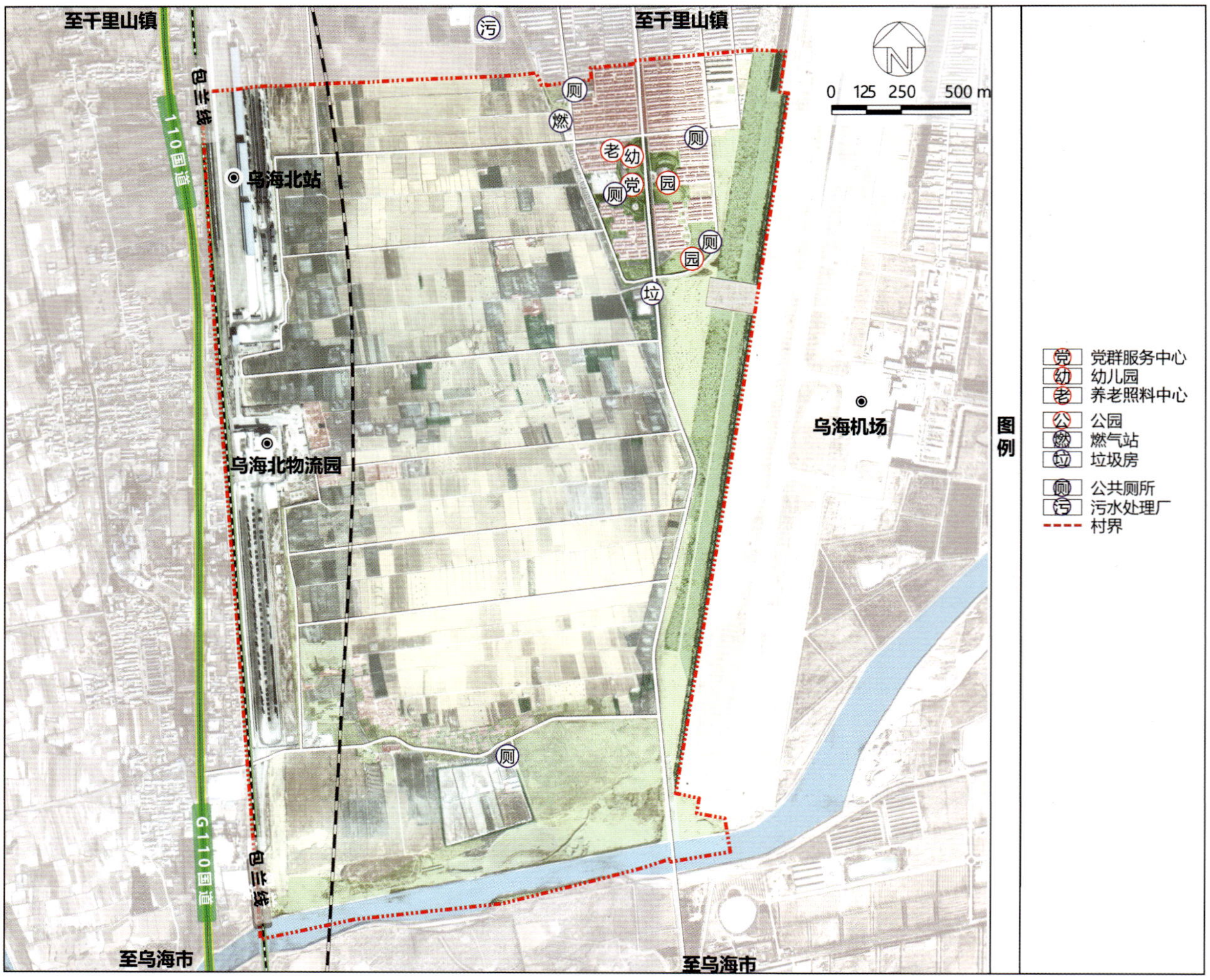

图 4 中心村建设引导图

②文化体育设施：文体设施结合党群服务中心设置，包括活动室、文化站、运动场地。规划保留现状文化活动室，此外，结合相关文件要求配置。村庄现有广场维持现状，需增加消防知识、法律法规宣传栏。

③教育设施：海勃湾区第十幼儿园位于村庄内部，无须增加教育设施。

④医疗卫生设施：结合党群服务中心设置行政村级卫生服务站，配备医疗人员，村卫生室配备医务人员的生活设施配套，包括宿舍、停车位等，通过政策引导，鼓励为医务人员配备机动车、非机动车，扩大卫生站的服务半径，并为老年人提供便利的上门服务。

⑤社会福利设施：规划结合现状养老照料中心，增设老年活动室、文化站等，规划远期，可结合实际条件和需要，在养老设施内新增老人托管、助餐点等功能。

(7) 绿化与景观规划 此次村庄景观规划与历史文脉、地方民俗、乡村特色相结合，统一规划，突出地方特色。规划统一安排公共绿地和防护绿地，绿化植物均采用本地树种。

3.5 生态修复和国土综合整治

(1) 农用地整治 恢复永久基本农田 14.35 hm^2，腾退果园及占耕林地恢复普通耕地 0.68 hm^2，新增养殖用地 0.84 hm^2，利用空地新增果园 27.57 hm^2。

(2) 生态保护修复 沿村庄南侧河道向外 100 m 内建设防护林带，保障水源地安全和生态环境持续改善。

3.6　防灾减灾规划

(1)消防　重点维护村内消防通道、消防器材、用电线路及电器设备,整改村庄内部分存在消防通道堵塞、用电线路老化等安全隐患。进一步提高村民的防火安全意识,组织开展消防安全宣传和基础知识培训。

(2)防洪　村庄东北侧现状有地表裂沟,结合村的降水、防洪历史情况,加强防洪堤的建设,对主要低洼地段按照防洪标准建设。

(3)抗震　村内所有建筑抗震标准为6度,村委会等重要建筑作为村庄生命线系统建筑设防提高1度,结合规划中道路、广场、绿化建立疏散场地和通道,尤其绿化用地,建设过程中严禁侵占。做好防震演习训练。

(4)防疫　结合村内现状卫生防疫中心,定期上报村内疫情情况。继续加强免疫规划宣传,提高群众对免疫规划的认识。按上级要求,完成国家扩大免疫规划疫苗接种率,使新生儿在一月内建卡、建证,接种率达到100%,控制相应传染病发病率为零。加强业务学习,不断提高业务水平,要按时参加防疫部门的业务培训和例会。

3.7　近期规划安排

新增果园27.57 hm^2,新增养殖用地0.84 hm^2(图5)。

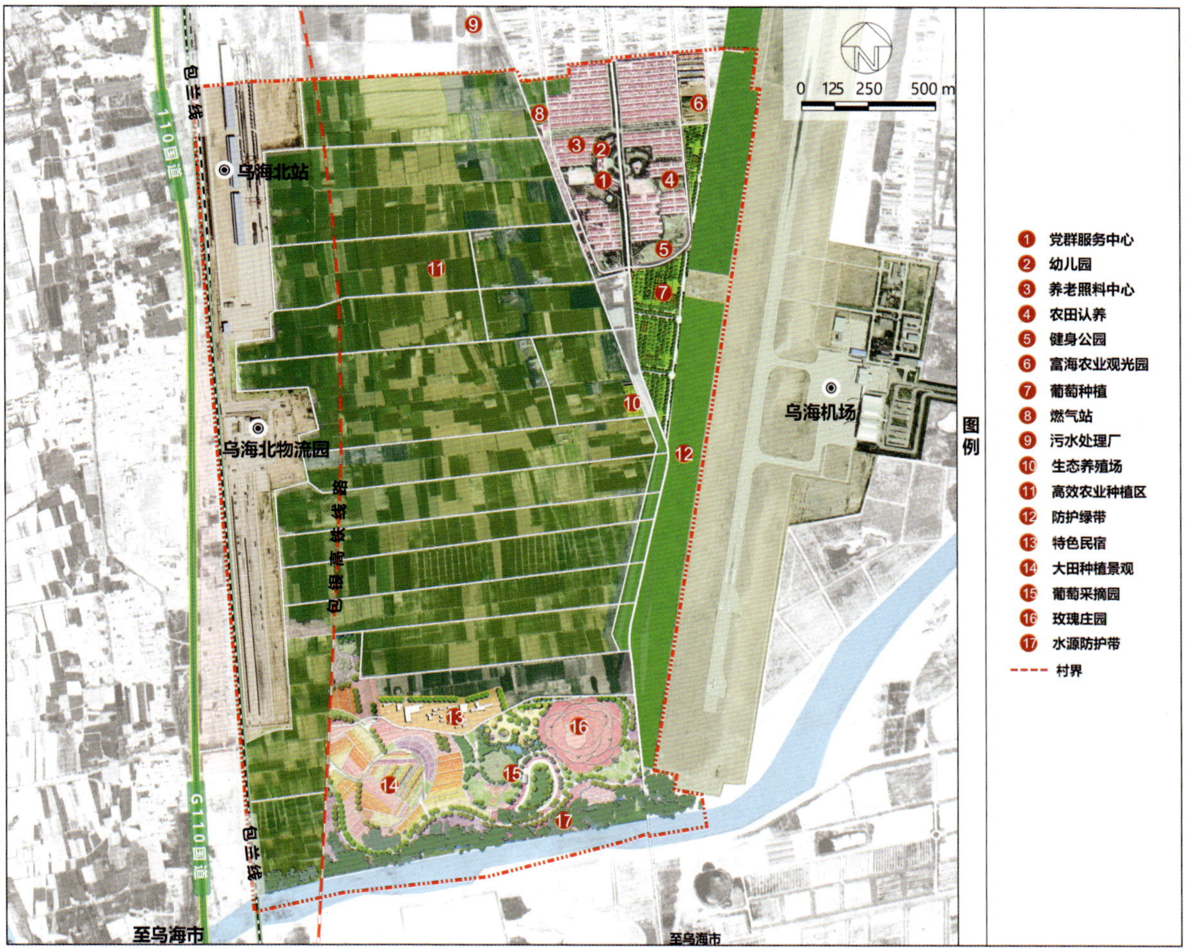

图5　村域近期建设总平面图

3.8 实施保障

（1）合理安排建设时序　根据新丰村现状情况，研究土地适合发展何种经济作物，积极引进优质品种，探索新的种植方式，并研究其产业发展的可行性，提出农业产业发展的方向和发展思路；结合村庄现状情况和未来发展的可能，提出三产的主要发展思路，确定重点产业布局结构。

确定村庄内住宅、道路、供水、排水、供电、垃圾收集、禽畜养殖场所等农业生产、生活服务设施等各项建设的用地布局、建设要求，村庄现状人居环境的提升需求，以及其他法律法规规定的规划内容。

（2）落实强化村民参与　村庄规划编制中，在收集资料、调查研究、确定规划目标、规划重点内容等阶段，广泛征求相关部门和农牧民意见，召开规划协调会，对有关问题进行协商处理，形成一致意见。

通过座谈会、村民大会等多种形式，对主要规划成果征求意见，并经村庄规划编制委员会论证。

（3）制定实施保障措施　各级政府部门要加大本部门工作向农村延伸的力度，增加对农村基础设施建设的投入，提高部门预算用于农村的比例。积极引导加大对农村的信贷资金投放力度，组织开展形式多样的社会募捐活动，多方筹集社会资金。

要明确强调农民群众在村庄建设中的主体地位，充分发挥村民自治组织的自我管理和自我服务功能。建立“以奖代补”等多种形式的激励机制，并要尽可能从农民群众最关心、最迫切和最容易见效的工作抓起，引导广大农民群众更加积极地参与到村庄建设中。

4 规划总结与启示

新丰村现状建设得非常好，村庄公共服务设施配建齐备，基础设施配套完善。本次规划结合村庄现状特点，重点对村庄产业进行研究，增加产业规划专项内容，尤其是增加了旅游规划的内容，从增加村民收入出发，提高村庄活力，使村庄发展得以延续。

赤峰市红山区文钟镇南大营子村村庄规划（2021—2035年）

1 村庄介绍

1.1 村庄概况

南大营子村位于赤峰市红山区文钟镇南部，北与西水泉村、三眼井村、文钟村、二道井子村比邻；西与柳条沟村相接；南与喀喇沁旗毗邻；东与元宝山区接壤。村委会驻址位于国道G306沿线，距赤峰市中心城区25 km^2。南大营子村交通便利，国道G306贯穿全村，赤凌一级公路、赤承高速从村内通过，区位、交通优势明显，是赤峰市市区的重要门户。

1.2 资源禀赋

南大营子村地形属低山丘陵区，村域全境以丘陵和长梁为主，表面秃缓，辖区内沟壑较多，海拔高度为640～660 m。南大营子村水资源匮乏且分布严重不均，河道多为季节性河流，夏季多雨时期河道充水，其他季节多为干枯河道，年降水量在330～400 mm。村域地下水相对于周边地区较为匮乏，地下水埋深一般在100～120 m，目前现有农业井灌30眼大多已废弃。村域范围林地有2 415.08 hm^2，树种多为山榆和杨树；农田有2 431.72 hm^2，多为旱地；天然草地有746.48 hm^2。村域土壤以栗褐土为主；野生植物有麻黄、甘草、赖草、山榆等；矿产资源有碳砂、混合沙、黏土等。

依据第三次全国国土调查，2020年南大营子村村域总面积为6 008.98 hm^2。其中，农用地5 611.23 hm^2，占村域面积的93.38%；建设用地222.55 hm^2，占村域面积的3.70%；其他用地175.21 hm^2，占村域面积的2.92%。

1.3 社会经济

南大营子村下辖23个自然村，21个村民组。2020年总户数1 626户，户籍人口4 066人。常住人口2 248人，其中汉族1 891人、少数民族357人，农业人口2 193人、非农业人口55人。常住人口中50～64岁人口1 340人，64岁以上人口49人。2020年人均收入5 800元/人。农业以种植玉米、杂粮、冷棚番茄、暖棚蔬菜为主，畜牧业以零散家庭养殖为主。粮食作物玉米单产800～1 000斤/亩（1斤=0.5 kg），人均耕地7.9亩/人。

土地利用方面，农村居民点占地比例较高，户均居住用地 0.73 亩 / 户，农村公共服务设施较为落后，依托交通便利的优势，中心村整体发展潜力较大。

1.4 人居环境

南大营子村村庄建设依地形而建，同时受自然资源和交通条件的限制，自然村分布较分散，基础设施与公共设施建设较落后。村委会驻址村及相邻村庄交通条件较好，基础设施与公共服务设施较完备，人口比较集中，农村建设用地类型较全面，是未来村庄建设及发展商贸物流、农副产品加工的主要区域。其余自然村庄由于受自然条件等因素的制约，配套的公共服务、基础设施不足，农民的居住环境相对较差。

2 规划目标与定位

2.1 村庄类型

南大营子村属于集聚提升类村庄。

2.2 主要目标

(1)统筹安排生产、生活和生态用地，优化国土空间结构和布局，提高国土利用率。

(2)严格落实保护耕地和永久基本农田保护任务。规划目标年耕地保有量不低于 2 156.01 hm^2。

(3)确定城镇与村庄建设用地布局和规模，保障基础设施建设和公共服务设施用地。规划目标：年城镇和村庄建设用地不突破 441.32 hm^2；基础设施用地达到 163.29 hm^2；公共服务设施用地达到 220.00 hm^2。

(4)合理安排生态空间，进一步明确生态用地布局和规模，制定生态用地保护，生态修复和环境整治措施。规划目标年生态用地规模达到 3 211.63 hm^2。

规划总体目标是促进南大营子村实现生产发展、生活宽裕、乡风文明、村容整洁、管理民主，缩小城乡差别，逐步实现城乡一体化的目标，最终形成一个既有完善的基础设施、公共服务设施和物质文明，又有清新空气和自然风光的社会主义新农村。

到 2035 年，南大营子村建设用地总规模为 573.47 hm^2，新增建设用地规模为 350.92 hm^2，新增建设占耕控制在 275.72 hm^2 以内。其中，住宅用地面积为 107.01 hm^2，公共服务设施用地为 220.00 hm^2，基础设施用地为 163.29 hm^2，商贸物流仓储建设用地为 68.15 hm^2，工矿用地为 1.57 hm^2，其他建设用地为 3.45 hm^2，绿地与开敞空间用地为 108.62 hm^2。

2.3 村庄定位

立足南大营子村区位条件、资源禀赋和经济发展趋势等特点，建设以发展农业种植、农副产品加工和商贸物流服务为主要职能的生态宜居新型农村。利用其靠近赤峰中心城区的地理位置优势，打造红山区南部的商贸物流服务中心；大力发展特色蔬菜种植产业，促进传统农业和设施农业向休闲农业转变。加快南大营子村经济发展，振兴乡村经济，促进生态环境修复，改善人居环境，建设美丽乡村。

3　规划安排

3.1　空间布局

(1)国土空间总体布局　立足南大营子村自然地理格局和区位优势,资源环境承载能力和国土空间开发适宜性,强化村域生态保护,构建“一体两翼、二区、四基地”,北菜南粮的国土空间保护开发总体布局。

①一体两翼:沿国道 G306 两翼发展,西翼为商贸物流仓储区、绿色农副产品加工园区,东翼为公共服务与村镇居民生活居住区,形成一体两翼格局。

②二区:村域北部重点打造果蔬种植与观光、传统文化传承休闲度假区。村域南部重点发展高效农业种植与乡村休闲旅游区。

③四基地:曾子庙传统文化传承、休闲度假基地,有机杂粮种植基地,高效经济作物种植(花海)基地与乡村休闲体验基地。

(2)产业空间布局　沿国道 G306 西侧建设集商贸仓储物流综合服务于一体的物流产业和绿色农副产品加工产业,布局在南大营子村 1、2、3、4 村民组。村域北部重点发展蔬菜瓜果种植,布局在南大营子村 1、2、3、4、5、6 村民组。村域南部重点发展有机杂粮与经济作物种植。有机杂粮种植基地主要布局在南大营子 8、9、10～15、19、21 村民组,高效经济作物基地主要布局在南大营子村 9、11、13、15 村民组(图 1)。

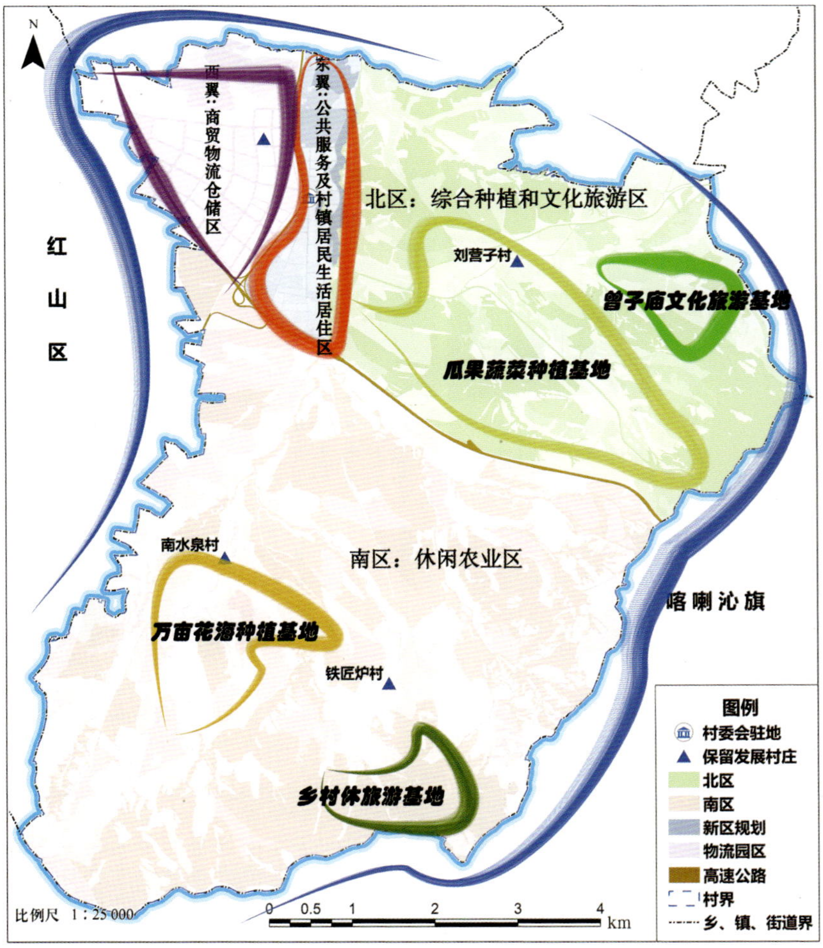

图 1　国土空间产业布局图

3.2 国土空间布局与管控

（1）用地安排　农用地内部优先安排耕地、农业设施用地、林地的布局，在合理安排建设用地和生态用地的同时，实地调查核实，确保耕地布局的稳定（图 2）。规划期内，耕地面积为 2 156.01 hm^2，比基期年减少 275.72 hm^2。村域内无基本农田。针对耕地中存在的零星地类，通过整理，提高耕地质量。

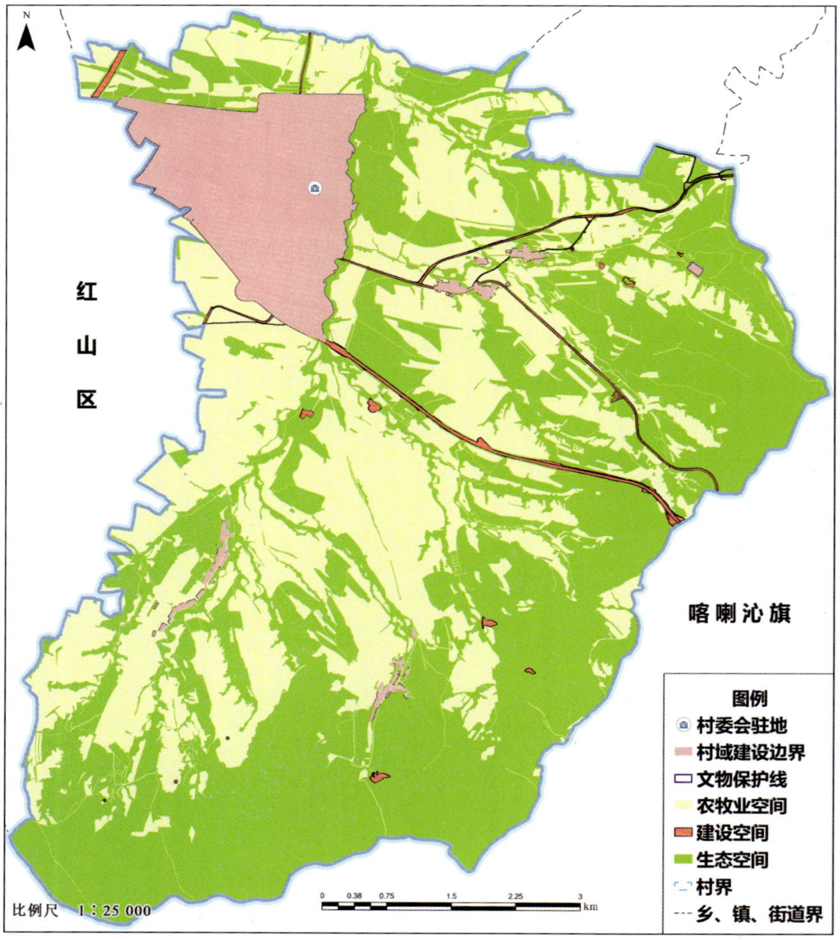

图 2　村域国土空间控制线规划图

到 2035 年，规划建设用地总规模为 573.47 hm^2，其中村庄建设用地规模 437.77 hm^2。村庄建设用地中，居住用地 107.01 hm^2，占村庄建设用地 24.4%；公共管理与公共服务用地 18.90 hm^2，占村庄建设用地 4.3%；交通设施用地 143.04 hm^2，占建设用地总面积的 24.9%，包括区域基础设施用地 128.70 hm^2、村庄中的交通运输用地 14.34 hm^2；绿地与广场用地 108.62 hm^2，占村庄建设用地 20.2%。通过对现状村庄建设用地各类型进行调整和优化布局，满足南大营子村村规划期末各项建设用地需求。

自然保护与保留用地包括湿地、陆地水域、其他自然保留地，基期年自然保护与保留用地面积 165.81 hm^2，规划期内，通过荒山荒坡治理，将自然保留地中的荒草地规划为商林地和草地；规划期末，虽然用地面积有所减少，但新增的林地、草地均可起到防止水土流失、保持生态环境稳定的作用。

（2）国土空间管制　优化配置各类土地资源，保护村域现有耕地，协调建设用地与农畜业用地、生态用地的关系。通过划定村庄建设边界形成建设空间，基于自然生态要素保护要求，形成生态空间和农业空间。通过设置留白空间合理引导村庄建设，形成相对集聚、集约高效的村庄建设布局。按照土地的基本用途和利用制定不同的管制措施。

3.3　产业规划

南大营子村产业发展规划以各自然村组产业现状为基础，与红山区和文钟镇的产业规划相协调，完善相应的配套设施。出于规模效应、产业协作以及区域协调发展的考虑，产业集中是不二选择。在此基础上，综合考虑经济效益和服务半径来合理安排第三产业。

肖地沟子、营房依托国道和高速公路，打造商贸物流服务中心和农副产品加工基地；下洼、营房、大营子发展果蔬采摘园、农家休闲娱乐园、田园山庄，打造生活和文化休闲观光养生走廊；后羊草沟、下沟门、刘营子、王营子、郭营子、曾营子、唐房营子，打造万亩有机菜园和万亩果园；下窝铺、东南沟、潘家地、西沟、南水泉、上地村、铁匠炉、老西沟、炭窑子沟、西地、东地以有机杂粮、高效经济作物为主的农业种植区，打造万亩有机杂粮种植区和万亩经济作物种植区。

3.4　中心村规划

(1) 宅基地　宅基地主要用于村民居住，为改善农村人居环境条件，严格执行“一户一宅”政策。因历史等原因形成的超标准宅基地和“一户多宅”，以及非本集体经济组织成员通过继承或其他方式占有使用的，由农村集体经济组织主导实行有偿使用。规划申请新的宅基地，优先利用村内空闲地、闲置宅基地和废弃地等低效建设用地，并严格控制在规定标准以内(图3)。

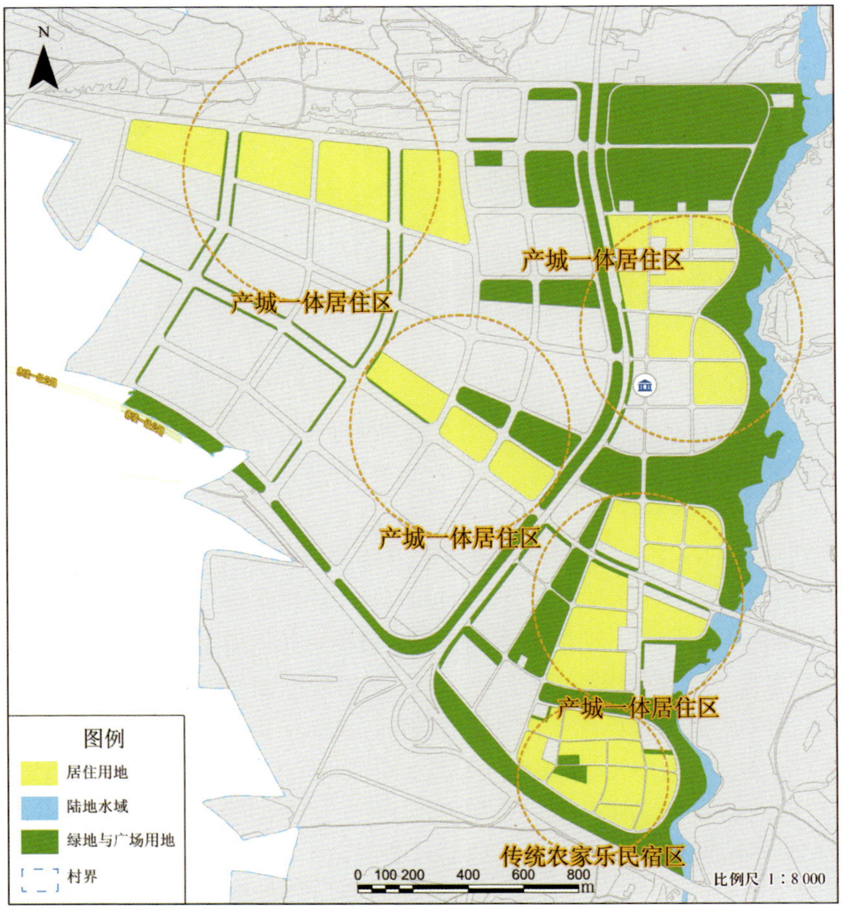

图3　中心居住用地规划图

(2)道路交通　将国道 G306 向西南方向外迁,原 G306 形成赤峰市中心城区与文钟镇联系的主干路。提升 X182 的道路等级,扩建县道 181 至文钟镇向南延伸连接至新 G306,增加 S206 从文钟镇至三道井子游客中心的道路,扩建提升铁匠炉村至喀喇沁旗乡道为县道。规划实施时,严格控制道路红线宽度,并应按照建设要求对建筑后退红线进行控制,保证道路畅通与沿街景观。各级道路的工程设计均应符合道路设计技术规范要求。

规划结合现状路网结构,尽量减少拆迁和改变历史文脉,以主干道路网为依托,向住户延伸形成步行系统。实现村村通、户户通。规划主要道路红线宽度控制在 3.5～4 m,次要巷道红线宽度控制在 2.5～3 m,均为人车混行道路。道路建设主要是各自然村道路硬化和砂石路改建。建设标准基本以水泥路为主,部分步行道路可以灵活建设,就地取材,以碎石铺砌塑造地域特色和乡村风情。加强静态交通设施建设,中心村设置一处长途客运站,村域范围内设置 3 处公共交通汽车站,设置 4 处公共停车场(图 4)。

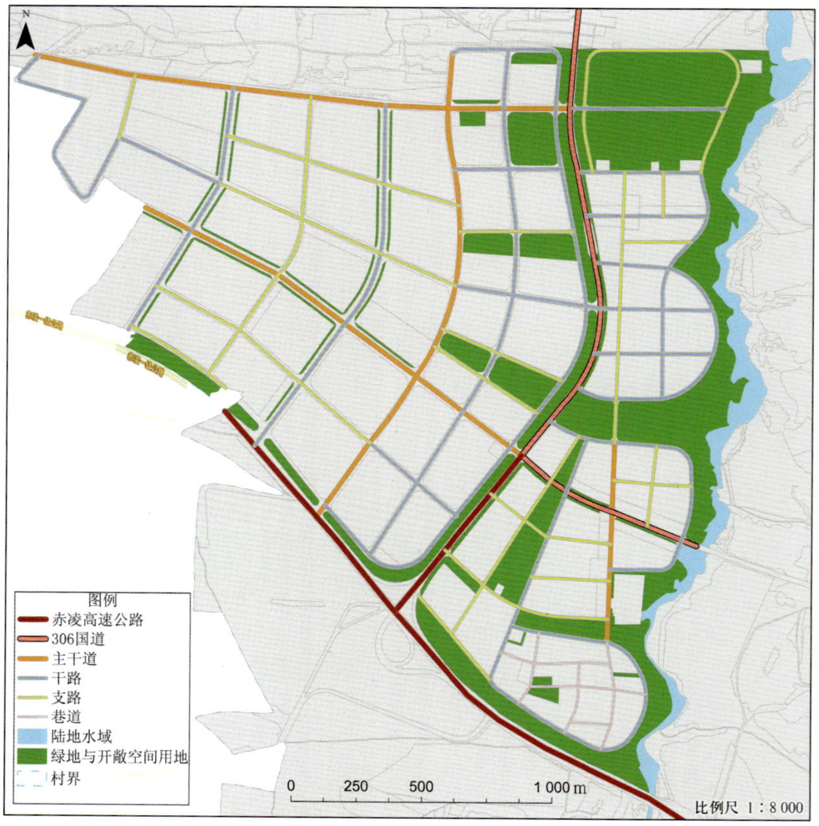

图 4　中心村道路规划图

(3)给水工程规划　规划在中心村设置 1 座集中供水水塔,在其他自然村屯设置给水泵站,供给镇村的生产生活用水。村域内人均综合用水标准量为 150 L/(人·d),总用水量为 0.80 万 m^3/d。村域内布设 DR200 干管,提供全村生活用水,主要为环状布置,给水管道沿干管就近接入各居民点。支管沿村庄巷道呈支状布置,力求以最短的距离敷设,减少配水管的数量。为保障管道安全,给水管理深满足冰冻线下 15 m。给水管管材应选用新型塑料管或球墨铸铁管,使用年限较长、陈旧失修或漏水严重的管道应及时更换(图 5)。

水源为南大营子村的饮水安全工程,采用地下水,水质达到国家《生活饮用水卫生标准》(GB 5749—2022)。水处理工艺流程为:合格水源—消毒—用户。

(4)排水工程规划　中心村采用污雨分流体制,村镇居民生活污水通过污水管道收集。污水收集后,通过各级污水管网进入污水处理厂统一处理。规划在中心村北侧建设污水处理厂,污水处理能力为 0.64 万 m^3/d(图 6)。

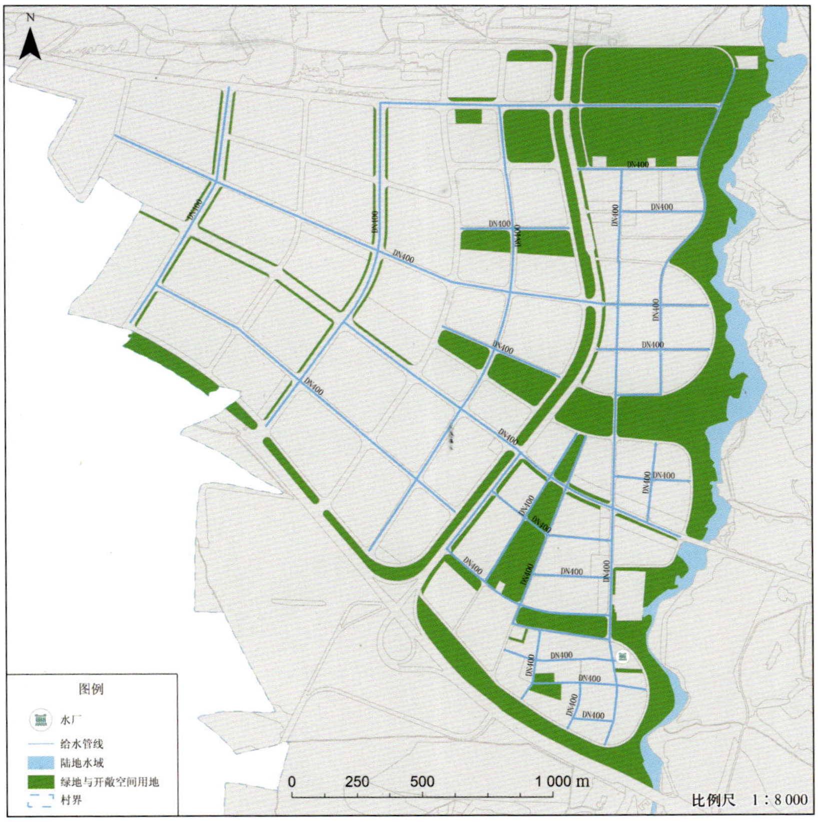

图 5　中心村给水规划图

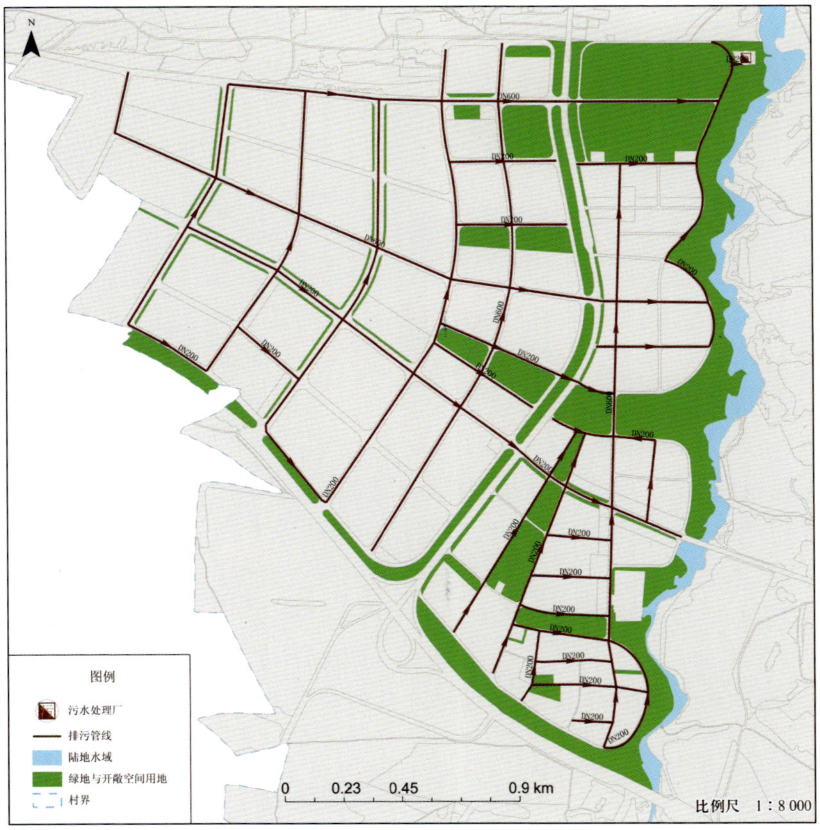

图 6　中心村污水规划图

(5)雨水工程规划　中心村的雨水排放通过雨水管道收集后就近排入村域东面河流(图 7)。

其他自然村庄建设小型生态污水处理池和三格化粪池相结合处理,将村民生活污水统一进行处理,产生的废水、废物通过生态沤肥的方式达标后进行还田。雨水排水依地形形成的沟渠进行自然排放。

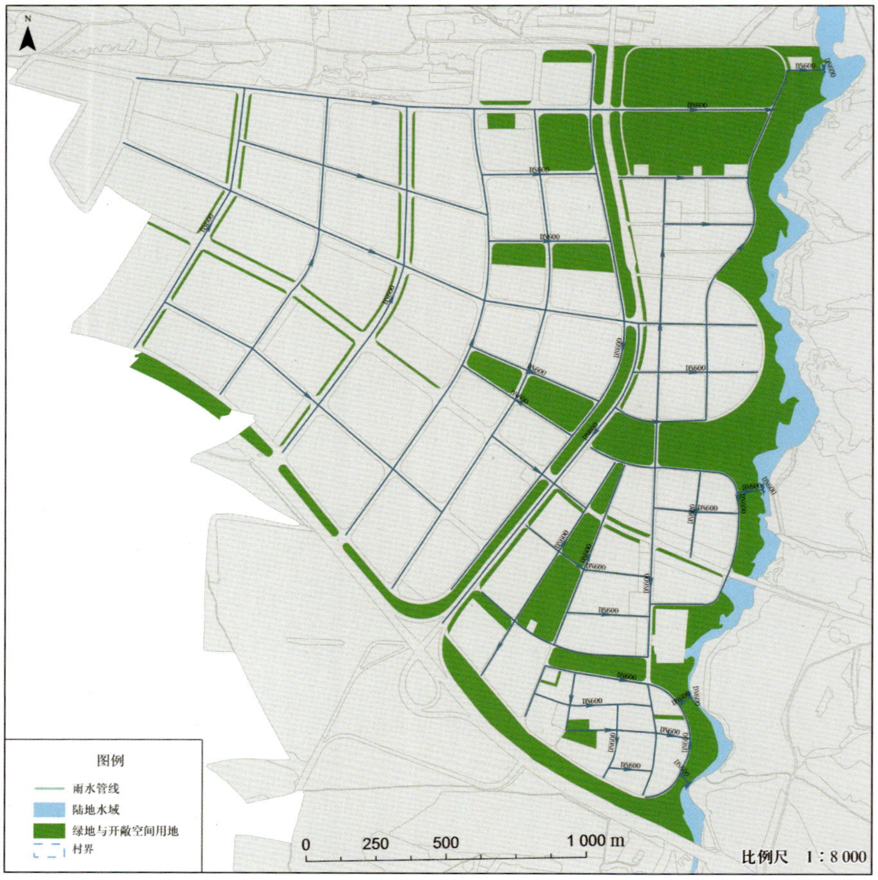

图 7　中心村雨水规划图

(6)电力工程规划　规划在中心村新建 1 座二次变电站,变为 10 kV 电力线,供应中心村及物流园、农副产品加工产业区用电。在各自然村庄设置变压箱,变为 220 V 和 380 V 电,供应各村庄的生活和生产用电。

村域内中低压电力管线尽量沿路进行地下敷设,自然村通电路可架空敷设,并根据需要设置配电所。电力线采用架空形式敷设,以减少造价。10 kV 电力线沿内部道路架空敷设,电线杆应排列整齐,安全美观,无私拉乱接电线、电缆现象。合理配置照明路灯,宜使用节能灯具(图 8)。

(7)电信工程规划　保留现状电信设施,线缆采用沿路敷设方式,电信与广电、邮政系统综合布置。通信由镇电信交接箱接入,通信光缆沿村庄主要道路采用架空敷设。有线电视、广播电视网络根据"村村通"的建设要全面覆盖,有线广播电视线路原则上与村庄通信线缆统一规划(图 9)。

(8)热力、燃气工程规划　中心村与新建镇政府采用集中供热供气,热力、燃气管线由热力站、燃气站引入,具体采用沿路敷设方式。其他自然村可采用自备小锅炉供热和电器、灌装燃气配合使用(图 10、图 11)。

(9)公共服务设施规划　以人为本,结合农民意愿、上位与区域规划要求以及村庄自身发展需求,完善、提升公共服务设施水平(表 1)。规划的公共服务设施需相对集中,并考虑延续历史文化(图 12)。

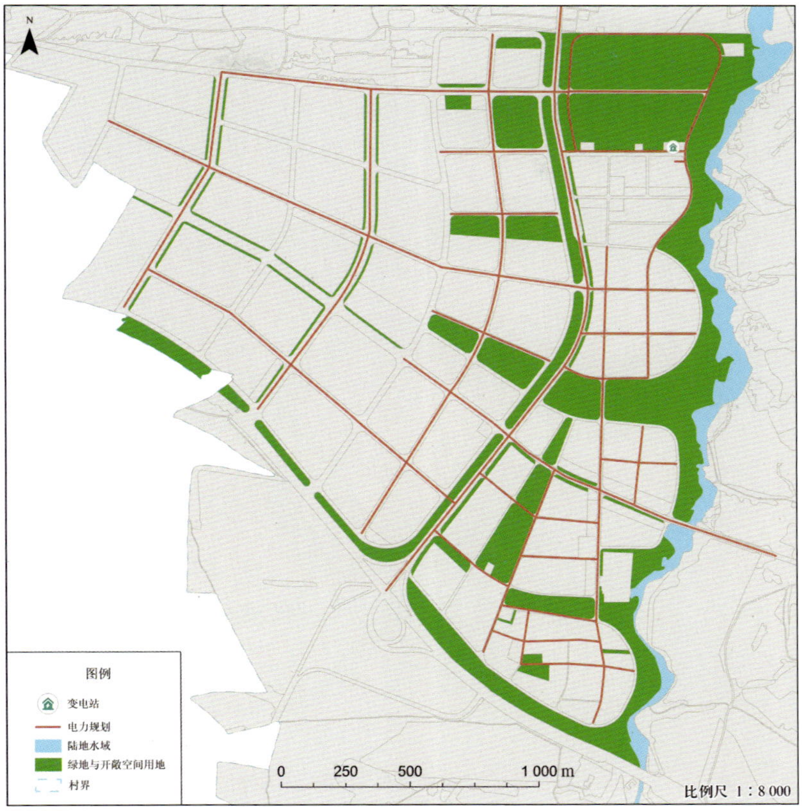

图 8　中心村电力规划图

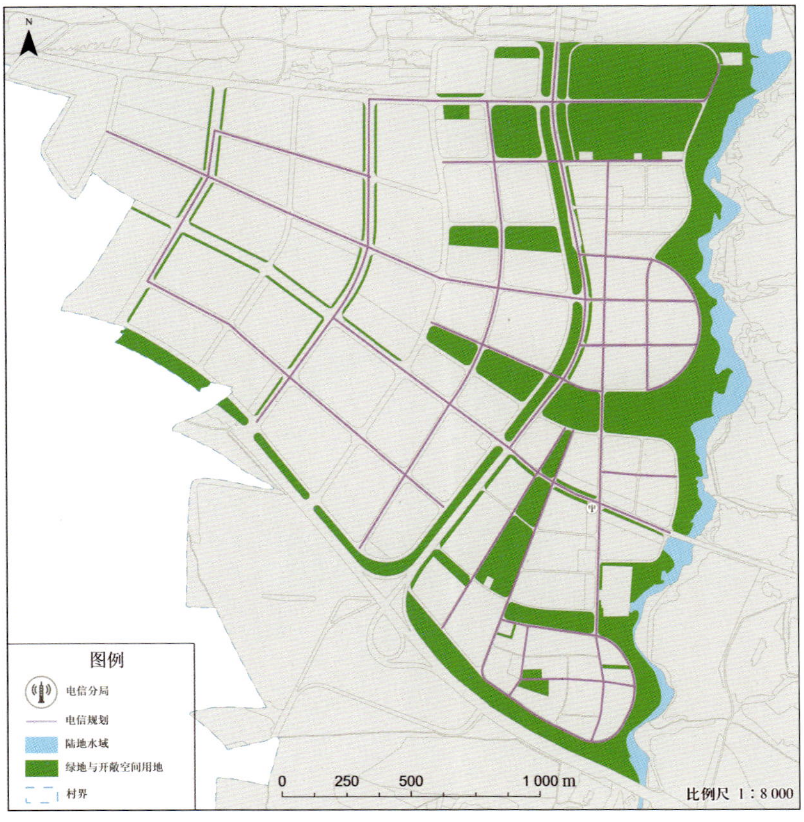

图 9　中心村电信规划图

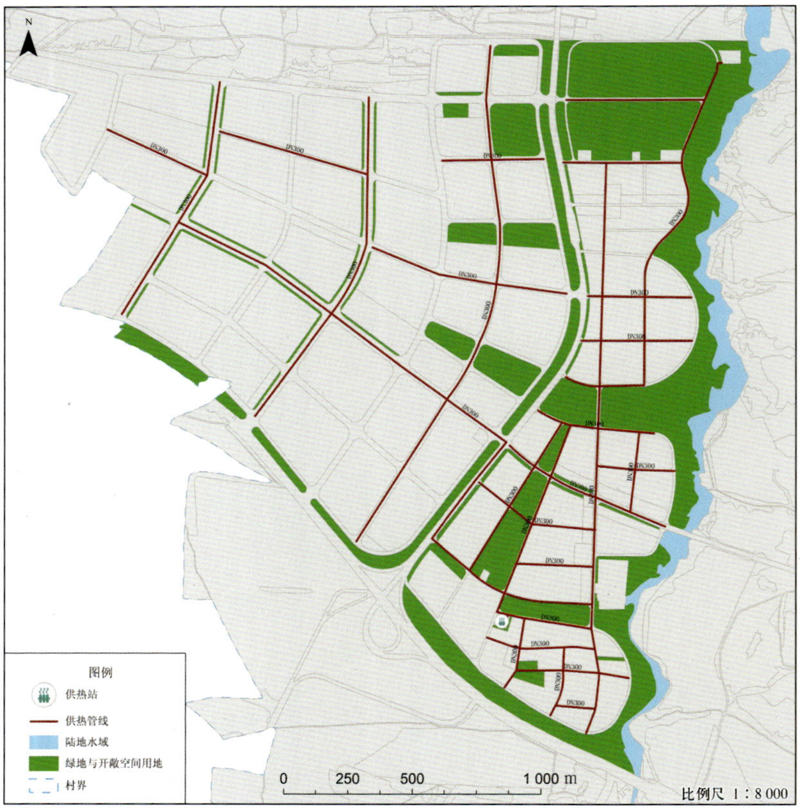

图 10　中心村供热规划图

图 11　中心村燃气规划图

表 1　南大营子村公共服务设施配套表

名称	位置	面积 /hm^2
文钟镇人民政府	中心村	2.69
南大营子村委会	中心村	0.80
小学	中心村	5.28
养老院	中心村	2.63
文化活动中心	南大营子	4.86
健身广场	南大营子	9.70
卫生院	中心村	2.54
公共厕所	南大营子	0.72
邮电所	中心村	0.14
垃圾收集点	南大营子	0.03
公共服务中心	中心村	3.19
交通站场用地	中心村	5.04
长途客运站	中心村	2.03
污水处理厂	中心村	0.40

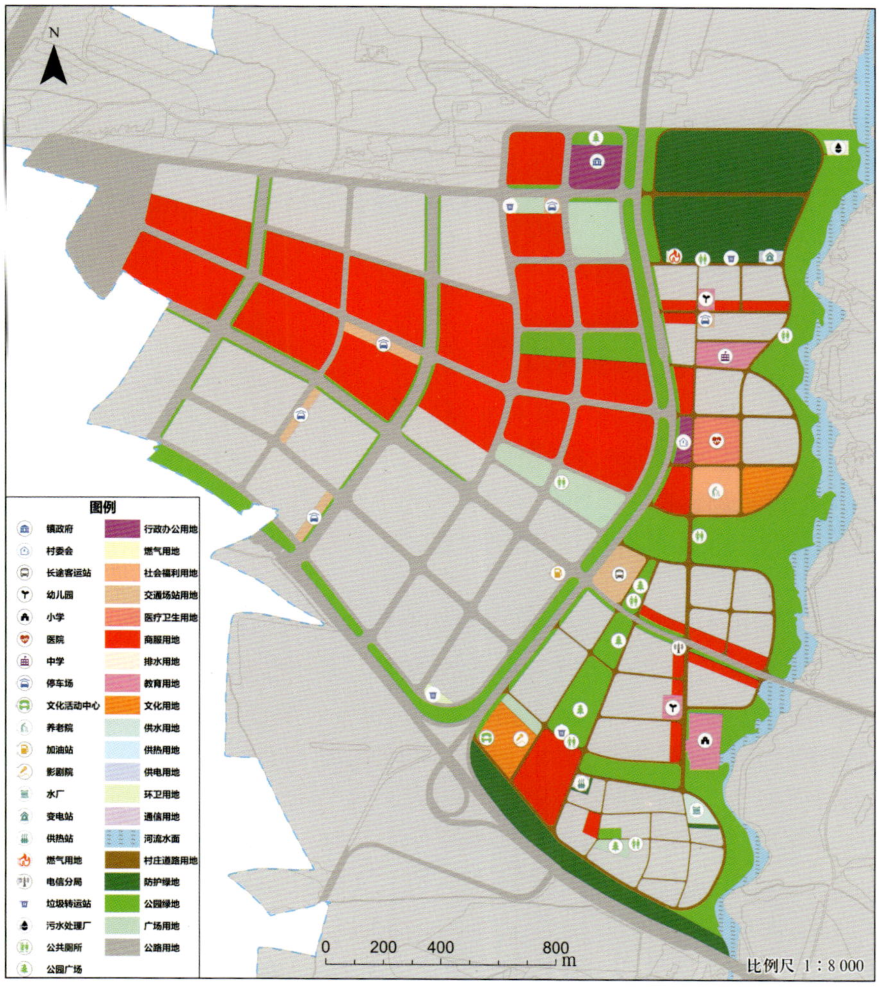

图 12　中心村公共与公用设施规划图

(10)环卫设施规划　规划期南大营子村建设分类垃圾转运站共6座,用地面积0.72 hm^2。其中:卧式垃圾压缩转运站1座,垃圾在压缩、转运过程中始终处于封闭状态,满足了垃圾减量化处理的需求,同时有效杜绝了二次污染,减少了对周边环境的影响;地坑式垃圾点5座,充分利用地下空间,将垃圾箱体落入地下,地上部分不暴露任何垃圾。通过村民自清自运,确保垃圾分类后进入垃圾中转站,环卫公司利用垃圾运输车辆将分类垃圾运送至垃圾焚烧厂,完成对垃圾的收集转运。规划期内每个自然村及村民院内均配套水冲厕所1座。

(11)绿地与广场规划　南大营子村绿地主要包括道路街巷绿地及公园景观绿地。

①道路街巷绿地:规划道路街巷绿地主要分为两个部分:一是村镇对外交通道路较宽,规划设置宽3 m的防护绿化带,用于种植耐旱的灌木及行道树;二是村镇内部道路受路宽限制,以绿化点缀为主,只在局部区域以树池和花坛的形式加以绿化铺装。

②公园景观绿地:村域内设置多处公园,以绿化为主,满足居民生活游憩需求,同时也是居民点的重要景观核心。

广场是村庄公共空间的重要组成部分,一般以硬质铺地为主,辅以绿化修饰,是居民主要的户外活动和抗震避难场所。规划村域范围设置2个广场,一个位于中心村(村委会)驻地,另一个位于东部的刘营子村。规划为休闲、景观广场,增加绿化覆盖率,优化广场空间环境,与村公共服务中心相邻,可与公共服务中心配套使用,结合规划健身场地与公园,打造南大营子村核心开放空间。

3.5　防灾减灾规划

利用公共绿地、广场、体育场、学校操场及外围田野等开阔空间作为避震疏散场所,疏散场地应与广场、绿地和村庄空闲地综合考虑,疏散人群至疏散场地的距离不宜超过500 m。

规划期末,人口为2 391人,按照人均疏散场地面积不小于3 m^2的标准,疏散场地面积应大于3 $m^2 \times 2\,391=7\,173\ m^2$,即约0.72 hm^2。规划期末,绿地与广场用地面积为108.62 hm^2,远远超出人均疏散场地标准。

3.6　生态修复和国土综合整治

结合南大营子村人居环境整治、乡村景观建设的要求,对全村进行农用地整治、农村居民点建设用地整治以及山水林田湖草沙生态保护与修复。

(1)农用地整理　推进高标准农田建设和中低产田改造工程。积极争取农田配套项目,强化农业基础保障。争取水权置换、节水增效等项目,实施尾留衬砌工程。积极争取农田平整项目,推进农田改良工程。

(2)农村居民点建设用地整理　通过低效用地改造、翻新、完善基础设施和公共服务设施配套、整治提升村内道路、公共空间等,实现村庄有机更新和改造提升,提升集约用地水平。

(3)山水林田湖草沙生态修复　提出生态网络布局和绿色基础设施的建设,针对水土流失、生物多样性损害、土地沙化、盐碱化和生态服务功能衰退的区域,提出生态环境综合整治方向和措施。

3.7　近期规划安排

南大营子村近期规划安排各类重点建设项目共16项,其中:历史文化传承1项,产业发展项目4项,基础设施建设项目7项,公共服务设施建设项目1项,人居环境整治项目3项。

3.8　实施保障

(1)规划传导与指标管控　村庄规划严格在上位国土空间规划的指导与约束下编制,落实国土空间规划确定的规划目标、规划分区、重要控制线、要素配置等规划内容。落实相关约束性指标,不违背各项管控要求。

(2)规划"留白"　引导村庄建设,形成相对集中集聚集约高效的村庄建设布局,在规划中预留不超过5%的建设用地总量指标作为规划留白,用于农村新产业新业态发展。规划留白用地为1.57 hm^2,占建设用地总规模的4.08%。

(3)规划动态完善　建立规划动态维护制度,加强评估及监督检查,及时研究规划实施过程中新情况,做好规划动态完善,有计划、有组织地对村庄规划的实施情况进行评估和维护。

(4)公众参与　深入了解村民意愿,提升村庄规划的实用性和可操作性;规划成果经村委会审议和村民代表决议;以多种方式及时公布并长期公开,将规划的主要内容纳入村规民约。

(5)政策机制　运用建设用地增减挂钩、工矿废弃地复垦利用等政策工具,融合财政、投资、产业、交通、水利等各类措施,建立政策统筹机制平台,保障规划目标的实现,促进村域国土空间格局的优化。

4　规划总结与启示

(1)严格执行用途管制制度　村域各类空间开发建设活动,按照法定村庄规划实施乡村建设规划许可管理。

(2)村民委员会发挥规划执行主体责任　村委会严格执行规划方案,明确和落实村民与村委会责任,严格按照村庄规划进行用地安排。

(3)深化全体村民规范用地意识　合理引导,提高村民的合法用地、依规用地意识,把遵守村庄规划变为全村的自觉行为。

通辽市科尔沁左翼中旗花吐古拉镇浩日彦艾勒嘎查村庄规划（2021—2035 年）

1　村庄介绍

1.1　村庄概况

浩日彦艾勒嘎查（又称王府屯）位于科尔沁左翼中旗花吐古拉镇西北部，地处通辽市 100 万亩生态建设功能区，省际通道 304 线西侧 2 km 处，北距孝庄园旅游区 1 km，南临唐格尔庙，距通辽市中心 35 km（图 1）。

1.2　资源禀赋

花吐古拉镇境域属平原地貌。在冲积、风积因素下，具有波状起伏、草甸和沙坨漫布的特点。地势由西北向东南倾斜。

依据第三次全国国土调查数据，浩日彦艾勒嘎查村域面积为 881.77 hm^2，耕地面积 353.68 hm^2，林地面积 244.08 hm^2，草地面积 209.72 hm^2，农业设施建设用地面积 21.85 hm^2，居住用地 13.63 hm^2，公共管理与公共服务用地 0.35 hm^2，商业服务业用地 0.06 hm^2，交通运输用地 10.52 hm^2，公用设施用地 0.13 hm^2，特殊用地 26.07 hm^2，陆地水域 0.35 hm^2，其他土地 1.33 hm^2。

1.3　社会经济

当地人口总户数为 132 户，人口总数 550 人，蒙古族人口占 99%，是典型的蒙古族聚居嘎查。

村庄内人均年收入达到 12 000 元，养殖业以饲养牛为主，目前养殖数量为 1 200 头；种植业以玉米、苹果、海棠、梨等为主。

1.4　人居环境

村内建有村委会、幼儿园、卫生室、文体娱乐室；水源为井水；电网、通信基本覆盖；排水采用自然排水；无集中供热设施及养老设施。

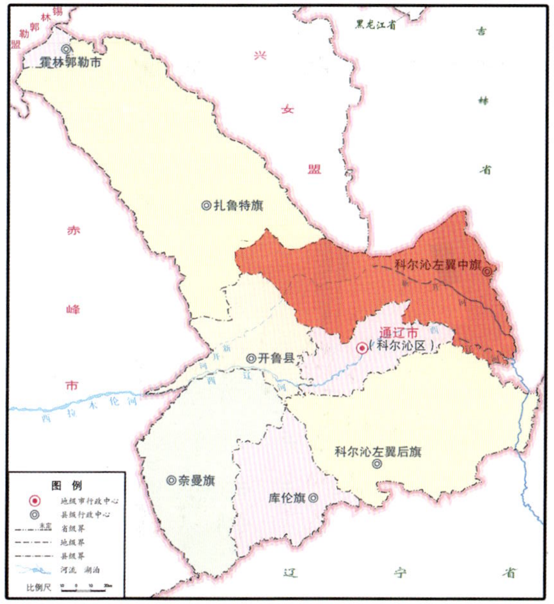

科尔沁左翼中旗在通辽的位置 审图号:蒙S(2020)026号

花吐古拉镇在科尔沁左翼中旗的位置 审图号:蒙S(2024)17号

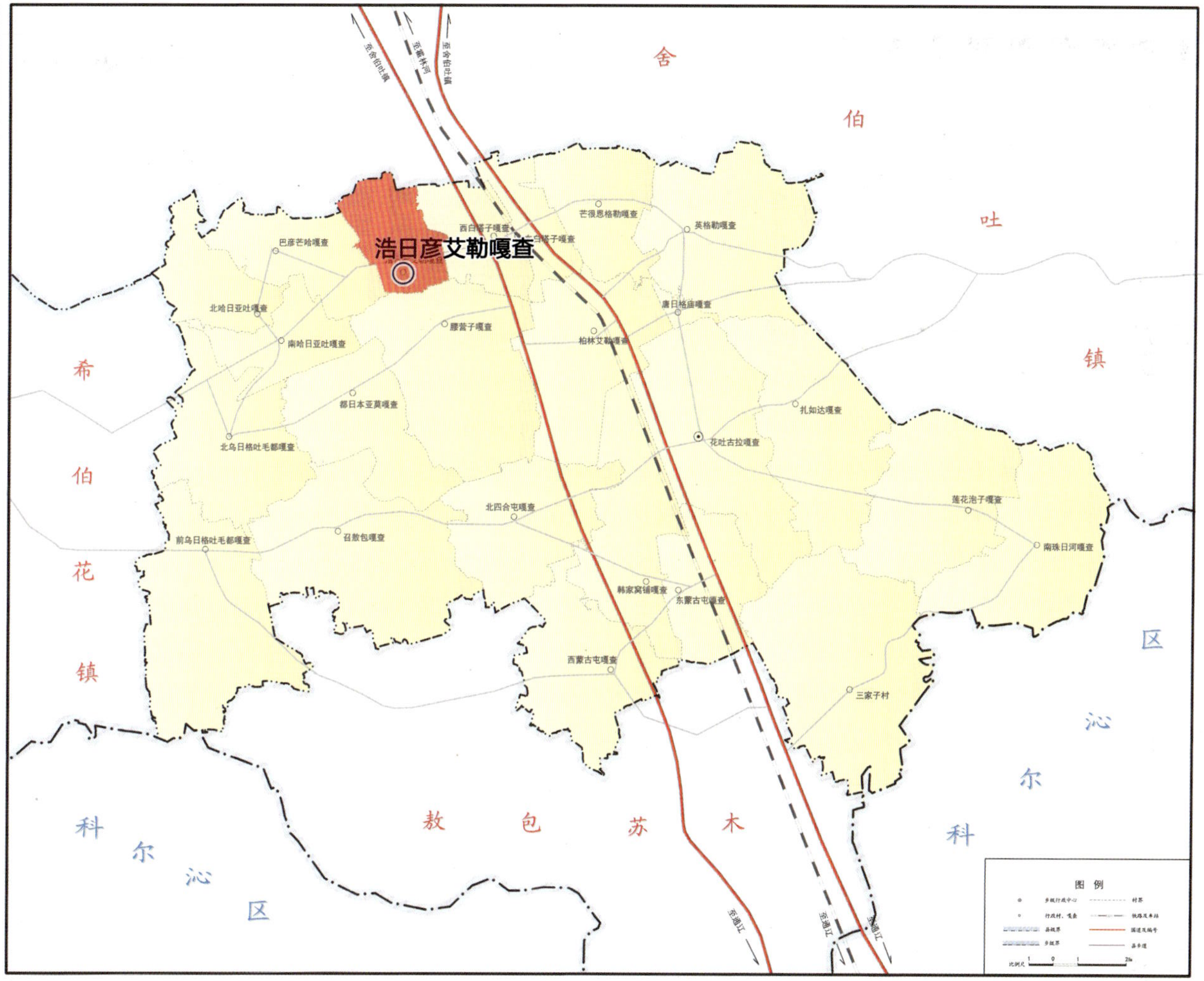

浩日彦艾勒嘎查在花吐古拉镇的位置

图 1　区位图

2 规划目标与定位

2.1 村庄类型

浩日彦艾勒嘎查属于集聚提升类村庄。

2.2 主要目标

现代农业和乡村旅游融合发展;国土空间集约高效;“三生”空间有效管控;公共设施配套完善;人居环境全面提升;农民收入显著提高。

2.3 村庄定位

依据花吐古拉镇的镇村等级划分浩日彦艾勒嘎查属于中心村。结合浩日彦艾勒嘎查良好的地理位置和旅游资源,在村域空间内统筹安排村庄农牧业、生态、建设空间,结合现有农业产业及旅游资源的基础,对浩日彦艾勒嘎查的总体定位为“集民俗文化、旅游观光、规范养殖、生态采摘、乡村休闲体验于一体的新农村”。

3 规划安排

3.1 空间布局

(1)国土空间保护开发格局　浩日彦艾勒嘎查村域整体形成“一轴拓展、五心重点、两区发展”的村庄空间发展格局。

①一轴拓展:是将孝庄园旅游区、寿安寺、百年古榆林、嘎达梅林纪念馆等景点串点成线,构建成的村庄空间发展轴。

②五心重点:指现代综合服务中心、孝庄园旅游中心、寿安寺、百年古榆林、嘎达梅林纪念馆。

③两区:即农业生产区、生态涵养区。

(2)规划“留白”　本次规划主要在村域范围内,选择非永久基本农田、生态保护红线外的用地,作为留白用地。

3.2 “三区三线”

永久基本农田与生态环境得到根本保护,土地利用结构与国土空间布局进一步优化,土地资源利用高效集约(图 2)。

(1)耕地和永久基本农田　严格保护耕地和永久基本农田,落实非农建设占用耕地占补平衡制度,加强永久基本农田保护。规划到 2035 年,村域内永久基本农田面积为 210.65 hm^2,确保耕地保有量不低于 349.39 hm^2。

(2)建设用地总规模　在保障村庄发展的基础上,合理安排建设用地,优化用地结构和布局。规划到 2035 年,建设用地总规模不超过 52.37 hm^2。

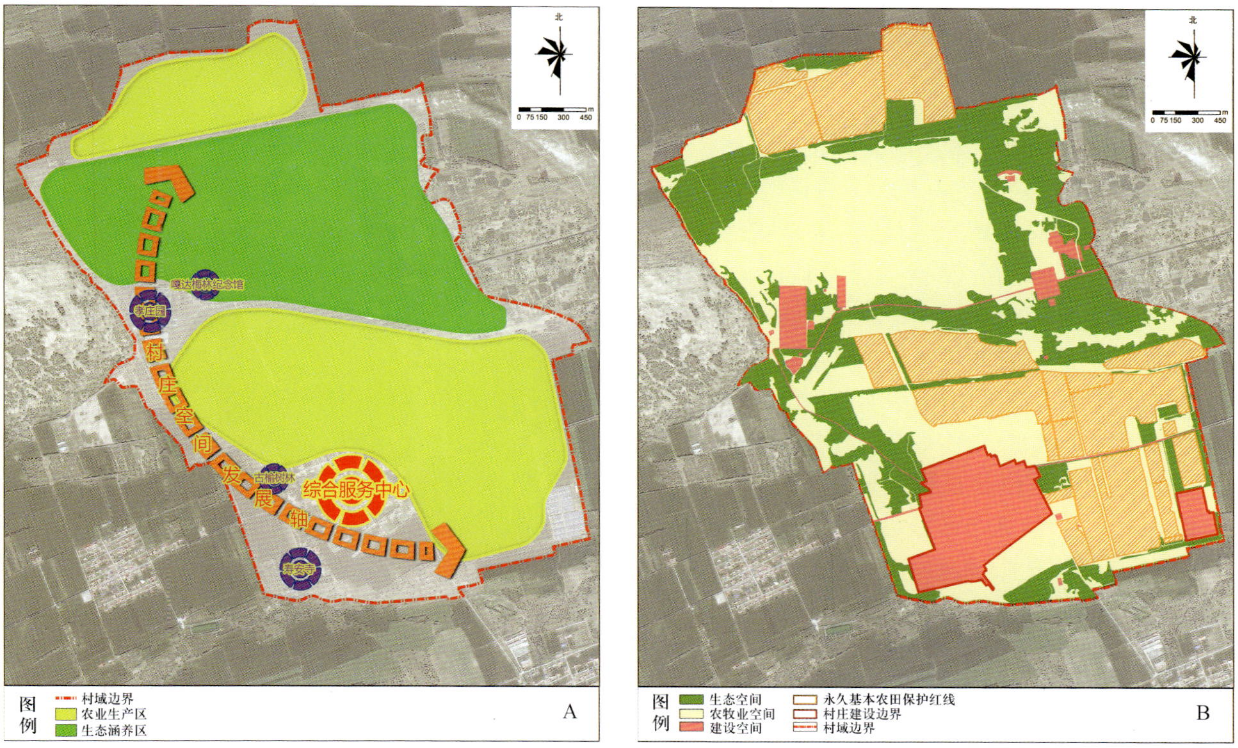

图 2 村庄空间发展格局（A）和“三区两线”图（B）

3.3 产业规划

以现代设施种植业和规模化养殖业为基础，将浩日彦艾勒嘎查划分为五大产业发展片区，即居住区点、旅游区、种植区、牧草生态发展、林业保护区。

（1）居民点　以浩日彦艾勒嘎查村民居民点为中心，主要为农村居民住宅用地，还包括农村公共服务及基础设施用地、村办及乡镇企业用地等。

（2）旅游区　孝庄园旅游区是全市重点旅游景区，位于浩日彦艾勒嘎查村域范围内，以孝庄故居达尔罕亲王府为核心景点，2012 年 8 月正式对外营业。景区由王府古榆林达尔罕敖包、孝庄纪念馆、游客服务中心等十几个景点组成，占地面积 8 900 亩，是一座体现科尔沁人文历史、满蒙联姻、府乾盛世以及中国近 400 年历史的绝佳景区，已正式成为国家 4A 级旅游景区。随着各项旅游资源的开发利用及旅游设施的建设，全年旅游接待量逐步增加，对全村及全镇的经济发展起到了重要作用。

（3）种植区　严守耕地红线，全面落实永久基本农田特殊保护制度，促进农业结构不断优化升级。统筹调整种植业生产结构，稳定高粱、玉米有序生产。稳步推进无公害农产品、绿色食品、有机农产品和地理标志农产品认证，提高农业绿色化、优质化、特色化、品牌化水平。

（4）牧草生态发展区　大力发展优质饲料牧草，合理利用退耕地、冬闲田拓展饲草发展空间，推进畜牧业区域布局调整。村内主要饲养牛、猪、羊等牲畜，应对牲畜买卖、肉类产品输出进行统一管理。合理布局规模化养殖场，大力发展种养结合循环农业，促进养殖废弃物就近资源化利用。优化畜牧业生产结构，大力发展草食畜牧业，做大做强民族奶业。

（5）林业保护区　根据全旗“三区”规划发展，结合浩日彦艾勒嘎查现状和林业发展条件，选择沟壑区、斜坡地、道路沿线和沙地等土地，加强油松林、侧柏、柳树、杨树、柠条、沙柳等植树造林建设，确保高质量的村域生态环境，改善村域生态系统，防止水土流失和风湿沙化，提高抵御自然灾害的防灾能力。到 2035 年，林地面积在现有的基础上增加 1 倍，以改善生态，美化环境。

3.4 中心村规划

(1)宅基地规划　村庄内住房布局规整，宅基地面积为 8.83 hm^2。本村庄规划 2035 年户数约 132 户(每户按 4 人计)，户均宅基地为 668 m^2。

(2)道路交通规划　浩日彦艾勒嘎查对外交通有孝庄园互通与 G304 连接；道路红线宽度为 12 m，规划村庄建筑退道路红线不小于 15 m。村庄内部拟硬化孝庄园西北侧道路 1.5 km。

(3)给排水工程规划　浩日彦艾勒嘎查内村庄生活用水均来自村庄西北侧井水，自家院内有 30 m 左右机井，供居民农业用水。

村庄新建建筑采用雨污分流，雨水采用建设排水渠来解决，在村域东南侧新建 1 处污水处理设施，占地面积为 0.18 hm^2，解决村庄污水处理问题(图 3)。

(4)电力电信供热工程规划　对村庄电力线路进行整理，有条件区域电力线路可以采用埋地敷设，10 kV 电源引自镇区市政电力网。在中心村建设 2 个变压器，其他居民点采用杆上变压器。

规划期间对固定电话、有线电视、网络等电信设施进行整治完善，保证线路和交接箱的位置与走向不影响村庄风貌。

规划村庄内新建锅炉房，实行集中供热，规划供热管网采用直埋的方式，沿道路敷设。至规划期末，村庄集中供热普及率为 100%。

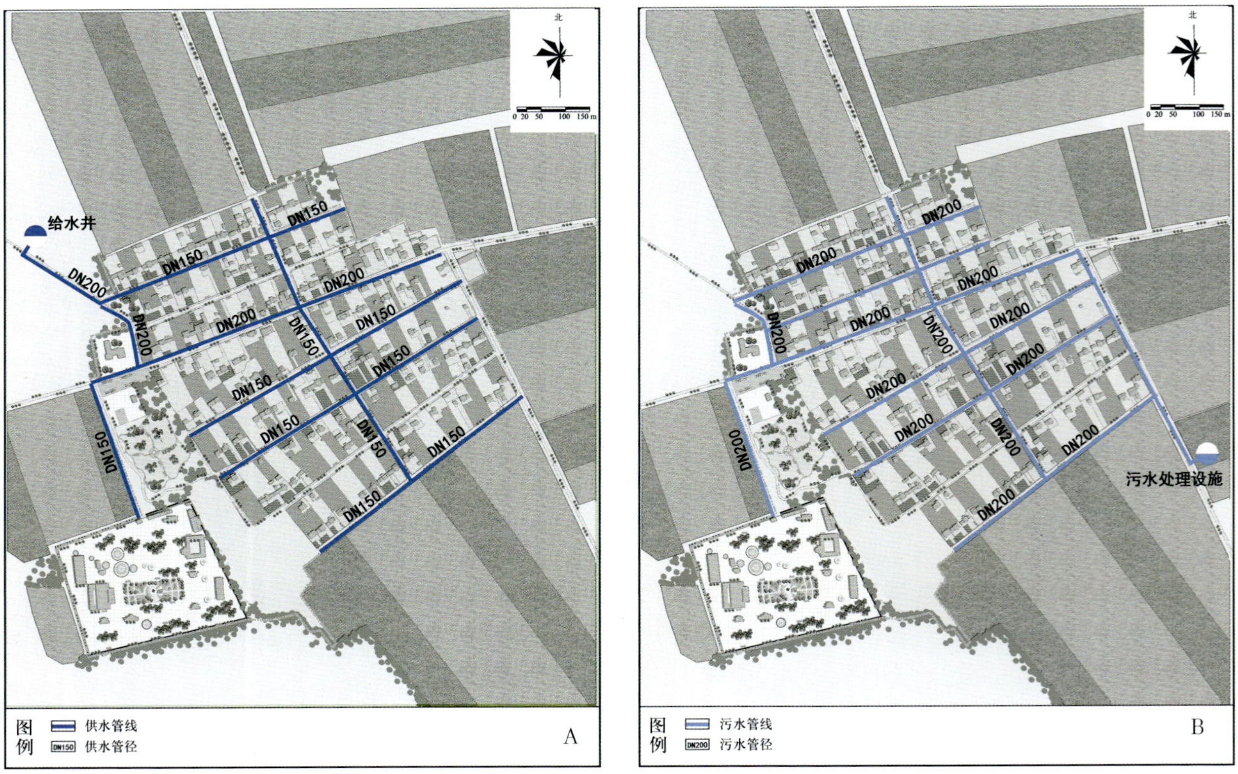

图 3　供水工程规划图(A)和污水工程规划图(B)

(5)环卫设施规划　根据《乡村振兴战略实施方案》持续推进“厕所革命”，按照群众接受、经济适用、使用和维护方便、不污染公共水体的要求，普及户厕、配套公厕，农村牧区卫生厕所普及率达到 90% 以上。规划建 1 座公共厕所，完善垃圾收集设施，村庄内推广生活垃圾分类投放措施。

(6)公共服务设施规划　村庄东侧有蒙古族幼儿园 1 处，目前未投入使用，规划对其进行提升改造，尽快投入使用。规划对已有广场进行改造提升，并配套相应的健身器材，规划设置 1 处标志牌，标志牌材质以木质或石材为主，造型体现乡土气息，色彩与村庄的建筑、景观相协调（图 4）。

图 4　村庄公共服务与基础设施规划图（A）和居民点建筑质量等级图（B）

（7）绿化与景观规划　大力实施“绿化、美化、净化、亮化”工程，尽快实现路面硬化、村庄绿化、环境净化、庭院美化、村庄亮化。

①庭院绿化：加强村民庭院绿化意识的教育，倡导庭院种植果树（123 苹果树、李杏树等），搭架种植葡萄，既美化庭院又有经济效益。

②环境美化：保持庭院的干净、整洁，村民家不宜修建封闭式围墙，提倡栽种攀缘植物如爬山虎、高原雪菊。公共活动场地周围宜栽花种树以美化环境。

3.5　历史文化传承及保护

对村域内古树名木进行挂牌保护。建立古树名木数据库，对未挂牌的具有保护价值的古树挂牌登记，划定 10 m 半径保护圈，不允许随意改变保护范围内原有历史风貌及环境，保护范围内各项活动应以不破坏古树名木为基本原则，影响古树名木生长的建（构）筑物应坚决拆除。

3.6　生态修复和国土综合整治

以国土空间问题治理、生态环境恢复与景观提升为主导，通过对村域范围内的主要山体、水域、农田、种植园和居民点进行综合治理，构建“山青、水秀、田优、村美、景丽”的村域空间发展格局。

3.7 防灾减灾规划

主村庄应按规范设置消防通道，主要建筑物、公共场所应设置消防设施。结合村庄给水管网设置消防用水或消防水池。村内主要道路、巷道，连接到应急疏散场地和对外联系道路。应急疏散场地为户外各公共活动广场、停车场、绿地等开敞空间。

3.8 近期规划安排

村庄近期建设项目见表1。

表1 村庄近期建设项目

类型	项目名称	用地总规模	资金规模/万元	建设年限
农用地整治	农用地盐渍化整治	61.62 hm^2	60	2021—2025年
	田间道路硬化	1 500 m	30	
产业发展	旅游指示牌	—	10	2021—2025年
	旅游配套	—	20	
	特色农业	3.41 hm^2	100	
基础设施建设	污水处理工程	1 800 m^2	30	2021—2025年
	停车场建设	2 500 m^2	20	
	修建排水渠	—	15	
	村庄照明	—	12	
公共服务设施建设	公共厕所	1 000 m^2	2	2021—2025年
	健身设施	—	15	
人居环境整治	整治房前屋后环境	—	20	2021—2025年
	村庄公园提升改造	—	20	2021—2025年
历史文化保护	结合现状古榆树林，整治周边环境	—	30	2021—2025年

3.9 实施保障

（1）严格落实规划管理制度　各项建设项目规划审批，应严格按《中华人民共和国城乡规划法》《中华人民共和国土地管理法》要求和自治区有关规定，按程序规范各类建设用地与建设工程的规划审批。

（2）坚持以政府为主导，以产业为支撑的村庄发展模式　发挥乡村振兴建设的主导作用，把村庄产业的发展放在重要位置，村庄建设必须以产业经济为支撑。

（3）加强社会监督与公众参与　采取设置专用公示设施、宣传栏等方便、适用方式，公布规划、建设审批项目，接受群众监督。

巴彦淖尔市五原县塔尔湖镇春光村村庄规划（2021—2035 年）

1 村庄介绍

1.1 村庄概况

春光村位于内蒙古自治区河套平原腹地，巴彦淖尔市五原县西部，塔尔湖镇东北部，属黄河冲积平原，土地肥沃，地势平坦，平均海拔 1 028 m，大部分耕地坡度≤ 2°。属温带大陆性气候，四季分明，年平均气温为 6 ℃，昼夜温差大，年平均降水量 169 mm，年平均日照时数 3 230.9 h，日照充足。蒸发量大，全年蒸发量 2 039.2 mm，气候干燥。

1.2 资源禀赋

春光村总面积 2 434.86 hm^2，包括耕地、园地、林地、草地、湿地、农业设施建设用地、建设用地、陆地水域和其他土地。

其中，耕地 1 412.35 hm^2，占比 58.01%；园地 52.33 hm^2，占比 2.15%；林地 192.26 hm^2，占比 7.90%；草地 89.74 hm^2，占比 3.69%；湿地 84.43 hm^2，占比 3.47%；农业设施建设用地 76.98 hm^2，占比 3.16%；建设用地总规模 277.21 hm^2，占比 11.38%；陆地水域 166.47 hm^2，占比 6.84%；其他土地 83.08 hm^2，占比 3.41%。

1.3 社会经济

春光村是塔尔湖镇政府驻地。除塔尔湖镇区外，辖 9 个村民小组（社），共 839 户，户籍人口 2 184 人，其中常住人口 1 668 人。外出务工人口占比 40% 左右；65 岁以上老年人口 650 人，占户籍总人口比例约 30%，老龄化严重。人均年收入约 10 000 元。全村各社距离塔尔湖镇均在 3 km 以内，村委会所在地距五原县约 32 km，距临河区约 60 km。具有较好的区位交通条件。

以种植粮食和经济作物为主，种植的主要作物有向日葵、玉米、小麦、西葫芦、番茄、甜菜、豆角等。其中，玉米种植面积 7 719 亩，亩产 1 600～2 000 斤；小麦种植 850 亩，亩产约 1 000 斤。饲养畜禽立足于肉羊产业优势，大力支持牛、猪、火鸡等养殖业发展，其中羊出栏 2 500～3 000 只，猪出栏 500 多头。

1.4 人居环境

春光村交通便利，东西南北方向的四条主干道相交于塔尔湖镇区，县道 X709 和县道 X712 纵贯村域南北，县道 X701 和省道 S311 横穿村域东西。村内通村道路已完成，实现了社社通水泥路。春光村积极发展教育事业，村域内现有幼儿园 1 所，小学 1 所，中学 1 所，均分布在塔尔湖镇区。为丰富村民们的文体活动，春光三社建有文化活动室 1 处，建筑面积 361 m^2；有广场 2 处，均配套有健身设施。医疗设施基本满足需求，村域内有医院 1 座，坐落在塔尔湖镇区；卫生室 1 所，紧邻村委会。塔尔湖镇区有自来水厂和污水处理厂，村内自来水普及率、使用率均达 100%；村内电网为农网改造；通信基本覆盖，村内有 2 个通信基站，分别在六社和七社；镇区有垃圾填埋场 1 座，垃圾中转站 2 处；村内无集中供热设施，冬季各户单独自建锅炉燃煤和柴秸秆采暖。

2 规划目标与定位

2.1 村庄类型

春光村属于集聚提升类村庄。

2.2 主要目标

根据春光村经济社会发展情况，确定近期目标年和远期目标年规划目标。2035 年，耕地保有量不低于 1 411.94 hm^2，永久基本农田保护面积保持在 598.54 hm^2 以上，生态保护红线面积 79.43 hm^2；建设用地总规模 278.89 hm^2，城乡建设用地规模 250.59 hm^2，公共管理与公共服务用地规模 3.84 hm^2，公用设施用地规模 0.06 hm^2，户均宅基地控制在 540.33 m^2/ 户以内。

2.3 村庄定位

立足五原县农业主产区主体功能，将春光村重点打造成五原县重要的农业生产加工基地和特色养殖基地，建设“北旅游、南农业、以镇区为中心环村居住”宜居宜业宜游美丽乡村。

3 规划安排

3.1 空间布局

基于春光村自然地理格局和产业发展，以向日葵产业发展为核心，以巴美湖国家湿地公园为依托，借助传统村落和设施农业，构建“两带四区四园”村域国土空间保护开发格局。

(1) 两带　沿县道 X709 和县道 X712 南北方向打造设施农业发展带，沿省道 S311 东西方向构建千亩经济林带。设施农业发展带和千亩经济林带分别纵横贯穿春光村，是村内经济社会发展的主轴带。

(2) 四区　以春光村规划定位为基础，依水域形成旅游发展区，依特色保护区域形成传统村落保护区，依居住社区形成宜居区，依种植区域形成农业种植区。

(3) 四园　以“四区”为基础，在春光村村域内打造不同性质、不同用途的四个园区，分别为生态农业观光园、巴美湖国家湿地公园、特色农业种植园和果蔬种植采摘园(图 1)。

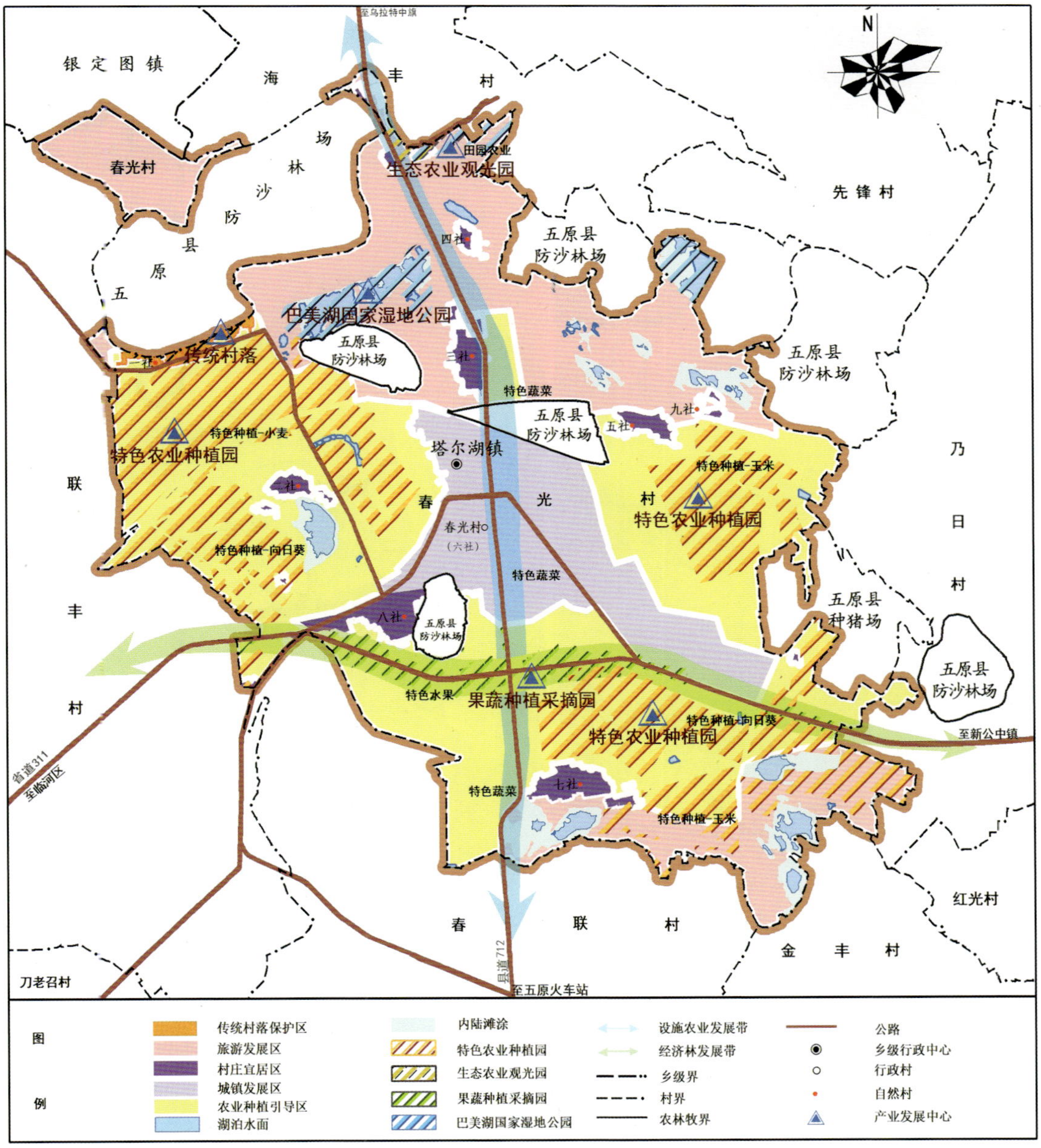

图 1　村域空间总体布局图

3.2　空间管控

在村域范围内划分农牧、生态、建设三大空间。其中，农牧空间以农牧产业发展为主，生态空间以生态保护为主，建设空间以村庄建设为主。

(1) 农牧空间布局与管控　以耕地、园地、林地、草地及其配套设施用地为主。到 2035 年，农牧空间 1 772.93 hm^2，占村域总面积的 72.81%。

耕地与永久基本农田保护管制。严格落实永久基本农田保护管制规则。落实永久基本农田保护面积 598.54 hm^2，不得随意破坏、污染和荒芜永久基本农田地块。严禁占用永久基本农田地块进行非农建设，地块中现有非农建设用地和其他零星农用地逐步整理，复垦或调整为耕地。

(2)生态空间布局与管控

①生态空间布局：落实上位规划确定的生态保护红线，面积为 79.43 hm^2，占村域总面积的 3.26%，全部为巴美湖国家湿地公园。基于自然生态要素保护要求，将村域北部的自然保留地、环村的湖泊、湿地划为生态空间，对水土保持、生物多样性的维护和防风固沙起到重要作用。到 2035 年，生态空间为 232.79 hm^2，占村域总面积的 9.56%。

②生态保护红线内管控：生态保护红线区域严格禁止开发性、生产性建设活动，在符合现行法律法规前提下，除国家重大战略项目外，仅允许对生态功能不造成破坏的有限人为活动。生态保护红线未经法定程序不得调整(图 2)。

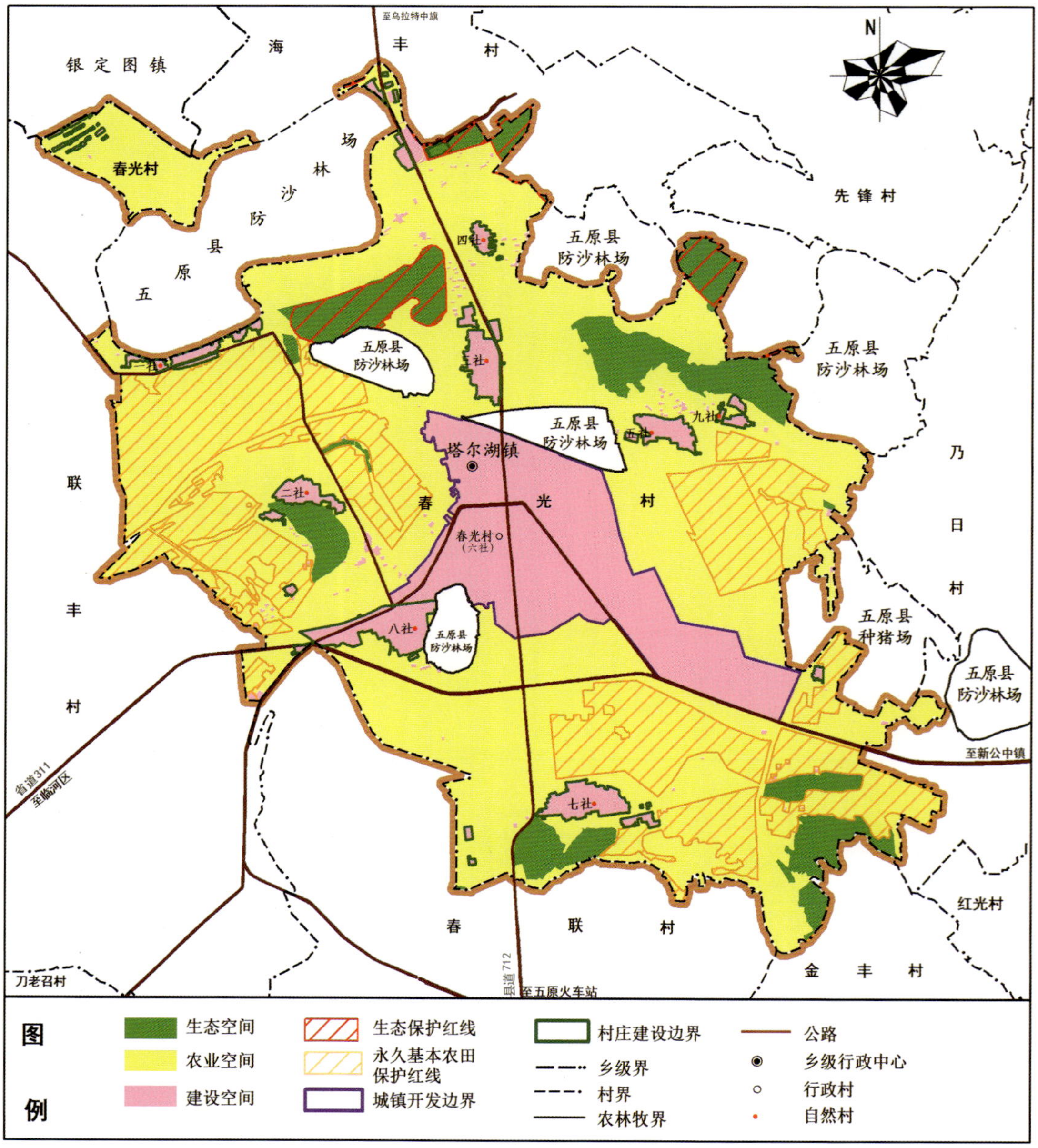

图 2 村域控制线规划图

(3)建设空间布局与管控

①城镇区域落实：本村是塔尔湖镇镇区所在地，且塔尔湖镇已经划定城镇开发边界，城镇开发边界

内全面落实上位国土空间规划布局和管控要求。以塔尔湖镇国土空间规划管控任务为基础，划定春光村村庄建设边界，引导村庄建设用地集中布局，村庄建设边界内是村庄建设空间，主要用于村民居住，公共服务和基础设施建设，以及休憩生产等。到 2035 年，村庄建设空间 429.14 hm^2，占村域总面积的 17.62%。其中，城镇开发边界围合面积 294.22 hm^2，留白 1.85 hm^2，用于规划期间村庄农产品生产、加工、营销、乡村旅游配套等新产业、新业态发展。

②建设空间管控：严格执行“一户一宅”政策，允许农村集体经营性建设用地使用权出让、租赁、入股，具体年限、入市条件及方式按照国家和自治区有关规定执行。公共管理和公共服务用地、公用设施用地、绿地与开敞空间用地，主要服务于村民生活环境改善和提高村民生活水平，其所有权归村集体，属村委会建设与管理职责范围。

3.3　产业规划

春光村产业发展以农林种植业和畜牧养殖业为主，旅游服务为辅。突出“种特养特、一村一品”，充分利用村内丰富的水域资源，发展水产、鹅等特色养殖；以特色向日葵种植和特色肉羊养殖为主，促进现代农业、农产品初加工、旅游休憩三产融合发展。产业振兴是解决乡村问题的前提，是落实乡村振兴与精准扶贫战略的重要抓手。吸引社会资本，成立村企合作社，共同推进乡村特色产业发展。到 2035 年，新增果品加工厂 0.86 hm^2，新增农村专业合作社 23.95 m^2。

(1) 农林规模种植　设施农业发展带，重点种植番茄、豆角等温室大棚蔬菜，主要涉及春光三社、春光六社和春光七社。千亩经济林带，主要种植经济产业林，在发挥绿化作用的同时，促进村内增收。农业种植园以玉米种植园、小麦种植园、向日葵种植园、西葫芦种植园、番茄种植园、豆角种植园、蒲黄药材种植园等为主导，进行适度规模种植。到 2035 年，耕地保持 1 411.94 hm^2 以上，园地 52.33 hm^2，林地 191.81 hm^2。

(2) 农旅融合　利用春光村与周边联丰村、海丰村接壤的有利优势，强强联合，打造形成村村通旅游产业链，建设集水上游乐、田园采摘、餐饮住宿、休闲度假于一体的旅游服务体系，推动景点间的互联共建，以旅游促进与邻村共同富裕。打造传统村落保护区、生态农业观光区、湿地观光娱乐区、湿地景观观光区和果蔬种植采摘体验区“五区”互动旅游格局。传统村落保护区结合村庄整治，将春光一社打造成民宿文化旅游村，开发传统村落民宿民居，让游客有住家的感觉。生态农业观光区位于村东北部的巴美湖国家湿地公园，重点建设特色餐饮、田园农庄、垂钓、品鱼、捕鱼等项目，让游客体验农业乐趣。以村内水域为基础，开发水域周边，形成湿地观光娱乐区，科学规划设计芦苇观光、水上游乐等景观和娱乐项目，供游客娱乐嬉戏休憩。湿地景观观光区以景观观光为主，是旅游拍摄的绝佳去处，主要布局芦苇观光、水鸟保护等景点。果蔬种植采摘体验区，位于设施农业发展带和千亩经济林带交汇处，打造香瓜、蜜瓜、草莓、苹果、番茄、黄瓜、豆角等瓜果蔬菜多个采摘园，游客不仅可以体验农事乐趣，还能够吃上纯天然零污染的春光特色瓜果，为春光村旅游发展打造采摘特色。

3.4　中心村规划

(1) 宅基地　基于城镇化率不断提高，农村人口逐步减少的现状，规划确定宅基地规模不再增加。规划期内，住房用地以存量利用为主宅基地规模不增加，户均宅基地指标不降低。到 2035 年，户均宅基地不超过 540.33 m^2/户，严格落实“一户一宅”政策。

(2) 道路交通　东西向 S311、X701 和南北向 X712、X709，落实上位规划确定的交通设施安排，做好用地规模和布局衔接，规划期间，区域基础设施用地规模不增加。村内乡村道路用地规模保持不变，重点对传统村落、自然村之间的内部道路进行路面硬化，道路宽度控制在 5 m 以内，保护好传统村落春光一社的街巷格局。与塔尔湖镇区共享停车场，落实上位规划（图 3）。

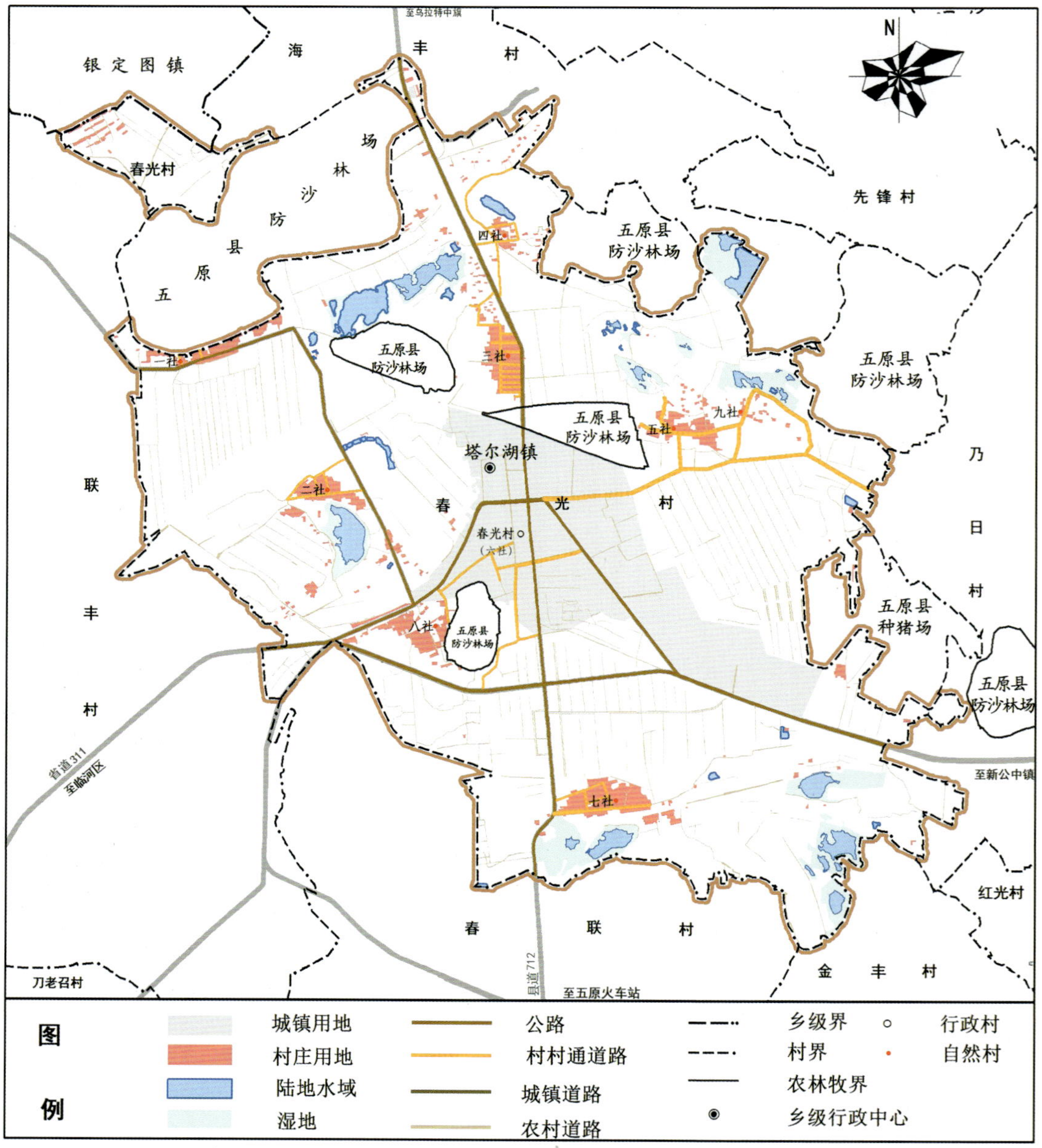

图 3　村域交通规划图

(3) 给排水工程规划

①给水工程规划：村庄用水量包括生活用水、生产用水、道路和绿地用水、消防用水、管网漏损水量、未预见水量等，本规划采用人均综合用水量进行预测。以自来水为主，村民院内有自建水井，作为补充用水。为确保饮用水的安全性，村内给水水源的卫生水源防护地带要配备标示牌，严格执行相关规范标准，不得使用工业废水或生活污水灌溉农田，不得使用持久性或剧毒性农药，不得有渗水厕所、渗水坑、垃圾堆等污染源。

②排水工程规划：采用合流制排水方式，根据村庄现状道路网布局，结合现状地形、地势及沟渠分布状况，规划设计选用雨污合流的排水体制，排水采取边沟暗渠的方式。沿村庄道路铺设污水支管，污水自流至污水干管后进入污水处理设施，污水管道布置于户前，以便村民生活污水的排放。结合村庄内部多条道路硬化工程，建设防渗漏排水边沟暗渠，同时新建明沟预留各户下水管接入位置。在铺装宅前道路时，建设家庭雨水和污水混合排水管，并与村中主干排水边沟暗渠连接。生活污水汇集流入排水沟。

各社雨水污水自然渗入地下。

(4) 供电工程规划

①电源规划：规划总负荷为 353.4 kW，总用电量为 56.33 万 kWh/ 年，春光村目前以 35 kV 变电站作为主要电源，规划新建 110 kV 变电站，按需配建 10 kV 开闭站，经变压后供电给村庄各户，架空明线，提高自动化建设步伐，确保电网安全可靠稳定运行，以供村庄生活用电和打井浇灌用电等。

②管线规划：规划供电采用环状、支状相结合的供电系统。在新建道路增加高架电力线，以尽量使村庄电力线路形成环路为主要原则，保障在局部出现故障时可通过其他线路及时供电。规划仍采用架空电力线敷设，电线杆应排列整齐，安全美观，无私拉乱接电线、电缆现象，加强电力电信设施的维护及建设。

(5) 通信工程规划　移动、联通等移动电话信号 100% 覆盖全村。通信光缆沿村庄主要道路采用架空敷设，有线广播电视线路原则上与村庄通信线缆统一规划。规划普及春光村闭路广播电视网和电脑宽带网络，与架空电力线杆合杆铺设。村庄道路规划时应考虑广播电视通道位置。

(6) 燃气与供热工程规划　村内冬季供热采用各户单独供暖，供热采用煤改电的方式，有助于如期实现碳达峰、碳中和。新建、改建住房预留集中供热的管线位置。

(7) 环卫设施规划

①配备垃圾桶：生活垃圾处理方式为集中处理，购置垃圾转运车，村庄统一收集后运到镇区的垃圾中转站，垃圾密闭储运至镇区垃圾处理厂，统一进行无害化处理。在公共活动场地、主要道路沿线合理设置垃圾箱，每个社区按 10～15 户配备一组分类垃圾桶，用于分类收集生活垃圾，解决村内生活垃圾污染问题，垃圾做到日产日清。

②厕所改造与新建：实施村内住户厕所改造，改造率达 100%。合理配置公共厕所，一个社区配置一座水冲式公共厕所，并有专人管理，定期打扫。按照国家有关规定，结合村庄实际情况，对现有旱厕进行改造，具体方式为设置防渗单格化粪池，溢出的污水排入混合排水沟。

(8) 公共服务设施规划　对文化用地、教育用地、体育用地、医疗卫生用地和社会福利用地进行合理布局调整，到 2035 年，规划新增农村社区服务设施用地 0.68 hm^2。

统筹考虑镇区与春光六社、八社的基础设施和公共服务设施用地布局，规划建立全域覆盖、普惠共享、城乡一体的基础设施和公共服务设施网络。以安全、经济、方便村民使用为原则，村委会规划期内保留现状；春光村所在塔尔湖镇镇区有幼儿园、小学和中学，各社区的学龄儿童可以就近到镇区上学，规划期间，村域范围内不设教育机构；除春光三社以外的其他 8 个社区新建文化活动室和广场并添加公共休闲锻炼健身设施，以满足全体村民的生活休憩需求。

(9) 绿化与景观规划　完成省道 S311 新改线段绿化工程，实施通村路绿化贯通工程，农防林应植尽植。村屯绿化补植，利用院落内外栽植经济树种和景观树种，美化居住环境。绿地规划采用规划与现状相结合的手法，结合公共活动场地和商业服务中心，形成集中式的中心绿地，沿村内主要道路与乡级路交叉口处布置入口景观绿化点。

结合农户住宅改造，拆除农户在房前屋后临时搭建的各类建筑，整治美化沿街建筑立面，力求简洁美观，同时又体现地方特色。配置绿化树种，做到环境优美，整洁卫生。结合农户住宅院坝实施硬化，庭院绿化，引导农户在自家院内种植花草，房前屋后种植绿化树木、花卉、果蔬等美化环境。搞好村庄入口形象建设，设置具有明显导向性的入口标识，路旁设置绿化、路灯或建筑小品等。在村庄入口，村内公共道路及村民集中活动场地设置路灯，解决村庄照明问题，方便村民夜间出入，实现村庄街巷亮化工程。在车道转弯处设置警示牌，在旅游景点、公厕等公共位置设置标识警示牌。

3.5　历史文化保护和特色风貌规划

(1) 划定乡村历史文化保护线　将村域内的传统村落春光一社划为乡村历史文化保护线，规模

7.46 hm^2。春光一社与周边的联丰民俗文化村、胜丰蒙元文化村、现代星级文明村一同构成了塔尔湖镇的 4 个特色村庄，发展集旅游、休闲、住宿、文化于一体的民宿产业，构成塔尔湖现代农业产业园的一部分。村域的用地布局、发展用地选择、各项设施的选址、道路与工程管网的选址，应有利于村庄历史文化的保护和提升村容村貌。

(2) 历史文化景观整体保护措施　防止大拆大建，做到应保尽保。传统村落整体进行保护，保持和延续其传统格局和历史风貌，维护历史遗存的真实性和完整性，保持传统格局、历史风貌和空间尺度，不得改变与其相互依存的自然景观和环境；从事建设活动，不得对其传统格局和历史风貌构成破坏性影响；应当保持原有的高度、体量、外观形象及色彩等。

(3) 风貌引导　对各类建设及自然景观进行风貌规划和引导保护好村庄的特色风貌(图 4)。具体风貌引导见表 1。

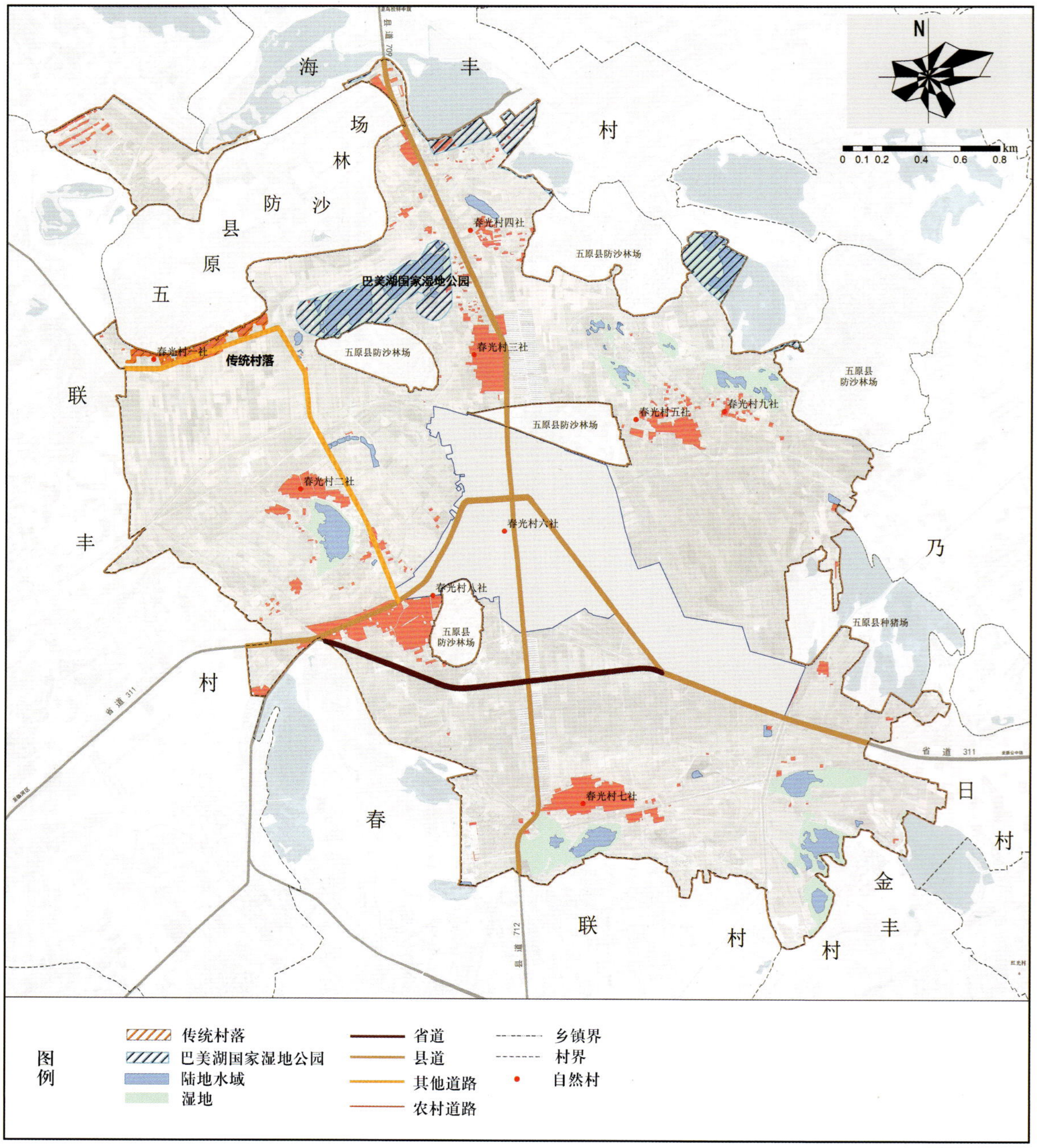

图 4　村域历史文化保护和特色风貌保护规划图

表 1　春光村风貌引导

控制要素	风貌引导
建筑风格	以 1 层为主，保留原有的高度、体量、外观形象及色彩。其中，春光一社以保护为主，色调以现有的土色为主。翻新建筑层数不应超过 2 层，建筑高度应该不大于 8 m
自然景观	保护湖泊、耕地等要素，发展向日葵、瓜果等特色农业种植，使整体风貌和谐统一；严格按照生态保护红线内的要求，保护巴美湖国家湿地公园

3.6　防灾减灾规划

(1) 消防规划　按照“以防为主、消防结合”的方针，村庄保证生产和储存易燃、易爆物品的工厂、仓库、堆场、储罐以及燃油、燃气供应站与各建筑之间不小于 50 m 的防火间距，主要建筑物、公共场所、打麦场设置消防设施。利用村庄道路形成顺畅的消防通道。在水量保证的情况下可充分利用自然水体作为村庄消防用水，公共消火栓沿给水主次干管设置（图 5）。

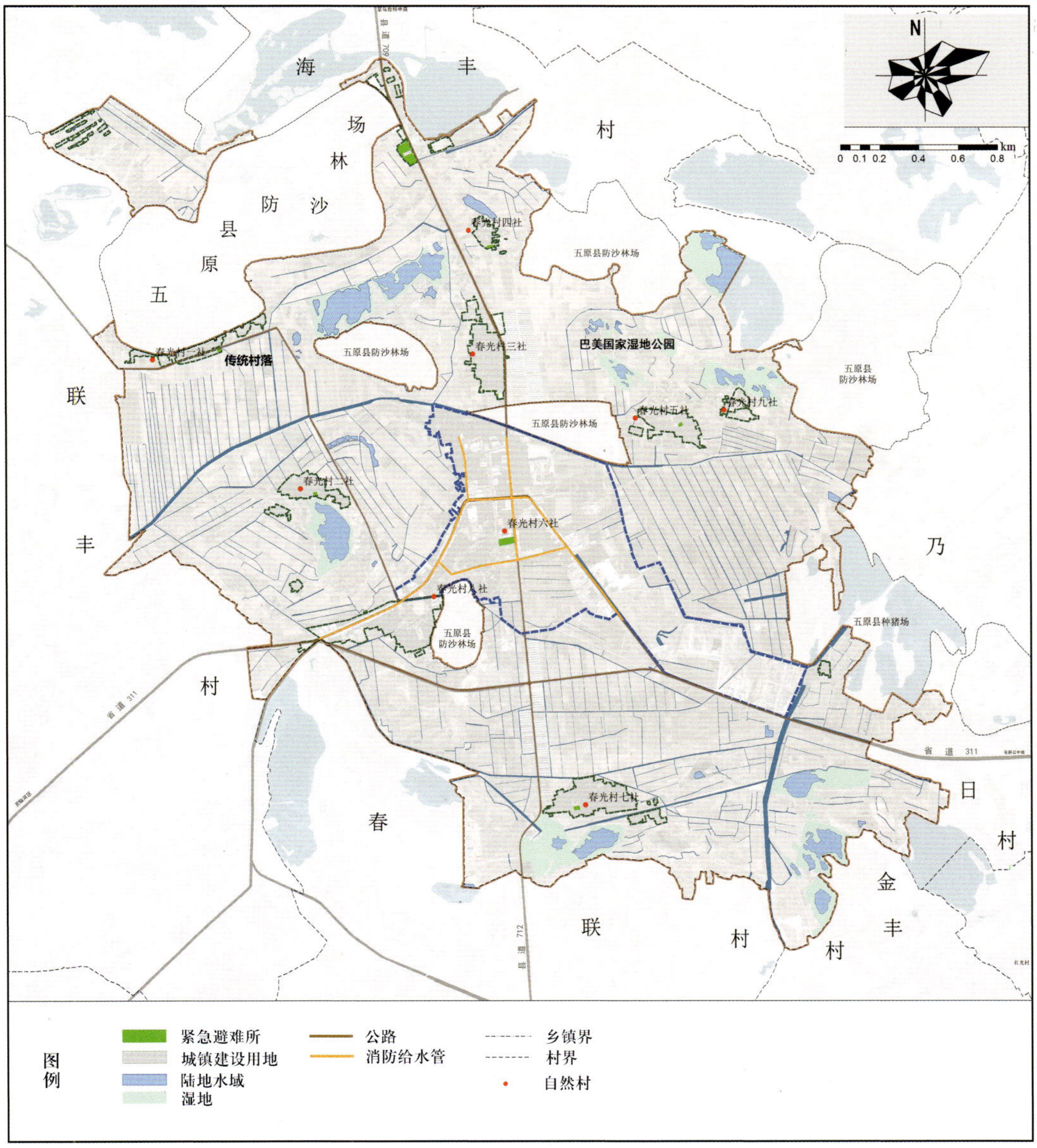

图 5　村域综合防灾减灾图

(2)防洪规划　防洪标准按照重现期10～20年执行，安排各类防洪工程设施。加固、完善现有黄河堤防，提高防洪标准，采取堤路结合的方式，并结合防护绿带建设沿河景观带。

(3)防震规划　根据《中国地震动参数区划图》，春光村的地震动峰值加速度0.15g，地震动反应谱特征周期为0.35 s，地震基本烈度即设防烈度为7度。新建民用建筑按7度设防，重要工程、生命线工程按8度设防，重大工程需做建筑场地地震安全性评价并按评价结论进行设防。对供水、供热设施节点做防灾处理，提高抗震性能。利用公共绿地、广场作为避震疏散场所，人均疏散面积为28 m^2。

(4)防疫规划　严格落实聚集性活动疫情防控和重点区域管控工作，减少不必要的聚集性活动，引导村民保持1 m以上的社交距离，加强重点区域管控。严格按照政策要求开展全面宣传，引导村民养成科学佩戴口罩、勤洗手、勤通风的良好生活习惯。

3.7　近期规划安排

春光村近期规划安排各类重点建设项目共6项，其中，历史文化保护1项，产业发展项目2项，基础设施建设项目1项，公共服务设施建设项目1项，人居环境整治项目1项。

(1)历史文化保护　对春光一社传统村落进行保护性改建，不新增建设用地。

(2)产业发展　新建果品加工厂，用地0.86 hm^2；农村专业合作社，用地0.002 hm^2。

(3)基础设施建设　对村内乡村道路改建硬化，修建村域各社区主干路，路面两侧设绿化带及边沟。绿化带内根据实际需要合理安排安装路灯及花池。

(4)公共服务设施建设　除三社外，其余8个社区修建村民文化活动室和休闲娱乐广场，广场布设绿化及公共休闲锻炼设施。

(5)人居环境整治　对春光二社质量较差的宅基地进行翻修改造，提高住宅质量。

3.8　实施保障

(1)严格执行用途管制制度　村庄规划一经批准，必须严格执行，任何部门和个人不得随意修改、违规变更，不得以其他规划之名扩大建设用地规模、占用耕地和生态用地等空间。各类空间开发建设活动，必须按照法定村庄规划实施乡村建设规划许可管理。确需占用农用地的，应统筹农用地转用审批和规划许可；确需修改规划的，严格按程序报原规划审批机关批准。

(2)加强监督和责任考核　镇政府承担主体监督职责，村庄规划成果纳入国土空间规划“一张图”，实施监督信息系统，实施动态更新、实时监测评估预警，结合公众监督和执法监察动态监测制度，随时掌握村庄规划执行情况。在全镇范围内调节村集体经济组织涉及的国土空间开发保护权益，建立健全节约优先、成本共担、利益共享机制。开展年度综合评估，评估规划的目标和任务的实现程度，总结规划实施管理中的成效和不足，提出改进规划管理的对策和建议，并根据评估结果进行责任考核。

(3)村民委员会发挥规划执行主体责任　村委会严格执行规划方案，明确和落实村民与村委会责任，严格遵守镇国土空间规划下达的约束性指标要求，严格按照村庄规划进行用地安排，节约集约用地，控制建设用地占用耕地规模，科学合理地分配建设用地，坚决按照规划方案用地。实施生态管护制度，保障村域生态环境与人居环境持续改善，有效保护自然资源。

(4)深化全体村民规范用地意识　充分利用各种媒体，加大宣传力度，提高村民的合法用地、依规用地意识，把遵守村庄规划变为全村的自觉行为，防止土地违法事件发生。

4　规划总结与启示

(1)以人民为中心,开门编规划　充分发挥村党支部战斗堡垒作用,激发村庄治理的内生动力,提高村民对于村庄规划的认识,坚持村民利益不受损,坚持村民主体地位,充分尊重村民意愿,增加村民参与度。在规划各个阶段,采取多种方式切实让村民参与到规划编制中来,维护村民对规划编制的知情权、参与权、表达权和监督权。坚持村民主体地位,充分尊重村民意愿,增加村民参与度。调研阶段,开展村民入户调查和访谈,深入了解村民意愿;方案编制阶段,征求村民意见,召开村民听证会,切实与村民深度沟通,提升此次村庄规划的实用性和可操作性;规划审批前,注重公示阶段,规划方案在村内公示30日,召开村委会审议会议和村民代表大会决议会议;审批后,将规划成果及时在村内公告,让村民第一时间了解规划内容,便于村民监督和实施。

(2)上下联动,为规划提供合力保障　巴彦淖尔市、五原县、塔尔湖镇、春光村四级联动,自然资源、农牧业、林业、发改委等多部门协作,村民广泛参与,自上而下的推动作用与自下而上的自发动力相结合,项目组成员积极参加国土空间规划相关培训,认真听取自治区自然资源厅相关要求,在村庄规划中充分体现新思路、新要求。

(3)因地制宜,突出村庄独特优势　发挥村庄独特优势,保留乡村风貌,尊重自然地理格局,在原有规模基础上有序改造提升,激活产业、优化环境、提振人气、增添活力,建设宜居宜业的和美乡村。

(4)成果完备,制作规划宣传展板　宣传展板是面向村民的成果表达,将规划的核心内容浓缩为浅显易懂宣传形式,以村规民约的方式,将村庄规划的主要内容和村民关心的问题做出管理约定,让村民看得懂、能接受、好落地。

乌兰察布市察哈尔右翼前旗三岔口乡沙帽营村村庄规划（2021—2035年）

1　村庄介绍

1.1　村庄概况

三岔口乡位于内蒙古自治区乌兰察布市察哈尔右翼前旗西北部，辖区396 km^2，全乡共有18个行政村，三岔口乡东南距北京市360 km，西距呼和浩特市140 km，南到山西大同市130 km，具有优越的交通区位优势。

沙帽营村（行政村）总面积25.68 km^2，位于三岔口乡中部，包括沙帽营村（自然村）、正义村（自然村）、王家村（自然村）、安家村（自然村）、哈布泉村（自然村），沿霸王河布局。沙帽营村（行政村）位于三岔口乡西南18 km处，距离集宁区10 km，交通区位优势明显。

1.2　资源禀赋

察哈尔右翼前旗属中温带半干旱大陆性气候，降水量少，蒸发量大，日照时间长，年温差大，无霜期短。冬季漫长寒冷，春季干旱多风，夏季短促炎热、降水集中，秋季冷凉多雨，全年蒸发量远远大于降水量。三岔口乡位于察右前旗西北，霸王河自西向东穿过乡域，丘陵绵延起伏，为浅山丘陵区，平均海拔1 650 m。沙帽营村（行政村）域高程范围在1 405～1 583 m，整体起伏在180 m左右，两侧高，中间低，村庄沿霸王河河谷地布局，地势起伏较小，村庄属于霸王河中游区段，流经长度约30 km。最终交汇于下游的八大内陆水系的黄旗海。

村域土地总面积2 568.41 hm^2，农用地2 400.07 hm^2，其中：耕地177.51 hm^2，占比6.91%；林地107.00 hm^2，占比4.17%；草地2 101.52 hm^2，占比81.82%；农业设施建设用地面积共计14.04 hm^2，占比0.55%；建设用地总规模135.59 hm^2，占比5.28%，其中村庄建设用地12.20 hm^2，占比0.47%；其他用地32.75 hm^2，占比1.28%。

1.3　社会经济

沙帽营村共辖5个村民小组，户籍人口98户792人，常住人口430人。

除安家村(自然村)人均年收入1.62万元外,其他3个村庄人均年收入6 000~8 000元。

1.4 人居环境

村内建有村委会、活动广场1处、垃圾收集点;全村饮用水为自打井;电网、通信基本覆盖;排水采用自然排水;无集中供热设施、教育机构及养老设施。

2 规划目标与定位

2.1 村庄类型

沙帽营村属于集聚提升类村庄。

2.2 规划目标

以《内蒙古自治区关于开展村庄规划编制的通知》为指引,紧紧围绕《内蒙古自治区农村牧区人居环境整治三年行动方案》的要求,加强农村环境综合治理,整治农村垃圾,整治生活污水,实施"厕所革命",提升村庄绿化美化,提升道路通达水平,提升供给设施配套,提升公共服务水平等方面,引导扶农资金有效落实。

以《内蒙古自治区村庄规划编制技术导则》为指引,牢牢把握《内蒙古自治区党委自治区人民政府关于实施乡村振兴战略的意见》,农牧业结构得到根本性改善,农牧业全要素生产率显著提高,乡风文明程度显著提升,乡村治理体系更加完善,美丽宜居乡村基本实现。为发放乡村建设规划许可证提供法定规划依据。

全面落实习近平总书记在党的十九大工作报告中提出的实施乡村振兴战略,以产业兴旺、生态宜居、乡风文明、治理有效、生活富裕为总要求,促进农村一二三产业融合发展,拓宽增收渠道。

到2035年,耕地保有量不低于180.09 hm^2,永久基本农田保护面积保持在94.20 hm^2以上,建设用地总规模52.75 hm^2,城乡建设用地规模12.33 hm^2,公共管理与公共服务用地规模0.15 hm^2,户均宅基地控制在256.33 m^2/户以内。

2.3 村庄定位

通过对沙帽营村的资源禀赋和区域交通优势的挖掘,将突出霸王河旅游功能,以草原美食、草原体验项目为依托,打造为原生态村落体验目的地,霸王河旅游休闲体验带。

3 规划安排

3.1 空间布局

(1)国土空间保护开发格局 根据村域的生态特征和空间形态,把村域分成两片区一廊道的空间格局,即牧草生态保护区、林草与采矿生态修复区、霸王河生态廊道。

(2) 规划“留白”　对接全域土地综合整治的开展和农村新增宅基地的调查摸底，合理确定村庄建设用地规模。在已有的旗县村庄分类和布局成果的基础上，允许村庄建设用地指标在不突破旗县总指标的前提下跨苏木乡镇平衡。为未来发展预留一定的机动指标及留白空间，机动指标原则上不超过总规模的 10%。

3.2 “三区三线”

严格落实生态保护红线、永久基本农田，以三岔口乡国土空间规划管控任务为基础，划定沙帽营村村庄建设边界。按照村域自然地理格局和产业发展为框架划定农牧、生态和建设空间，明确三类空间规模及管控要求（图 1）。

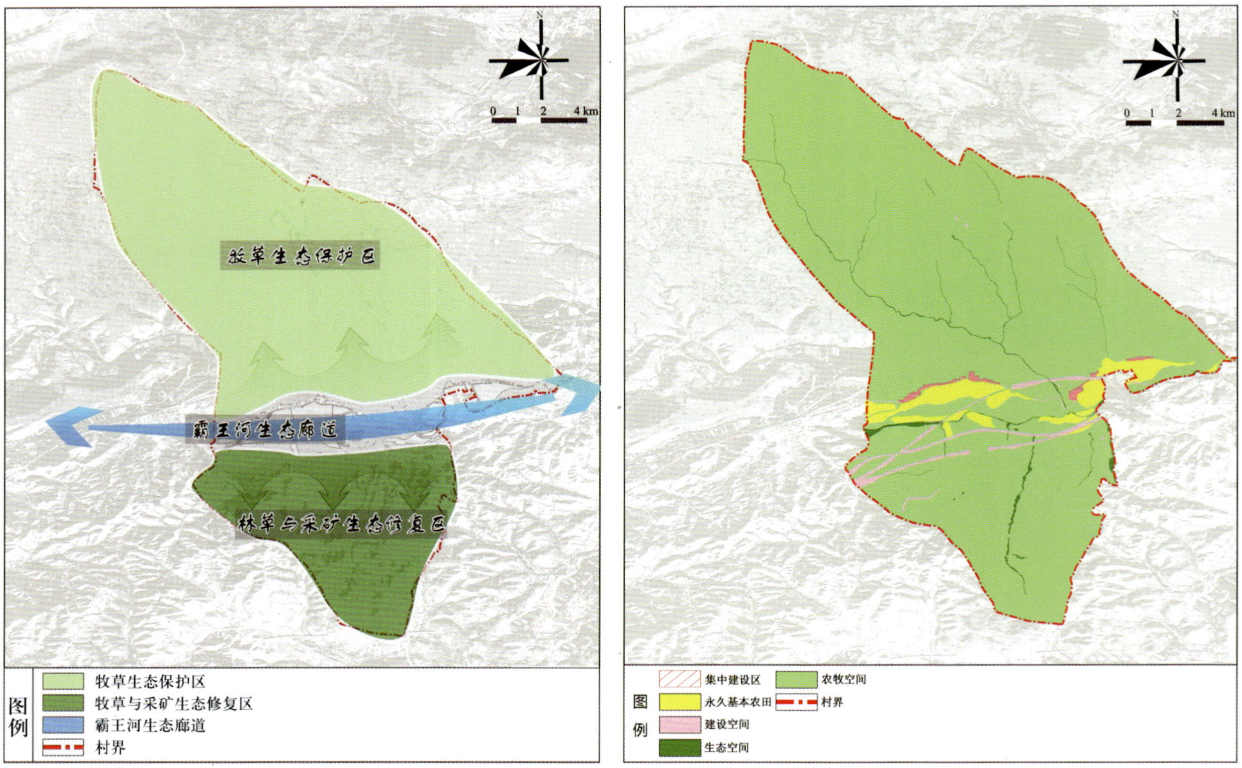

图 1　村域空间布局图和“三区三线”图

(1) 农牧空间布局与管控　落实永久基本农田保护面积 94.20 hm^2，主要分布在村庄的中部地区，以耕地及其配套设施用地为主。到 2035 年，农牧空间 2 483.04 hm^2，占村域总面积的 96.68%。

严格落实永久基本农田保护管制规则；严格执行耕地占用补偿制度；不得随意扩大设施农用地面积或改变其空间布局；未经批准，禁止占用林地进行非农业建设，禁止占用林地进行毁林开垦、采石、挖沙、取土等活动。

(2) 生态空间布局与管控　村域范围内无生态保护红线，基于自然生态要素保护要求，将霸王河生态廊道划定为生态空间。到 2035 年，生态空间为 32.62 hm^2，占村域总面积的 1.27%。

有序引导生态空间内各地类之间的相互转变，禁止与生态功能冲突的开发建设，符合准入条件下，控制各类建设项目的规模和利用强度。允许基础设施、农牧业、农村牧区产业融合项目开发和依法批准的休闲农业及其配套设施建设。

(3) 建设空间布局与管控　以三岔口乡国土空间规划管控任务为基础，划定沙帽营村庄建设边界，主要用于村民居住，公共服务和基础设施建设，以及休憩生产等。到 2035 年，村庄建设边界 52.75 hm^2，建设空间占村域总面积的 2.05%。其中，村庄建设边界内集中建设区面积 10.33 hm^2。划定村庄建设边界，严格执行“一户一宅”政策，规划申请新的宅基地，优先利用村内空闲地。允许农村集体经营性建设用地使用权出让、租赁、作价出资（入股）。

3.3　产业规划

结合村庄的自然生态环境、特色资源要素以及发展现实基础，充分发挥村庄区位与资源优势，发展乡村旅游产业，统筹规划村域第一、第二、第三产业融合发展和空间布局，提出村庄产业发展的思路和策略，确定村庄发展的主导产业。

沙帽营村（行政村）依托与集宁区区位交通优势及自身沿霸王河布局的先天优势，充分利用具有山水田林草的生态格局，打造乡村旅游新天地。

以霸王河生态资源为核心，以农业农村资源为依托，以草原特色文化为特色，以融合发展为引领，打造生态休闲、品质农业、农旅融合、草原特色文化体验四大产业链条。

策略一：紧扣霸王河这一顶级核心生态资源，以生态保护为前提，全力打造霸王河生态产业廊道。

策略二：农旅融合发展，以优质农业、定制农业引导农业高端发展。

策略三：多元盘活农村存量资源，激发农村活力。

策略四：民族文化为魂，延续特色草原文脉，体验草原风光，感受民族风情。

3.4　中心村规划

（1）宅基地　将不予保留的各类破旧、闲置、散乱、低效、废弃的农村建筑，“空心房”或建设用地规划为非建设用地，并根据其土地适宜性和周边土地利用情况，合理确定其规划用途。

到 2035 年，村庄居住用地规模为 9.94 hm^2，户均宅基地不超过 256.33 m^2/户。

（2）道路交通　对内交通规划形成主村道、次村道、生产便道及人行便道三级道路体系。

①主村道：规划道路宽度 4.5～7 m，路面采用沥青黑化处理。

②次村道：规划次要车行道路面宽度 3.5～4.5 m，路面采用沥青黑化处理，并根据实际需求按照 150～300 m 间距设置错车带。

③生产便道及人行便道：规划路面宽度 1～2 m，采用水泥砼或水泥板硬化，主要服务村民生活出行。

（3）给排水工程　给水水源由三岔口乡水厂提供，采用集中供水方式，沙帽营村由三岔口乡水厂取水点引 DN250 的给水管道，沿主村道布置，由管道向各户村庄供水，供水主干管道充分考虑村民生产和生活用水以及室内外消防用水等要求。为解决供水动力不足的问题，在村委会所在地王家村增设 1 处水泵。给水管道与建筑物外墙间的最小净距，当管径大于 100 mm 时，不宜小于 1.5 m；管径小于 100 mm 时，不宜小于 1.0 m。规划期末供水普及率达 100%。

排水工程采用雨、污分流排水体制，严格执行国家《污水综合排放标准》达标排放。根据村庄西高东低的地势，在村外设置了 2 处小型的污水处理站，两个村庄共用 1 个污水处理站，污水处理采用 DN250 的排污管道，沿街敷设，处理达标后进行排放。

雨水结合地形地势散排的方式。对现状的泄洪通道依据相关规范予以保护。

（4）电力电信燃气工程规划　保留现状变压器，电力线路与通信线路进行同杆架设，远期考虑统一下地敷设。

保护村内现状通信线路，广播、有线电视、固话、宽带等通信线路随村集中居民点的建设，应逐步实现同杆架设，远期考虑统一下地敷设。大力发展各种先进通信业务，促进农村信息化建设，加快实施宽带网入户工程，逐步实现广播、有线电视、宽带等多网合一。

规划使用煤、秸秆等能源的村民统一改成灌装液化气，以减少环境污染，在村民的使用当中充分传达到灌装液化气的使用方法和安全隐患，保障使用安全（图 2）。

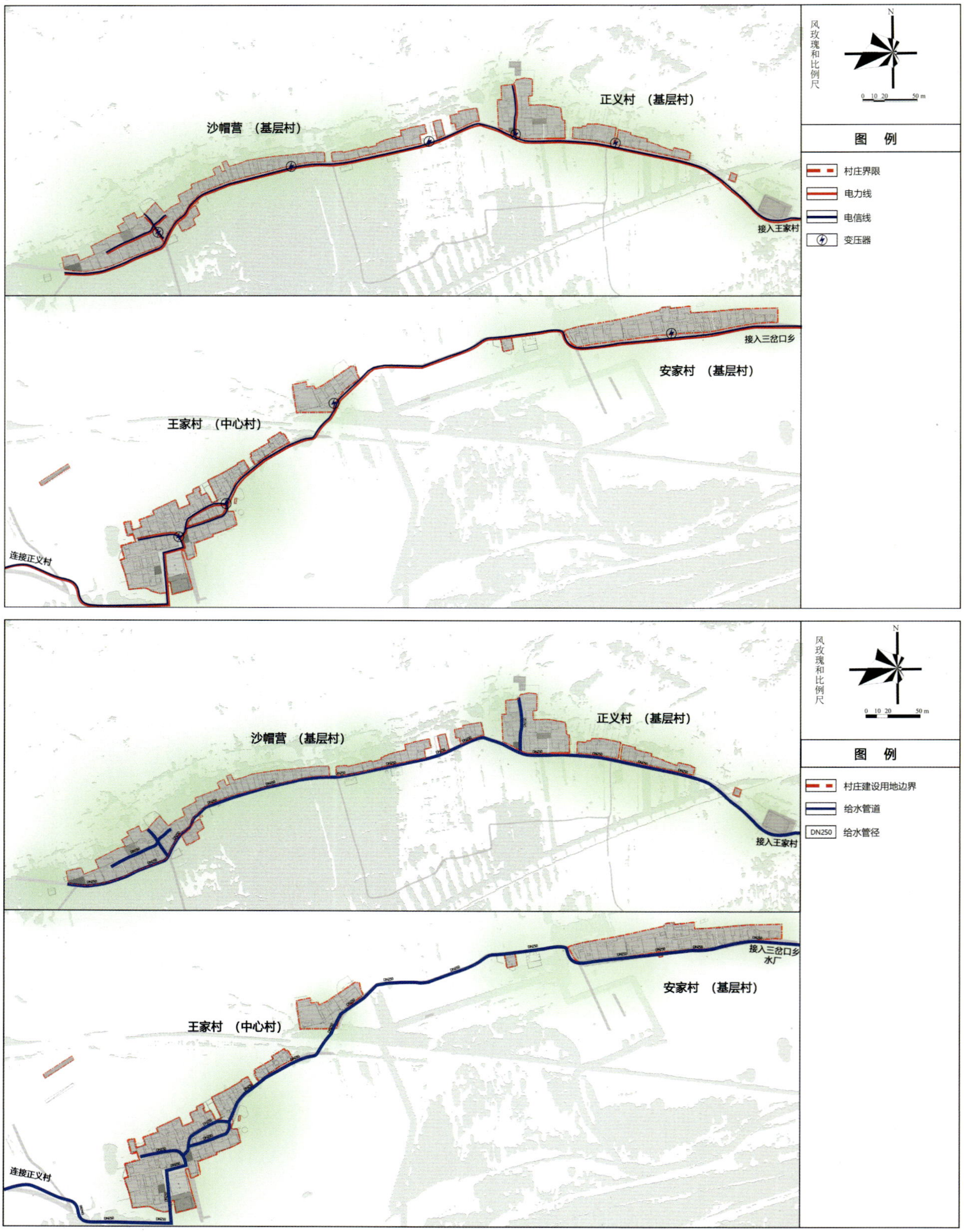

图 2　中心村电力工程和给水工程规划图

(5)环卫设施规划　规划实行生活垃圾集中垃圾收集点处理，及时清运，进行无害化处理。现状有4处垃圾收集点，基本结合集中居民点和散居居民点设置，基本满足村庄需求，维持现状，注意卫生防护。

现状结合公共服务设施、集中居民点已经建设5处公共厕所，规划继续维持现状，厕所按不低于每千人25～50 m^2设置，每厕最低建筑面积应不低于于30 m^2，可与公共建筑合建。

(6)公共服务设施规划　结合村委会便民服务中心新增1处文化活动室，建筑面积不小于100 m^2；新增1处村养老服务站，建筑面积不小于100 m^2；新增1处老年人活动室，建筑面积不小于50 m^2；增设2处体育健身场地，每处占地面积400～600 m^2；保留村庄现有的1处超市，提供村民日超便利用品；因为距离市区较近，受市区教育资源、医疗资源的辐射，不再另行规划基础教育设施(图3)。

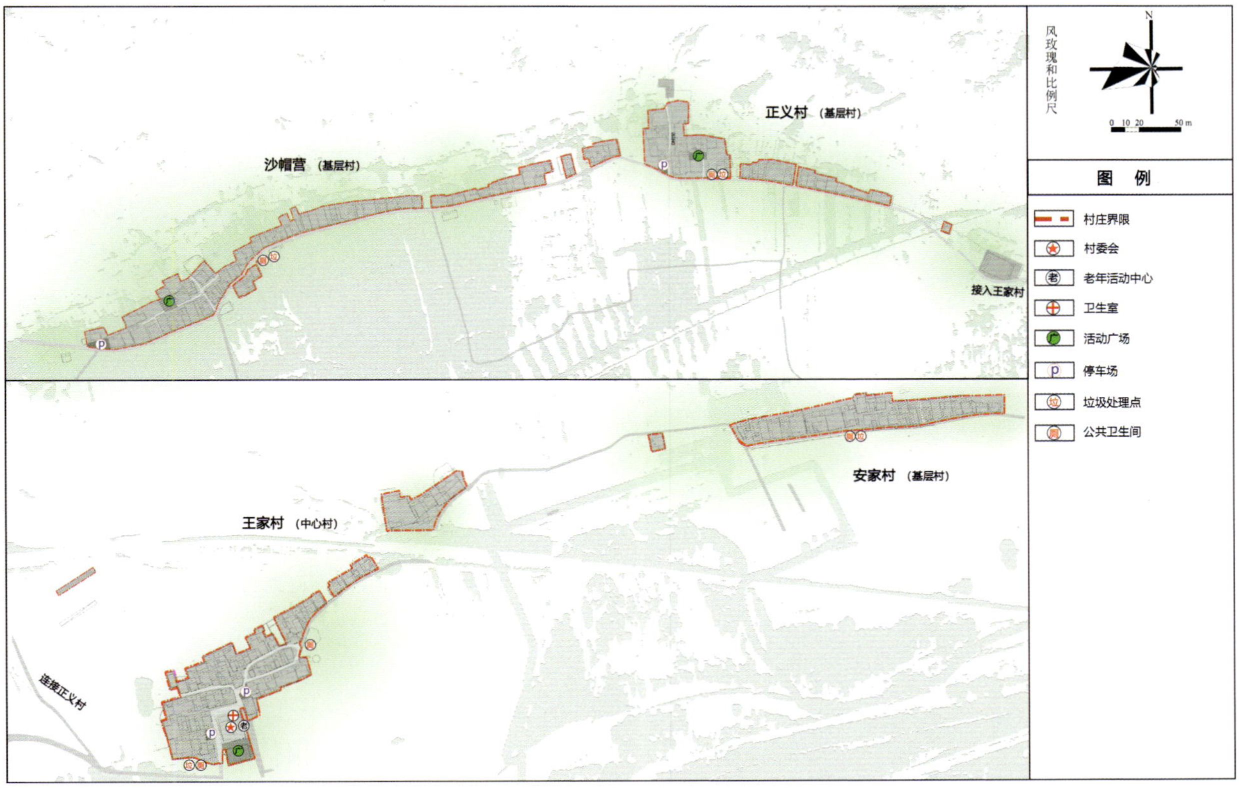

图3　中心村建设引导图则

(7)绿化与景观规划　绿色村道在建设中应提升植物景观，最大限度地保护、利用场地内现有的自然和人工植被，达到与乡村景观风格协调、统一的目标。植物种植应充分考虑植物的观赏特性，营造色彩、层次、空间丰富的植物景观，提升村道的游赏乐趣。

种植具有观赏与经济价值的果木、蔬菜种植，并配置花架、花池等景观小品，鼓励院落整治，进行农家住宿、餐饮的功能加入，进一步提升院落空间经济价值；结合绿化设置庭院灯，起到夜间照明和美观的效果。

3.5　历史文化传承及保护

沙帽营村域内无文物古迹。

村域内有4处尚未核定为文物保护单位的遗址，建议由当地乡镇村委会在村里设立义务保护人员并纳入县级保护。

本次村庄规划划定村域内的传统民居古遗址和其他历史建筑等历史文化遗存的保护范围和建设控

制地带，做好文物保护工作，并提出保护措施。保护必须体现历史的真实性、生活的延续性、风貌的完整性，贯彻科学利用、永续利用的原则。村域的用地布局、发展用地选择、各项设施的选址、道路与工程管网的选址，应有利于村庄历史文化的保护和提升村容村貌。

3.6 生态修复和国土综合整治

落实上位规划确定的国土空间规划综合整治和生态修复目标与项目安排，建设规模共计 0.61 hm^2，包括农用地整治工程、建设用地整治工程等。

3.7 防灾减灾规划

逐步建设现代化的火警报警设施，在现状密集的散居聚集点等公共活动密集区设置室外消防栓或消防水池。

规划在山边布局的集中居民点应沿山边布置截洪沟或截流沟，避免山上雨水直接冲刷建筑基础。

根据集中居民点地质情况，在建设前必须进行地质灾害评估，避免在溶洞、危岩和易发生滑坡地段建设。

集中居民区域所有建（构）筑物单体，必须按防雷规范进行设计，设置安全的避雷装置，并采取必要的抗风措施。

村域所有建筑物及生命线工程按 7 度设防。在村庄主道路设置疏散通道，在村委会设置防灾指挥中心和医疗应急中心，在村庄广场和停车场设计应急避难场所。

按国家规定，结合绿地、广场等开敞空间及村委会等公共建筑作为紧急避难场所，服务半径不宜大于 500 m，村庄人均疏散场地不宜小于 3 m^2。

3.8 近期规划安排

近期规划安排各类重点建设项目共 11 项，其中，生态修复整治项目 1 项——矿山修复；农用地整治项目 1 项——哈不泉遗留建筑；拆旧复垦项目 1 项——仓储用地；产业发展项目 1 项——乡村旅游项目；基础设施建设项目 2 项——村庄道路、停车场；公共服务设施建设项目 2 项——老年活动中心、卫生室；人居环境整治项目 1 项——增加绿地广场。

3.9 实施保障

（1）规划传导与指标管控　村庄规划严格在上位国土空间规划的指导与约束下编制，落实国土空间规划确定的规划目标、规划分区、重要控制线、要素配置等规划内容。落实相关约束性指标，不违背各项管控要求。

（2）规划动态完善　建立规划动态维护制度，加强评估及监督检查，及时研究规划实施过程中新情况，做好规划动态完善，有计划、有组织地对村庄规划的实施情况进行评估和维护。

（3）公众参与　深入了解村民意愿，提升村庄规划的实用性和可操作性；规划成果经村委会审议和村民代表决议后，报县政府审批；以多种方式及时公布并长期公开，将规划的主要内容纳入村规民约。

（4）政策机制　运用建设用地增减挂钩、工矿废弃地复垦利用等政策工具，融合财政、投资、产业、交通、水利等各类措施，建立政策统筹机制平台，保障规划目标的实现，促进村域国土空间格局的优化。

4 规划总结与启示

(1)坚持政府引导、村民自主,完善产业发展措施与制度保障,推动产业结构调整,加大土地流转力度,培育支柱产业与种植大户,强化农民技术培训,推进产业提档升级与农民增收致富。

(2)加大对城乡规划法的宣传力度,教育和引导广大村民树立规划意识,自觉遵守法律法规,坚持原则,按规矩办事,确保规划执行的严肃性。加强规划实施的监督管理,建立健全规划监督管理制度,规范规划管理行为,拓展公众参与渠道,强化社会和舆论监督。

(3)加强农村宅基地管理,严格建房审批手续,严禁违法占地建房,进一步推进农村建设和住宅建设的科学规划,切实规范农村建设用地程序,加大对违法建设的处罚力度,杜绝乱搭乱建现象的发生。

(4)加强队伍建设,定期组织相关的技能培训和专业知识学习,提高相关业务人员的管理水平,保障规划依法实施。

兴安盟扎赉特旗胡尔勒镇查干珠日和嘎查村庄规划（2021—2035年）

1 村庄介绍

1.1 村庄概况

查干珠日和嘎查位于扎赉特旗西北，在胡尔勒镇西部5 km处，距乌兰浩特80 km。村域内对外交通主要有扎赉特旗音德尔镇至阿尔山市的省道S309、察尔森至扎兰屯市浩饶山的省道S204、县道X417和X411（图1）。

图1 区位图

1.2 资源禀赋

查干珠日和村属半山区和浅山丘陵区，系大兴安岭东西边缘地带，地势走向西高东低，平均海拔

500 m。查干珠日和嘎查总土地面积为 4 835.97 hm^2,其中耕地面积 1 934.31 hm^2,林地面积 1 013.95 hm^2,草地面积 1 724.88 hm^2,湿地面积 6.74 hm^2,农业设施建设用地面积 80.3 hm^2,居住用地面积 39.54 hm^2,公共管理与公共服务用地 0.47 hm^2,商业服务业用地面积 3.51 hm^2,工矿用地面积 4.58 hm^2,仓储用地面积 0.49 hm^2,交通运输用地面积 13.04 hm^2,公用设施用地面积 0.32 hm^2,特殊用地面积 1.35 hm^2,陆地水域面积 12.49 hm^2。

1.3　社会经济

嘎查(行政村)辖 3 个村屯(查干珠日和、两家子屯、朵兰艾里)(屯、艾里为自然村),当地人口总户数为 445 户,总人口 1 345 人,常住人口约 1 273 人。其中查干珠日和 844 人,两家子屯 414 人,朵兰艾里 87 人,蒙古族人口占 100%。当地劳动力结构以农业为主,养殖业以饲养牛羊为主。目前,养殖牛数量为 2 000 头,养殖羊数量为 16 000 只。种植业以玉米、黄豆为主,人均年收入约 6 000 元。

1.4　人居环境

查干珠日和嘎查设有幼儿园 1 所,位于查干珠日和本屯,建筑面积 120 m^2,园内教师 1 名及学生 20 余人。设有 1 处卫生室,与村委会合建,面积 80 m^2,其中医护人员 2 名,医用床位 4 个,患者均为嘎查内及附近村村民,基本满足居民日常就医。查干珠日和嘎查有 5 家自营商店,1 处广场(含 1 处戏台),1 处图书室,1 处赛马场每年举办那达慕大会,公厕及少量的垃圾桶。

2　规划目标与定位

2.1　村庄类型

查干珠日和嘎查定为集聚提升类村庄。

2.2　主要目标

按照产业兴旺、生态宜居、乡风文明、治理有效、生活富裕的总要求,以村庄分类和村庄布局工作为前提,落实“多规合一”规定,结合村域功能定位,厘清村庄发展思路,明确乡村振兴各项任务优先顺序,做到发展有遵循、建设有引导,统筹安排各类资源,集中力量,突出重点,加快补齐乡村发展短板;科学设计和合理布局,优化乡村生产、生活、生态空间;引导城镇基础设施和公共服务向农村延伸,促进城乡融合发展,科学有效引导村庄规划建设,促进乡村振兴。

2.3　村庄定位

根据《扎赉特旗胡尔勒镇总体规划(2019—2035)》对于查干珠日和嘎查的产业定位为旅游提升区,因此在上位规划及村庄发展优势基础上,以乡村振兴和精准扶贫为契机,在切实落实耕地保护和节约集约用地管控任务的前提下,依托查干珠日和嘎查优越的区位优势和优美的生态环境,在村域空间内统筹安排村庄生态、农业、建设空间,结合现有农业产业基础,对查干珠日和嘎查的总体定位为集旅游观光、餐饮民宿、采摘垂钓、民族文化活动、奶制品生产加工展销于一体,“生态、生产、体验”三位一体的蒙元文化休闲娱乐旅游文化村庄。

3 规划安排

3.1 空间布局

(1)国土空间保护开发格局　实行耕地保护制度,未经依法批准,禁止占用耕地。经依法批准占用耕地用于村庄非农业建设的,须统筹开垦与所占耕地数量和质量相当的耕地。农业空间本区域禁止环境污染性的工业进驻。村庄建设用地应在村庄边界内布置,并充分利用村庄内部零星闲置存量建设用地,确实无法纳入村庄建设边界的农村基础设施用地,允许使用规划建设用地预留指标(图 2)。

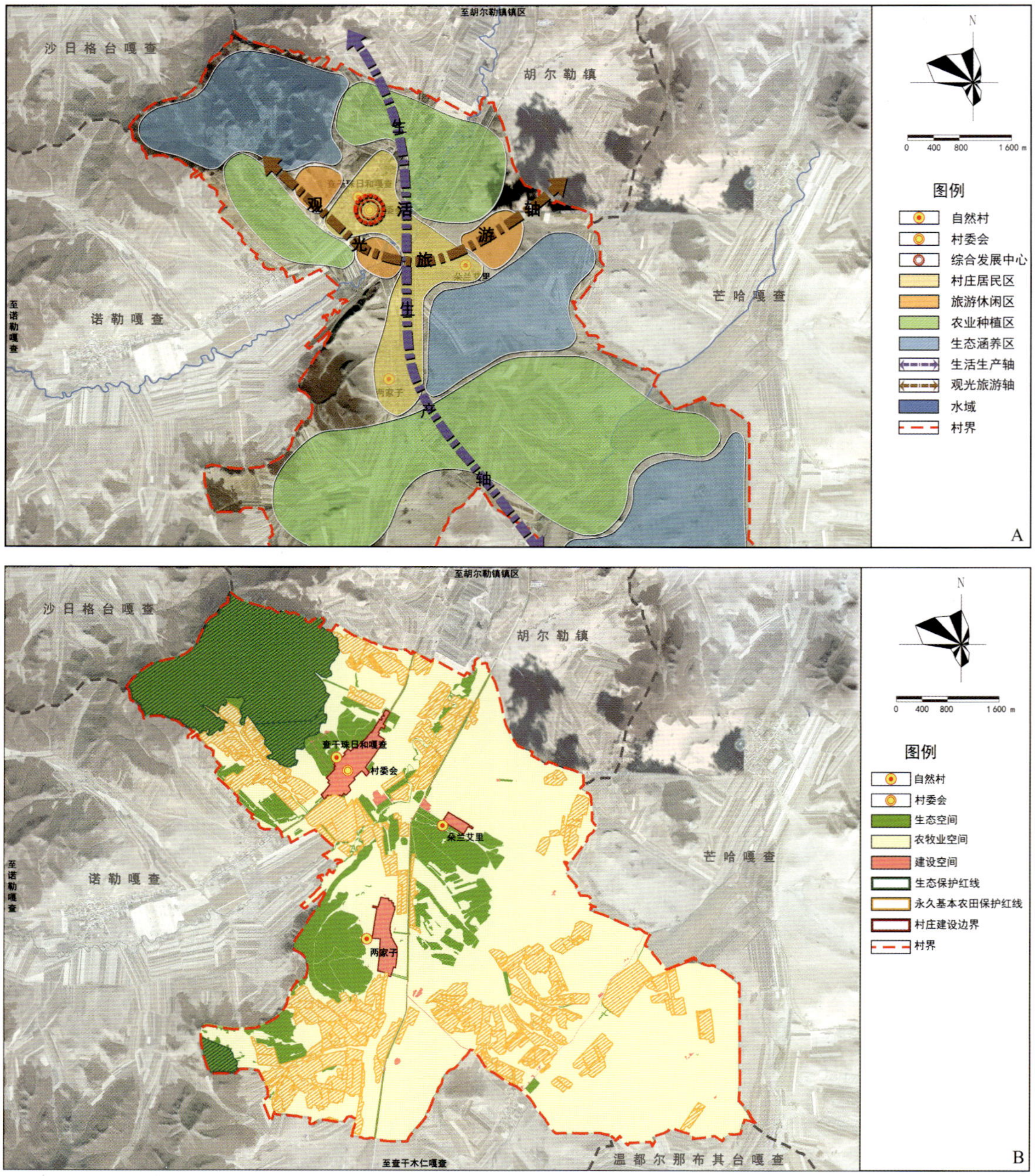

图 2　村域空间布局图(A)和“三区三线”图(B)

根据山水田林湖草全要素的管控需要，结合本规划区域自然资源分布的现状，落实和划定了村域内的村庄建设用地、生态空间、农业空间，对于生态空间、农业生产空间和村庄建设空间提出了空间布局优化和结构调整。查干珠日和嘎查总土地面积为 4 835.97 hm^2，其中生态空间面积为 1 118.82 hm^2，农牧业空间面积为 3 605.19 hm^2，建设空间面积为 111.96 hm^2。生态空间主要分布于村域西北部及西部，建设空间主要分布于村域中部。

（2）规划“留白” 建设空间由农村住宅用地、公共管理与公共服务用地、商业服务业设施用地、工矿用地、仓储用地、交通运输用地、公用设施用地、绿地与开敞空间用地、特殊用地和留白用地等用地组成，面积 111.96 hm^2。

3.2 “三区三线”

本村内有 565.69 hm^2 生态保护红线。生态保护红线和生态空间范围内不得扩大村庄已建设区域的用地范围，对建设占用规划林地要落实占补平衡。根据山水田林湖草全要素的管控需要，结合本规划区域自然资源分布的现状，落实和划定了村域内的村庄建设用地、生态空间、农业空间，对于生态空间、农业生产空间和村庄建设空间提出了空间布局优化和结构调整。本片区内已划定永久基本农田 1 014.36 hm^2，任何单位和个人不得擅自占用或改变用途。实行耕地保护制度，未经依法批准，禁止占用耕地。经依法批准占用耕地用于村庄非农业建设的，须统筹开垦与所占耕地数量和质量相当的耕地。农业空间本区域禁止环境污染性的工业进驻。村庄建设用地应在村庄边界内布置，并充分利用村庄内部零星闲置存量建设用地，确实无法纳入村庄建设边界的农村基础设施用地，允许使用规划建设用地预留指标（图 3）。

图 3 给水工程规划图

3.3 产业规划

根据上位规划，对于查干珠日和嘎查的产业定位为旅游提升区。因此根据上位规划将查干珠日和嘎查发展方向确定为：在现有农牧业基础上巩固优化农牧业，发展现代农牧业及果园经济；以村庄自产农业为原料，发展农畜产品加工业；打造生态观光游、休闲度假游、民俗体验游，突出草原风情，融入自然生态，建设“胡尔勒镇核心旅游区”。

根据区位和自然、社会资源优势，统筹考虑自身条件和制约因素的基础上，确定查干珠日和嘎查的产业定位是：以胡尔勒镇为依托，并结合自身区位和交通优势，因地制宜地在沿河区域发展规模化鱼养殖，并基于村域北侧观光旅游增加体验旅游服务产业，形成“多核心、多片区”的发展模式。以培育和发展环境友好型农民、农村和农业为目标，充分整合村域资源，实现村域农牧林果产业的有序健康发展，坚持以发展为导向，逐步将查干珠日和嘎查打造成为旅游产业和现代农牧产业齐发展的美丽宜居、产业融合、美丽宜居的城郊融合型新农村。结合村庄产业发展现状，在村域形成现代农牧业发展区、旅游综合发展区及生态环境保护区等三区。

3.4 中心村规划

(1) 宅基地　查干珠日和嘎查规划人口总户数为 470 户，户籍人口为 1 409 人。规划期末宅基地规模为 38.62 hm^2，规划基期年(2020 年)户均宅基地面积为 868.08 m^2/ 户，规划近期目标年(2025 年)户均宅基地面积为 854.52 m^2/ 户，规划远期目标年(2035 年)户均宅基地面积为 828.85 m^2/ 户。

(2) 道路交通　对外交通主要依靠公路与外界形成经济网络，县道 X417、X411、乡道 Y011 贯穿全境。查干珠日和嘎查与胡尔勒镇联系的主要道路为新察线 X411，道路宽度为 8 m，从嘎查东北方向贯穿至嘎查村南方向。另外一条从诺勒嘎查经过查干珠日和嘎查抵达胡尔勒镇，宽度 5～8 m。

规划保留现有村庄道路等级，完善部分道路，以满足消防车通行需要。对中心村与两家子间 2.2 km 道路进行硬化。对内交通道路宽度 3～5 m。田间路网路况较好，满足对外交通、对内交通和田间的通达要求。

(3) 给排水工程　查干珠日和嘎查内村庄生活用水均为自来水供给，朵兰艾里生活用水来源为深井水(井深一般为 30 m)。在查干珠日和艾里、两家子艾里和朵兰艾里各规划建设 1 处供水厂。查干珠日和嘎查三个自然村内主干道敷设污水管道，并进行连接后接入镇区污水管道内，由镇区 0.21 万 t/d 污水处理厂处理。管径为 DN250～DN300。

雨水采用以地表漫流的方式，对于道路、建构筑物，依地形条件设置排水边沟和雨水明沟、暗沟，就近排入沟谷、排洪沟、截洪沟、耕地、林地和水体。

规划在查干珠日和艾里和两家子艾里道路两侧新建排洪沟 2.74 km。

(4) 电力电信供热工程规划　供电电源从胡尔勒镇里变电所引入。在主路、支路上设置路灯，路灯线路与电力电路同管敷设。查干珠日和嘎查 3 个自然村分别规划 1 处供热站，分别为查干珠日和艾里、两家子艾里和朵兰艾里各 1 处。

供热管网布置形式均采用综合型管网，即树状管网和环状管网的结合。供热管道主要布置于村庄道路一侧。管径为 DN150～DN400。

采用电话营及率法和类比法进行，村庄电话营及率为 100%，规划村庄户数为 470 户。查干珠日和艾里规划新建 1 处村邮站，面积 81.23 m^2。

(5) 环卫设施规划　规划在村庄内设置垃圾分类收集点和垃圾箱，村域内固体废弃物集中统一收集后统一拉运至镇区垃圾填埋场处理。在规划活动中心或公共绿地附近布置公共厕所，采用水冲式设计，并通过化粪池进行处理，每处建设面积不小于 15 m^2。公共厕所邻近的道路旁，应设置明显、统一的公共厕所标志。

(6) 公共服务设施规划　村委会位于查干珠日和艾里南侧，于 2014 年建设，现为一层坡屋面建筑，占地面积约 600 m^2。查干珠日和嘎查设有幼儿园 1 所，位于查干珠日和艾里，建筑面积 120 m^2，园内配备教师 1 名，就读学生 20 余人。文化活动室布置于村委会内部，设置了乒乓球台、羽毛球网等游乐设施。体育健身广场结合原有篮球场地设置，利用村委会南侧场地，设置室外健身器材，部分保留做绿化，预留部分空场地做活动区域，既提升了健身场所的生态环境，又可作为村庄活动场所区域。村文化广场 7 000 m^2，位于村委会东南方向。在两家子艾里新增广场 1 处，面积约为 1 964.25 m^2，位于艾里西南角。图书室布置于村委会内部，有 800 余册图书，包含农学、林学、养殖、哲学、政治、文学、生物等类别书籍。查干珠日和嘎查设有 1 处卫生室，面积 80 m^2。其中医护人员 2 名，医用床位 4 个，患者均为嘎查内及附近村村民（图 4）。

(7) 绿化与景观规划　查干珠日和艾里现有 1 处广场，位于村委会东南侧，配备有健身设施、硬化及绿化等。两家子艾里拟建 1 处广场，在广场内配备相应的健身设施、绿化树种等，为村民提供休闲玩乐及放松的场所。

村庄北侧现有木栈道、敖包及凉亭。春暖花开时，北侧山坡绿意盎然，为前来游玩的游客呈现美景。

图 4　村庄公共服务与基础设施规划图

3.5　生态修复和国土综合整治

以习近平新时代中国特色社会主义思想为指导，深入学习贯彻习近平生态文明思想，践行“绿水青山就是金山银山”的理念，坚持节约资源和保护环境的基本国策，坚持节约优先、保护优先、自然恢复为主的方针，遵循生态系统演替规律和内在机理，按照保证生态安全、突出生态功能、兼顾生态景观的次序，统筹山水林田湖草一体化保护修复，提升生态系统质量和稳定性，筑牢生态安全屏障，提供优质生态产品，助力国土空间格局优化，服务生态文明建设和高质量发展。

以彰显乡村特色为导向，提出村庄和乡村建筑改造方案及整体绿化风貌引导，以舒适宜居为导向，提出环境整治措施，补齐基础设施、公共设施短板，以治理有效为导向，逐步建立村庄人居生态环境管护、投建长效机制，达到村庄人居环境不断完善，乡村讲卫生、讲文明蔚然成风，以及“干净、卫生、整洁”的村容村貌。

3.6 防灾减灾规划

结合村委会设置微型消防站，对村内人员进行专业化培训，并从村内受培训人员中选出固定消防站长、消防员、值班通信员等岗位人员，便于日常消防安全活动。

消防给水系统与城镇给水系统一致，沿路供水管线不超过 120 m 设 1 处消火栓。重点消防单位应保证供电安全。居住建筑、公共建筑、工业建筑等防火间距按国家消防规范执行。村庄消防规划中，在村委会内设置消防值班室和消防器材存放处。应保证消防通道平行距离在 160 m 之内，且道路的设置保证消防车可直接达到每个住宅。同时，结合村庄给水管网的布局，在全村设置消防给水管网，其给水管道的最小直径不小于 100 m，室外消火栓的间距不大于 120 m。

在查干珠日和艾里西北侧山边布置截洪沟，避免村庄在雨季遭受洪水威胁，并在村庄道路两侧设置排洪沟。加强防洪系统的管理，积极建立防洪预警预案，保护人民生命及财产安全。

一般建筑物、构筑物按 7 度设防或加固，重要建筑物和生命线工程按 8 度设防或加固。主要设施如电力、通信、交通、医院等提高一级设防，结合建设规划中道路、广场、绿地建立疏散地和通道，尤其绿化用地，建设过程中严禁侵占。

3.7 近期规划安排

村域部分，近期实施项目包括产业类项目、饮水工程、污水处理工程、垃圾收集处理设施、低效利用地提升、道路改造、防洪治理。

村内部分，近期以人居环境改造提升，完善公共服务配套设施为主，具体为：饮水安全工程措施与管网、污水管线与集中处理设施、垃圾收集与处理、日常卫生维护、消防安全设施、亮化工程、河道治理与景观打造、健身活动场所等。

近期行动计划包括：

(1) 新建建筑面积 500 m^2 奶制品加工基地、展览、销售基地。

(2) 排洪沟治理 2 740 m，其中查干珠日和艾里治理排洪沟 880 m，两家子艾里治理排洪沟 1 860 m，计划投入资金 180 万元。

(3) 周边绿化 800 亩，其中绿化防护林 600 亩、果树等经济林 200 亩，发展庭院经济 300 户，栽植果树 3 000 棵，计划投入资金 550 万元。

(4) 查干珠日和艾里—两家子艾里村屯通水泥路建设 2.2 km，计划投入资金 126 万元。

(5) 查干珠日和嘎查计划实施高标准农田改造 1 万亩（查干珠日和艾里 6 500 亩、两家子艾里 3 500 亩）。

(6) 安装路灯 300 盏，计划投入资金 150 万元。

(7) “厕所革命”继续建设农户厕所和购置吸粪车等设备。

(8) 两家子艾里春季造林 800 亩。

(9) 建设村邮站 1 处、供水厂 3 处、供热站 3 处、公厕 1 处、文化广场 1 处、垃圾转运站 3 处和村史馆 1 处。

(10) 在朵兰艾里西北方向规划 1 处生态停车场。

(11)结合嘎查内鱼塘、蒙古包和林果采摘园,发展以垂钓与即食为主的特色乡野休闲体验游。

(12)根据村庄形成和发展过程及历史演变、各历史时期的村庄行政区划的变迁,建成具有当地文化特色的村史馆,选址于鱼塘北侧。

(13)两家子艾里建设1处文化广场。

3.8　实施保障

(1)规划传导与指标管控　村庄规划严格在上位国土空间规划的指导与约束下编制,落实国土空间规划确定的规划目标、规划分区、重要控制线、要素配置等规划内容。落实相关约束性指标,不违背各项管控要强求。本规划是查干珠日和嘎查建设和管理的总蓝图,一经批准,由扎赉特旗人民政府统一组织实施,要充分认识查干珠日和嘎查规划的重要性,维护规划的严肃性、权威性,切实保障村庄规划对全村经济社会发展和村庄建设的指导、调控作用。

(2)加大保障扶持　除政府补助外,发动社会各界力量支持的多元化投入机制;并拓宽筹资渠道,创新融资模式,探索市场操作新路子,加大对村庄规划的资金支持力度;从政策、人才、技术、资金上争取镇政府和县各相关部门(农业、林业、旅游、文化、交通等部门)的重视,以获取最有效的指导、帮助和扶持。

4　规划总结与启示

(1)公众全程参与　深入了解村民意愿,提升村庄规划的实用性和可操作性;规划成果经村委会审议和村民代表决议后,报县政府审批;以多种方式及时公布并长期公开,将规划的主要内容纳入村规民约。

(2)严格执行用途管制制度　村域各类空间开发建设活动,按照法定村庄规划实施乡村建设规划许可管理。

(3)村民委员会发挥规划执行主体责任　村委会严格执行规划方案,明确和落实村民与村委会责任,严格按照村庄规划进行用地安排。

(4)深化全体村民规范用地意识　合理引导,提高村民的合法依规用地意识,把遵守村庄规划变为全村的自觉行为。

第二篇　特色保护类

包头市东河区沙尔沁镇阿都赖村村庄规划（2022—2035年）

1 村庄介绍

1.1 村庄区位

阿都赖村位于包头市东河区沙尔沁镇，110国道和G6高速公路穿过村庄，距东兴高速路口3 km，交通便捷；周边有沙尔沁三村、永富村和海岱村，旅游资源丰富，历史文化和民俗文化丰厚。2019年，该村被国家命名为“第三批中国少数民族特色村寨”，被评为市、区两级“民族团结进步示范村”（图1）。

1.2 自然条件

(1)地形地貌　阿都赖村属于土默川平原向黄土丘陵的过渡带地区，地势平坦，土层深厚，土壤肥沃。

(2)气候特征　阿都赖村属于温带大陆性季风气候区。年平均气温5.8 ℃，无霜期年均133 d，年温差较大，全年光照充足，年均日照时间3 077 h，年均降水量300～350 mm。

1.3 经济社会条件

(1)现状人口　阿都赖村常住人口172人，其中本村人口164人，外来人口8人，户数113户，户籍人口282人，其中约200人为蒙古族，占全村人口的70%左右，65岁以上41人。

(2)三产情况　村内种植业以玉米为主，瓜果蔬菜为辅。企业主要有华唯酒庄、晋美农业公司、神泉水厂和新开创肥料厂。莲花山旅游景区位于村庄北侧，现已基本建设完成。

(3)住房情况　村庄整体空间布局较为规整，整体风格相对统一，建筑质量较好，环境卫生较好。村内农房以一层为主，建筑形式相对统一，色彩以白墙为主，灰色、朱红、蓝色为辅；多数为平顶，少数为坡顶；部分墙面为宣传彩绘墙，村庄总体风貌为蒙古族特色。特色民宿将徽派建筑与蒙古族特色相结合，室外为徽派建筑，室内为蒙古族特色，以黛瓦、白墙、马头墙为表现特征，以砖雕、木雕、石雕为装饰特色。

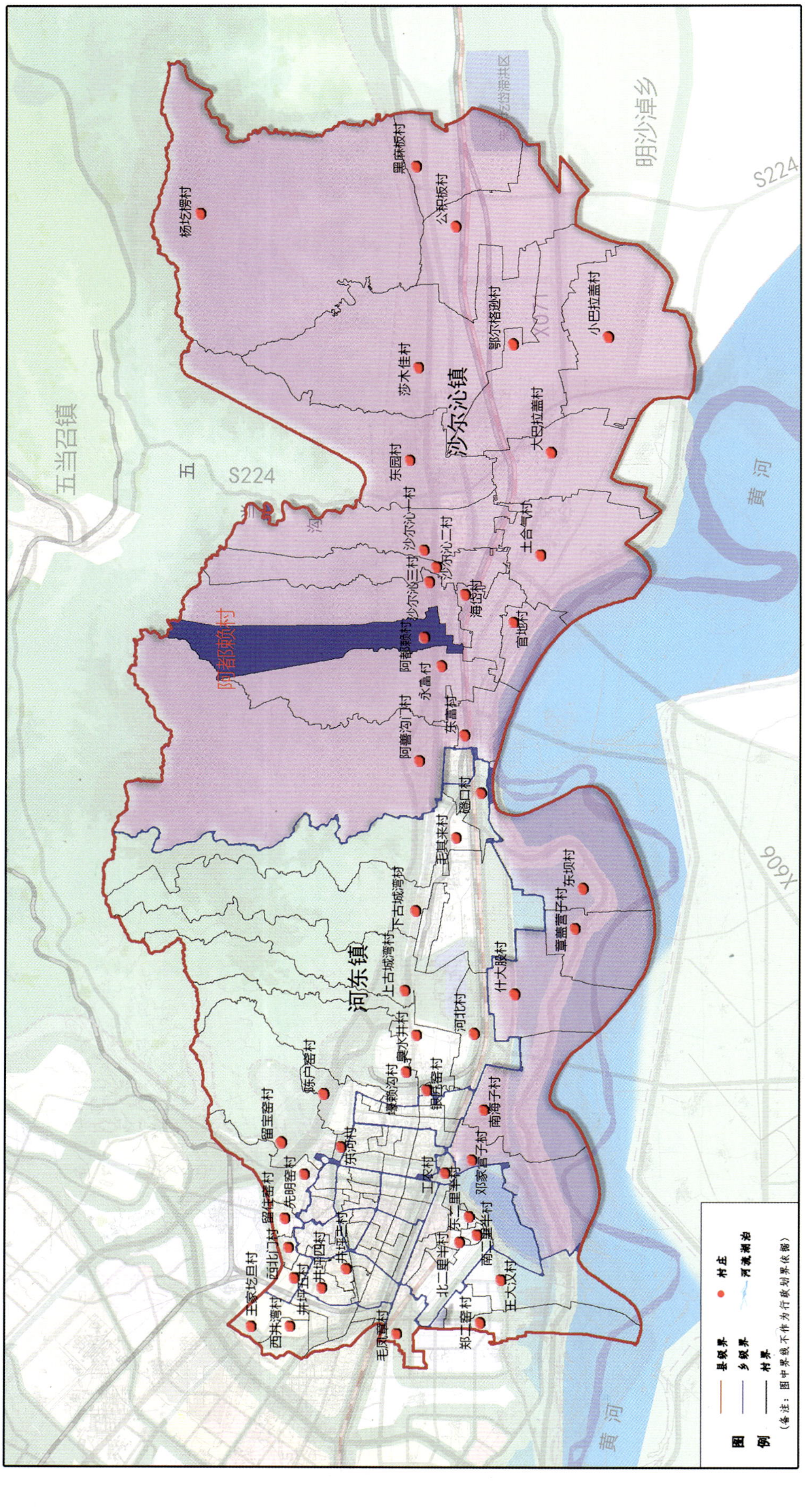
五当召镇
明沙淖乡
S224
X606
沙尔沁镇
河东镇
阿都赖村
黄河
杨圪塄村
黑麻板村
公积板村
小巴拉盖村
鄂尔格逊村
莎木佳村
大巴拉盖村
东园村
土合气村
沙尔沁一村
沙尔沁二村
沙尔沁三村
海岱村
官地村
永富村
东富村
阿善沟门村
磴口村
毛其来村
东坝村
富盖营子村
什大股村
下古城湾村
上古城湾村
河北村
皂火井村
铁匠窑村
陈户窑村
壕赖沟村
南海子村
东河村
留宝窑村
先明窑村
留住窑村
邓家营子村
工农村
西北门村
王家圪旦村
西井湾村
王大汉村
郑二窑村
图例
县级界
乡级界
村界
村庄
河流湖泊
（备注：图中界线不作为行政划界依据）

图 1　区位图

1.4　公共服务和基础设施现状

（1）道路交通　现状110国道和G6高速从阿都赖村南部穿过，110国道是连接主城区的对外主要交通干线。村庄内部道路路面宽度为3～8 m，道路等级较低，没有形成网络体系。

（2）公共服务设施　村内现有公共服务设施包括村委会、文化室、商店和室外健身活动场地，无卫生室、托幼、小学和中学。村庄距离沙尔沁一、二、三村和海岱村较近，卫生室、文化站、托幼等医疗卫生设施和教育设施以及养老设施与其他村共享。

（3）基础设施

①现状给水：现状水源采用村庄内部机井供水。

②现状排水：现状村内生活污水采用化粪池、垃圾池和空地填埋方式解决；雨水自然渗透，排向无明确导流。

③通信工程：村内已接通电信管线。

④现状燃气：现状村内居民生活一般使用罐装液化石油气。

⑤现状供暖：现状村内居民采用燃烧煤炭进行取暖。

⑥现状电力：现状村内用电由沙尔沁变电站供给。

⑦环卫设施和综合防灾：村内生活垃圾收集不完善，管理不健全，垃圾乱扔的情况随处可见，村内卫生不达标。

1.5　村庄类型

根据《包头市中心城区村庄分类布局专题研究》《包头市东河区区域村庄布局规划（2021—2025）》以及综合分析村庄现实条件，确定阿都赖村属于特色保护类村庄。

2　规划目标和定位

2.1　指导思想

全面贯彻习近平总书记关于实施乡村振兴战略的重要指示精神，传承和保护村庄优秀历史文化传统，打造“文化+”村庄产业链条，改善农村人居环境，稳步推进乡村振兴。

2.2　规划目标指标

确定规划期内阿都赖村的规划目标为：经济快速增长，农业和休闲旅游等特色产业有序发展；生态环境不断改善，农村居住环境明显美化优化；配套设施日益完善，公共和旅游服务水平显著提升（表1）。

2.3　规划定位

本次规划定位为“生态宜居的特色村落，饱绽文化的体验基地，产村活力的文旅示范村”。

表 1　村庄规划目标

指标	规划基期年	规划近期目标年（2025 年）	规划远期目标年（2035 年）	规划基期与远期变化量	属性
耕地保有量 /hm^2	30.81	30.81	30.81	0.00	约束性
永久基本农田保护面积 /hm^2	30.73	30.73	30.73	0.00	约束性
生态保护红线规模 /hm^2	0	0	0	0.00	约束性
建设用地总规模 /hm^2	51.59	19.79	19.79	–31.8	预期性
城乡建设用地规模 /hm^2	16.53	17.38	17.38	0.85	约束性
公用设施用地规模 /hm^2	0.01	0.01	0.01	0	预期性
户均宅基地 /（m^2/ 户）	755.75	710.93	660.48	–95.27	约束性

3　规划安排

3.1　国土空间开发保护格局

（1）三区划定　阿都赖村农牧空间主要位于 110 国道两侧，总面积 48.37 hm^2，村内有永久基本农田 30.73 hm^2；建设空间主要位于大青山南侧，总面积 25.23 hm^2；阿都赖村村域用地未划入生态保护红线，但大青山生态功能重要，因此将北侧大青山用地划入村庄生态空间，总面积 855.80 hm^2（表 2、图 2、图 3）。

表 2　村庄“三区三线”面积统计

“三区三线”		面积 /hm^2
生态空间		855.80
其中	生态保护红线面积	0
农牧空间		48.37
其中	永久基本农田保护面积	30.73
建设空间		25.23
其中	村庄建设边界内集中建设区面积	25.23
总面积		929.4

①农牧空间布局与管控措施

永久基本农田的管控要求：任何单位和个人不得擅自占用或改变基本农田的用途。

一般农业空间的管控要求：不得随意占用耕地，确实占用应经过村民小组确认，村委会审查同意出具书面意见后，由镇政府按照程序办理相关手续。未经批准，不得在园地、商品林及其他农用地进行非农建设活动，不得进行毁林开垦、采石、挖沙、采矿和取土等活动。不得擅自或变相将设施农用地用于其他非农建设，并采取措施防止对土壤耕作层破坏和污染。

②建设空间布局与管控措施

建设边界内管制规则：农村宅基地，农村基础设施、公益事业设施和公共服务设施，商业服务业项目，农村人居环境整治项目，符合规定的农村产业融合发展等项目应向建设边界内集聚，优先利用村庄

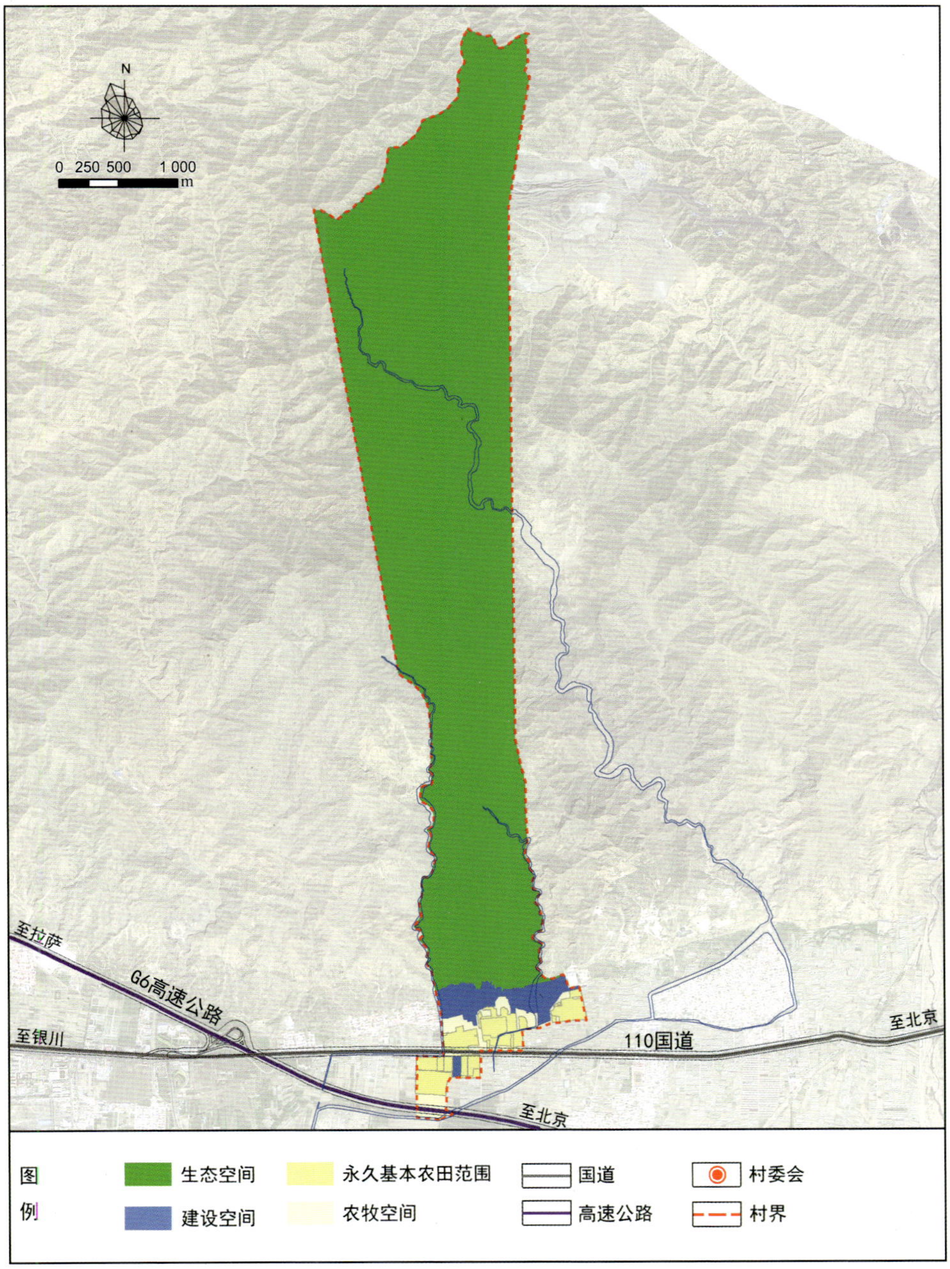

图2　村国土空间控制线图

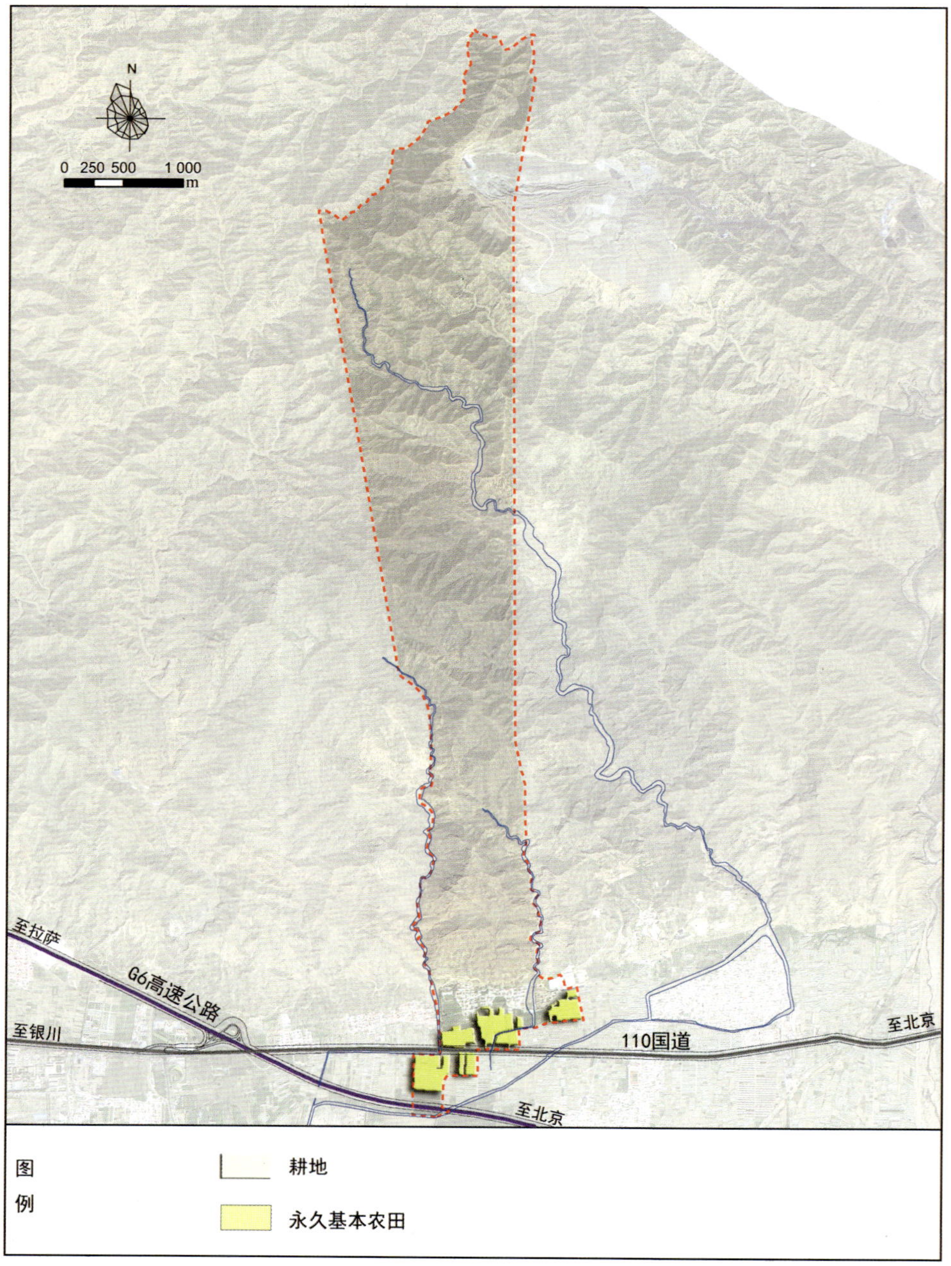

图 3 村域耕地和永久基本农田分布图

内部的未利用地。规划期内村庄建设边界原则上不得调整，如需调整按规划修改处理，严格论证，报规划审批机关批准。

建设边界外管制规则：在不突破国土空间规划建设用地指标等约束条件、不破坏生态环境和乡村风貌的前提下，利用农村本地资源开展农产品初加工、发展休闲观光旅游而必需的配套设施建设用地，可在村庄建设边界外安排少量“点状”建设用地，指标由乡镇统筹；农村道路、电力、电讯等线性公益设施用地可以在边界外安排。

③生态空间布局与管控措施

禁止任何单位和个人从事下列活动：捕捞、采药、砍伐、放牧、狩猎、烧荒、开垦、探矿、开矿、采石、挖沙、建坟等活动，法律、行政法规另有规定的；禁止其他破坏林木、植被等自然资源和生态环境的行为。

(2) 用地布局与调整　阿都赖村村域国土空间总面积为 929.4 hm²。规划基期年，农用地面积 852.7 hm²，占土地总面积的 91.75%；建设用地面积 51.59 hm²，占土地总面积的 5.55%；其他用地面积 25.11 hm²，占土地总面积的 2.70%（图 4）。

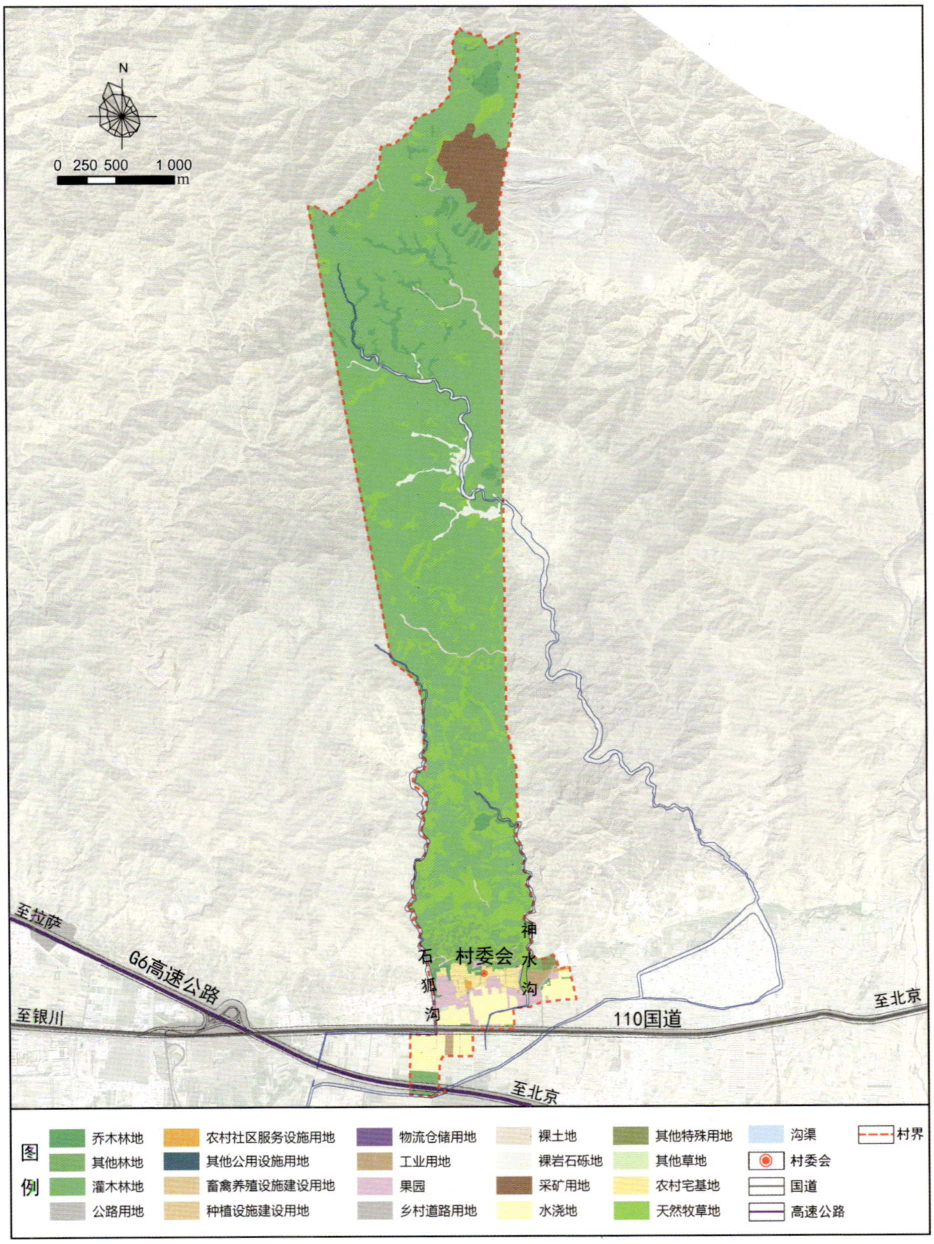

图 4　村庄现状图

规划期末，农用地 884.5 hm²，占总面积的 95.17%；建设用地 19.79 hm²，占总面积的 2.13%；其他用地 25.11 hm²，占总面积的 2.70%。用地布局严格控制村庄建设项目占用基本农田及稳定耕地（图 5）。

神泉水厂、华唯酒庄、110 国道南侧肥料厂等，将北侧大青山内已关停的采矿用地进行生态修复。规划 110 国道和京藏高速公路红线宽度 70 m，规划 110 国道两侧预留 30 m 防护绿带、京藏高速公路两侧预留 100 m 防护绿带，规划保留红线宽度及防护绿带内现有用地性质，包括乔木林地、耕地和果园，远期待 110 国道和 G6 高速公路改造时，应依照道路改造方案进行用地腾退，占用基本农田和耕地的应占补平衡，保证耕地用途不改变、质量不降低（图 6、图 7）。

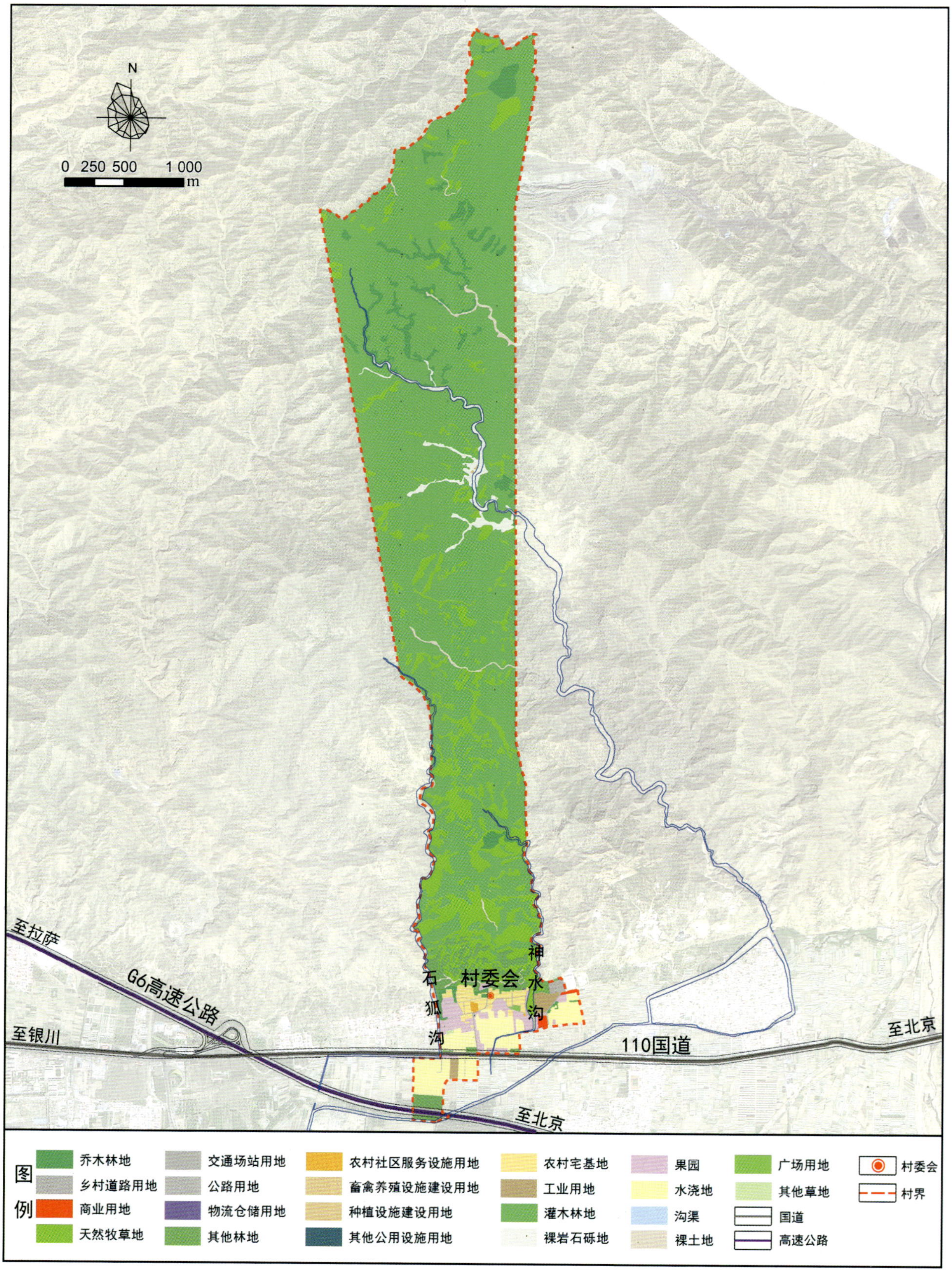
N
0 250 500 1 000
m
至拉萨
G6高速公路
至银川
石
狐
沟
村委会
神
水
沟
110国道
至北京
至北京
图例
乔木林地
乡村道路用地
商业用地
天然牧草地
交通场站用地
公路用地
物流仓储用地
其他林地
农村社区服务设施用地
畜禽养殖设施建设用地
种植设施建设用地
其他公用设施用地
农村宅基地
工业用地
灌木林地
裸岩石砾地
果园
水浇地
沟渠
裸土地
广场用地
其他草地
国道
高速公路
村委会
村界

图 5　村庄规划图

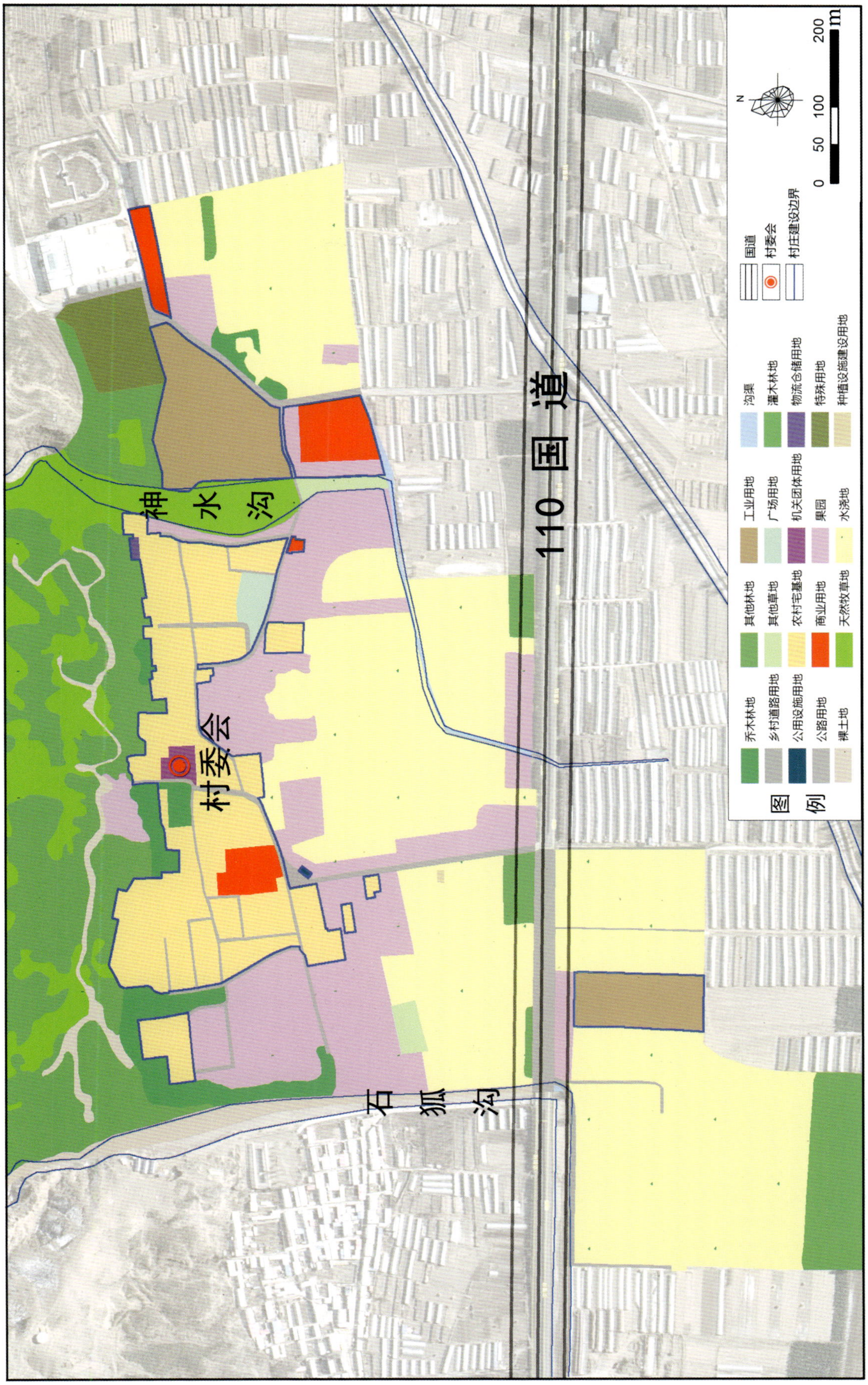

图 6　村庄集中建设区规划图

地块指标一览表

地块编号	用地代码	用地类型	用地面积/m²	建筑密度/m²	容积率/m²	建筑限高/m²	备注
A-01	0901	商业用地	8 522	30%~50%	≤1.0	≤10	

图例

图 7　村域集中建设区规划引导图

3.2　产业发展规划

依托现有产业资源，联动莲花山诗歌文化，发掘阿都赖传统文化，探索“3+”（产业 + 文化 + 旅游）模式，建设乡愁艺术胜地，打造特色网红村庄。

形成“一核心、一轴心、两轴线、六片区”的产业发展布局。以阿都赖村委会为核心，以莲花山景区为产业带动轴心，以特色民宿和复圣书画苑、恒生故居为景点形成民俗旅游核心轴和以莲花山景区、华唯酒庄为景点形成大青山生态核心轴，串联现代农业、休闲旅游、生态观光、红色教育、民俗度假、文创体验六大片区（图 8）。

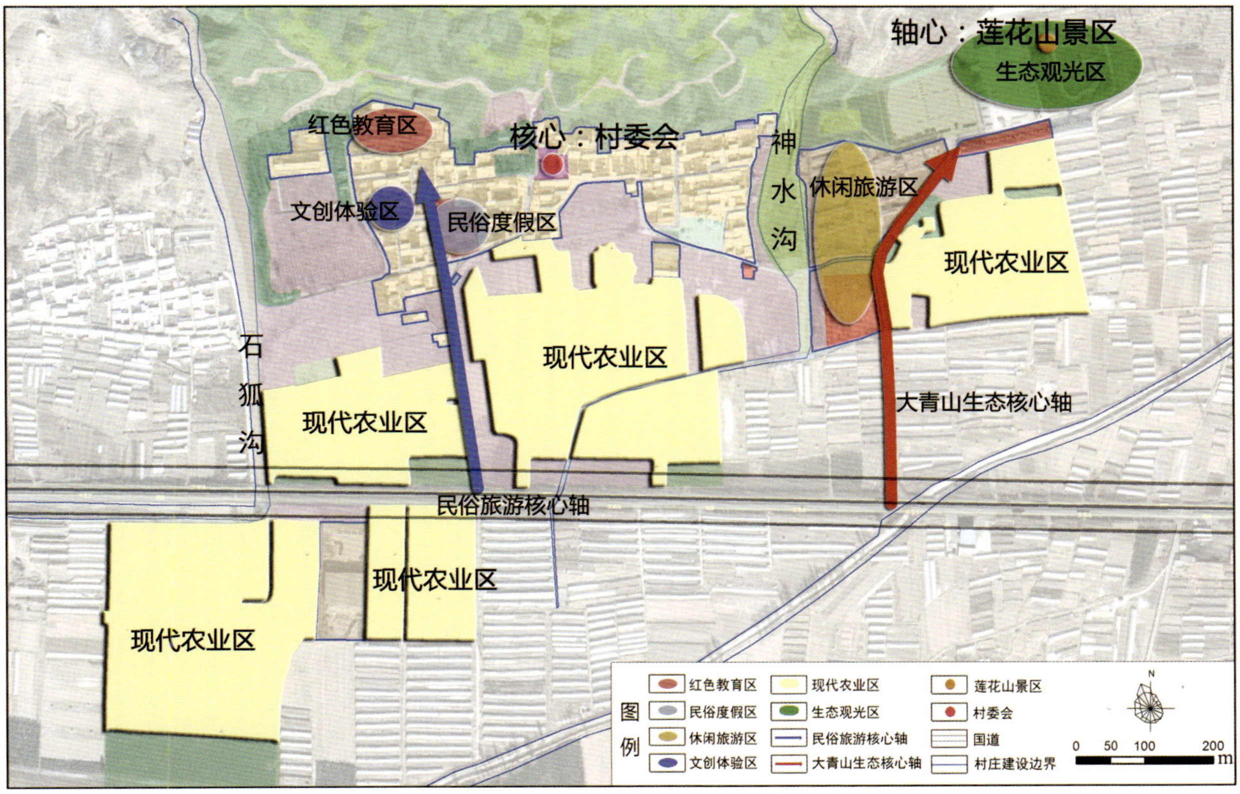

图 8　村庄产业布局规划图

（1）现代农业区　沿 110 国道两侧耕地和果园用地范围内打造现代设施农业示范区和生态林果种植区。

（2）休闲旅游区　以华唯酒庄和神泉水厂引导体验式产业观光，依托晋美农业和蒙古包基地打造农业休闲生态观光基地。

（3）生态观光区　打造阿都赖村的观光营地，串联莲花峰山脚原有的配套功能设施，促进产业融合发展，培育以休闲农田、民俗文化、生态景观为支撑的乡村体验游。

（4）红色教育区　以红色资源为核心，按照“红色旅游 +”思路，开发“红心寻访、精神家园、激情岁月、阿都赖印象、莲花峰下”五类产品。

（5）民俗度假区　依托现有特色民宿及农家乐，规划特色风情两日休闲游；结合红色革命基地规划红色教育体验活动，运用“文化 + 旅游”模式提升村庄知名度。

（6）文创体验区　梳理村庄现有文化产业资源，打造多元文化产业，拓展参观研学、民俗体验等游乐项目。

3.3 基础设施规划

(1)给水工程规划　规划给水管线连接沙尔沁镇给水加压泵站给水管网,干管管径为DN200(图9)。

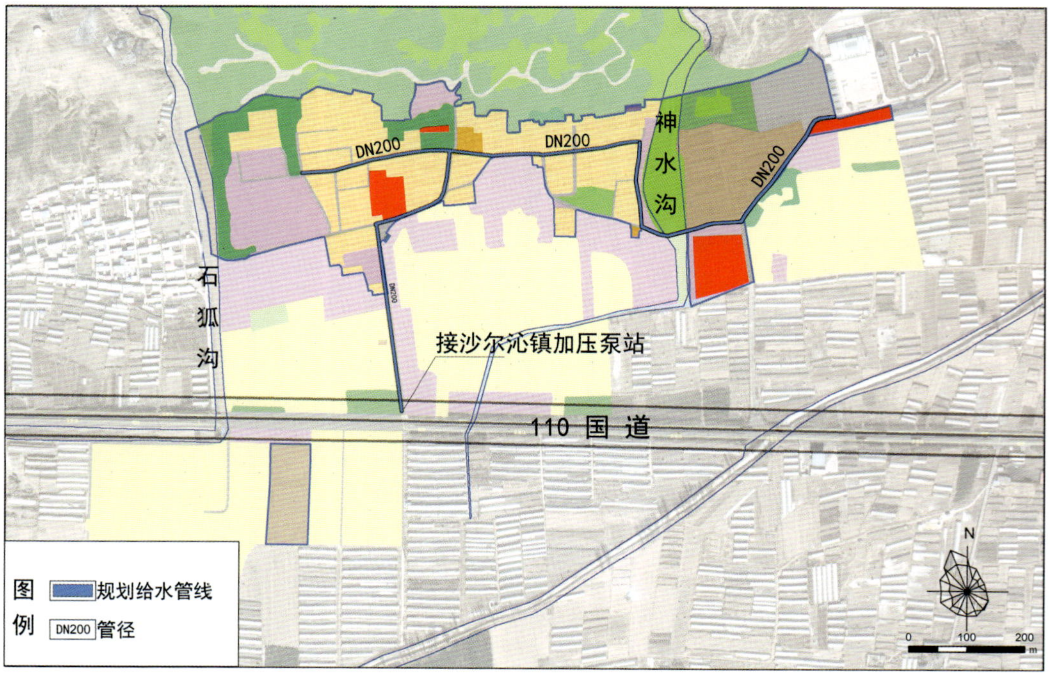

图9　给水工程规划图

(2)污水工程规划　规划在村内居住区南侧建设一处小型污水处理设施,污水管道沿干路铺设,干管管径DN300(图10)。

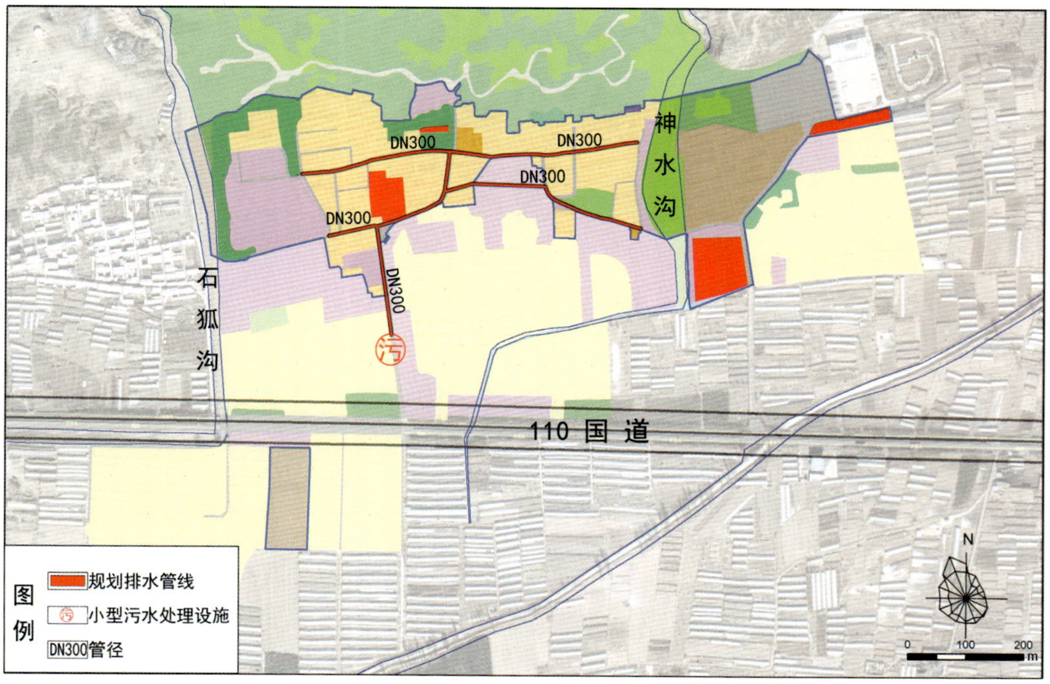

图10　污水工程规划图

(3)通信工程规划　通信线路规划连接现有电信管线,考虑沿村庄道路敷设,管材管径为DN110,电缆井采用电信局标准的电缆手孔井(图11)。

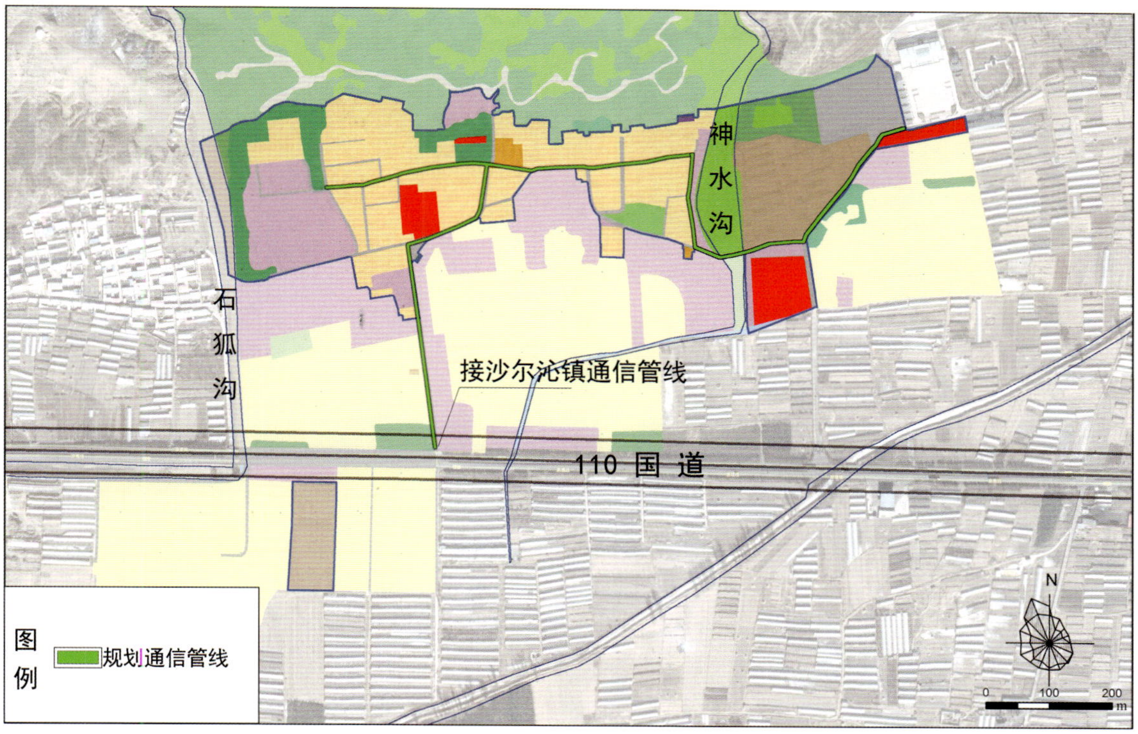

图11　通信工程规划图

(4)雨水工程规划　规划村内雨水排放方式为沿道路两侧雨水明渠排放至农田和沟渠(图12)。

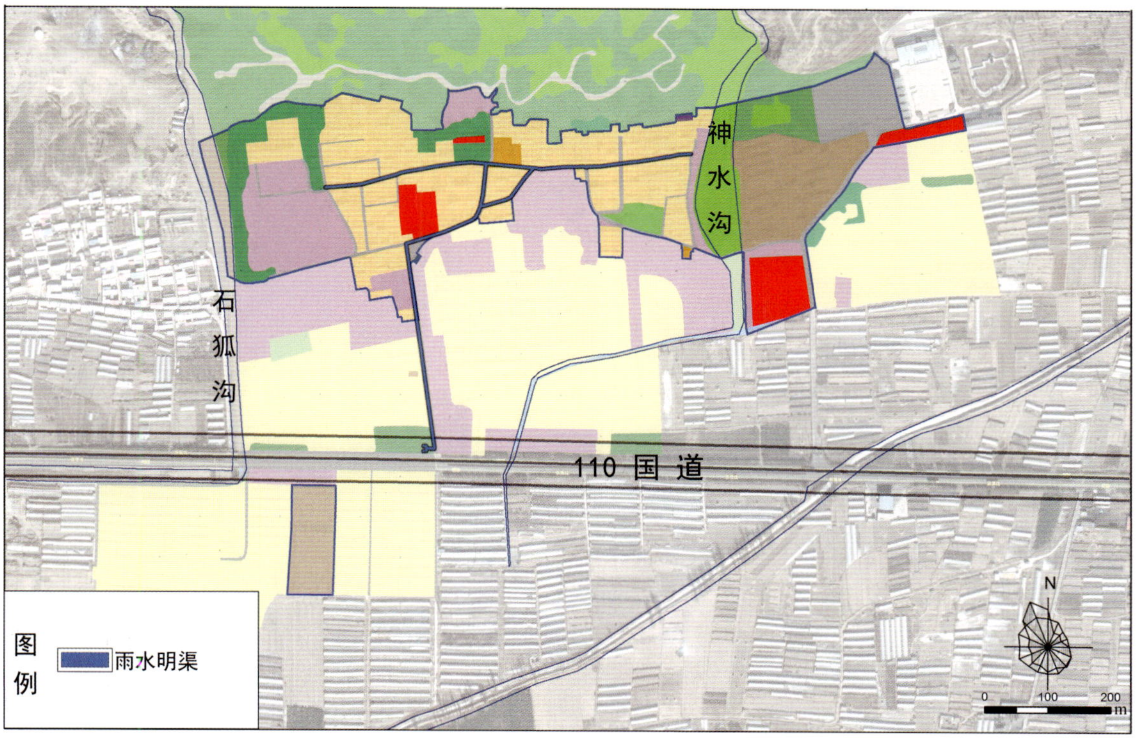

图12　雨水工程规划图

(5)燃气工程规划　规划连接沙尔沁镇燃气管网,通过输气管道供给住户。沿村内道路敷设燃气管线,管径为 DN100(图 13)。

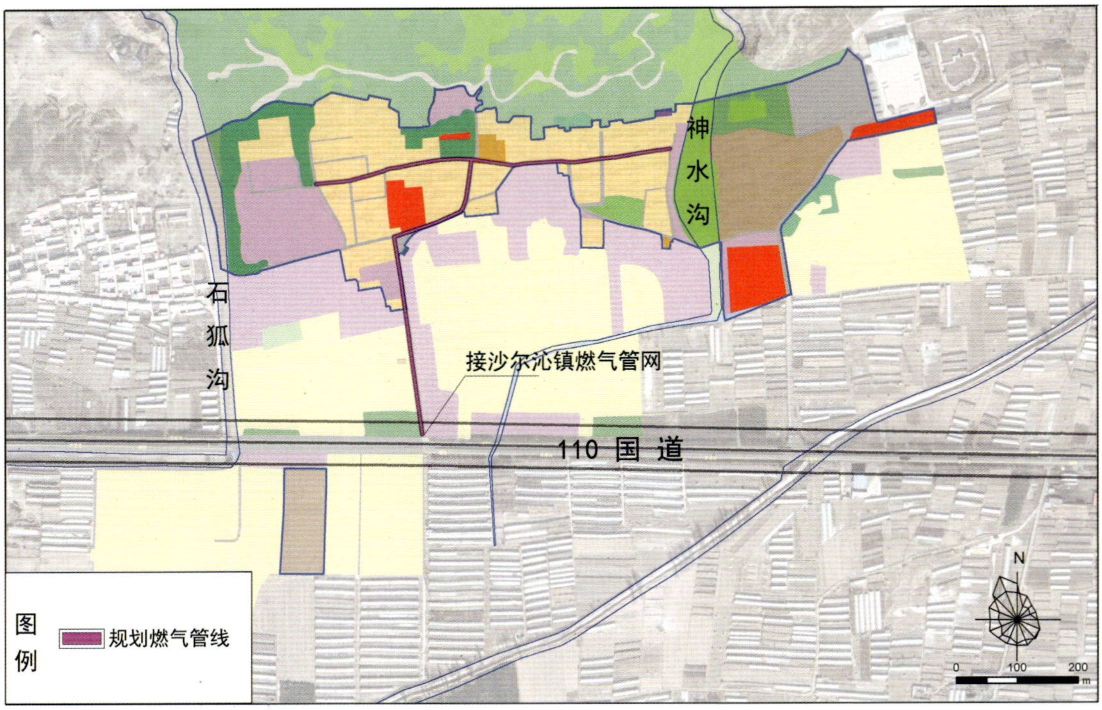

图 13　燃气工程规划图

(6)供热工程规划　规划供热采用天然气壁挂炉供热,合理利用清洁能源,以无污染的方式为村民解决供热问题(图 14)。

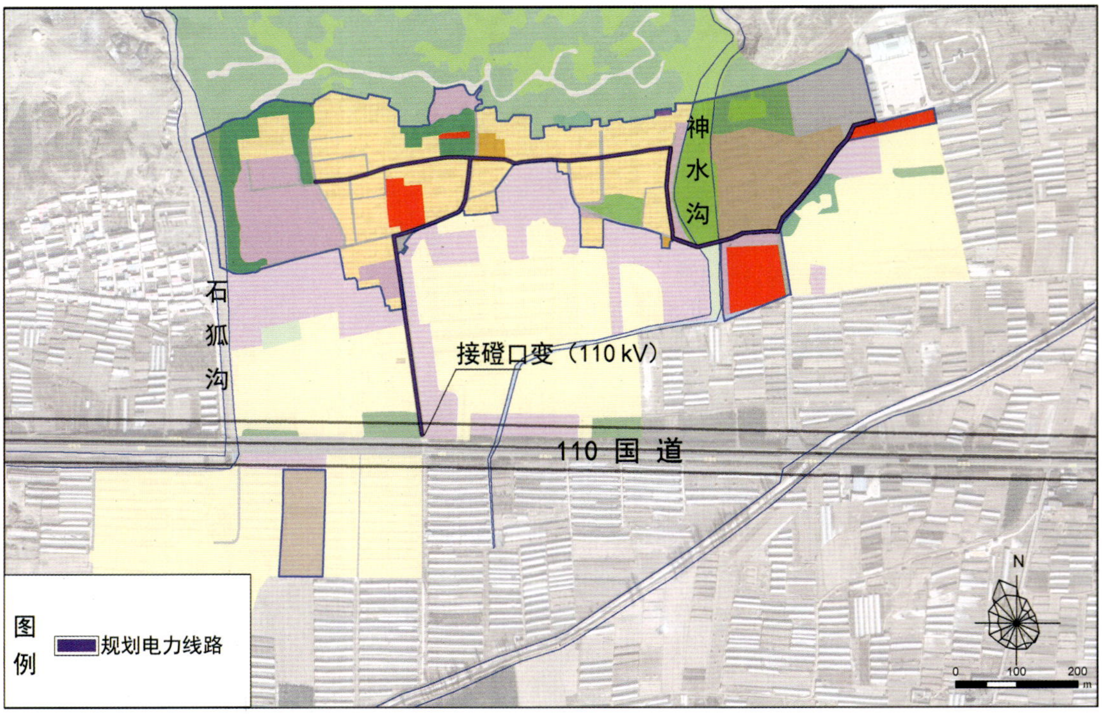

图 14　电力工程规划图

(7)电力工程规划　规划电源主线为沿110国道电力线接入,电源为磴口变(110 kV)。远期建议采用电力电缆直埋敷设,采用10 kV箱变设于村庄负荷中心。

(8)环境卫生设施规划

①水环境保护:重点加强对居民点、养殖基地的工业废水及污水的控制,严禁污染水源的工业入村生产。

②大气环境保护:大气环境质量达到国家二级标准,大力推行清洁能源的利用,鼓励村民利用清洁能源。

③噪声环境质量保护:噪声控制符合国家城镇区域噪声标准,区域环境噪声平均小于55 dB(A),交通干道噪声平均值低于70 dB(A)。

④环卫设施规划:规划按照50～100 m服务半径以及片区建设公厕和小型垃圾收集点各4座(图15)。

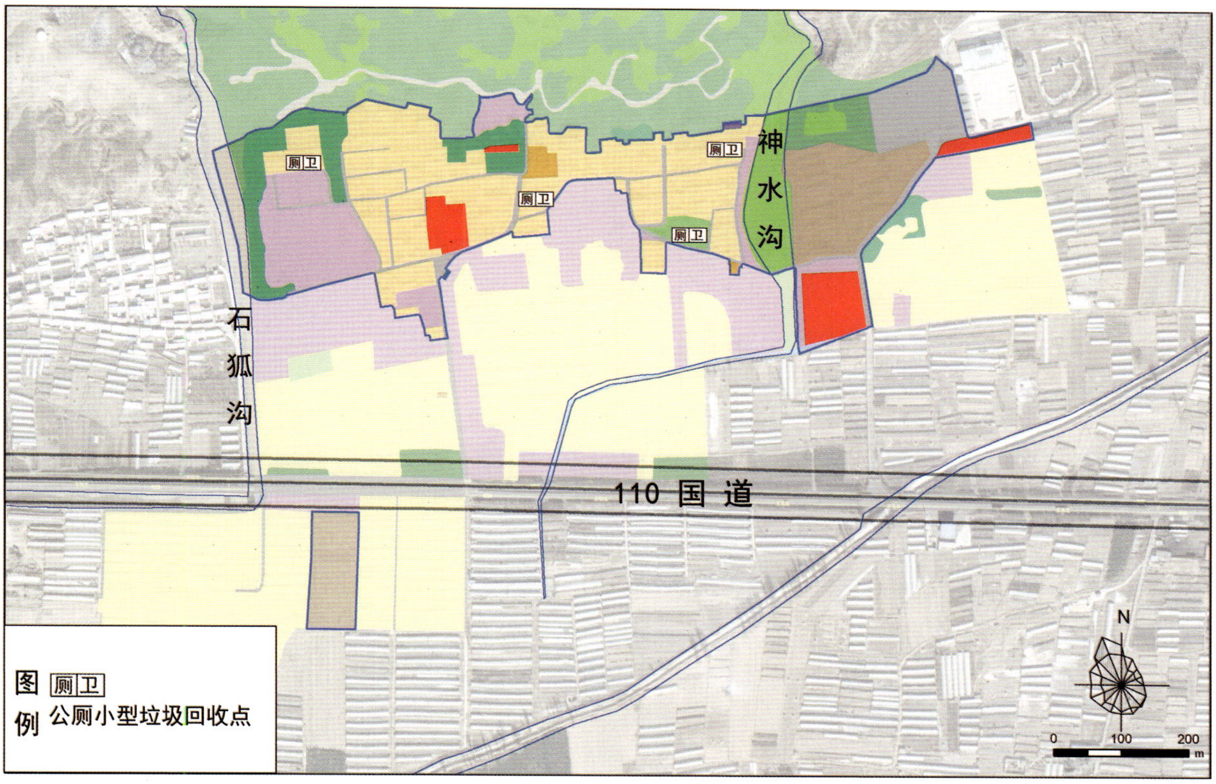

图15　环卫工程规划图

3.4　综合防灾工程规划

规划考虑各片区中心广场和公共绿地、林地、农田作为疏散区域,一旦发生震情,应迅速组织居民进行疏散。村域内河流沟渠采用20年一遇洪水设防标准。结合村庄实际,在村委会设置1处防疫站并配置1名村防疫员。建设消防无线通信网,配置用于召集和联络群众的广播设备,设置存放必要灭火器材的场地并配备相应消防设施(图16)。

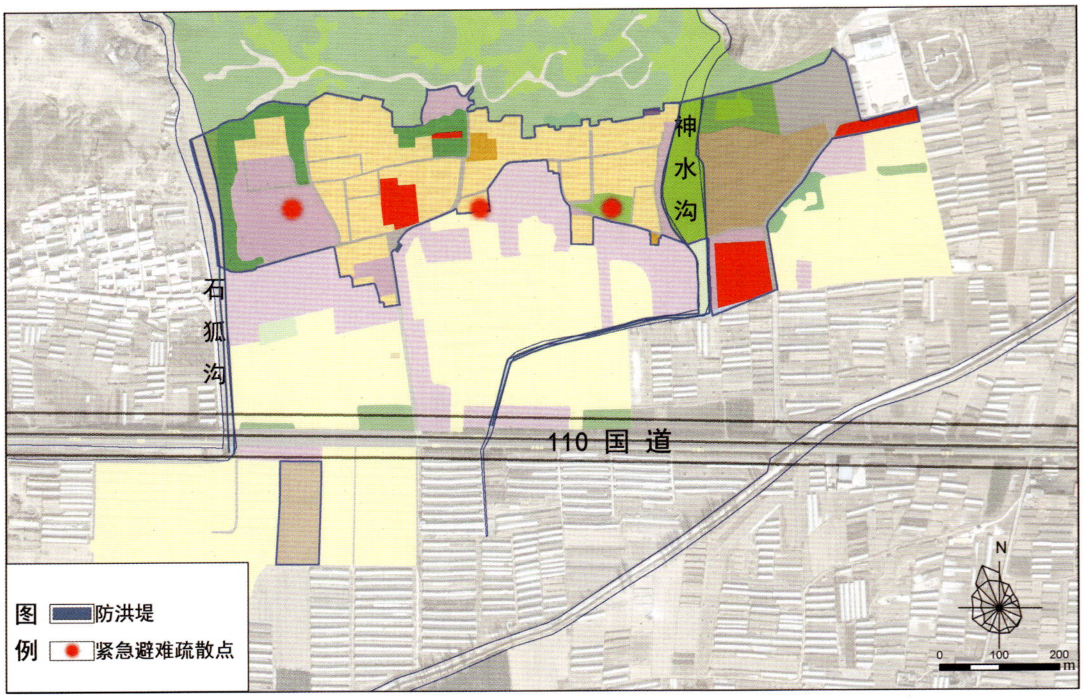

图 16　综合防灾规划图

3.5　公共服务设施规划

规划保留现有村委会，党群服务中心，2 处广场，3 处公共厕所。该村距离沙尔沁一、二、三村和海岱村较近，与沙尔沁村和海岱村共用中学、小学、幼儿园和卫生室。远期建议利用空闲宅基地建设养老服务设施(图 17)。

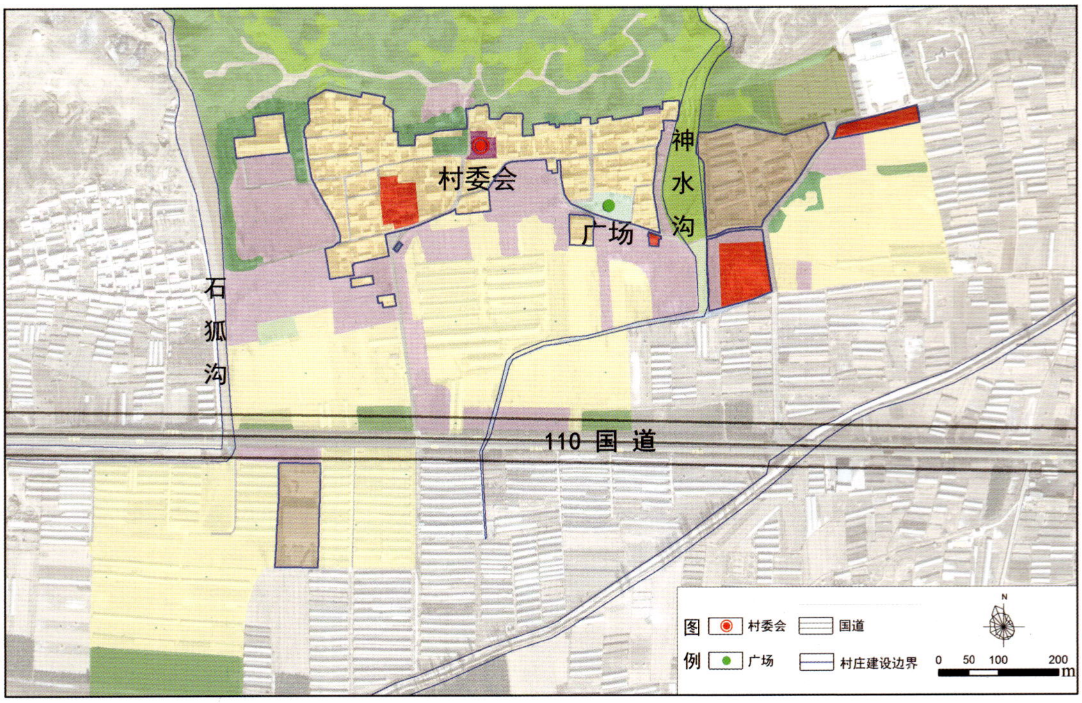

图 17　公共服务设施规划布局图

3.6　土地综合整治

(1)农用地整理　规划期末耕地面积不减少，通过现有农业用地整治，完善灌排设施，提高耕种质量和产出效益，适宜现代农业发展需求。

(2)建设用地整理　通过对华唯酒庄南侧现有果园用地整理，新增商业用地主要用于提高村庄产业发展能力。

(3)生态修复　阿都赖村村域内现状采矿用地总面积 32.65 hm^2，占村域面积的 3.51%，主要位于村域北侧大青山内大场新煤矿，根据市政府对采矿用地的统筹安排，对大场新煤矿进行国土整治和生态修复，已有相关治理方案，主要治理包括覆土和恢复植被(图 18)。

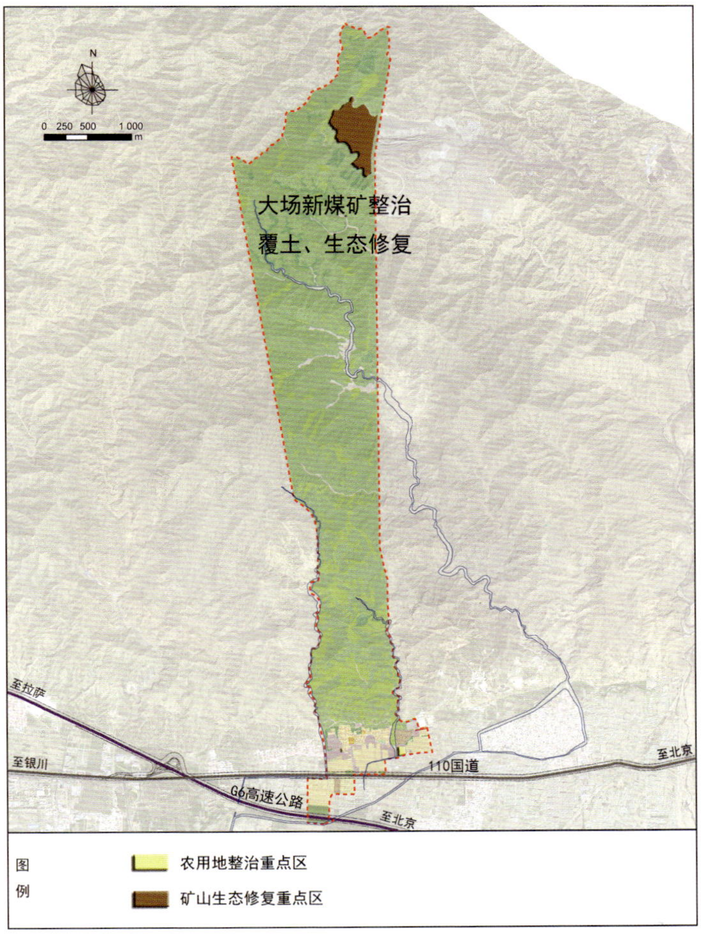

图 18　村域国土整治与生态修复图

3.7　历史文化保护传承

(1)历史文化资源　村庄建于清代，曾是革命秘密活动根据地，革命先辈巴维钊、全升茂和恒升曾居住于此，红色文化基底浓厚。村内拥有剪纸、根雕和面塑等传统技艺非物质文化遗产，是传统民族技艺与民俗传承培训基地，也曾是西路二人台民间艺术始祖云双羊迁居地。

(2)规划引导　增加村落步行街巷和开敞空间，维护和修缮红色基地恒生故居以及特色徽派建筑，盘活村内留存有年代感的民宅，植入民俗文化展览馆等功能，打造古法传承酿酒基地和敖包群广场，将传统文化融入旅游和生产中，形成“文化 + 旅游”的发展模式，注重传统文化的输出。

3.8　特色风貌

(1)裸房整治　规划将建筑外立面进行统一修复，采用多种元素穿插设计进行建筑风貌引导，绘制统一风格的墙绘，打造网红文化墙。

(2)民宿提升　保护现有建筑风貌特色，修补破损部位，清理外立面污渍。庭内增加绿化打造休闲庭院，提升品质。

(3)建筑景观提升　修缮神泉水厂企业门头和墙体；增加开敞空间，增加民俗文化乡土气息的景观构筑物，休闲座椅景观小品。提升现有采摘园围墙造型，对围墙进行修补、改造，增加宣传广告板，增加指示标牌。

3.9 近期规划安排

近期建设重点围绕以生态修复、道路交通、人居环境和基础设施 4 个方面进行(表 3、图 19)。

表 3 近期建设项目表

项目类型	序号	项目名称	规模	建设时序
生态修复	01	采矿用地整治		2022—2025 年
道路交通	02	道路提升改造		2022—2025 年
	03	道路绿化提升		2022—2025 年
人居环境	04	建筑风貌改造		2022—2025 年
	05	公厕	4 座	2022—2035 年
	06	小型垃圾回收点	4 座	2022—2035 年
基础设施	07	污水设施建设	1 处	2022—2035 年
	08	路灯电缆敷设		2022—2025 年

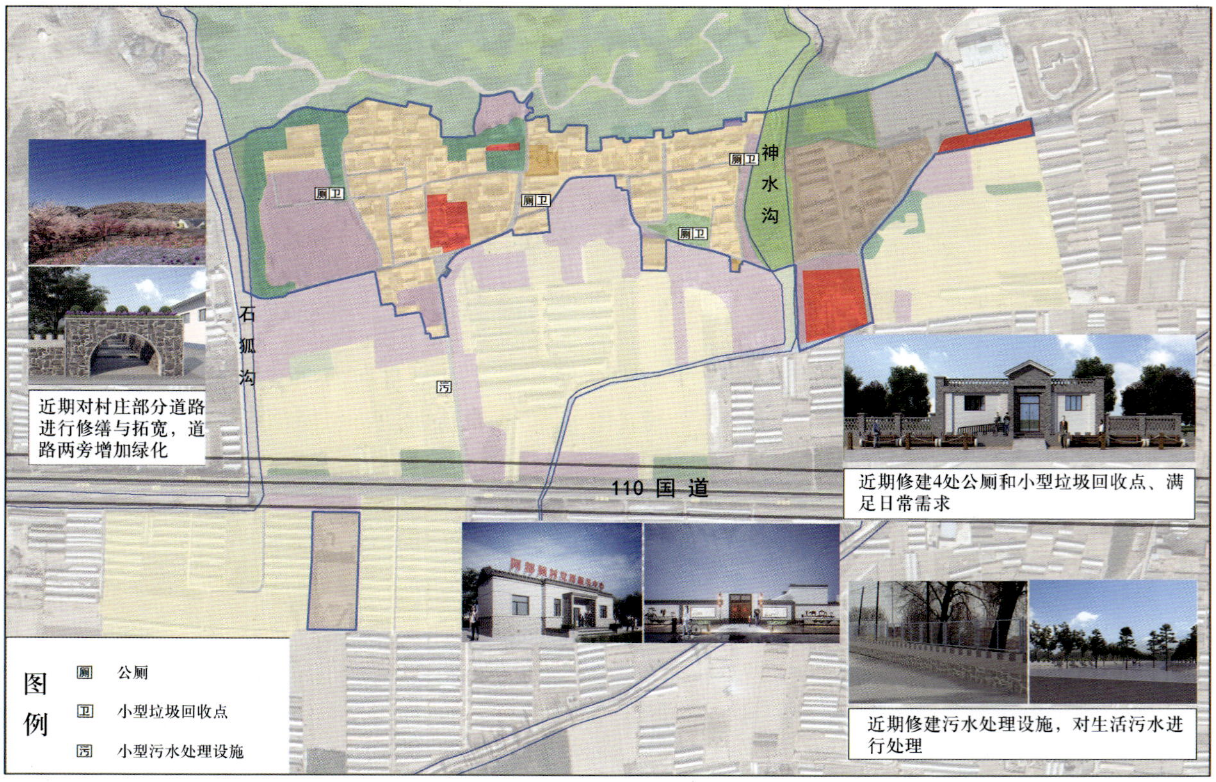

图 19 村庄近期建设项目图

4　规划总结与启示

4.1　公众参与

本次规划通过详细调研和座谈访谈，“自上而下”收集村庄问题和村民诉求。

上级要求	村委意见	村民意愿
1. 落实上位管控要求 2. 明确用途管制规则 3. 落实“一户一宅”政策 4. 推进高标准农田建设	1. 发展壮大村集体经济 2. 发展乡村旅游业 3. 提升乡村风貌，改善人居环境，打造宜居村庄 4. 加强乡风文明建设	1. 改善人居环境(包括生活垃圾、生活污水、公共厕所等) 2. 完善基础设施和公共服务设施配建(入村道路、夜间亮化、排水等) 3. 增强集体经济，提高自身收入

响应各方诉求，编制“多规合一”的实用性村庄规划。

政府管用	村委好用	村民实用
1. 省级：制定《村庄规划编制规程》，探索村庄规划编制，推动乡村振兴 2. 市级：落实政策，划定三条控制线 3. 旗县区级：管控明确，协调村庄规划编制，发放许可证 4. 镇级：便于实施，落实“一户一宅”、永久基本农田等上位管控要求	1. 发展乡村旅游，壮大集体经济 2. 盘活现有农业资源和生态资源，引领农耕旅游和生态旅游 3. 预留村庄建设空间用于产业发展 4. 弘扬民族文化和民俗文化，突出村庄特色 5. 制定村规民约，促进邻里和睦	1. 完善村内道路交通设施 2. 完善基础设施和公共服务设施配建 3. 村民易懂，共同参与 4. 户有所居，老有所依 5. 生态宜居，环境优美 6. 生活富裕，安居乐业

4.2　思考与经验

(1)基于乡村振兴战略总要求“行”法定规划之实　提出“旺产业”和“新触媒”理念，引导新产业新业态植入，挖掘新触媒加快产业转型升级。确定以特色优势现代农业为主导、乡村旅游为支撑，搭建农旅融合的综合现代产业体系，形成全产业链格局，增强造血功能，带动乡村经济全面持续发展。挖掘新触媒，以大青山生态景观为“脉”统领周边各类资源整合一体、连片打造，以民俗文化资源要素为“魂”，策划以文化为主题的旅游路线，提炼具备核心价值和影响力的村庄品牌，构建独特卖点。

(2)健全乡村治理，开展土地与环境综合整治结合，实现治理有效　推进土地综合整治，盘活闲置土地，调整优化乡村用地布局，为乡村振兴发展新产业新业态提供充足的用地空间。开展人居环境整治、生活垃圾污水处理、“厕所革命”等推动农村人居环境治理，以健康稳定的田园生态系统、耕地河湖林田休养生息实现农村生态环境治理；尊重农耕文化传统，建设雨污分流管网、环卫垃圾设施，采用小型污水处理设施处理生活污水，实现乡村环境卫生清洁、生态环境优美、乡村风貌特色、空间品质提升、景观环境亮化，综合提升整体形象和人居环境建设水平。

(3)传承优秀文化，加强传统文化与现代文明融合　以文化为魂，塑造地域文化特色，走特色化、差异化道路，保护传承古韵深远的历史文化资源，赋予时代内涵、丰富表现形式，加以活化利用。深挖农耕文化、民族文化、民俗文化、红色文化等，保护非物质文化遗产，通过“以文兴村”推动文旅结合的活化利用，拓展文旅产业发展领域，提升文化对乡村经济振兴推动力，创造新经济增长效应，以乡村文化兴盛巩固文化自信，以文化自信实现乡风文明与文化振兴。

赤峰市喀喇沁旗河南街道马鞍山村村庄规划（2021—2035 年）

1　村庄介绍

1.1　村庄概况

马鞍山村位于喀喇沁旗河南街道，南邻宁城县，西邻蒿松沟村、樱桃沟村，东邻马鞍山羊场，距离锦山城区 7.7 km，车程约 15 min，距离赤峰市中心城区车程约 45 min（图 1）。

1.2　资源禀赋

马鞍山村位于燕山山脉七老图山系深处，为马鞍山国家森林公园的重要承载区。依据 2020 年国土变更调查数据，全域总面积 2 121.56 hm^2，呈现出“八山半水一分田，半分道路和庄园”的现状格局。村庄内主要为林地和草地生态用地，面积 1 761.06 hm^2，占比 83.01%；耕地位于村庄北部，大多为山坡地，面积 230.40 hm^2，占比 10.86%；建设用地位于村庄西侧，面积 44.64 hm^2，占比 2.1%，其中村庄建设用地面积 28.92 hm^2，占比 1.36%；园地、农业设施用地、陆地水域和其他土地面积 85.64 hm^2，占比 4.04%（图 2、图 3）。

1.3　社会经济

马鞍山村下辖冯家营子、刘家营子、三棱子山、张木参沟 4 个自然村，现状户籍总人口 420 户 1 080 人，老龄人口占比 12.2%，常住人口 220 户 496 人。

依托独特的地理优势，山葡萄种植深加工、发展乡村旅游已经成为富民强村的主导产业，2020 年末人均收入最低 8 500 元，入选“中国乡村旅游模范村”“中国最美乡村”名录。

现状公共设施用地共 0.47 hm^2。村委会位于冯家营子，包含了村庄事务、村民会议、文化教育等功能，使用频率较高，是村内主要服务设施点；村级卫生室一处，位于冯家营子；村内无幼儿园和小学。

1.4　人居环境

村落格局整体为长条形，整体布局为大分散、小集中，与马鞍山森林公园相对独立。农民住宅主要采用围合与三合院的院落式布局，房屋质量较好，建筑多以红砖墙红瓦和灰水泥墙红瓦为主（图 4）。

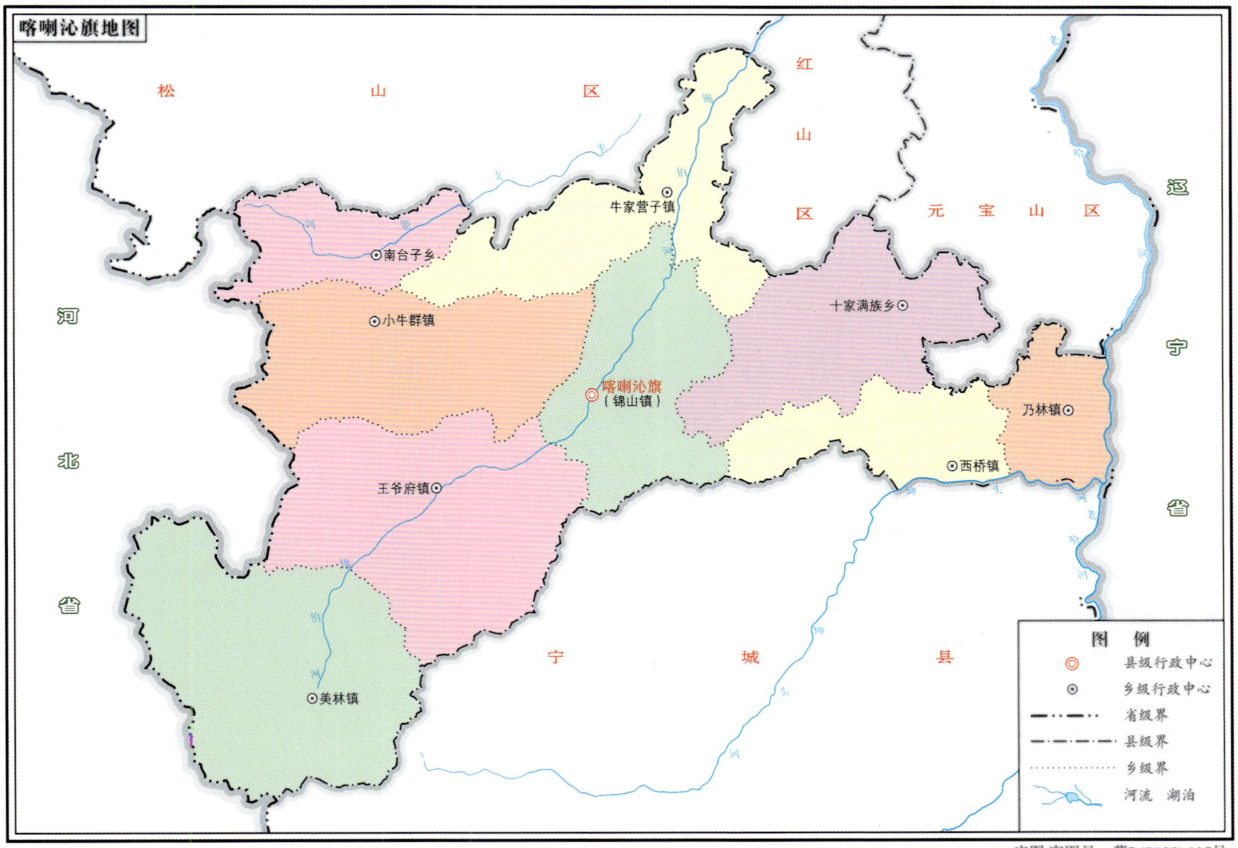

底图 审图号：蒙S(2022)017号

图 1　区位图

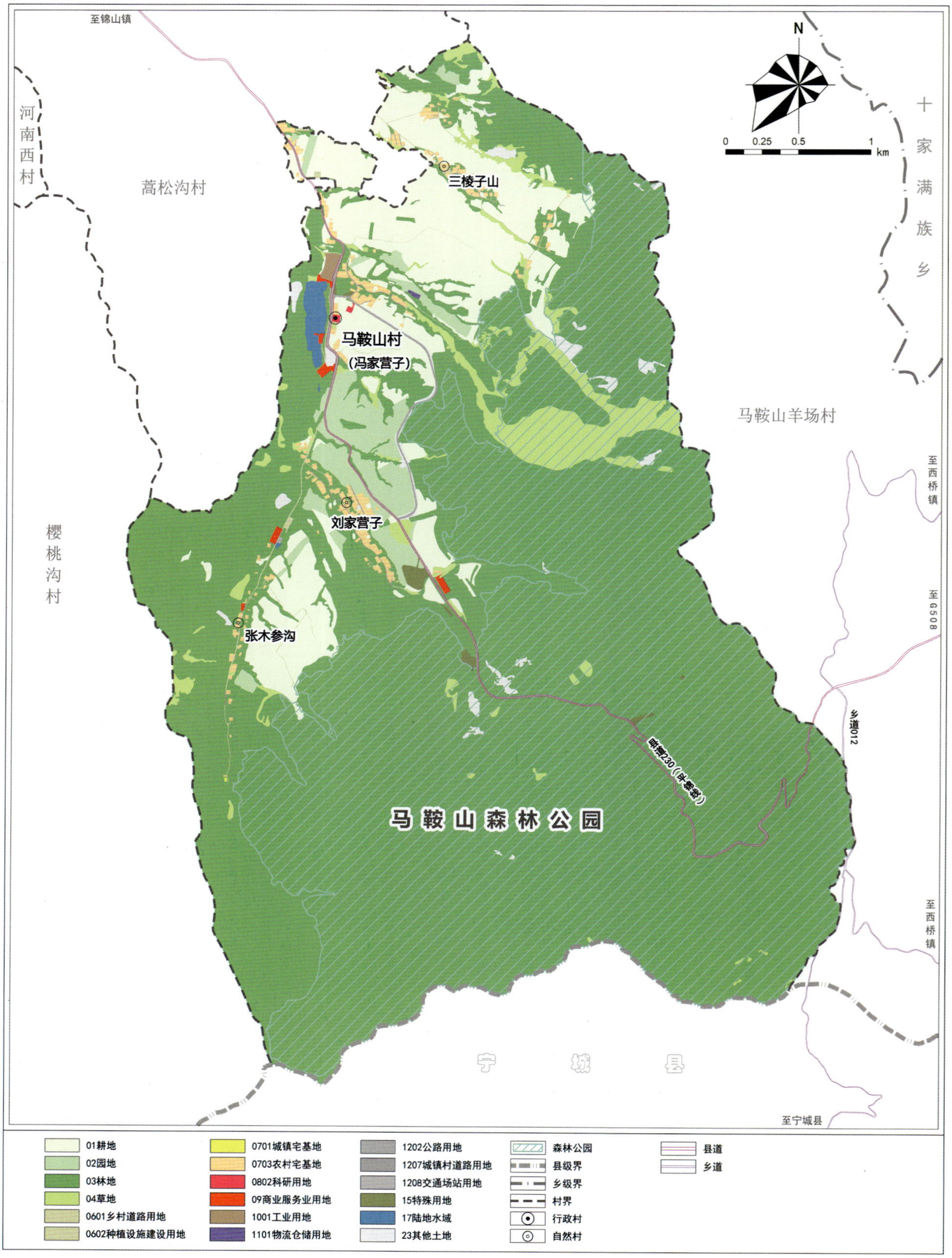

图2 村域土地利用现状图

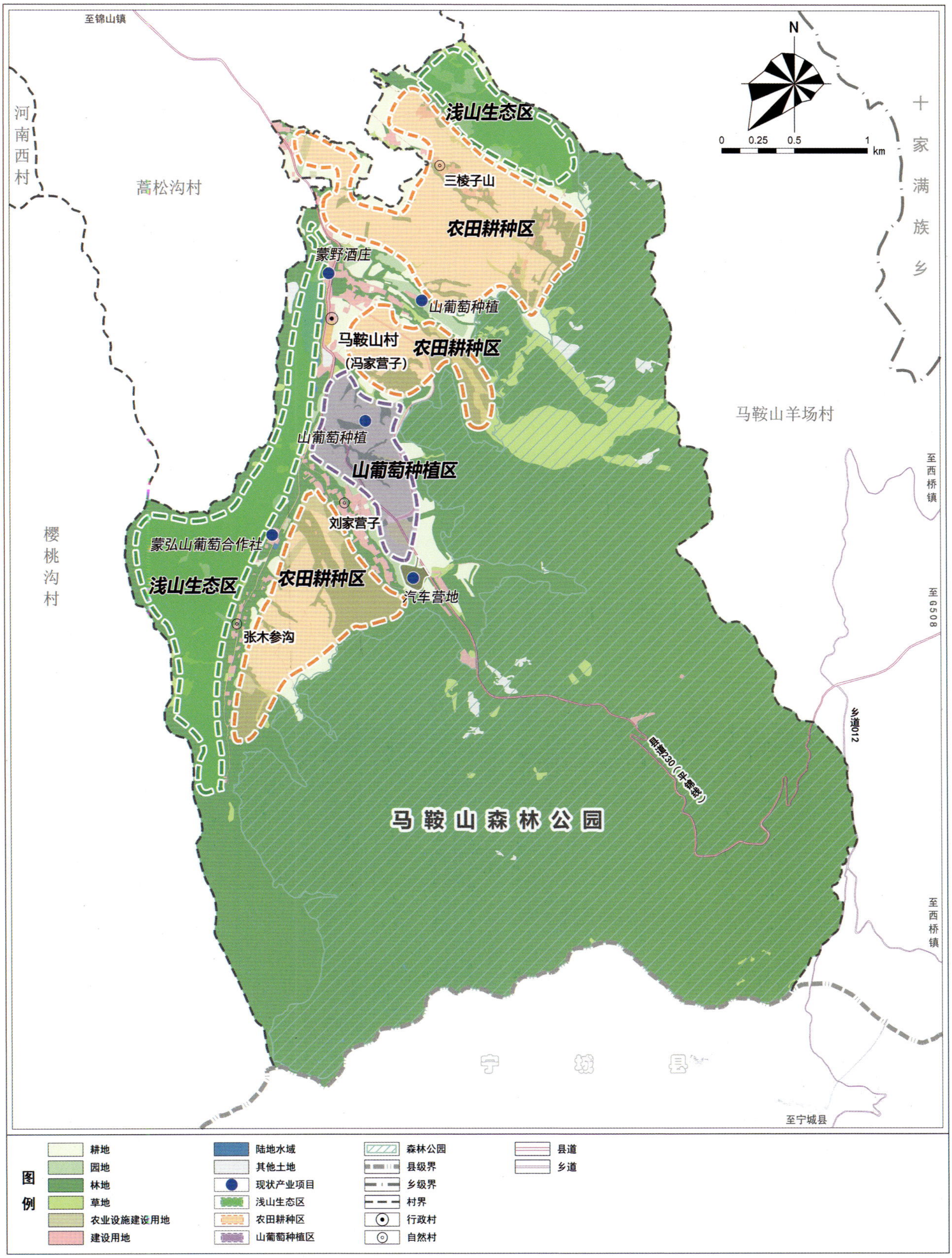

至锦山镇
河南西村
蒿松沟村
十家满族乡
N
0 0.25 0.5 1 km
浅山生态区
三棱子山
农田耕种区
蒙野酒庄
山葡萄种植
马鞍山村
（冯家营子）
农田耕种区
马鞍山羊场村
山葡萄种植
山葡萄种植区
至西桥镇
刘家营子
樱桃沟村
蒙弘山葡萄合作社
浅山生态区
农田耕种区
汽车营地
至G508
张木参沟
乡道012
县道230
马鞍山森林公园
至西桥镇
宁城县
至宁城县
图例
耕地
园地
林地
草地
农业设施建设用地
建设用地
陆地水域
其他土地
现状产业项目
浅山生态区
农田耕种区
山葡萄种植区
森林公园
县级界
乡级界
村界
行政村
自然村
县道
乡道

图 3　村庄产业现状图

图 4　村庄鸟瞰图

村庄对外交通便利，村内道路通畅，硬化街巷 8.9 km，243 盏太阳能路灯分列道路两侧，群众出行、游客进村方便。但村内部分路段未实现硬化，村内整体道路系统性不强。

村内采用集中供水及打井取水；目前村内没有雨污排水系统；电源来自锦山供电局，可以满足需求，但电线数量多，对村容村貌造成影响；村庄内已实行“厕所革命”；现状有 1 处垃圾收集点，多处垃圾池；各户采用锅炉煤取暖；燃气以使用煤气罐炉灶为主（图 5）。

图 5　村庄环境现状图

2　规划目标与定位

2.1　村庄类型

马鞍山村属于特色保护类村庄。

2.2　主要目标

全面贯彻落实党的二十大精神和习近平总书记考察内蒙古时的重要指示和重要讲话精神，落实自治区“五大任务”、赤峰市“五个定位”，突出喀喇沁旗“五个”发展方向之一：知名四季旅游康养度假目的地建设。

遵照规程要求，探索兼具红色主题与优良自然生态本底的特色保护类村庄规划编制，强调以保护为核心，因地制宜、因村施策，适度发展生态文化旅游，支持村民村企联动协作，助力乡村振兴。

至 2035 年，生态保护红线面积保持在 1 402.91 hm^2 以上，耕地保有量不低于 228.60 hm^2，建设用地规模控制在 49.18 hm^2 以内，农村卫生厕所普及率、生活垃圾分类减量化处理率、道路硬化率达 100%；完成拆点并村的土地整治项目。

表 1　村庄规划目标

指标	规划基期年	规划近期目标年（2025 年）	规划远期目标年（2035 年）	属性
耕地保有量 /hm^2	230.40	228.60	228.60	约束性
永久基本农田保护面积 /hm^2	0	0	0	约束性
生态保护红线规模 /hm^2	1 402.91	1 402.91	1 402.91	约束性
建设用地总规模 /hm^2	46.44	48.88	49.18	预期性
城乡建设用地规模 /hm^2	28.92	30.43	30.73	约束性
公共管理与公共服务用地规模 /hm^2	0.47	0.84	0.94	预期性
公用设施用地规模 /hm^2	0	0.3	0.5	预期性
户均宅基地 /（m^2/ 户）	530.95	530.95	514.82	约束性
人均建设用地 /（m^2/ 人）	413.24	426.88	447.09	约束性

2.3　村庄定位

基于现状格局，以马鞍山国家森林公园为保护主体、其外围为发展空间，围绕“绿色森林、红色旅游、紫色葡萄”，将马鞍山村定位为将马鞍山建设成为以特色种植为基础、以生态和红色旅游为主体的赤峰市近郊旅游示范村。

3　规划安排

3.1　严守三条控制线

严格落实生态保护红线、耕地保护目标，以上位规划管控任务为基础，划定村庄建设边界。遵照自然地理格局布置生态、生产、生活空间，明确规模及管控要求（图 6）。

（1）生态红线　马鞍山村村域范围内生态保护红线 1 402.91 hm^2，占村域面积的 66.13%，其中占 95.21% 的马鞍山国家森林公园，作为国家级自然保护地是生态保护重点区域。规划划分生态保育区、核心景观区、一般游憩区和管理服务区来保护提升生态格局（图 6B）。

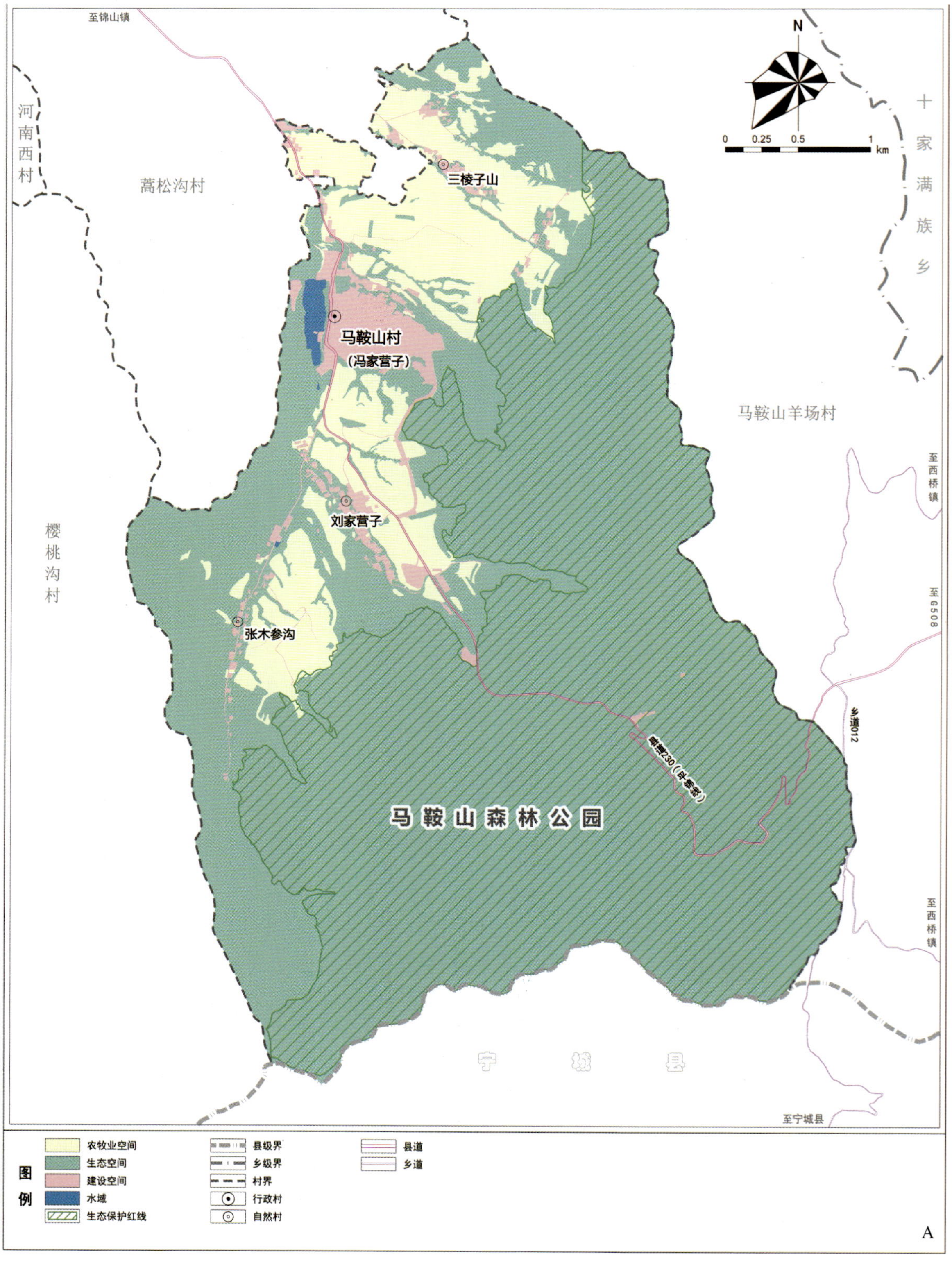

图 6　村庄“三区三线”图

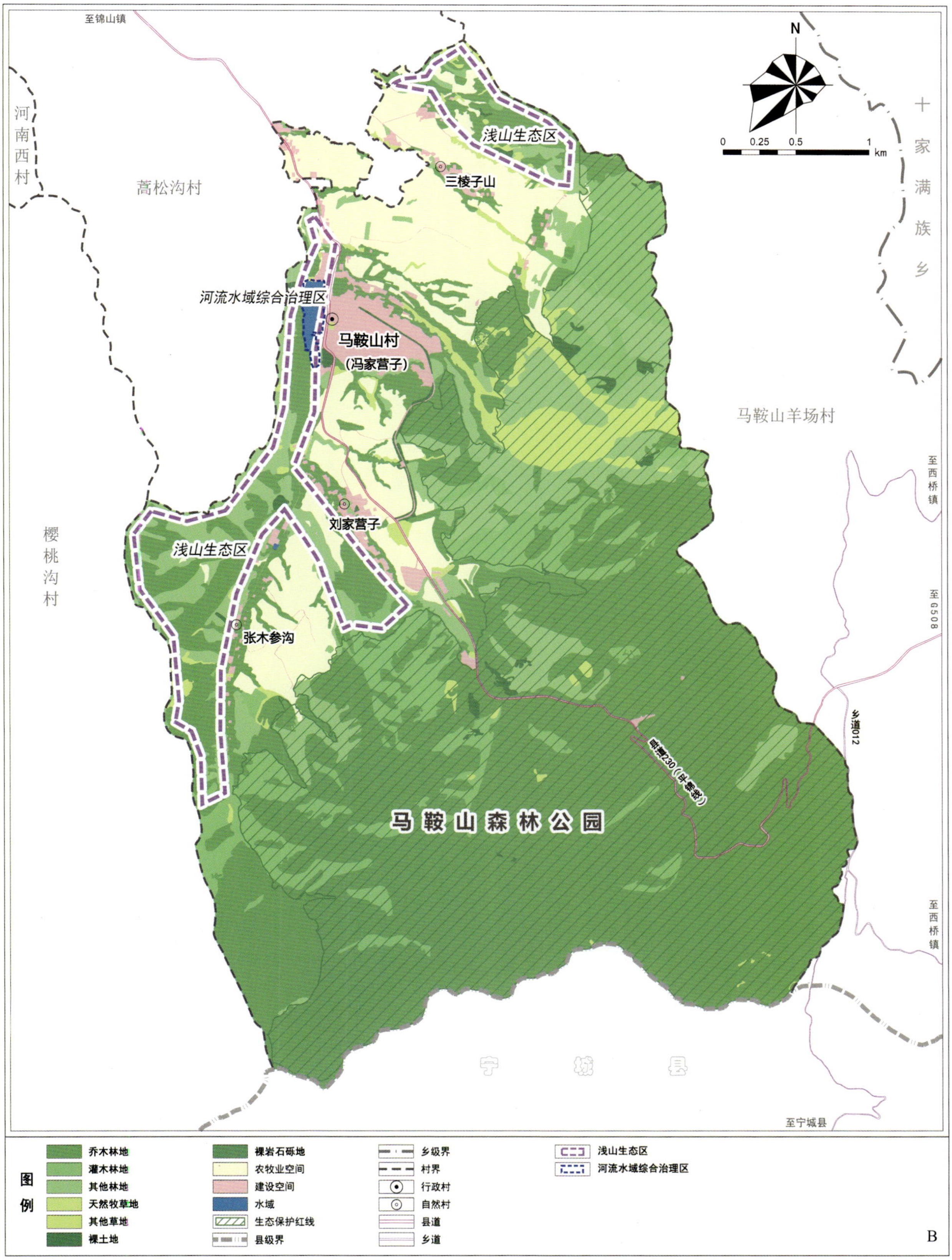
至锦山镇
N
0 0.25 0.5 1 km
河南西村
嵩松沟村
浅山生态区
三棱子山
十家满族乡
河流水域综合治理区
马鞍山村
(冯家营子)
马鞍山羊场村
至西桥镇
刘家营子
樱桃沟村
浅山生态区
张木参沟
至G508
乡道012
马鞍山森林公园
至西桥镇
宁城县
至宁城县
图例
乔木林地
灌木林地
其他林地
天然牧草地
其他草地
裸土地
裸岩石砾地
农牧业空间
建设空间
水域
生态保护红线
县级界
乡级界
村界
行政村
自然村
县道
乡道
浅山生态区
河流水域综合治理区
B

图 6(续)

(2)耕地保护红线　马鞍山村农用地包括耕地、园地、农业设施建设用地,面积 292.74 hm^2。规划期内确保耕地保有量不低于 228.60 hm^2,加大耕地管护力度,开展土地综合整治,增加有效耕地面积,提高农业综合生产能力,结合区域土地利用功能布局,引导马鞍山村特色农业发展(图 6C)。

(3)村庄建设边界　划定村庄建设边界,盘活存量用地,优先利用闲置宅基地腾挪指标进行建设。到 2035 年全村建设用地总规模为 49.18 hm^2,占总面积的 2.32%(图 6D)。

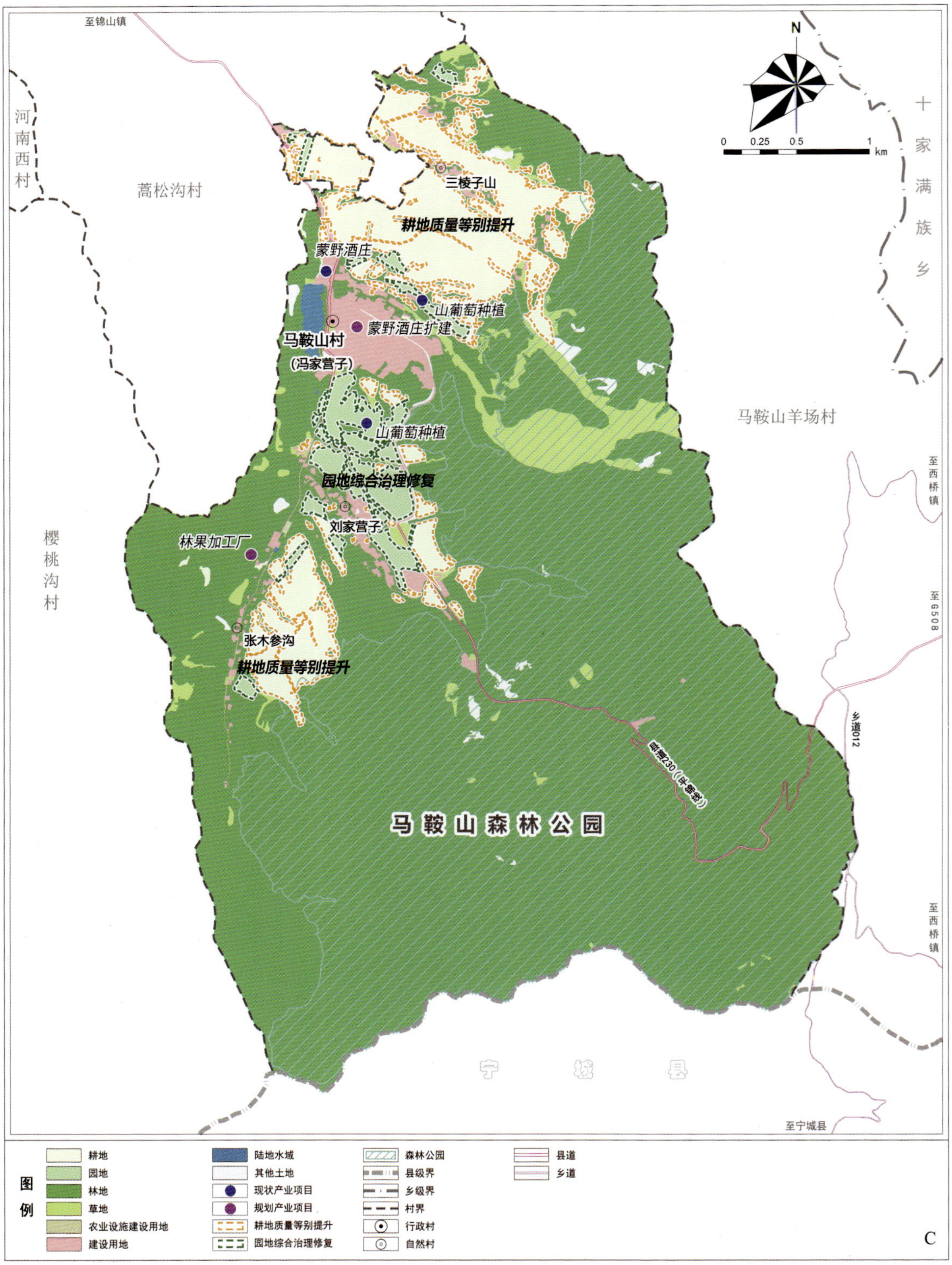

图 6(续)

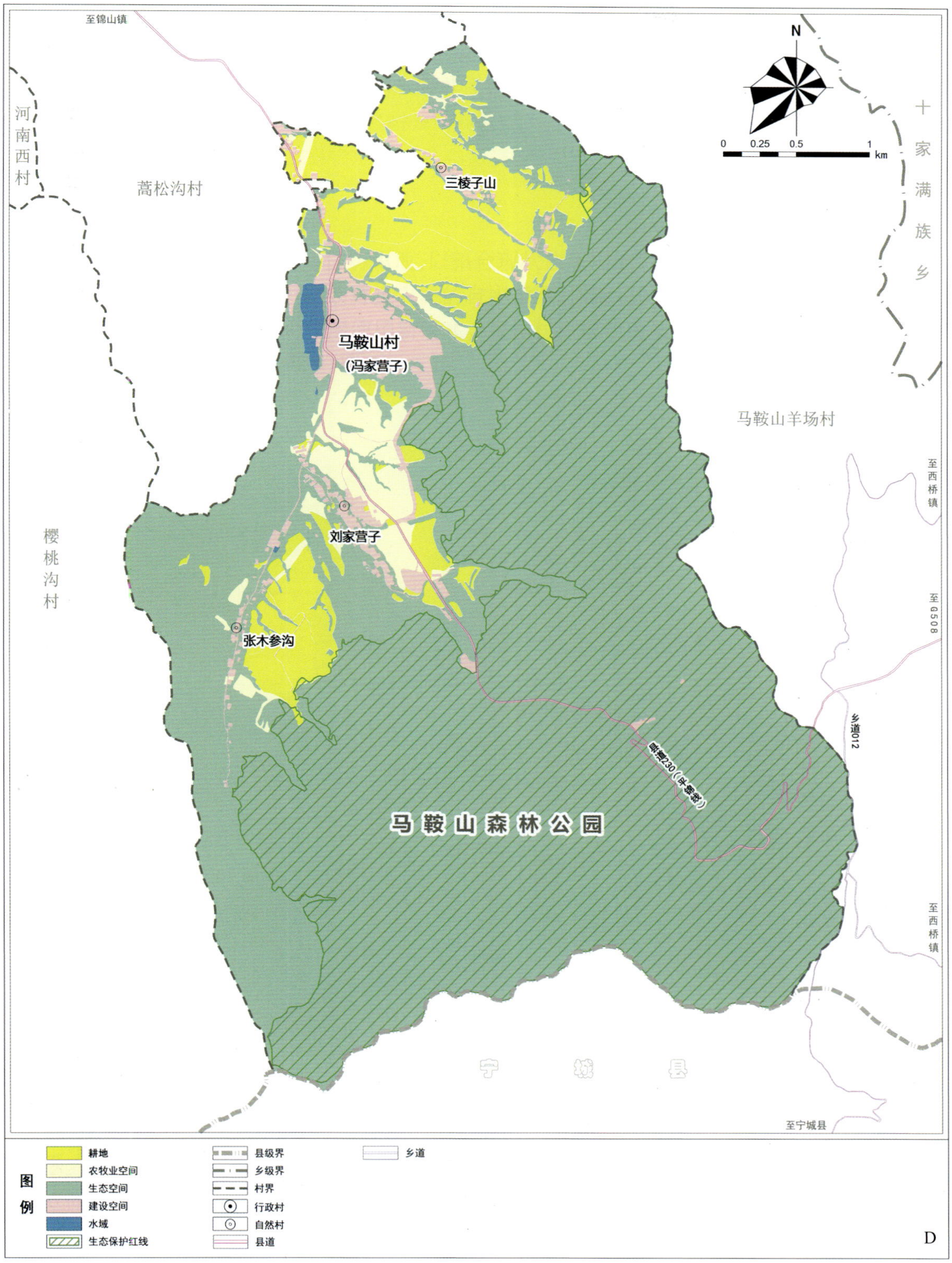

图 6(续)

规划农村宅基地 21.88 hm^2,在冯家营子预留新增宅基地;刘家营子与三棱子山的宅基地供求平衡,处于稳定状态,无须新增;张木参沟因为常住人口较少和距离中心村较远,规划适量进行宅基地核减。

新增建设用地保障宅基地、公用设施、蒙野酒庄扩建、林果加工和贮藏库建设;纪念馆、幼儿园、养老设施、民宿和农家乐等利用闲置宅基地建设或改建。

3.2 空间布局

在严守三条控制线的基础上，主动融入区域发展格局、构建“一核三区”空间发展格局。

(1)“一核”：以习近平总书记视察点为中心，打造红色文化旅游核。

(2)“三区”

①特色民宿体验区：依托北侧乡村生活区发展特色餐饮、主题民宿。

②三产融合示范区：依托西侧红酒庄园发展葡萄观光、采摘、深加工。

③森林生态观光区：依托南部马鞍山国家森林公园和旅游公路打造慢节奏生活体验、森林生态科普(图7)。

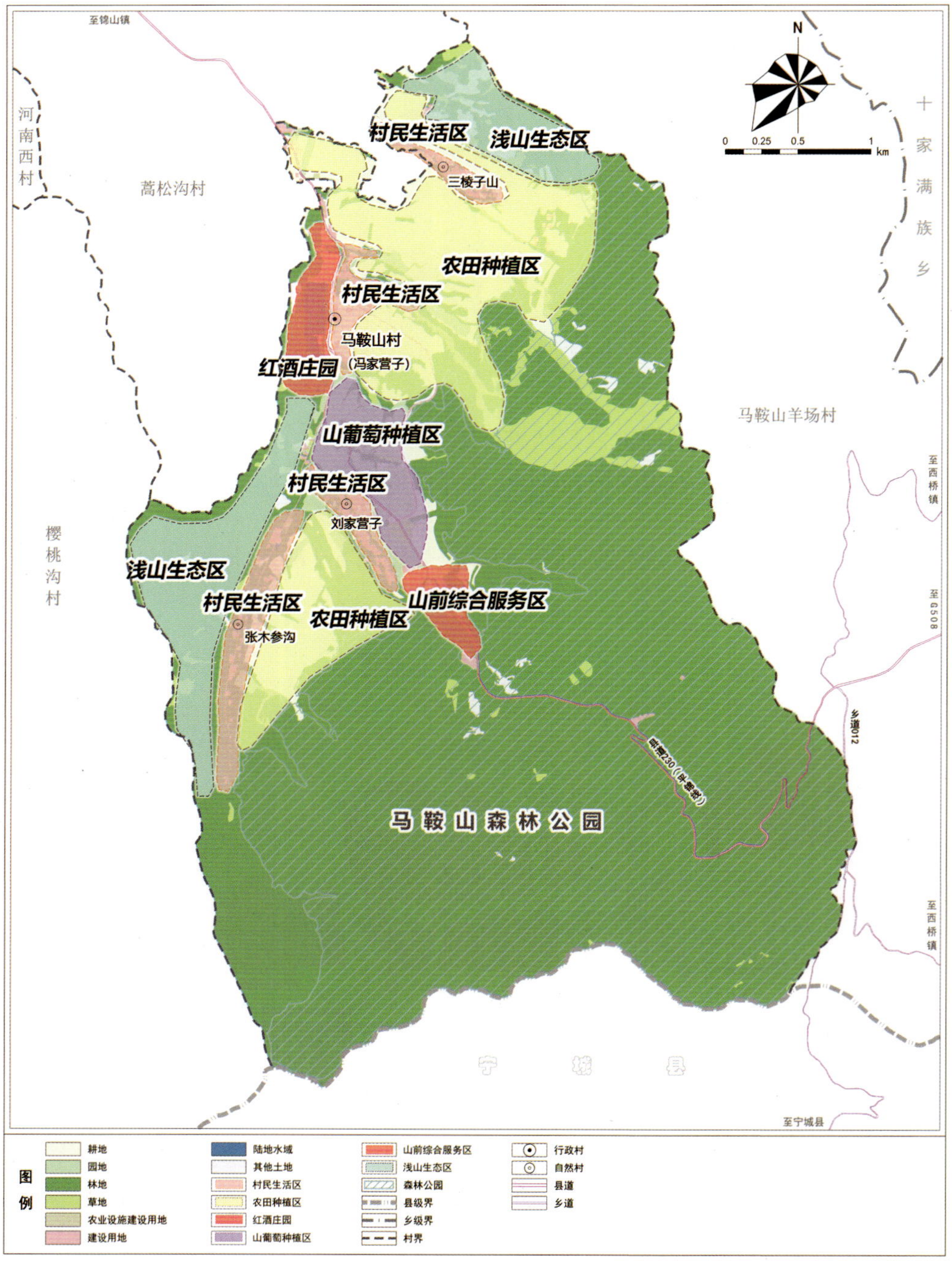

图7 村庄空间布局图

3.3 产业规划

(1)产业发展布局 按照村庄定位、落实空间布局,整合提升生态旅游资源、红色旅游资源、乡居人文资源,通过形成“一路、两地、三园”产业发展格局,擦亮“绿色、红色、紫色”三张名片。

“一路”——旅游公路,“两地”——文化教育研学基地、汽车营地,“三园”——红酒庄园、国家森林公园、彩虹花园(图 8)。

图 8 村庄产业空间布局图

(2)产业空间保障　保障蒙野酒庄扩建，布局在冯家营子，需新增建设用地 18 000 m^2，规划需要占用耕地；张木参沟和刘家营子需新建民宿和农家乐 2 处，用地规模约 1 520 m^2，利用闲置宅基地腾挪指标建设；张木参沟新建林果加工厂 1 处，用地规模约 2 200 m^2，利用闲置宅基地腾挪指标建设；利用闲置宅基地改建仓库 2 处，用地规模 1 200 m^2。

(3)产业发展模式　产业化是实现农业现代化的必由之路，规模化是农业产业化的内在要求，坚定走农业区域化布局、一体化经营、合作化生产的路子。

发展模式上，以“利益共享、风险共担”为原则，以产品、技术和服务为纽带，利用自身优势，有选择地介入农业生产、加工、流通和销售环节，有效促进农产品增值，积极推进农业产业化经营，促进农民增收(图 9)。

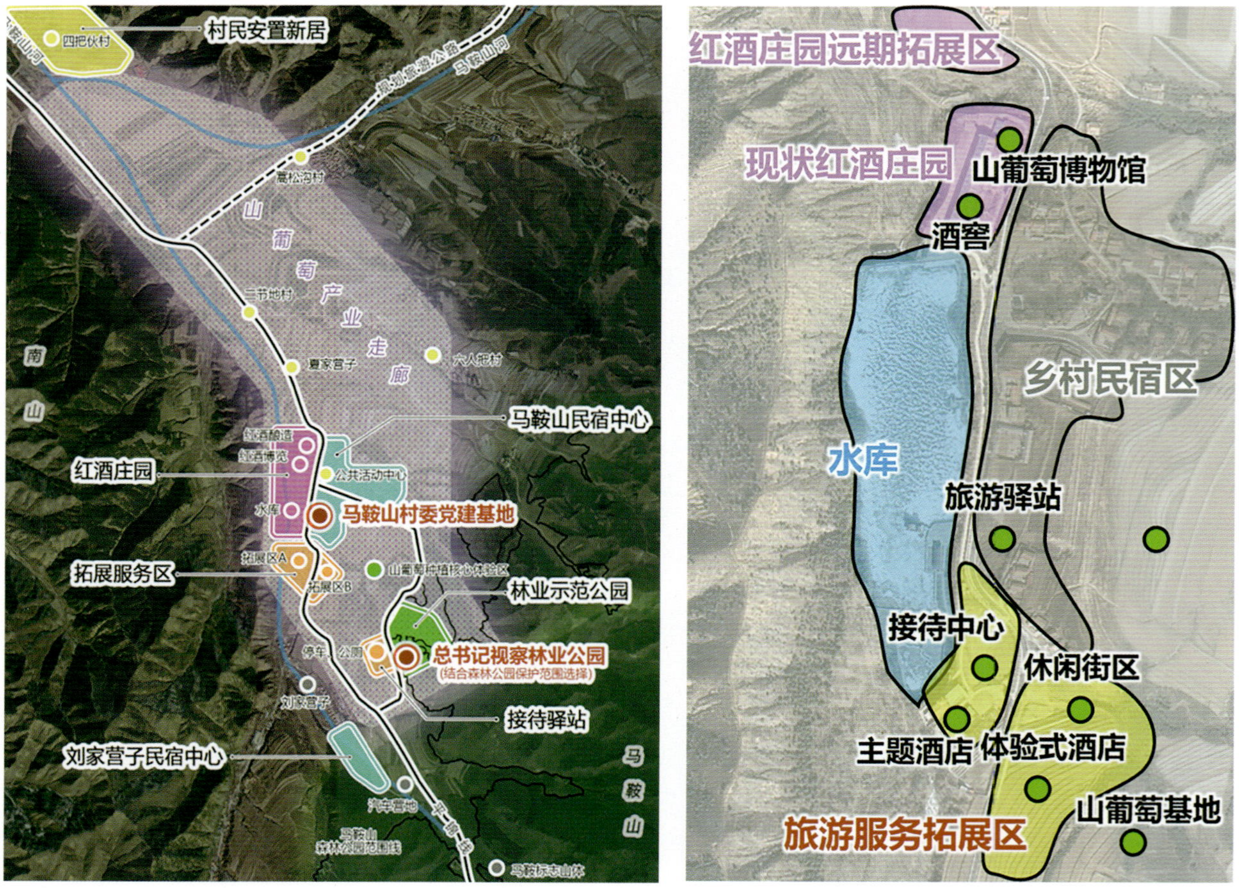

图 9　村庄产业化发展布局图

3.4　村庄建设规划

(1)高度与景观规划　马鞍山村整体地貌北低南高，东南是马鞍山森林公园，呈狭长状，结合周边山体肌理，对村庄开发强度和建筑高度进行分圈层控制。原则上宅基地不超过 2 层，旅游接待服务建筑不超过 4 层，且以马鞍山为原点划定控制圈层。

结合农村人居环境整治提升要求，以提升居住环境质量为目标，引导村落景观绿化建设，凸显花卉景观、田园风光特色，整体呈现“田成块、花成海、树成行”的生产生活空间风貌特色(图 10)。

(2)宅基地规划　现状户均宅基地 530.95 m^2/ 户，规划期末缩减至 514.82 m^2/ 户。新增宅基地不得超过 600 m^2/ 户。

(3) 公共服务设施规划　结合 5～10 min 生活圈建设，完善村庄服务体系，共设置以下公共服务设施（图 10）。

①养老服务站：规划养老服务站 2 处，位于冯家营子与刘家营子村各 1 处，占地 1 500 m^2，利用现状闲置宅基地。

②教育：规划村级幼儿园 1 处，用地约 1 940 m^2，利用现状闲置宅基地。村内无建设小学和中学的需求，适龄学生在锦山镇学校就读。

③马鞍山红色文化纪念馆：规划新建马鞍山红色文化纪念馆，占地 1 200 m^2，利用现状闲置宅基地。

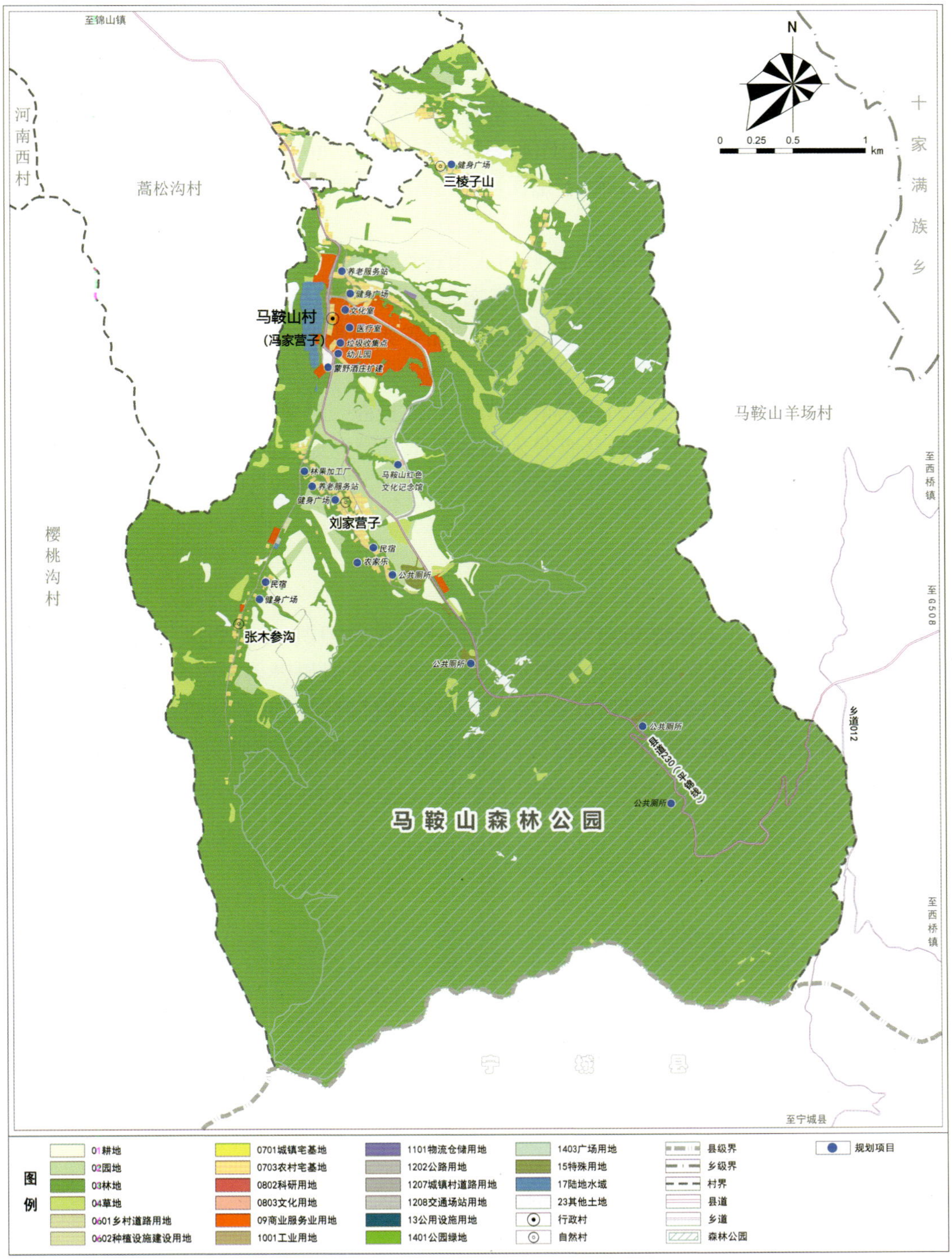

图 10　村庄建设规划图

3.5 基础设施规划

(1)道路交通规划　规划严格控制道路红线,保证道路顺畅、便捷、安全。确定村庄主要道路、次要道路以及入户道路三个等级,共同构成村庄的骨架网络。主要道路路面为 6 m,次要道路路面宽度为 3～4 m,入户道路 1.5～3 m。村庄主要道路建筑退让 5 m;村庄次要道路建筑退让 3 m。道路断面采用一块板形式。马鞍山森林公园入口处和汽车营地规划停车场(图 11)。

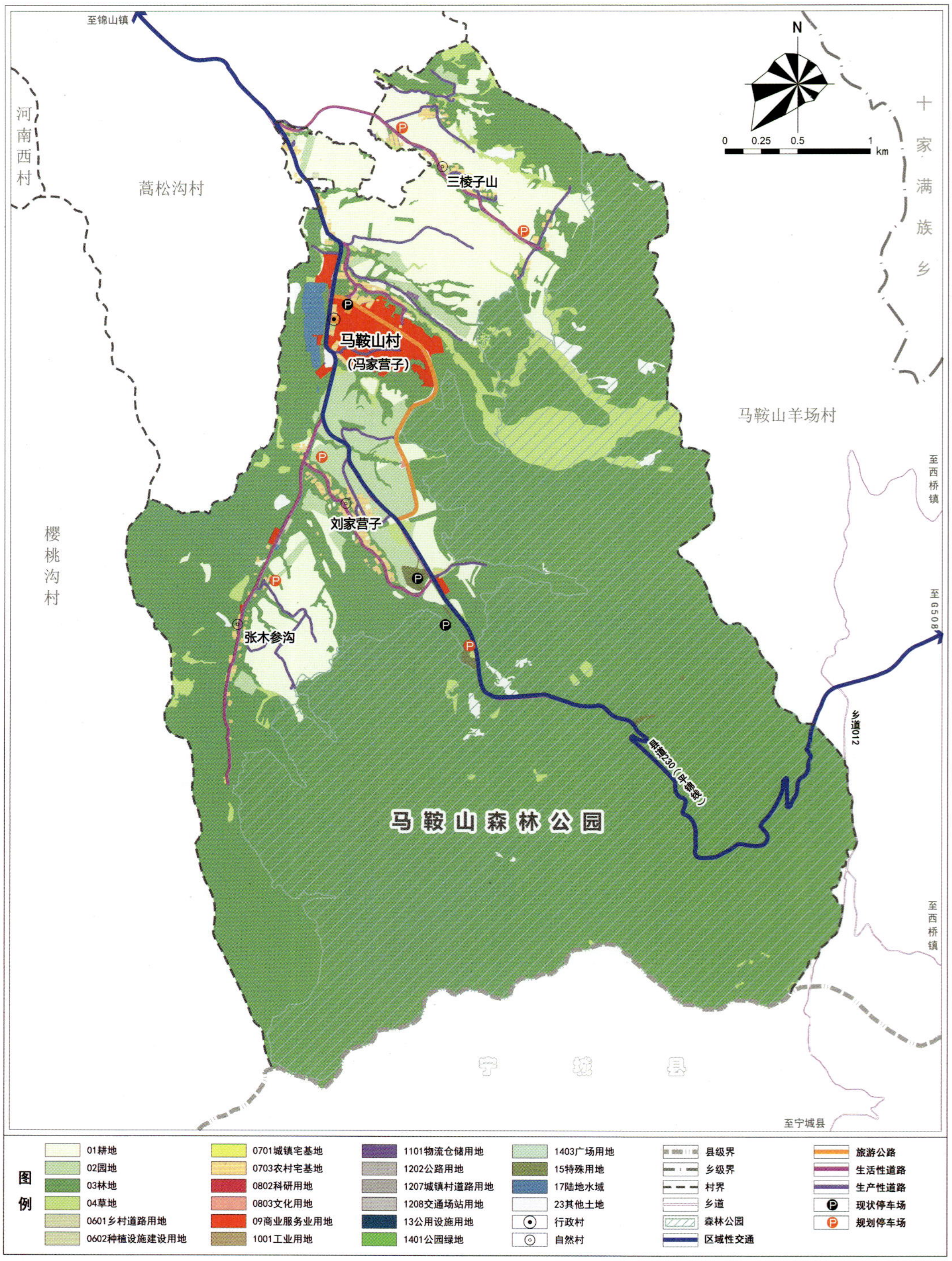

图 11　村庄交通规划图

(2)公用设施规划

①给排水工程：规划最高日生活用水量为 165 m^3/d。供水管线沿村庄主路敷设，采用支状与环状相结合的直埋方式敷设；中心村污水纳入村庄污水系统；雨水沿道路两侧雨水沟依地形自然排放。

②电力电信工程：局部地段考虑电力线入地；规整电信线路，贴墙、捆扎，未来升级改造为 5G 网络，保障通信设施有效运行；规划在村委会设邮政快递营业场所，其他邮递业务市场化。

③热力燃气工程：规划近期沿用现状分户烧煤采暖方式，远期建议使用生物质锅炉；规划近期沿用现状瓶装液化石油气，远期建议使用垃圾气化方式，从源头上解决村庄环境问题。

④环卫工程规划：在村庄南侧下风向规划建设垃圾热解设施 1 处；结合"厕所革命"，继续推进每户卫生厕所配建；在村委会规划建设水冲公共厕所 1 处，采用独立小型沉淀池，定期清理方式处理。

3.6　综合防灾规划

(1)消防规划　马鞍山村处于锦山镇消防站辐射区域，消防采用与村庄配水混合供水方式。结合村庄主入口、主要道路和配水管网设置消火栓，消火栓布置间距不大于 120 m。

(2)防洪规划　依照 20 年一遇的防洪标准，将村庄对外联系的道路桥梁进行加固整修，充分利用村庄地形，保证村庄内部雨水及时、顺畅排出。

(3)抗震规划　规划建议村域范围内一般建筑按 6 度设防，重要工程设施和生命线工程提高一度设防。各类建设活动和建筑抗震设防均应符合相应标准和规范规定。

(4)其他气象、地质灾害防治　制定暴雨、雪灾防御应急救援预案，防御避灾疏散方案；对村庄生命线系统、重要建筑的防灾性能进行提升。

(5)防疫规划　依据《中华人民共和国传染病防治法》，制定村庄人畜防疫方案及应急预案。

3.7　生态修复和国土综合整治

(1)农用地整理　规划安排 1 个耕地质量等别提升项目，分别位于四个营子内，项目区面积约 230 hm^2。规划安排 1 个园地综合治理修复，主要位于刘家营子以及三棱子山和冯家营子部分园地，项目区面积约 56.33 hm^2。

(2)村域建设用地整理　规划安排 2 个低效建设用地整理项目，一是位于刘家营子的采矿用地，二是位于张木参沟、冯家营子和三棱子山的闲置宅基地共计 27 处，面积共计 1.5 hm^2。

(3)村域人居环境整治　建立农村垃圾集中收运处理体系，推进垃圾分类收集与处理工作；在汽车营地旁与马鞍山山顶新建公厕 2 处，需新增建设用地约 60 m^2。

(4)山水林田湖草生态修复　规划安排 1 个森林生态系统修复项目，即马鞍山国家森林公园的保护与修复。规划安排 1 个河流水域综合治理项目，主要对村域内水库水面进行综合治理，项目区范围 6.75 hm^2。具体工程措施包括护岸工程、湿地修复、河道内防护林建设等(图 12)。

3.8　近期规划安排

规划形成近期重点建设项目库 10 项，其中产业发展类 5 项、公共服务类 4 项、综合整治类 1 项。结合 27 处闲置宅基地的盘活利用，按需配置民宿、养老、托幼等各项设施，并落实马鞍山红色文化纪念馆的建设，保障旅游产业发展、促进项目落地。

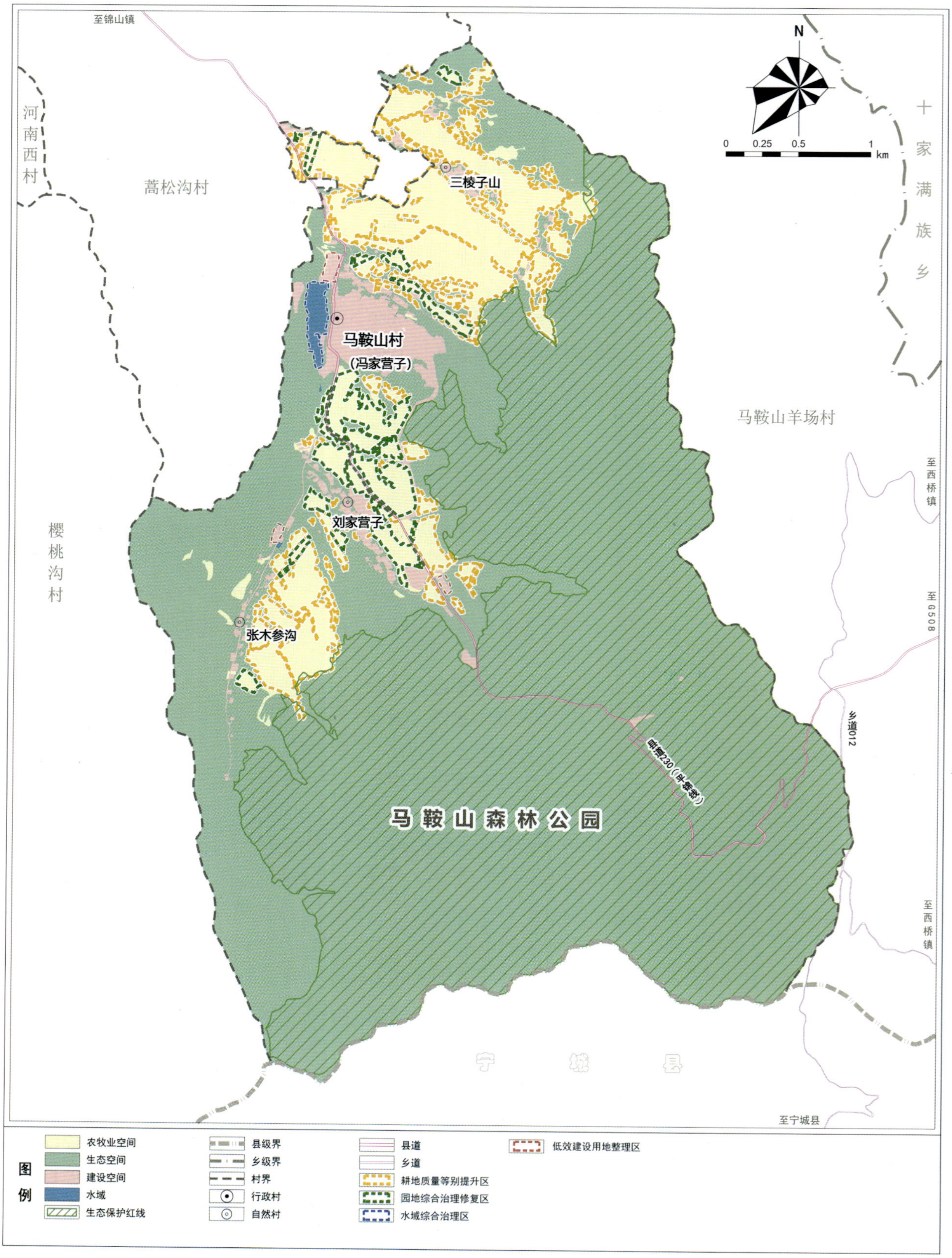

图 12　生态修复和国土综合整治图

3.9　实施保障

（1）规划传导与管控　严格在上位规划确定的指标与底线管控，依据已确定的村庄类型，落实耕地保有量、生态保护红线面积等相关约束性指标及管控要求。

（2）规划管理和监督　明确落实村民委员会的执行主体责任，严格按照村庄规划进行建设；建立规划动态维护制度，加强评估及监督检查，对村庄规划的实施情况进行评估和维护。

4　规划创新与启示

4.1　规划创新

（1）三产融合　依托葡萄种植产业，在村庄规划中保障葡萄种植、加工、展示用地需求，打造一二三产融合的产业发展链条，助力乡村振兴。

（2）联动发展　依托马鞍山国家森林公园，与周边空间相邻、本底相依、发展相连的马鞍山羊场、高家营子、雷家营子构建“川景互融，多村协同”的“沟域经济”片区发展格局。

（3）村民参与　充分发挥村民为主体，通过与村民组建微信群，做到有想法就沟通、有意见就反馈，全过程贯彻村民参与。

4.2　启示

（1）舍与得的抉择　更加深刻地认识“绿水青山就是金山银山”。兼顾高质量生态保护与更好经济发展，合理确定保护与发展的边界，衔接造林绿化工程，以生态修复推进森林生态屏障建设，促进乡村振兴。

（2）内与外的互融　产业是发展的根基。协调村庄内生动力与外部动力，引导政府、村民、社会团体、企业共同参与村庄建设，用外部社会力量激发村民内部力量，切实深化资源变资产、资金变股金、农民变股东。

（3）新与旧的平衡　规划是发展的保障。严格执行用途管制制度，建设新旧融合、便捷自然的新乡土空间，村域各类空间开发建设活动，按照法定村庄规划实施乡村建设规划许可管理。

包头市石拐区五当召镇青山村村庄规划（2021—2035年）

1 村庄介绍

1.1 村庄概况

石拐区五当召镇青山村位于包石一级公路15 km处，大青山南坡腹地，石拐区人民政府东15 km处，距包头市市政府25 min车程。青山村有丰富的历史文化资源，于康熙年间走西口群居建村，在20世纪90年代是远近闻名的煤炭村，后因资源枯竭而衰落。2020年，石拐区以“阴山耕牧·彩韵青山”为形象IP和产业定位打造的“网红村”。2021年被评为自治区首批乡村旅游重点村，2022年被评为包头市乡村振兴示范村，2023年初成功申报创建国家乡村振兴示范村。

1.2 资源禀赋

青山村以山地丘陵为主，地势北缓南陡，属于温带大陆干燥性气候，四季温差明显，昼夜温差大，干旱少雨。春末夏初，受风沙影响。夏短炎热，受东南季风影响。秋季凉爽，雨后浓雾。冬长寒冷，受西北季风影响。无霜期113 d，冻结期一般为5个月，多年平均降水量为375.7 mm，年平均蒸发量为2 099.6 mm。

根据第三次全国国土调查成果，村域土地总面积2 406.28 hm^2，其中耕地123.83 hm^2，占比5.15%；林地、草地用地面积共计2 035.94 hm^2，占比84.61%；建设用地总规模187.13 hm^2，占比7.78%，其中村庄建设用地26.26 hm^2，占比1.09%；其他土地6.65 hm^2，占比0.28%（图1）。

1.3 社会经济

青山行政村下辖6个自然村，分别为大董瓜、小董瓜、井子沟、皂火沟、魏君窑子、南董瓜，村域总面积23 km^2，户籍人口780户1 650人。主要从事劳务就业、种养殖业。

现村集体经济有2处：德康1号家庭农场，位于小董瓜村；彩韵青山文体旅游项目，位于大董瓜和小董瓜村。

村内建有村委会1处、村史馆1处、游客接待中心1处、卫生室1处、超市1处、文体娱乐室1处；村内有公共活动场地3处，均配备有健身器材。

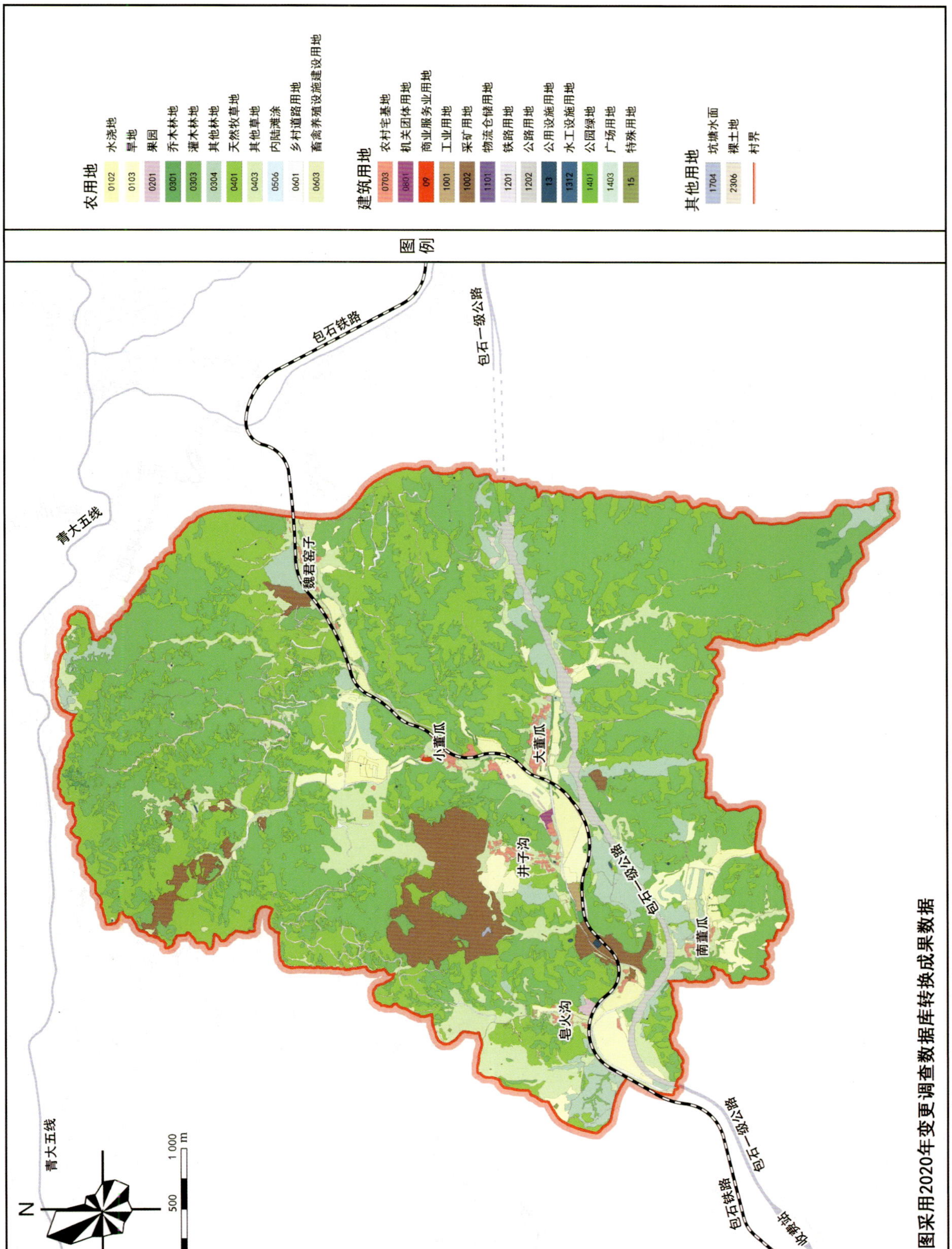
图例
农用地
0102 水浇地
0103 旱地
0201 果园
0301 乔木林地
0303 灌木林地
0304 其他林地
0401 天然牧草地
0403 其他草地
0506 内陆滩涂
0601 乡村道路用地
0603 畜禽养殖设施建设用地
建筑用地
0703 农村宅基地
0801 机关团体用地
09 商业服务业用地
1001 工业用地
1002 采矿用地
1101 物流仓储用地
1201 铁路用地
1202 公路用地
13 公用设施用地
1312 水工设施用地
1401 公园绿地
1403 广场用地
15 特殊用地
其他用地
1704 坑塘水面
2306 裸土地
村界
包石铁路
包石一级公路
青大五线
魏君窑子
小董瓜
大董瓜
井子沟
南董瓜
皂火沟
N
0
500
1 000 m
本图采用2020年变更调查数据库转换成果数据

图 1　土地利用现状图

村内用电、用水已实现 24 h 供应，现状无污水收集处理设施，雨水自然排放。现状供暖以燃煤为主。

1.4 人居环境

村内现有垃圾收集点 8 处，公共厕所 10 处，户厕改造 53 处。

村内基础设施相对落后，没有完整的排污系统，现状雨水和污水主要沿地面漫流；缺乏供热设施。

村口有活动广场，广场功能结构单一，利用率较低。

村内路灯、垃圾转运箱配置数量不足，公厕破旧不堪，急需改善。

村庄景观风貌以自然景观为主，南、北面靠山，村庄中部有河沟穿过。村庄风貌建筑外立面以白色墙壁，灰色屋顶为主，部分建筑外立面具有彩绘图案。缺少村庄导引指示标识和绿化与景观亮点（图 2）。

图 2 村庄现状图

2 规划目标与定位

2.1 村庄类型

青山村属于特色保护类村庄。

2.2　主要目标

(1) 国土空间开发保护目标　至规划期末 2035 年，达到国土空间开发保护目标，形成相对集约高效的村庄建设布局。耕地保有量不得低于 126.30 hm^2，建设用地总规模不超过 87.63 hm^2，永久基本农田面积不得低于 105.76 hm^2。

(2) 人居环境整治目标　农村垃圾污水得到全面治理，村庄公共服务设施与基础设施全面完善，生活环境根本好转，生态宜居的美丽乡村基本实现。

(3) 调控指标　依据内蒙古自治区地方标准《村庄规划编制规程》规定，本次规划主要面向耕地保有量、永久基本农田保护面积等 8 项具体指标进行量化，共提出 5 项约束性指标，3 项预期性指标（表 1）。

表 1　村庄规划目标

指标	规划基期年	规划近期目标年	规划远期目标年	规划基期与远期变化量	属性
耕地保有量 /hm^2	123.83	124.65	126.30	2.48	约束性
永久基本农田保护面积 /hm^2	105.76	105.76	105.76	0.00	约束性
生态保护红线面积 /hm^2	0.00	0.00	0.00	0.00	约束性
建设用地总规模 /hm^2	187.13	153.99	87.63	−99.50	预期性
城乡建设用地规模 /hm^2	18.36	20.01	23.31	4.95	约束性
公共管理与公共服务用地规模 /hm^2	0.93	1.09	1.41	0.48	预期性
公用设施用地规模 /hm^2	1.56	1.56	1.56	0.00	预期性
户均宅基地 /（m^2/ 户）	268.80	278.25	297.18	28.37	约束性

2.3　村庄定位

青山村的总体定位为：以“彩韵青山”为形象 IP，依托交通区位优势、自然环境风光、文化历史资源等，抓住从包头古城、花舞人间到五当召景区的必经之地要素，高起点规划、高标准打造、高要求实施，把青山村打造为集涂鸦绘画打卡、红色革命教育基地、绿水青山休闲度假区、蓝色星空露营营地、黄色农耕体验研学、黑色矿山文化展示、白色乡村冰雪活动于一体的青山印象体验地，建成辐射呼包鄂乃至全国的农文旅融合发展示范村，争取创建国家级旅游重点村。

3　规划安排

3.1　空间布局

在尊重村域自然地理肌理的基础上，以保护永久基本农田为基础，以青山村为核心，构建“一心、双核、两轴、多点”的总体格局。

(1) 一心　规划以大董瓜为村庄发展中心，打造彩韵青山休闲度假中心区。

(2) 双核　规划以小董瓜和村委会地块为发展核心，打造红色文化体验小镇和矿山文化基地。

(3) 两轴　以小董瓜和村委会沿线为空间纵向发展轴，打造人文历史发展轴；以大董瓜和村委会沿线为空间横向发展轴，打造自然生态景观发展轴。

(4) 多点　发展规模化养殖，分别在小董瓜、皂火沟和南董瓜周边，占地面积分别为 7.85 hm^2，实现规模化养殖，圈舍养殖。

3.2　空间管控

(1) 建设空间布局　规划期末，建设用地总规模 87.63 hm^2，比原建设用地总面积减少了 99.50 hm^2，其中工矿用地减少了 110.44 hm^2，城乡建设用地增加了 8.69 hm^2（图 3）。

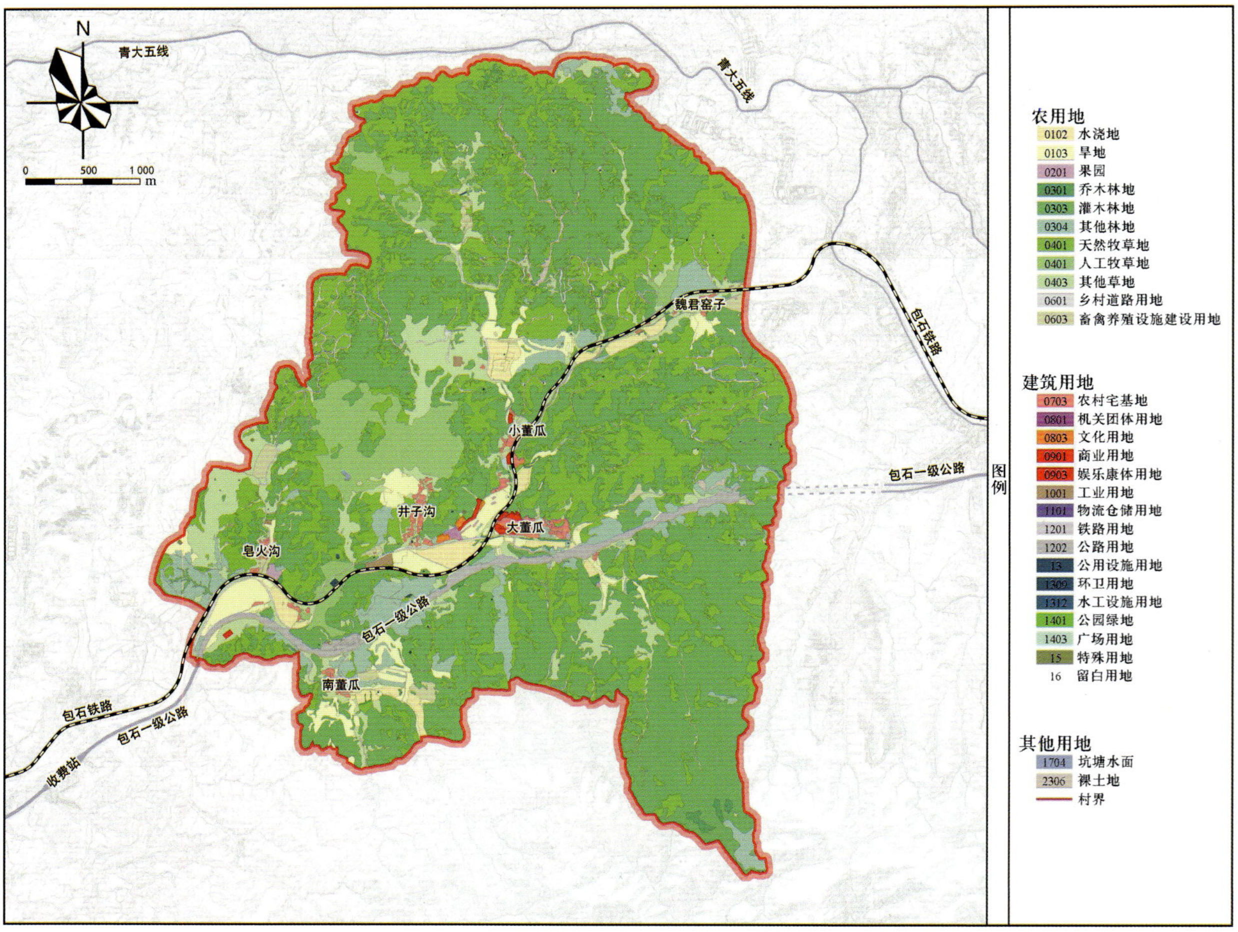

图 3　土地利用规划图

(2) 农牧业生产空间布局　规划到 2035 年，确保耕地保有量不低于 126.30 hm^2，其中永久基本农田 105.76 hm^2（图 4）。

(3) 生态空间布局　根据 2020 年石拐区生态保护红线初步成果，青山村村域内不涉及生态保护红线。主要将其他具有生态功能且符合当地农牧民保护意愿的区域，生态环境敏感脆弱区域纳入生态空间，规划青山村生态空间 1 321.65 hm^2（图 5）。

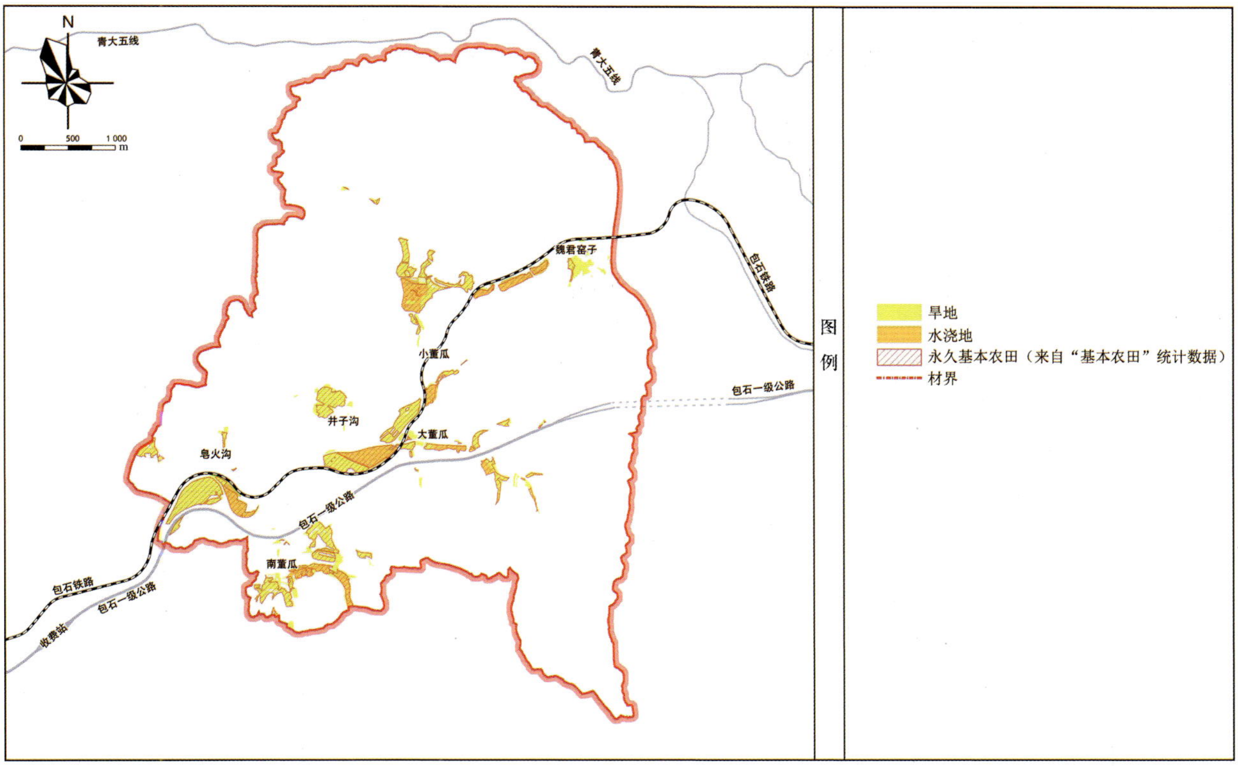

图 4　村庄耕地和永久基本农田分布图

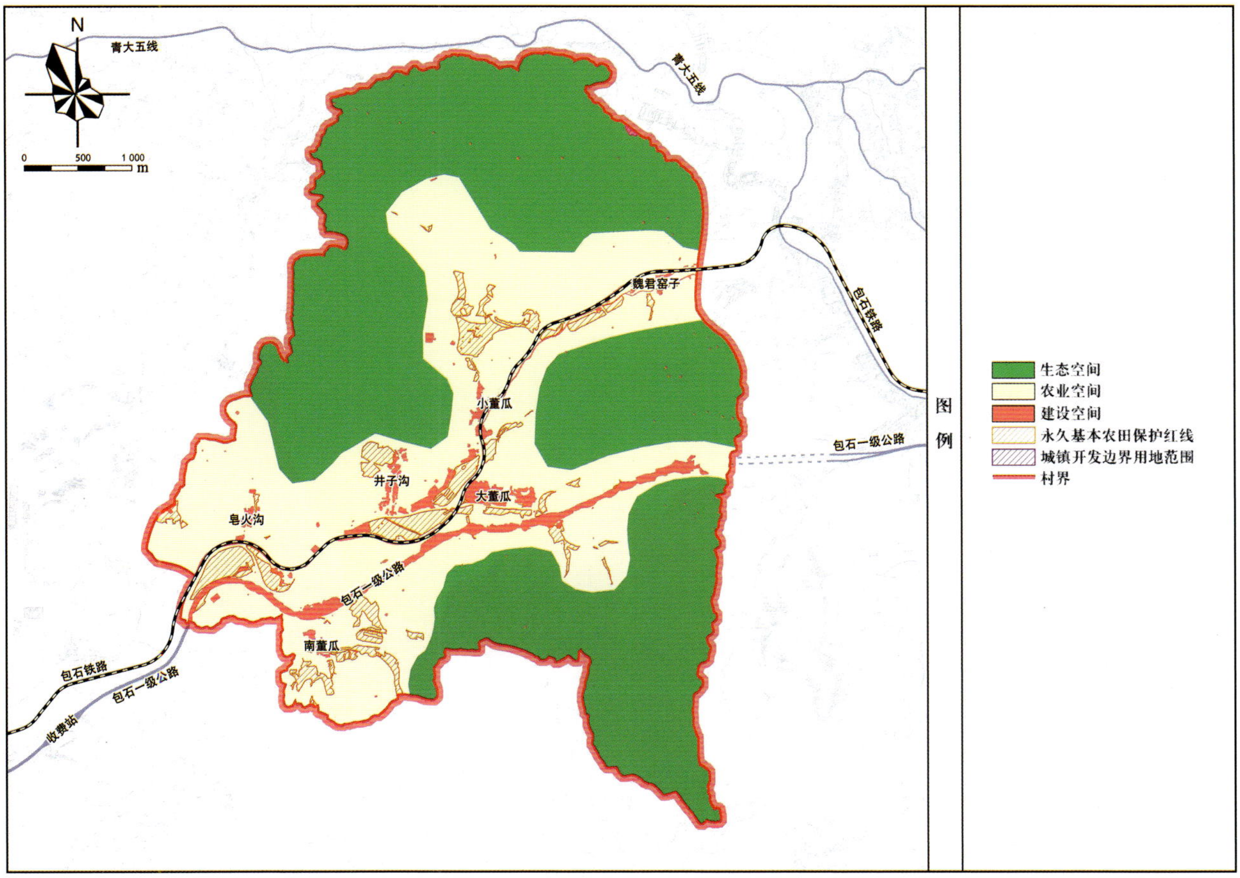

图 5　村庄“三区三线”图

3.3 产业规划

(1)产业发展思路　将青山村打造成为农文旅融合发展示范村,发挥文旅产业优势。结合青山村的自然生态环境、特色资源要素以及发展现实基础,充分发挥青山村庄区位与资源优势(图 6)。

①种植业:规划在现有农业种植基础上,加快推进特色农业,打造绿色有机农产品。

②养殖业:规划新增养殖小区 3 处,通过规模化养殖,可改善村内居住环境,降低养殖成本,提高养殖效益,另外可带动其他村民养殖积极性,发展壮大养殖业。

③乡村旅游:在青山村发展多彩绘画打卡区、红色革命教育基地、教育研学基地(绘画写生基地)、黑色矿山文化展示、蓝色星空露营营地、青山休闲度假区、特色民宿区等项目(图 6)。

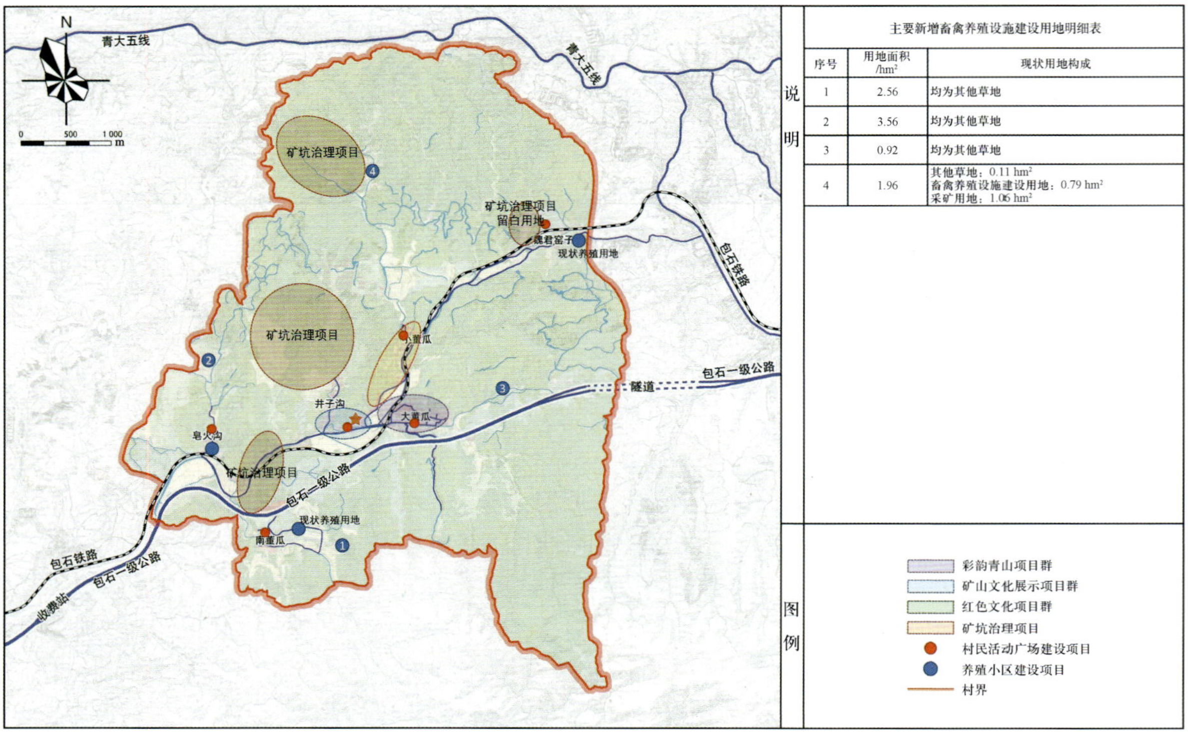

主要新增畜禽养殖设施建设用地明细表

序号	用地面积/hm²	现状用地构成
1	2.56	均为其他草地
2	3.56	均为其他草地
3	0.92	均为其他草地
4	1.96	其他草地:0.11 hm² 畜禽养殖设施建设用地:0.79 hm² 采矿用地:1.06 hm²

图 6　村庄重点建设项目分布图

(2)产业发展布局　规划村庄发展形成"一心、双核、两轴、多点"的布局结构(图 7 至图 10)。

①一心:规划以大董瓜为村庄发展中心,打造彩韵青山休闲度假中心区。

②双核:规划以小董瓜和村委会地块为发展核心,打造红色文化体验小镇、矿山文化基地。

③两轴:以小董瓜和村委会沿线为空间纵向发展轴,打造人文历史发展轴;以大董瓜和村委会沿线为空间横向发展轴,打造自然生态景观发展轴。

④多点:发展规模化养殖,分别在小董瓜、皂火沟和南董瓜周边,实现规模化养殖,圈舍养殖。

3.4 中心村规划

(1)宅基地规划　青山村位于石拐区五当召镇,严格执行"一户一宅"政策,宅基地面积标准为农业乡镇≤ 400 m²/ 户。根据人口预测,规划至 2035 年,青山村人口总数约为 1 600 人,约 800 户。农村宅基地面积 23.77 hm²,户均宅基地 297.18 m²/ 户。考虑到需安置居民及未来村庄发展,规划新增宅基地面积为 2.92 hm²。

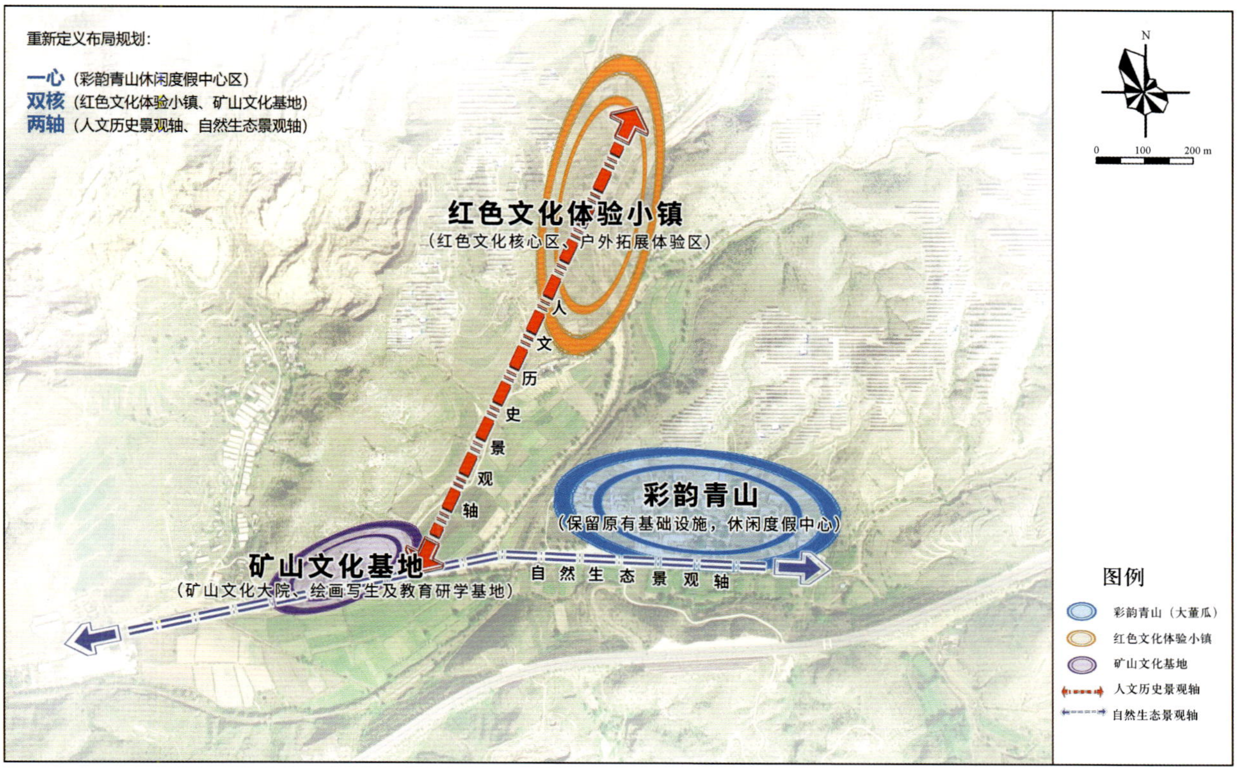

图 7　核心区旅游布局结构图

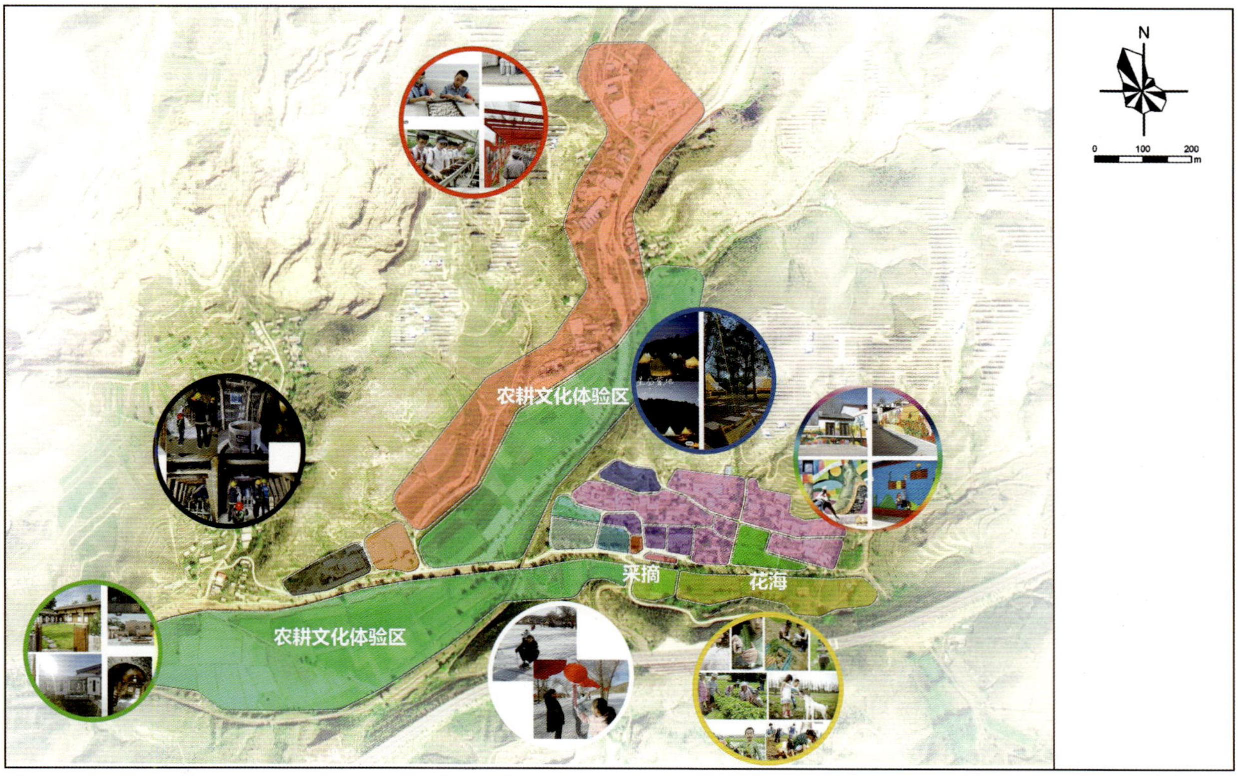

图 8　核心区旅游产业分布图

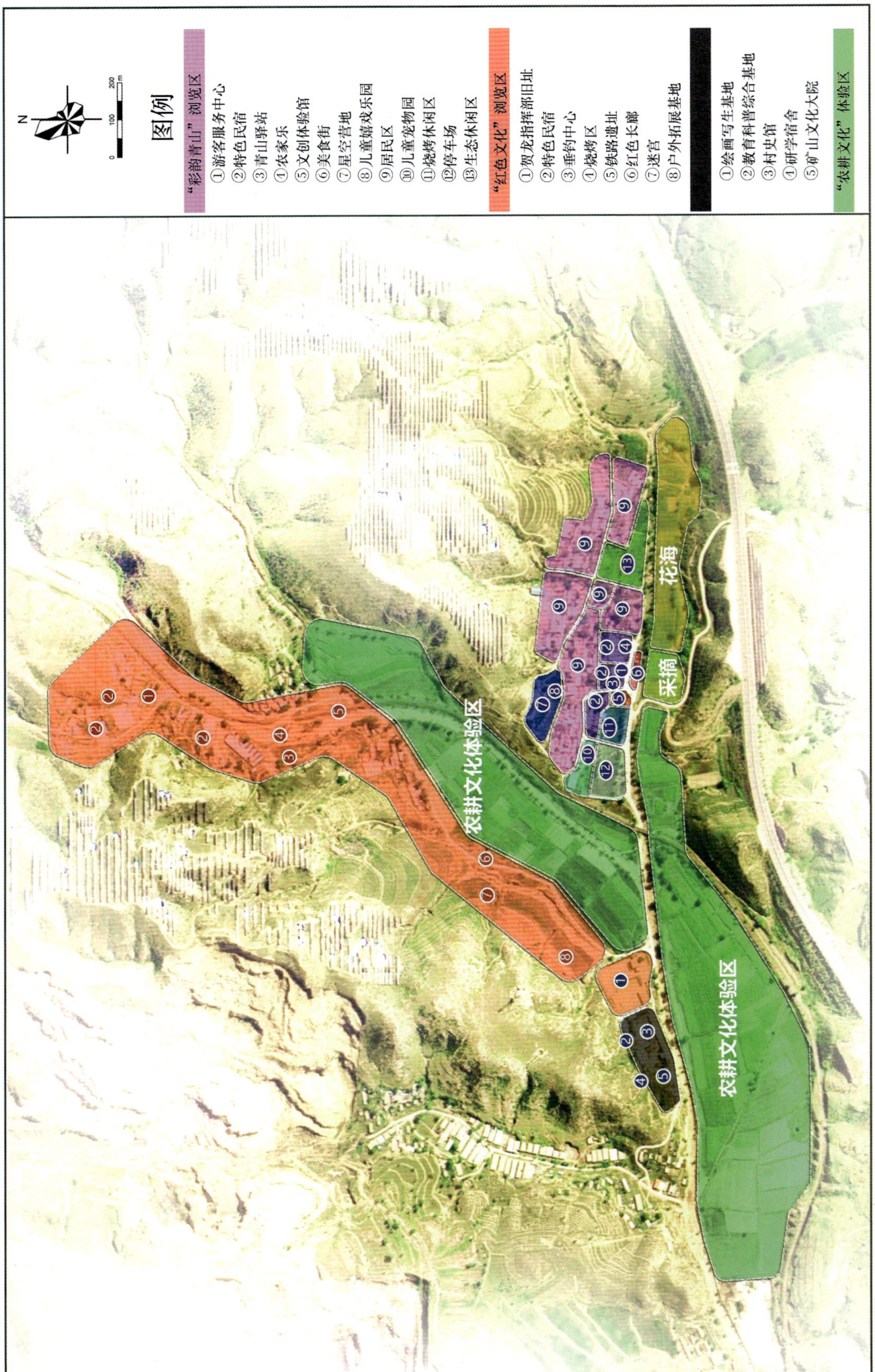

图9 核心区旅游项目分布图

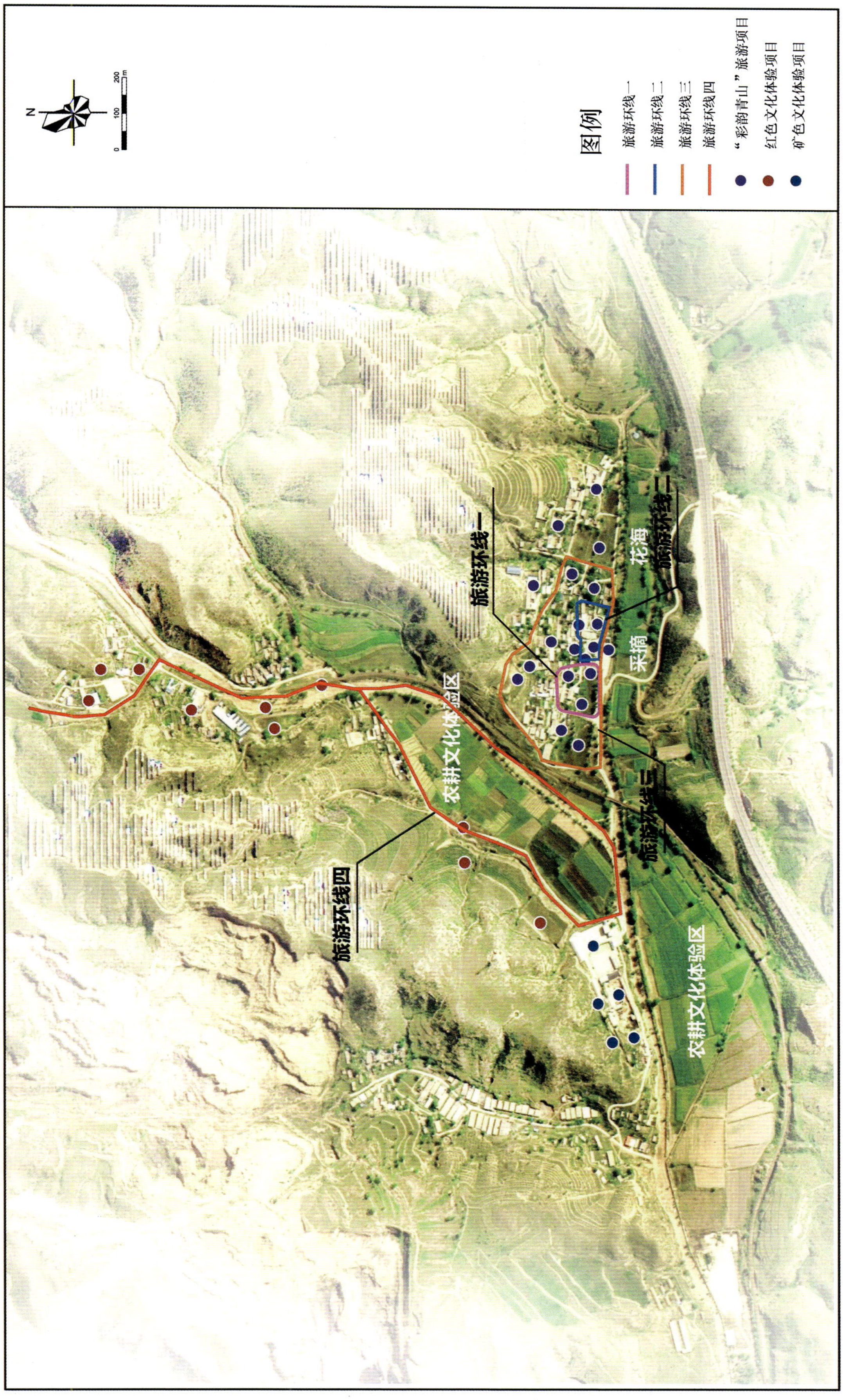

图 10　核心区旅游线路规划图

(2)道路交通规划　村庄道路由对外交通、内部交通、公共停车场构成。规划对进村主路进行拓宽改造，在现状车道基础上增加一个车道，满足对游客的接待能力。提高村庄内部道路硬化率，针对原村庄支路缺乏连贯性的问题，将支路进行串联，杜绝了断头路现象。在青山村道路两侧见缝插针式地增加绿化空间，改善美化环境，宅前路绿化宜以本土树种为主，同时在主要道路两侧增设文化宣传小品、村标识牌等设施丰富街道景观。

(3)公用设施规划

①给水工程规划：考虑新建项目用水，规划新建给水管线沿道路敷设。村庄生活用水由村委会进行集中管理，以保证供水安全。

②排水工程规划：鉴于本地区降雨量小、蒸发量大、雨季短的实际情况，规划采用雨污分流的排水体制，雨水采用自然排放，污水采用各家自建渗水井。

本次规划采用沿主要道路敷设污水管线，通过污水管线收集后，排入小型污水处理设施进行处理，通过处理后的污水进行二次利用。规划新建1处小型污水处理设施，占地面积50 m^2。

③供电工程规划：规划10 kV线路主要采用架空方式沿村庄主干道敷设。

④电信系统规划：规划宽带全覆盖，电信及有线电视线路均采用架空方式，沿村庄主要道路单侧架设，与电力线路分设在道路两侧，逐步实现通信业务、有线电视、网络宽带三网融合。

⑤供热工程规划：为了降低烧煤对环境的污染，规划对青山村采用“煤改电”工程供热，推行清洁、低碳、安全、高效新型能源消费方式。

⑥环卫设施规划：垃圾处理方式按照“户分类、村收集、乡转运”的垃圾收集处理模式，在村内配置专职保洁人员，集中清理积存垃圾，最后由乡转运后统一处理。

环卫设施规划对村庄内原有的2处旱厕升级为水冲公厕，并且规划新增旅游公厕1处，进一步加大户厕改造力度，根据服务半径设置垃圾收集点，垃圾收集点与建筑物间隔原则上不少于20 m。在公共活动场地、主要道路沿线合理设置垃圾箱，中心村、自然村按3～5户配备一组分类垃圾桶，垃圾做到日产日清。

(4)公共服务设施规划　现状公共服务设施建设基本较为完备，村委会、文化活动室、图书室、卫生院等一应俱全，基本满足村民使用需求。规划保留现有公共服务设施，在原基础上进行改扩建，以适应未来发展需要。

(5)绿化与景观规划　实施“绿化、美化、净化、亮化”工程，尽快实现路面硬化、村庄绿化、环境净化、庭院美化、村庄亮化。

加强村民庭院绿化意识的教育，倡导庭院种植果树，搭架种植葡萄，既美化庭院又有经济效益。

保持庭院的干净、整洁，村民家不宜修建封闭式围墙，提倡栽种攀缘植物如爬山虎、高原雪菊。公共活动场地周围宜栽花种树以美化环境。

治理“八乱”现象，即要求治理临棚乱搭、墙面乱画、庭院乱挂、柴草乱垛、粪土乱堆、垃圾乱倒、污水乱泼、禽畜乱跑现象。

制定“门前三包”公约，责任落实到户，建立道路和村的卫生清扫保洁制度，专人专管。

3.5　历史文化传承及保护

对贺龙革命活动临时作战遗址进行保护，划定半径保护圈，不允许随意改变保护范围内原有历史风貌及环境。

3.6　国土综合整治

以国土空间问题治理、生态环境恢复与景观提升为主导，通过对村域范围内的主要山体、水域、农田、种植园和居民点进行综合治理，构建“山青、水秀、田优、村美、景丽”的村域空间发展格局。

3.7　防灾减灾规划

(1)防洪　建立防洪排涝体系，对村内现有河渠进行疏通，并且在入村段进行堤坝建设，使其防洪标准达到20年一遇标准。

(2)抗震　严格执行抗震设防标准。按照《建筑抗震设计规范》，石拐区按基本烈7度抗震标准设防，供水、供电、通讯、燃气、道路、消防、粮库、医疗等城市生命线工程设施，应适当提高设防标准。

(3)消防　村庄内的消防设施主要包括便携式灭火器、消防水池等，消防水源为供水水源，规划沿村庄主街道与支路形成消防通道。消防道路宽度应不小于4 m，净空高度应不小于4 m。

(4)防疫　防疫包括人的疫情和牲畜家禽的疫情预防和治理措施。严格执行国家有关卫生防疫的法律法规。

3.8　近期规划安排

充分考虑青山村近期村庄社会经济条件，保证近期整治规划与远期规划衔接一致。重点是发展规模化养殖和乡村休闲旅游项目，完善必要基础设施和公共服务设施，优先安排有利于改善村庄人居环境和人民生活水平的急需项目。

3.9　实施保障

(1)建立统筹协调机制　建立区、镇两级村庄规划建设统筹协调机制，成立由政府、发改局、财政局、乡村振兴局、自然资源局、住建局、农牧局、环保局等相关部门组成的村庄建设管理协调小组，对重点项目、资金使用及相关政策进行统筹协调。

(2)建立动态评估机制　自然资源主管部门要加强评估和监督检查，及时研究规划实施中的新情况，做好规划的动态完善。

(3)建立监督检查制度　区自然资源主管部门派出机构和镇人民政府应当建立规划后的监督检查制度，对违法违规建设行为进行监督检查，发现违法违规行为及时处理，依法细化乡村违法建设的处罚措施，落实镇人民政府对乡村违法建设查处职责。

(4)推进信息平台建设　由区自然资源主管部门牵头，基于各个村的村庄规划，以乡为单位，由县自然资源局建立统一标准，建立信息平台。

(5)加强村庄规划效力　村庄规划一经批准，必须严格执行，任何部门和个人不得随意修改、违规变更，防止以其他规划之名扩大建设用地规模、占用耕地和生态用地等空间。

4　规划总结与启示

4.1　公众参与

规划编制前期多次与村民代表进行沟通，采取现场勘察、汇报、征求意见等方式，最终获得了村民的认可。

规划编制完成后通过座谈会、村民大会等多种形式，对主要规划成果征求意见，并经村庄规划编制委员会论证。

4.2 实施效果及创新表达

规划立足于村庄现状，明确发展需求，创建村庄特色发展方向，实施性较强。

2022年，青山村已围绕“一核心、两轴、三区”（即大青山文化体验中心，以人文历史景观轴、自然生态景观轴为基础，建设红色文化体验小镇、劳动教育与研学体验基地、乡村休闲度假区）发展规划，打造集多彩涂鸦绘画打卡、红色教育基地、绿色休闲度假区、蓝色星空露营营地、黄色劳动体验研学、金色矿山文化展示、白色乡村冰雪活动等多业态的产业发展布局。建成了劳动实践教育研学基地、游客中心、停车场、景观水系、采摘园、金色花海等旅游配套设施，特色民宿、农家乐、烧烤休闲区深受游客喜爱，建设完成大青山革命历史长廊、绥包战役指挥所旧址（图11）。

图11 村庄规划实施实景图

为了给游客更好的体验感，新建了文创体验店和农产品体验店，整合全区农畜产品推动形成“彩韵青山”品牌，游客可以买到青山村独特的伴手礼品（图12）。

2022年，青山村累计接待游客超过4万人、团体队伍87个，带动旅游收入120万元，村集体经济收入突破50万元，带动就业30余人。青山村一举从“沉寂无名”到“迅速蹿红”，从“缓慢起步”到“人气爆棚”，闯出了一条具有青山村特色的农文旅融合发展之路（图13）。

4.3 经验启示

（1）夯实前期基础调研，注重公众参与，尊重村民意愿　规划采用实证方法，保障公众参与。前期采取调研问卷和现场访谈了解公众意愿和需求。

图 12 青山村旅游导览图

图 13 青山村游客服务中心

(2) 创新符合村庄实际情况的发展思路，体现村庄的在地性 根据村庄的资源禀赋，提出切合实际的发展方向，创新具有村庄特色的产业项目。

(3) 基于 ArcGIS 探索“多规合一”实用性村庄规划 覆盖村域范围，统筹进行村庄现状调研，对村域范围内用地及设施进行信息统计，建立村庄现状和规划数据库。在第三次全国国土调查数据基础上落实永久基本农田和生态保护红线，明确村庄建设边界线。

正镶白旗宝拉根陶海苏木陶林宝拉格嘎查村庄规划(2021—2035 年)

1　村庄介绍

1.1　区位概况

陶林宝拉格嘎查是内蒙古锡林郭勒盟正镶白旗宝拉根陶海苏木下辖的行政村,位于宝拉根陶海苏木南部。嘎查距苏木政府 48 km,距正镶白旗人民政府所在地明安图镇 35 km,北邻哈夏图嘎查,南邻额里图种畜场。

1.2　资源禀赋

陶林宝拉格嘎查位于丘陵和平原交错地带,根据 2020 年土地变更调查数据分析,嘎查现状土地利用为“九草一林,村庄星状散布”的格局,拥有国家天文台明安图观测站、陶林圣泉和马蹄山等旅游资源(图 1)。其中,明安图观测站被业内人士称为中国的“草原天眼”。目前已初步形成了集观光、娱乐、餐饮、住宿于一体的具有浓郁地方文化色彩的“星空文化旅游营地”(图 1)。

图 1　嘎查资源禀赋

1.3　经济社会条件

陶林宝拉格嘎查辖 5 个小组，村委会在五组。户籍户数 314 户，户籍人口 619 人；常住户 115 户，常住人口 222 人；流动人口 397 人。整体呈现居民点分散，人口密度小的特点。陶林宝拉格嘎查以畜牧业为主导产业，旅游为特色产业，2020 年嘎查村集体经济收入为 41.86 万元（图 2），人均纯收入为 1.2 万元（图 3），主要经济来源为养殖业和旅游业。

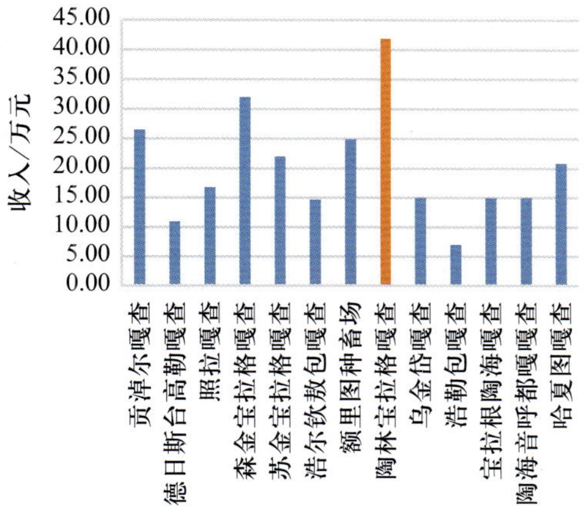

图 2　2020 年集体经济收入统计

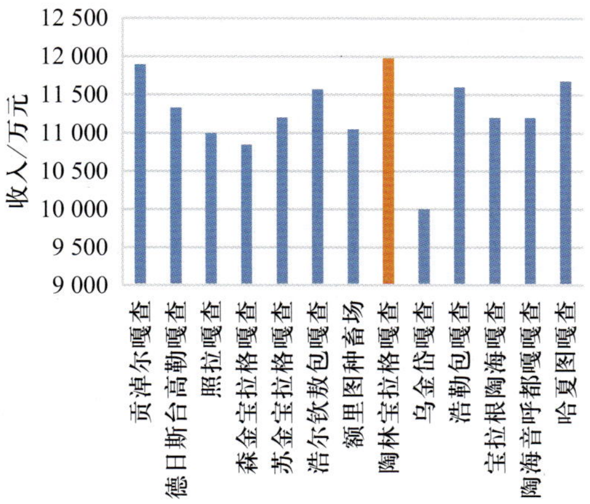

图 3　2020 年人均纯收入统计

1.4　公共服务设施和基础设施现状

陶林宝拉格嘎查主要公共服务设施均设置在村委会所在小组（五组），活动广场、卫生室、文化活动室、图书室、老年活动中心都与村委会结合布置，村委会东侧紧邻草原星空营地文化旅游区，其中布局住宿蒙古包、观测体验台、文化游乐等多元功能。

村内水源采取深水井的方式，雨水基本沿沟渠自然排放，没有污水处理设施。供电网络已实现村域全覆盖，基本满足村民的日常生活生产。村内现有公共厕所数量 2 个，集中在村委会所在小组。垃圾采取填埋、焚烧的方式集中处理。

2　规划目标和定位

2.1　村庄类型

2020 年，陶林宝拉格嘎查获批"中国少数民族特色村寨"，村庄分类为特色保护类（图 4）。

2.2　规划目标

产业得以振兴，实现村庄经济发展、农民收入示范和带头作用；村庄人居环境得到较大改善；生态得以保护，土地得以充分利用和整合。

图 4　村委会所在小组航拍

本次规划主要面向耕地保有量、永久基本农田保护面积、生态保护红线面积、建设用地总规模、城乡建设用地规模、公共管理与公共服务用地规模、公用设施用地规模、户均宅基地规模等 8 项具体指标进行量化，共提出 5 项约束性指标，3 项预期性指标（表 1）。

表 1　村庄规划目标

指标	规划基期年	规划近期目标年	规划远期目标年	规划基期与远期变化量	属性
耕地保有量 /hm^2	130.52	130.52	130.52	0	约束性
永久基本农田保护面积 /hm^2	—	—	—	—	约束性
生态保护红线面积 /hm^2	—	—	—	—	约束性
建设用地总规模 /hm^2	28.20	17.06	17.06	−11.17	预期性
城乡建设用地规模 /hm^2	12.34	17.06	17.06	4.73	约束性
公共管理与公共服务用地规模 /hm^2	4.37	5.49	5.49	1.12	预期性
公用设施用地规模 /hm^2	0.01	1.21	1.21	1.20	预期性
户均宅基地 /（m^2/ 户）	177.71	177.71	177.71	0	约束性

2.3　规划定位

基于乡村振兴时代背景与自身资源禀赋条件，依托村庄良好的区位条件和中国科学院国家天文台明安图观测站，融合区域发展需求，规划将陶林宝拉格嘎查定位为：以“科研 + 草原文化”为产业发展引擎，建设形成集天文观测、教育基地、草原观光、民俗体验于一体的“草原生态旅游区”。

定位口号：星空草原·魅力陶林。

3　规划安排

3.1　国土空间开发保护格局

构建“一心一圈、两轴、三片、多点”的国土空间开发保护格局(图5)。

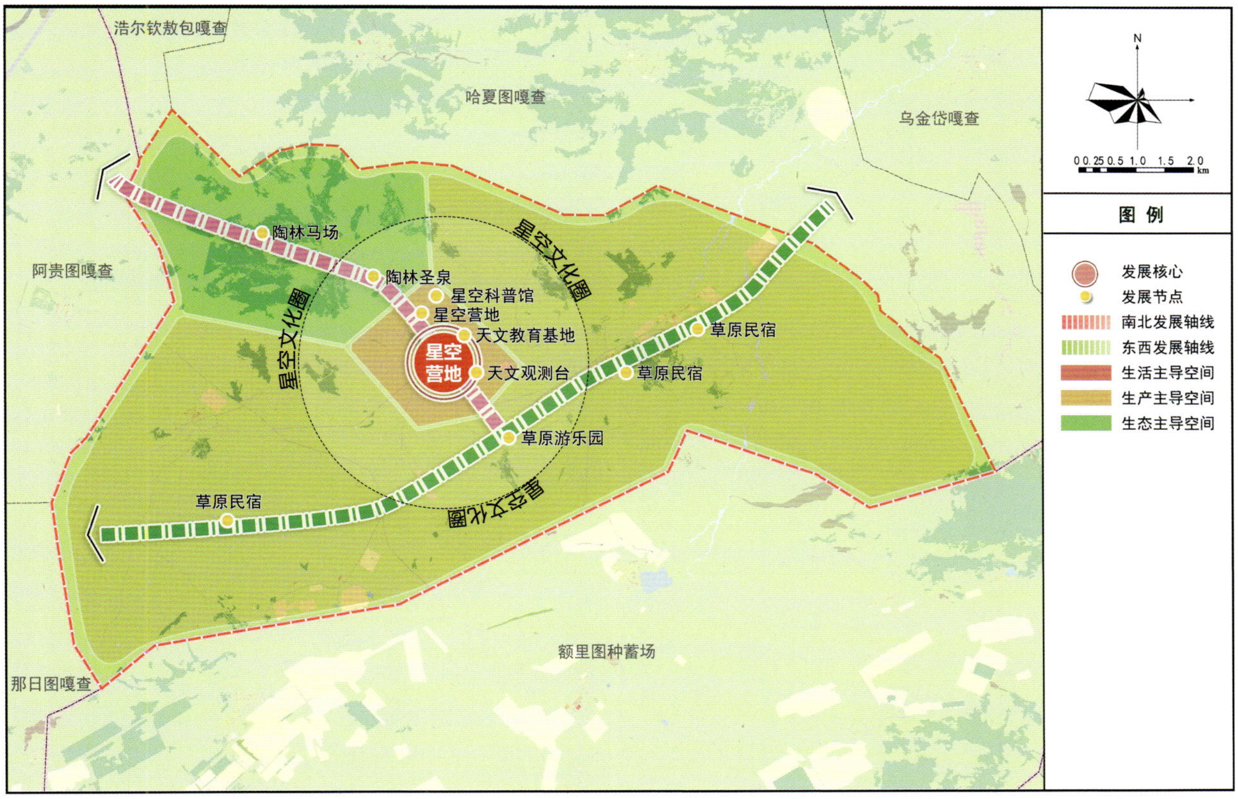

图5　村庄国土空间开发保护格局图

(1)一心一圈　依托国家天文台、星空营地、陶林圣泉等集中的资源优势,以村委会所在小组(五组)为发展核心,向外拓展1.5 km(草原车行5 min)构建草原星空文化服务圈,汇集天文观测、教育基地、草原观光、民俗体验、综合服务等多元功能。

(2)两轴　沿东西向主要乡村道路串联南部4个小组,向东联动哈夏图嘎查发展草原旅游。南北向轴线连通北部入口以及中部核心区。

(3)三片　北部大片林地为生态主导片区;南部大片草地为生产主导片区;中部为发展核心区。

(4)多点　依托现状陶林圣泉、星空营地、天文观测台、马蹄山等节点,结合规划的教育基地、民宿体验、草原游乐、陶林马场等节点形成多点联动的发展格局。

3.2　空间管控

陶林宝拉格嘎查为牧区嘎查,生产、生活方式都与农区村庄截然不同,形成了“三生”空间相互交叠融合的空间形态。

本次规划中以“三生”协同发展为理念,在自治区针对牧区嘎查提出的“两图两表一规则”的基础上，提出以功能管控和参数管控为核心的多尺度、多时序草原牧区嘎查空间管控途径。

其中，功能管控以主体功能区划和“三区三线”划定方案为基础，按照四类主体功能定位、“三生”协同空间（生态主导片区、生产主导片区和生活主导片区）、六类分区（生态保护区、生态控制区、农田保护区、乡村发展区、城镇发展区、能源资源发展区）以及若干类建设和非建设类用途分层级实施（图 6）。

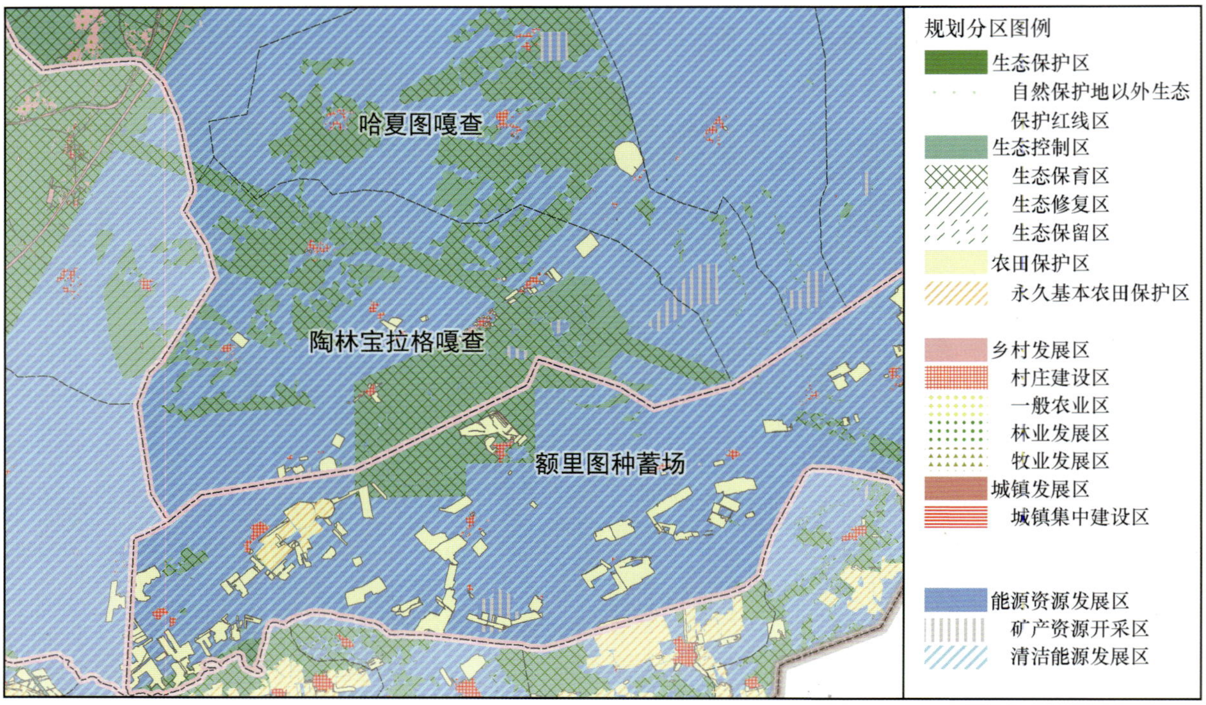

图 6　功能管控图

参数管控以国土开发强度为关键目标参数，实施基于总量 - 目标和过程 - 增幅双控的阈值管控，以及基于上限和下限双控的分类型管控途径，旨在实现各类空间内和区域整体的生产、生活、生态“三生”结构均衡协调，协同发展，促进形成高质量、可持续的国土空间开发保护格局（表 2）。

表 2　用地管控指标体系

用地用海分类	容积率	建筑高度 /m	建筑密度 /%	绿地率 /%
农村宅基地	0.5～0.8	8	≤ 30	≥ 25
农村社区服务设施用地	≤ 1.0	8	≤ 30	≥ 25
商业用地	0.8～1.2	12	≤ 30	≥ 15
文化用地	≤ 0.8	12	≤ 30	≥ 25
机关团体用地	≤ 1.0	12	≤ 30	≥ 25
物流仓储用地	≤ 0.8	8	30～50	≥ 15
留白用地	面积 0.49 hm^2，建设项目规划审批时落地指标、明确用地性质，满足正负面清单要求，并在项目批准后更新村庄规划数据库			
机动指标	面积 0.36 hm^2，建设项目规划审批时落地指标、明确用地性质，满足正负面清单要求，并在项目批准后更新村庄规划数据库			

3.3 产业发展规划

规划构建“党支部 + 旅游 + 牧户”模式，全力打造“草原生态旅游嘎查”特色品牌。

未来引入更多休闲、旅游、文化研学等项目元素，增设乡村文化讲堂、深度养殖、手工艺作坊等体验性项目，提高游客参与度，优化乡村产品供给结构。整体分为 4 个产业分区，分别为草原民俗文化体验区、旅游核心区、综合服务区、田园牧场体验区（图 7）。

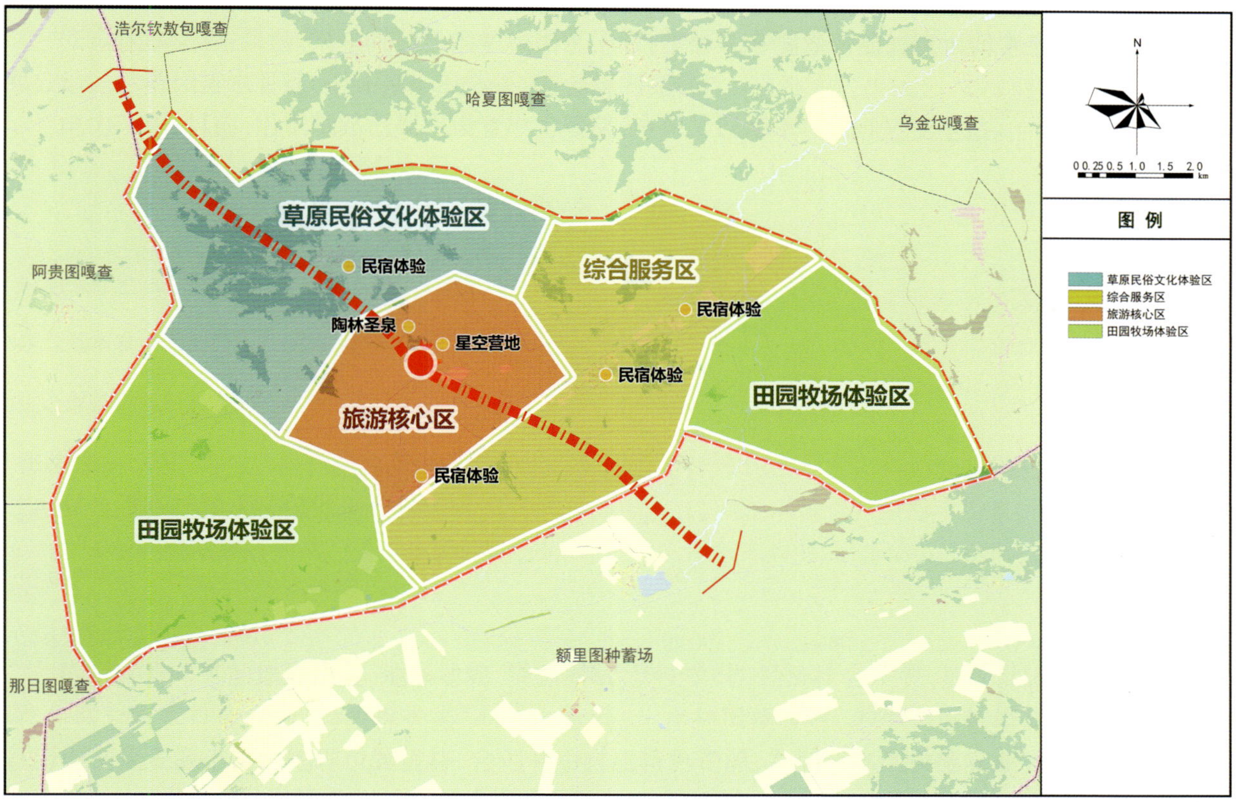

图 7 村庄产业布局规划图

（1）草原民俗文化体验区　凭借乔木林地兴建马场、塑造传承发展蒙古马文化及特色民俗的区域，打造草原生态自然“氧吧”。

产业布局指引：赛马、亲子草原游、草原民俗体验、科普教育。

（2）旅游核心区　依托“星空文化营地”，提升旅游接待、服务品质，融合发展观光、休闲等乡村旅游产业。

产业布局指引：团建基地、科研、观测、科普教育、乡村游学。

（3）综合服务区　依托较为集中的居民点，打造草原牧区特色农家乐，发展草原特色餐饮、住宿等乡村旅游综合服务功能。

产业布局指引：农家乐、特色餐饮、民宿、牧民生活体验园。

（4）田园牧场体验区　凭借天然牧草资源，打造休闲田园牧场，植入“牧业 + 田园观光”的牧业体验活动，通过对草地及林地进行艺术化的改造，打造陶林宝拉格嘎查特色休闲观光创意田园牧场景观。

产业布局指引：赛车、婚纱摄影、草原文化活动、农事体验、科技种植、休闲采摘。

3.4 宅基地

规划村庄居住用地适当提高，为 6.04 hm^2，占村庄建设用地（不包括国家天文台所占用地）的 51.23%。根据内蒙古自治区地方标准《村庄规划编制规程》，满足居住用地占建设用地的比例应控制在 50%～80% 的要求。

将住房较差的房屋逐步翻新。逐步对居住用地进行整合设计，鼓励牧民新建住房集中于邻近小组建设边界内，新建建筑层数不应超过 2 层，建筑高度应不大于 8 m。村民房屋加建设施需与草原牧区建设风格相协调，且不得危及村民住宅安全。

3.5 基础设施

考虑到陶林宝拉格嘎查居民点“大分散、小集中”的特点，以及未来发展乡村旅游的用地布局，规划中在各小组内采用集中供排水，在各个小组内增设 1 个垃圾收集点，在村域北侧布局小型垃圾处理站，满足当地牧民和未来游客使用。

3.6 公共服务设施

以“布局均等化”“建设共享化”和“体现特色化”为规划思路，突出陶林宝拉格嘎查“草原生态旅游区”的规划定位，按照《社区生活圈规划技术指南（TD/T 1062—2021）》，村 / 组层级的服务要素宜配置村卫生室、老年活动室、文化活动室、农家书屋、便民农家店、村务室等，规划期间，本嘎查公共服务规划配置见表 3。

表 3　公共服务规划配置

要素项	要素名称	数量	用地规模 /m^2	空间位置	备注
健康管理	村卫生室	1	120	五组	保留现状
为老服务	老年活动室	1	50	五组	保留现状
文化活动	文化活动室	1	60	五组	保留现状
	农家书屋	1	50	五组	保留现状
	星空科普馆	1	300	五组	五组新增
体育健身	健身广场	1	260	五组	现状提升
商业服务	便民农家店	5	100	5 个小组	一、二、三、四小组各新增 1 处
	星空营地	1	22 000	五组	保留现状
行政管理	村务室	1	50	五组	结合村委会布置
终身教育	幼儿园	—	—	—	与镇区共享
	小学	—	—	—	与镇区共享
	中学	—	—	—	与镇区共享
其他	垃圾收集点	5	100	5 个小组	各个小组新增 1 个
	垃圾处理站	1	400	村域北侧	集中处理

3.7 特色风貌

尊重地方文脉，传承当地民风民俗，体现乡土气息，突出地方特色，营造乡村特色的景观环境。力图达到生态环境、地方特色和现代化的发展需求相统一的目标。

以文本和住房手册图示为管控引导方式，在空间布局、院落空间、建筑色彩、建筑细部方面提出针对新建住宅、旅游建筑和牲畜棚圈的具体控制（图8）。

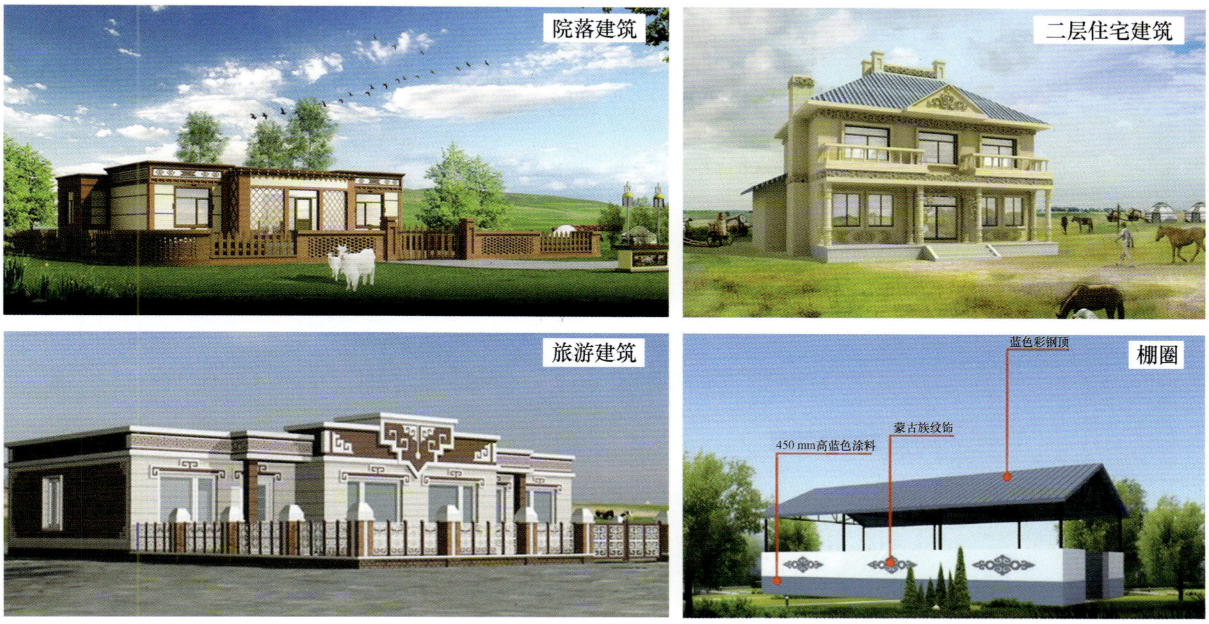

图8　建筑风貌控制引导

3.8　土地综合整治

在国土空间规划的引领下，进行全域规划、整体设计、综合治理、多措并举，用“内涵综合、目标综合、手段综合、效益综合”的综合性整治手段进行整治。

统筹农用地、低效建设用地和生态保护修复，腾退建设用地15.87 hm^2，其中嘎查内部新增4.73 hm^2建设用地，在村庄建设边界内作为产业发展用地使用，布局0.49 hm^2留白用地，预留0.36 hm^2机动指标，促进土地集约节约利用，解决陶林宝拉格嘎查星空营地相关旅游项目建设指标落地，改善农村生态环境，助推乡村振兴。

3.9　防灾减灾

针对防洪、消防、防风固沙、防白灾方面提出设防标准。在防灾必要时，村委会可作为临时防灾指挥中心，村卫生室作为急救医疗点，村庄内道路均可作为紧急避难疏散通道，利用公共绿地、广场及外围草地等开阔空间作为避震疏散场所。

3.10　近期规划安排

衔接乡村振兴重点项目，陶林宝拉格嘎查近期规划安排各类重点建设项目共10项，其中，历史文化保护1项，产业发展项目3项，基础设施建设项目2项，公共服务设施建设项目2项，人居环境整治项目2项。

（1）历史文化保护　投入1 800万元，建设陶林圣泉、古柳树保护区等项目。

（2）产业发展项目　陶林马场建设，利用现有北部林地；投入1 700万元，建设远程观测球幕望远镜平台等星空营地体验娱乐科普设施建设内容；计划投入 3 000 万元，建设星空主题高端民宿 20 间，民宿改造 20 户，打造以草原星空研学基地为载体的高端研学中心。

(3) 基础设施建设　对村内乡村道路改建硬化，绿化带内根据实际需要合理安排安装路灯及花池。建设垃圾收集点 5 处，垃圾处理点 1 处，污水处理点 1 处。

(4) 公共服务设施建设　建设陶林文化礼堂 1 处。举办虚拟现实（VR）农业数字培训，建立数字基地。

(5) 人居环境整治　对质量较差的宅基地进行翻修改造，提高住宅质量。合理布局垃圾箱，改善人居环境。

3.11 实施保障

(1) 加强组织领导　成立农村面貌改造提升领导小组，负责规划总体协调与指导，苏木乡镇各部门各负其责，村庄抓落实、抓管理、抓维护，加强协调，强力推进。创造好招商引资环境，给足用足政策，依法办事，保障规划落实。

(2) 规划“留白”　规划留白采用实地预留形式（定空间、不定用途、不定时序）。对现状废弃采矿用地和暂未确定用途的用地实地预留，留足弹性发展空间，总量控制在村庄建设用地规模的 5% 以内，通过制定正负面清单对建设进行约束和引导。

建设项目规划审批时落地指标、明确用地性质，并在项目批准后更新村庄规划数据库。

(3) 公众参与　陶林宝拉格嘎查是乡村振兴重点村，资源优势强，重点项目多，编制成果中充分落实旗级至嘎查村级领导的开发、保护思路，同时听取了牧民代表对产业发展、新建房屋、草场划分等实际生活的需求。

4 规划总结与启示

4.1 创新表达

在“两图两表一规则”的基础上，额外形成空间管制手册、村庄建房手册、公众参与手册，力图能达到“能用、管用、好用”的实用性村庄规划（图 9）。

4.2 思考与经验

(1) 以全域综合整治为手段，确保重点项目落地。统筹农用地、低效建设用地和生态保护修复，腾退建设用地 15.87 hm^2，促进土地集约节约利用，解决陶林宝拉格嘎查星空营地相关旅游项目建设指标落地，改善农村生态环境，助推乡村振兴。

(2) 依托现状特色资源，以“科研 + 草原文化”为产业引擎，结合“党建 +”的管理模式，把产业发展融入党建工作，探索牧企、牧旅、牧商融合发展路径，引领牧民蹚出了一条牧区变景区、牧户变商家的乡村振兴发展新路子。

(3) 在自治区针对牧区嘎查提出的“两图两表一规则”的基础上，提出以功能管控和参数管控为核心的多尺度、多时序草原牧区嘎查空间管控途径。

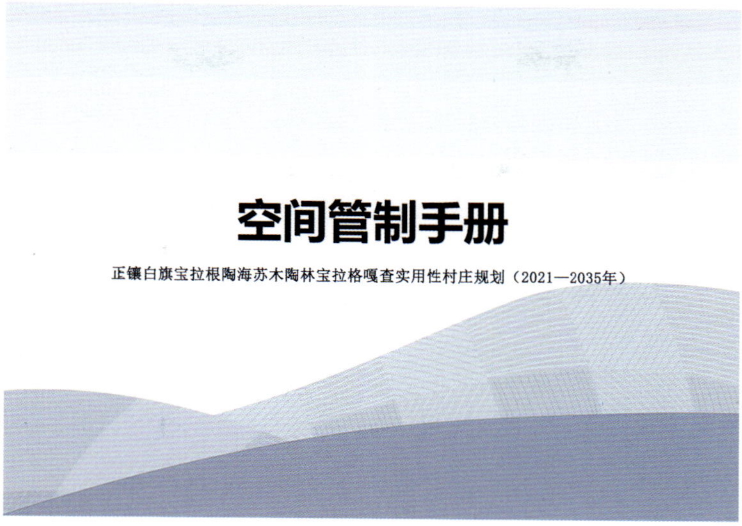

明确空间管制

引导村庄风貌

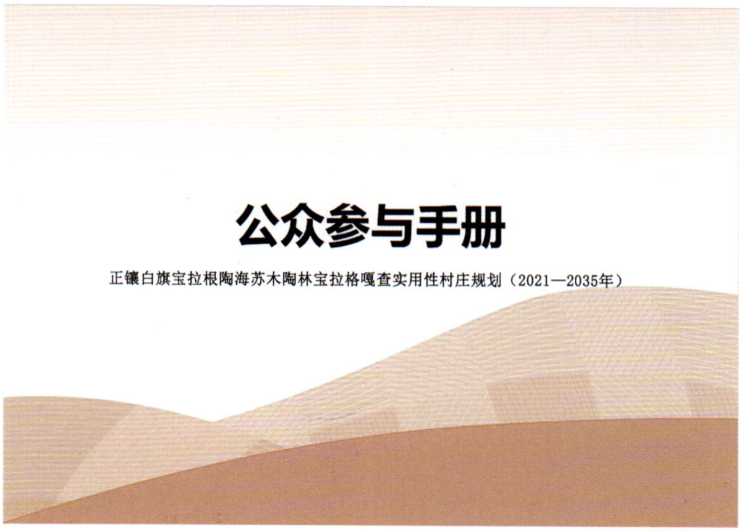

促进公众参与

图 9　实用性村庄规划三手册

鄂尔多斯市鄂托克旗阿尔巴斯苏木呼和陶勒盖嘎查村庄规划（2021—2035年）

1 村庄介绍

1.1 村庄概况

呼和陶勒盖嘎查位于阿尔巴斯苏木镇区，总面积300.61 km^2，位于阿尔巴斯苏木东北部，东南与乌兰镇接壤，西北接脑高岱嘎查，东北接乌兰其日嘎查，西邻巴音乌素嘎查，是一个以蒙古族为主体，以畜牧业（阿尔巴斯白绒山羊）为主导产业的嘎查。

呼和陶勒盖嘎查交通优越，荣乌高速、109国道东西横穿嘎查，同时荣乌高速在嘎查南侧框框井处设有出入口；省道紧邻嘎查，向南通往乌兰镇，向北可直接通往杭锦旗及临河区。

嘎查内东乌铁路东西向穿过，将嘎查分割成南、北两部分，且铁路在嘎查境内没有站点，不利于嘎查的整体发展。

1.2 资源禀赋

阿尔巴斯苏木水资源主要由地表水和地下水组成，地表水主要是都斯图河和分布在都斯图河上的布龙湖水库。地下水主要是中部沿都斯图河两岸的承压水区，含水层为白垩系下统志丹群砂岩，属于内陆河湖相沉积物，厚度大于100 m，孔隙发育，有利于水的赋存与运动；北部及东北部的深层地下水区，含水层是白垩系下统志丹群砂岩，由于地形高，水位埋深大，水量贫弱。

阿尔巴斯苏木草场资源丰富，拥有天然草原888万亩，属于典型的西鄂尔多斯天然草原，以缓坡梁地草原和草质优良而闻名遐迩，很适合发展牧业，是阿尔巴斯白绒山羊主产区之一。苏木中部位于都斯图河流域承压区，水资源富集且土壤较好，是良好的农业生产基地。苏木西南部具有丰富的石膏资源，已探明储量为亚洲第一。

呼和陶勒盖嘎查，总面积44万亩，可利用草原43.5万亩，灌溉饲草料地4 500亩，草场主要牧草有驼绒藜、糙隐子草、篦齿蒿、狭叶锦鸡儿、针茅、油蒿、藏锦鸡儿、红沙、蒙古葱、白刺、珍珠柴、木旋花、沙冬青、包大宁、霸王等，自然植被覆盖度在30%～40%。

1.3　社会经济

呼和陶勒盖嘎查共有蒙汉农牧民 188 户，总人口 547 人（户籍人口数据资料来源于当地派出所数据），其中常住人口 143 户 471 人，蒙古族占比 70% 以上，党员 21 人，民族团结氛围浓厚，辖区社会治安良好，全嘎查牲畜头数 3 万多头（只），大多为阿尔巴斯白绒山羊，现为该苏木阿尔巴斯白绒山羊重点养殖区，是一个以阿尔巴斯白绒山羊养殖业为主导产业，兼有乡村旅游业的嘎查。

1.4　人居环境

嘎查中部有村委会 1 处，占地 1 450 m^2，建筑面积 300 m^2。村内有卫生室 2 处，一处陶勒盖嘎查卫生室在框框井，另一处依托扎和小组图门吉日嘎拉牧户规划卫生室，设备齐全，为嘎查提供医疗服务，有牧民大夫坐诊，能够满足牧民的日常需求。

在扎和小组那音太牧户设计便民超市，能满足嘎查农牧民的日常需求，其他商业设施在框框井内，能够满足牧民日常购物需求。呼和陶勒盖嘎查居住分散，饮用水为农牧民自打井供水；灌溉用水采用自打井灌溉机电井供水，嘎查内无统一的供水设施。水源为地下水。

以自然排水为主，一般生活污水自然排放，户内有厕所的住户，通过屋前屋后收集后处理。嘎查内已经实现生活污水有效处理。

呼和陶勒盖嘎查供电实现了 96.1% 的覆盖，动力线覆盖率 95%，新建 5 户没有照明电，有 1 户没有动力电。

广播电视信号已覆盖，接收电视频道不齐全，在框框井、和哈斯木仁牧户附近有基站，北侧在相邻嘎查脑高岱嘎查和乌兰其日嘎嘎查有基站，可以辐射呼和陶勒盖嘎查北部地区，沿着北侧沥青道路有光缆埋设，嘎查电信移动信号较好。

牧民采用电暖设备采暖，年供热费用为 3 000～5 000 元。

生活垃圾采用“户收集—苏木转运”的方式处理，由牧户分类投放至就近垃圾收集点（垃圾箱、垃圾池），苏木将垃圾收集点垃圾转运至脑高岱或框框井的垃圾压缩站，通过垃圾压缩站运至垃圾处理厂进行无害化处理。

在嘎查东部建设颗粒饲草料加工服务点，将秸秆等加工成为颗粒饲草料。

牛、羊动物粪便，直接“还草原”，个别养猪户，粪便经过发酵后还入饲草料田地。

一般污水直接排放至院内；厕所既有水厕又有旱厕、有水厕无旱厕、无水厕有旱厕、既没有水厕也没有旱厕。大多住户已有水冲厕所。

2　规划目标与定位

2.1　村庄类型

呼和陶勒盖嘎查属于特色保护类嘎查。

2.2　主要目标

本次规划本着因地制宜、实事求是的原则，以编制实用性嘎查规划为准则，将有效地推进牧区、嘎查现代农牧业体系的构建，推进牧区、农区一二三产业融合发展；将有效提高草原的生产效率，提高农牧民收入，有效地改变牧民生活状态；同时进一步完善嘎查基础设施条件，提高公共服务设施水平，使得牧民生活水平进一步提升，牧区优秀文化得以传承和发展。

到 2025 年，初步实现产业兴旺、生态宜居、乡风文明、治理有效、生活富裕的美丽嘎查。

到 2035 年，乡村振兴取得决定性进展，牧民现代化基本实现。

2.3 村庄定位

呼和陶勒盖嘎查以阿尔巴斯天然草原为依托，突出“草原民族文化”，发展现代农牧业，打造天然草原“体验式”乡村旅游，形成“现代农牧业 + 乡村旅游”的结构体系。依据旗域嘎查布局规划，呼和陶勒盖嘎查定位为阿尔巴斯苏木重点发展嘎查，结合乡村振兴战略，将呼和陶勒盖嘎查打造为现代牧业示范嘎查、草原文化特色保护示范嘎查。

3 规划安排

3.1 空间布局

(1) 国土空间保护开发格局　规划以呼和陶勒盖嘎查第三次全国国土调查数据为基础数据，结合航片等遥感影像数据对现状居民点内部及周边进行补充调绘，细化认定村域范围内各类用地后，按照嘎查发展需求，依据村域发展定位，优化调整了嘎查各类用地布局。

(2) 村域空间总格局　至 2035 年，规划农林用地为 29 408.11 hm^2，减少 16.73 hm^2，占村域总面积的 97.84%；建设用地为 193.52 hm^2，增加 16.73 hm^2，占村域总面积的 0.64%；自然保护与保留用地为 455.84 hm^2，占村域总面积的 1.52%(图 1)。

3.2 “三区三线”

落实生态保护红线、永久基本农田保护红线、划定村庄建设边界，到 2035 年，永久基本农田保护面积 0 hm^2，村庄建设边界内集中建设区 37.76 hm^2。

村域范围内划分农牧、生态、建设三大空间。农牧空间以农牧产业发展为主，面积 689.72 hm^2；生态空间以生态保护为主，面积 29 174.24 hm^2；建设空间以村庄建设为主，面积 193.64 hm^2(图 2)。

3.3 产业规划

呼和陶勒盖嘎查未来重点发展畜牧养殖业，兼顾发展文化和乡村休闲旅游业。依托嘎查草原面积大的特点，继续发展阿尔巴斯白山羊养殖业，通过调整种植养殖结构，转变养殖方式，提高阿尔巴斯白绒山羊的生产性能，结合旗附属产品的生产、加工、销售的产业链发展，发展生态型阿尔巴斯白绒山羊产业示范点，打造阿尔巴斯品牌；同时依托广袤草原风光、历史悠久的蒙古族文化、独特的民族风情发展牧家乐，发展特色草原文化旅游业。把握现代农牧业发展方向，依托嘎查资源、产业发展基础、生态环境承载力、挖掘拓展农牧业发展潜力，大量转变农牧业经营方式、生产方式、资源利用方式和管理方式，即“打造鄂托克阿尔巴斯白绒山羊的地理标志品牌、培育特色草原游牧文化体验基地、发展壮大草原特色旅游业”。

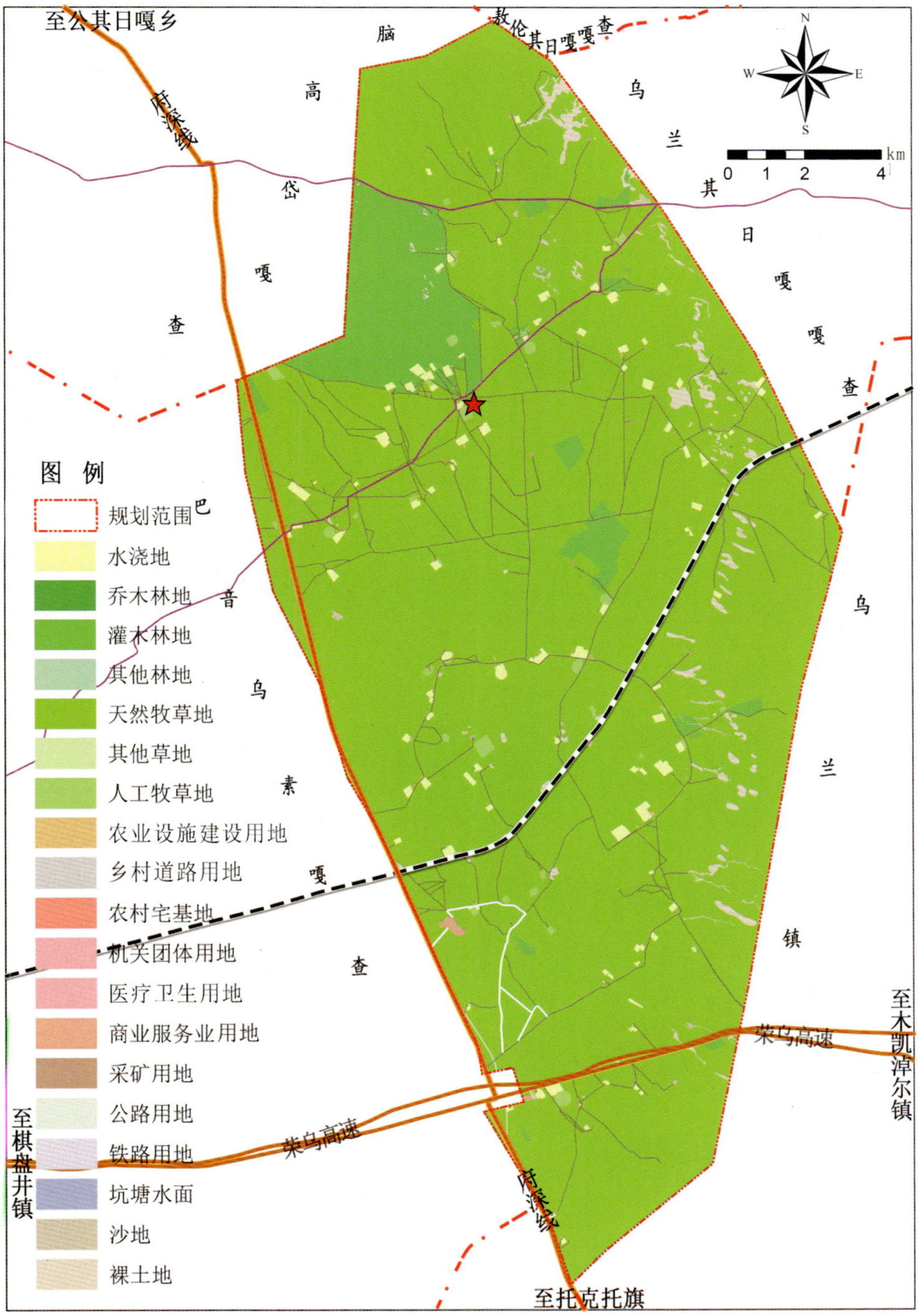

至公其日嘎乡
府深线
查嘎岱高脑
敖伦其日嘎嘎查
乌兰其日嘎嘎查
N
W
E
S
0 1 2 4 km
图 例
规划范围
水浇地
乔木林地
灌木林地
其他林地
天然牧草地
其他草地
人工牧草地
农业设施建设用地
乡村道路用地
农村宅基地
机关团体用地
医疗卫生用地
商业服务业用地
采矿用地
公路用地
铁路用地
坑塘水面
沙地
裸土地
巴音乌素嘎查
乌兰镇
荣乌高速
至木凯淖尔镇
至棋盘井镇
府深线
至托克托旗

图 1 村庄规划图

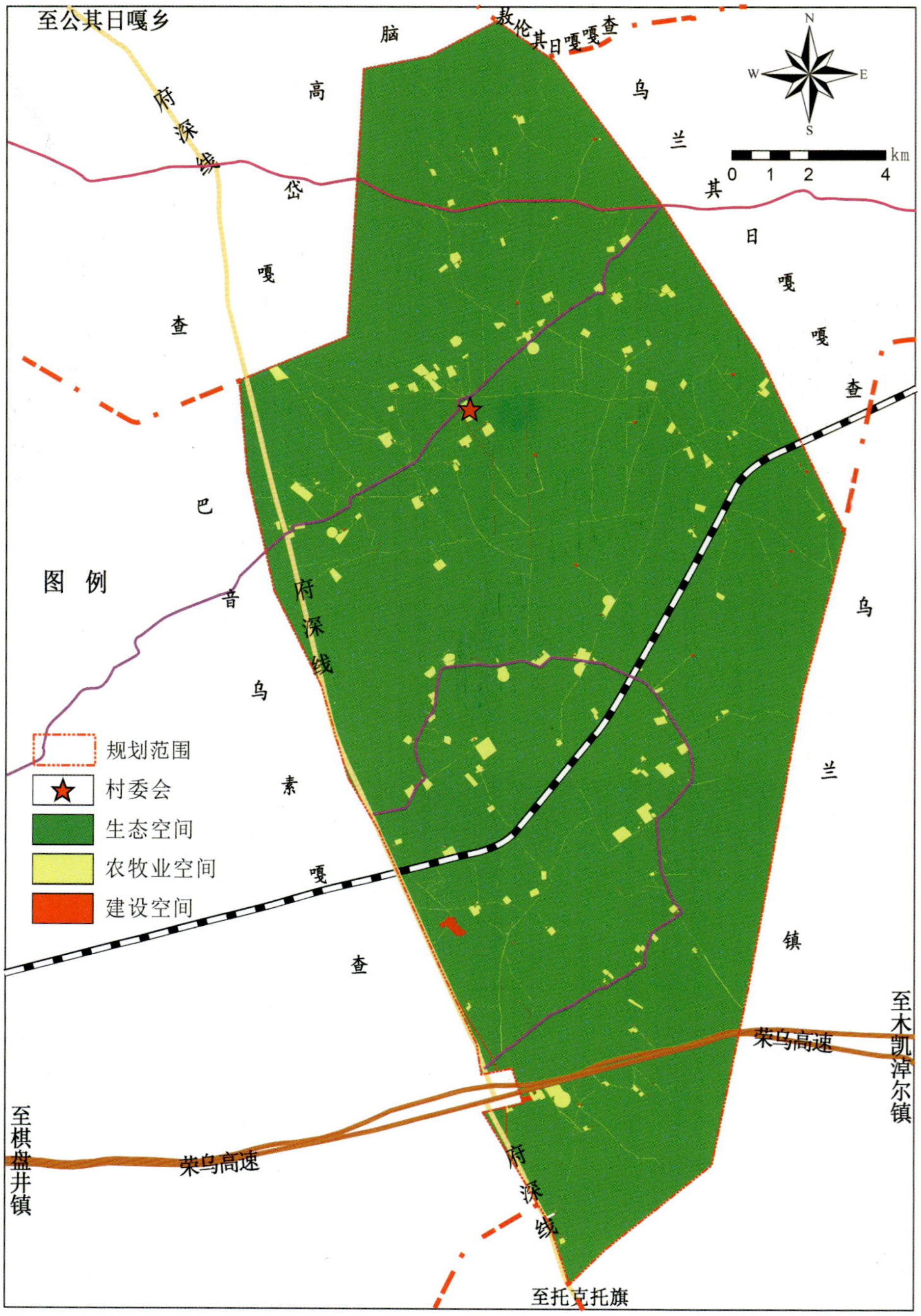

至公其日嘎乡
府深线
脑
高
岱
嘎
查
巴
音
乌
素
嘎
查
敖伦其日嘎嘎查
乌
兰
其
日
嘎
查
乌
兰
镇
N
W
E
S
km
0 1 2 4
图 例
规划范围
村委会
生态空间
农牧业空间
建设空间
荣乌高速
至木凯淖尔镇
至棋盘井镇
至托克托旗

图 2　村域“三区三线”图

依据呼和陶勒盖嘎查产业发展定位、目标和策略分析，呼和陶勒盖嘎查产业形成“一带、两片区、多点”的空间布局形式。“一带”，即阿尔巴斯苏木游牧文化体验带。“两片区”，即南部现代农牧业发展示范区和北部天然草原旅游区。“多点”，即依托锡林塔拉和天堂草原形成多个牧家乐及现代牧业发展示范户。

(1)畜牧养殖业　呼和陶勒盖嘎查现有集体 11 700 亩草场，在嘎查原集体经济项目颗粒饲料加工厂基础上进行扩建，在饲草料加工厂附近建设 600 m^2 羔羊育肥养殖场，预计购买优质母羊 300 只、种公羊 4 只，指定嘎查 15 户以每户 20 只的数量(其中贫困户 1 户、低收入家庭 2 户、党员托表 12 户)进行托养。建设阿尔巴斯绒山羊生态家庭牧场示范户，选择 10 户养殖基础条件较好的牧户，为每个项目户建设 1 处 360 m^2 标准化棚圈，配套 150 m^2 草棚，建设 10 m^2 简易人工配种站 10 处，配种设备 10 套，安装智能化放牧系统 10 套，引进自动饲喂、自动饮水机各 10 套，并利用项目建设溯源体系。在此基础上大力发展文化旅游特色产业。

(2)休闲旅游业　锡林塔拉草原旅游区位于鄂托克旗阿尔巴斯草原腹地，占地 139 万 m^2，建筑面积 10 万 m^2。这里地势平坦、气候宜人、鸟语花香，且远离闹市，无噪声污染。景区建有 20 个大、中型豪华蒙古餐包，1 座大型蒙古包酒吧，1 座 KTV，18 个带卫生间豪华住宿包、棋牌室和旅游购物店等。为了提高接待能力和服务质量，锡林塔拉草原旅游区目前总投资 2 000 万元，是鄂托克旗方圆 200 km 最大的平坦草原。娱乐项目有排球场和篮球场等体育健身设施、真人 CS 基地、卡丁车、骑马、骑骆驼、射箭、草原摩托车等丰富的游乐项目，满足了游客的需求。

夏季，这里凉风习习，是理想的避暑胜地。来到这里的游客可以全身心放松自己，在风情浓郁的蒙古包里，喝一杯香喷喷的奶茶，吃一块纯正的阿尔巴斯白绒山羊手把肉，蒙古族姑娘为游客献上哈达，唱着动人的祝酒歌。

锡林塔拉旅游区最具知名度的特色美食是阿尔巴斯白绒山羊肉、烤全羊和“羊背子”，也是鄂尔多斯蒙古族招待贵宾的名贵菜肴，还有地方特色浓郁的蒙餐和沙野菜。在草原上策马扬鞭、尝牧家饭、跳蒙古族舞、住蒙古包、骑马拍照、参加篝火晚会，领略草原自然风光，感受原汁原味的民俗风情。在传统民族乐曲与现代摇滚音乐中尽情释放自我。

锡林塔拉旅游区位于著名的阿尔巴斯大草原上，距鄂托克旗乌兰镇 20 km，离鄂尔多斯市 240 km，离乌海市 160 km，离银川市 220 km，离陕西榆林 200 km，全部通高速公路。锡林塔拉草原度假村以其优美的自然环境，纯正的蒙古族风情，个性化的建筑设计，热情的服务态度为广大游客朋友们营造了一个草原旅游新天地。

3.4　村庄规划

(1)宅基地　按照分户的需求，对牧民的住房建设用地进行预留，本次规划共预留了 55 户的建设用地，共计 5.5 hm^2，每户宅基地 1 000 m^2，其中建设用地每户不得超过 600 m^2，共计 3.3 hm^2。

(2)道路交通　村内交通用地以综合交通建设为重点，对本嘎查的交通系统进行调整。规划期内安排二条新建公路的交通建设项目。

(3)给排水工程

①供水：规划在供水方面仍然是牧户自打井。每户安装净水设备，由政府安排相关技术人员安装设备并定期检测维修。

②污水量：根据用水量，考虑到村民生活污水排放及村域内部分养殖区域，预测污水量为 80 m^3/(d·人)。

③排水体制：雨水自然排放；污水以生活污水为主，结合“户改厕”利用污水罐收集，定期由村委会组织抽运。

(4)电力电信供热工程规划

①电力：本次规划达到电力“户户通”的目标。对未实现照明和动力电的牧户，规划铺设电力线。

规划新增线路约 500 m。

②移动电话：在规划范围内安设 1 处移动基站，规划范围内移动电话实行全覆盖。

③邮政：邮政实行定点投放，统一由邮递员接收，在村委会或公共场所设立邮信投递接收点。

④电视：有线电视、广播网络实现村域全面覆盖。

⑤网络：本次规划铺设光缆线直通村委会（图 3）。

(5) 环卫设施规划　对 80 户无厕所牧户，选择有条件的牧户新建水厕；没条件新建水厕的牧户，新建生态旱厕。

对 14 户无水厕有旱厕的牧户整治，有条件的新建水厕；没条件新建水厕的牧户采用旱厕。

牧户解决自来水的前提下，对生态旱厕和普通旱厕整治。

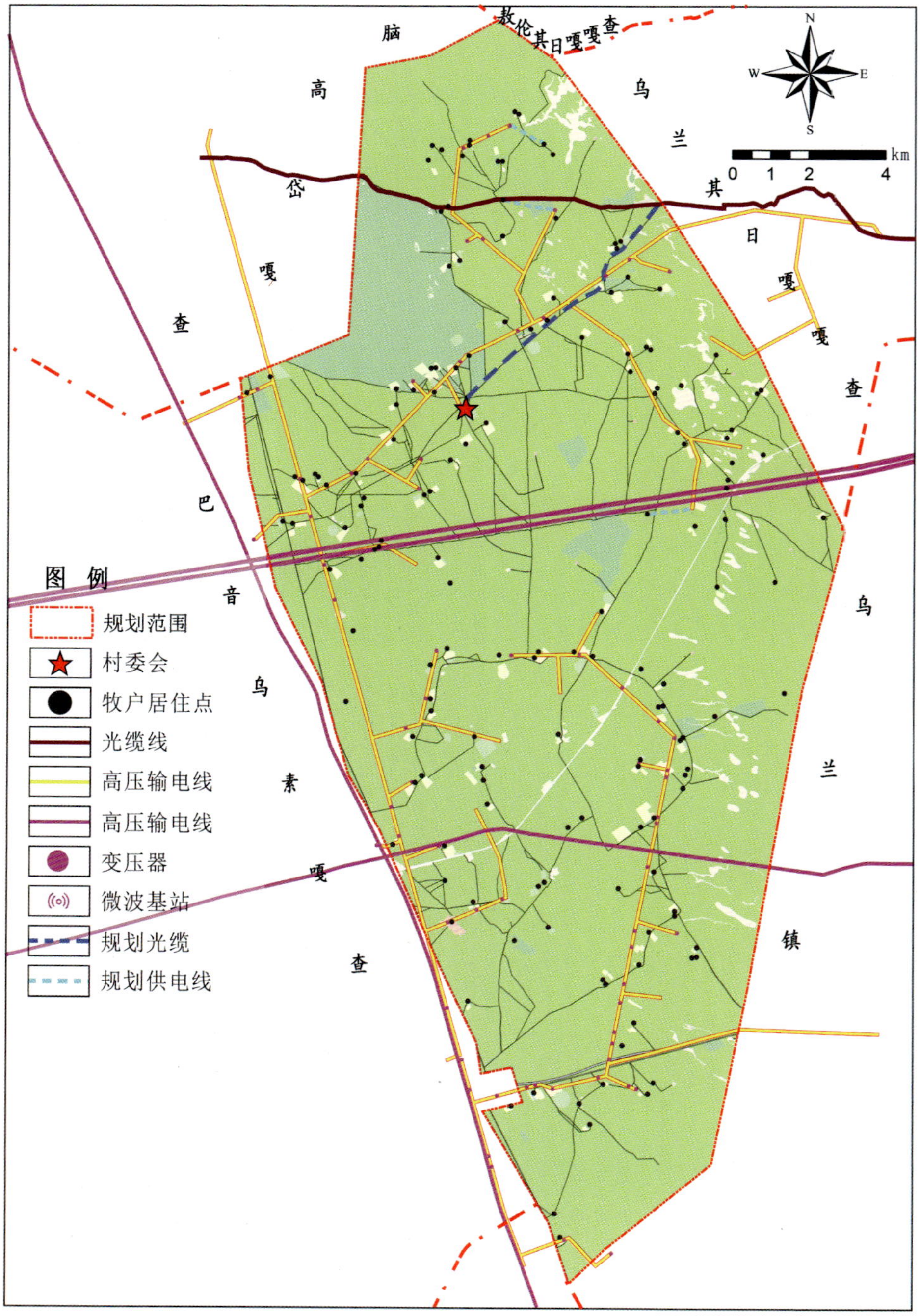

图 3　村庄基础设施规划图

对有条件散户采用一体化生物处理设备，主要是 34 户有水厕的牧户解决污水。

对条件相对成熟的牧户每户采用一体化生物处理设备。

对剩余的牧户污水整治，条件不具备的牧户采用化粪池形式解决生活污水。

垃圾每户收集，在嘎查内结合牧户居住位置合理布置垃圾收集点，嘎查收集好运至就近垃圾转运站，最后集中处理。本次规划新增垃圾收集点 4 处，垃圾转运站 1 处，垃圾焚烧厂 1 处，有效解决当地垃圾处理问题（图 4）。

呼和陶勒盖嘎查在村部建设集体经济——颗粒饲草料加工服务点，加工后的饲草料是颗粒状，无秸秆污染。

废旧农膜及废弃农药包装物按照“谁购买谁交回、谁销售谁收集、谁生产谁处理”的原则，实施废弃农药包装物押金制度，探索基于市场机制的回收处理机制。

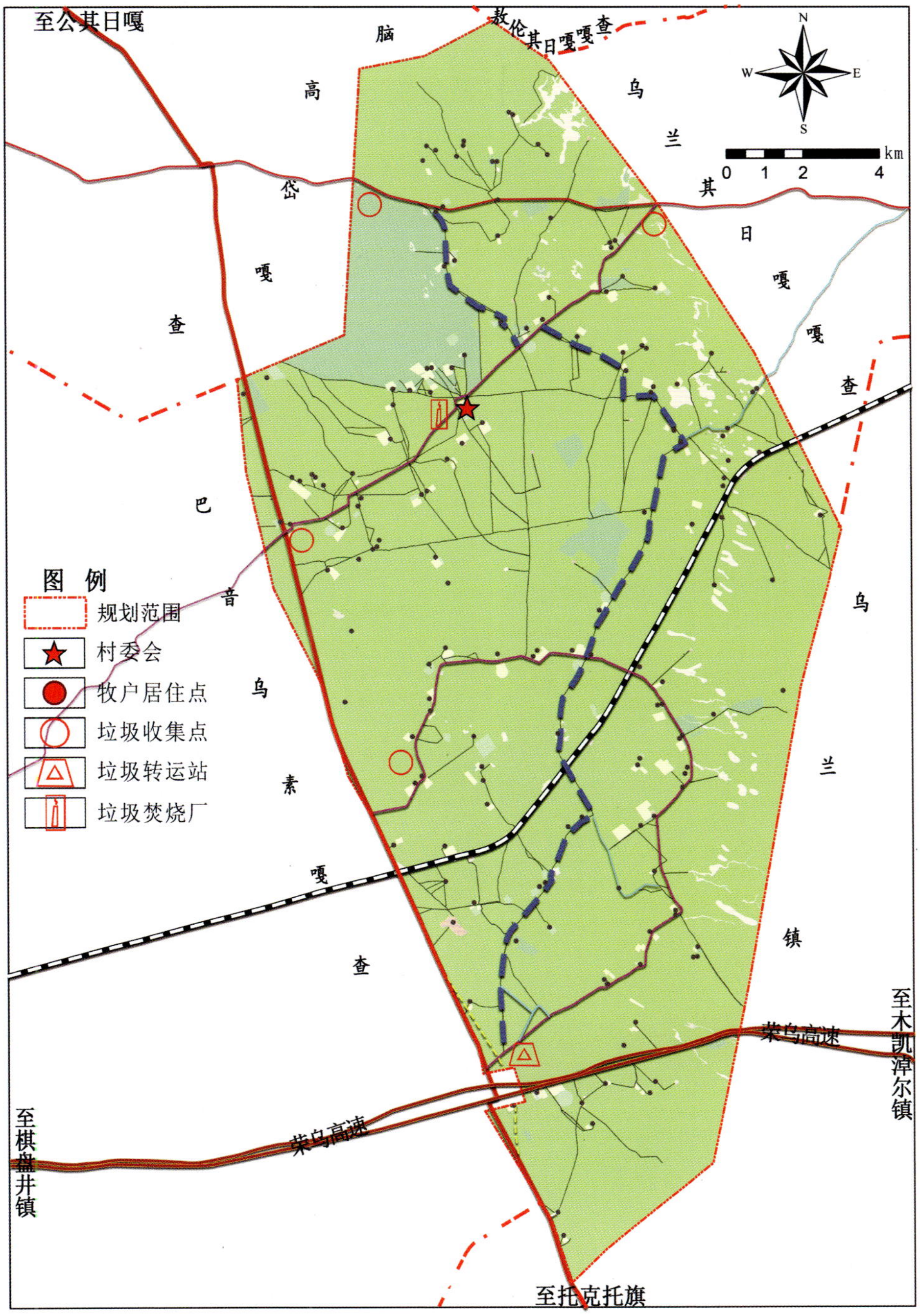

图 4　村庄环卫设施规划图

围绕收集、处理等关键环节,促进无害化处理。健全完善病死畜禽收集体系,建设专业化病死畜禽无害化处理中心,配备相应收集、运输和冷藏设施,以及无害化处理设施设备。有条件的地方探索开展副产品深加工,生产工业油脂、有机肥、无机炭等产品。

在嘎查距离不远的脑高岱嘎查建设1个沃牧有机化肥厂,主要是处理羊粪,还有一部分用作农耕肥料。

(6)公共服务设施规划　按照推进城乡基本公共服务均等化目标,结合区位条件和发展定位,以人口为基础合理配置公共服务设施用地,具体包括村委会、幼儿园、文化活动室、广场、图书室、卫生室等公共服务设施。呼和陶勒盖嘎查现有公共服务设施具体包括村委会1处、幼儿园1处、文化活动中心1处、新庙小学1个和向民医院1所,全部位于镇区,能够满足居民日常生活需求。

保留原村委会并适当扩建,新增文化活动中心1处。增加图书阅览、培训教育和室内体育活动场所、室外广场,满足村民的日常使用需要。

根据现状下曼赖社现有广场1处,占地650 m^2,增设完善健身设施,形成1处综合村民活动中心,包括文化活动广场、健身广场、露天剧场等,满足节庆活动、村民休闲娱乐集会需求。

在现状“神泉”位置处发展1处养老社区,占地0.81 hm^2。

(7)绿化与景观规划　与历史文脉、地方民俗、乡村特色相结合,统一规划,突出地方特色。

统一安排公共绿地和防护绿地,绿化植物均采用本地树种。沿嘎查南北向S214包府公路主要道路景观绿化轴线串联乡村各个功能片区,在罗家梁社设置休闲小广场1处,占地面积450 m^2,结合一些健身设施,形成居住区核心;在李家豪社返还的采矿区内规划综合治理示范区,周围土地复垦区种植苜蓿草。在嘎查道路两侧种植山杏、山桃等果树,以及其他当地的适合的树种。

街道两侧建筑体量应与街道宽度相适应。街巷合理栽植植物,采用当地石材进行路面硬化铺装。通过院落绿化加强,提供街巷绿化与遮阳,通过建筑界面的整治美化街巷界面;对宅前空间铺装平整,种植一些具有经济价值的花果、蔬菜等,提高绿化率;消除宅前杂乱堆放的草垛、砖块等;利用街巷有效空间,垂直绿化、见缝插绿。形成良好的绿化效果,同时取得一定的经济效益。

3.5　生态修复和国土综合整治

嘎查南部建立优质牧草示范基地,通过试验基地建设,将全面推广优质牧草种植。积极引进培育饲草料加工企业,扩大饲草料加工能力,通过引进先进设备,进行产品技术开发,提升管理水平和产品档次,创建绿色品牌,开拓优质生态饲草产品市场。

呼和陶勒盖嘎查生态环境较好,为了更好地维持良好的生态嘎查,嘎查种植6 000亩柠条,恢复生态薄弱地带。

嘎查实施禁休牧,每年的4月1日至6月30日禁牧,恢复生态,实现草畜平衡。

3.6　防灾减灾规划

消防水源为供水水源,每家每户设有自备储水设施,可作为消防水源;居住院内设立沙井,储存泥沙,作为消防用沙和土;空旷用地、公共绿地作为消防疏散场地;村内主要道路系统作为消防疏散通道;全民自觉遵守消防条例,村里实行义务消防执勤。

嘎查东北侧现状有地表裂沟,结合村的降水、防洪历史情况,加强防洪堤的建设,对主要低洼地段按照防洪标准建设。

村内所有建筑抗震标准为6度,村委会等重要建筑作为嘎查生命线系统建筑设防提高1度,结合建设规划中道路、广场、绿化建立疏散场地和通道,尤其绿化用地,建设过程中严禁侵占。做好防震演习训练。

结合村内现状卫生防疫中心,定期上报村内疫情情况。继续加强免疫规划宣传,提高群众对免疫规划的认识，让群众主动支持。按上级要求，完成国家扩大免疫规划疫苗接种率，使新生儿在 1 个月内建卡、建证，接种率达到 100%，控制相应传染病发病率为零。加强业务学习，不断提高业务水平，要按时参加防疫部门的业务培训和例会。

3.7 近期规划安排

完善嘎查通村道路 25 km，规划综合服务设施用地 3.47 hm^2。

3.8 实施保障

(1) 强化组织领导　成立以苏木政府主要领导任组长的阿尔巴斯苏木呼和陶勒盖嘎查乡村振兴战略行动领导小组，对呼和陶勒盖嘎查乡村振兴建设工作实行统一领导，指导呼和陶勒盖嘎查开展乡村振兴示范点创建工作。

阿尔巴斯苏木要对应成立呼和陶勒盖嘎查村试点村创建领导小组，做好上下衔接、统筹协调，具体负责抓好呼和陶勒盖嘎查乡村振兴战略各项工作落实。

(2) 加强舆论宣传　要通过各种渠道，大力宣传嘎查推进乡村规划的总体安排和发展目标，把嘎查乡村振兴战略目标变成行动的指南和动力，营造良好氛围，指导全嘎查党员干部和人民群众为实现呼和陶乐盖嘎查振兴做出努力。

(3) 加大资金投入力度　在乡村振兴战略实施过程中，要在积极争取上级资金的基础上，充分调动各类投资主体的积极性，动员各级力量，加大力度，重点突破，合理利用项目资金，促进嘎查乡村振兴战略项目落地生根。

(4) 健全完善长效管护机制　坚持建管并重，切实建立农村公共设施的长效管护机制。加强嘎查卫生保洁、设施维护和绿化养护等工作，积极探索社会化经营模式，对村容卫生、日常保洁和公共基础设施进行日常维护。

4 规划总结与启示

牧区居住分散，牧区宅基地的预测与村庄存在一定的差异。一是牧区人口几乎不存在外流，几乎不存在闲置宅基地的腾退。二是牧区宅基地的需求和牧民的“分户”习俗紧密相关，预测方式相对复杂，整体存在增加的趋势。

该地的牧民人均收入水平较高，规划的重点在产业的提升和品牌的打造，以及生态的修复，例如，如何提升羊肉的衍生价值及提升品牌效应，如何提升草原的生态修复能力。

呼伦贝尔市牙克石市乌奴耳镇伊列克得村村庄规划（2021—2035年）

1　村庄介绍

1.1　村庄概况

伊列克得村位于大兴安岭山脉河谷之中，距乌奴耳镇30 km，距博克图镇32 km，距离牙克石市97 km，区位交通条件优越，滨洲铁路（原中东铁路）、301国道跨大兴安岭东西交通走廊穿村而过，2002年成立经管会，2016年1月恢复行政村，为先有林业后有村的典型林区村庄。

村庄规模较小，位于大陆性亚寒带气候区，春季干旱多风，夏季温凉短促，秋季降温急剧，冬季寒冷漫长。村域范围内草地资源丰富，生态环境优美，形成“两山一河、林草交融”的山水格局。

1.2　历史沿革

“伊列克得”源出蒙古语，据《呼伦贝尔志略》记载其意有三：一为“狼巢”之意；二为“旋涡”之意；三为“徒步而来”之意。

1901年11月3日，中东铁路西线在伊列克得站附近的乌奴耳举行了接轨仪式，伊列克得站建立。《清史稿·地理志》中记载呼伦直隶厅有“伊立克都”车站，为中东铁路车站之一。1903年中东铁路运营时，称宜立克都，时为四等站。北满铁路时称小岭子站，后改称伊列克得。原为中俄共同修筑的东清铁路（中东铁路）西线上车站，是中东铁路南来的火车奋力翻越大兴安岭主峰的第一个大站。现为四等站，不办理客运业务，以货运为主。

1.3　资源禀赋

根据基数转换成果，伊列克得村共有土地面积1.58 km^2，其中以湿地（沼泽草地）和草地为主，分别占村域总面积的31.1%和25.2%；村域中居住用地均为城镇住宅用地，占村域总面积的7.4%；村域西南部为小面积采矿用地，占村域总面积的5.2%。

从土地权属来看，目前，村域土地权属主要为免渡河林业局，占总面积的82.73%，其次为哈尔滨铁路局海拉尔工务段（9.97%）、牙克石市交通局（3.9%）、部队（2.85%）、牙克石市人民政府（0.4%）和乌奴耳林业局（0.1%）。

1.4　社会经济

2020 年，伊列克得村户籍人口为 143 户 276 人。目前，村庄中常住人口类型以本地村民和林场、铁路等退休职工为主，其居住类型分为两类：一类为常年村中居住人口，另一类为夏季回村居住人口，共 53 户 94 人。目前，村庄人口老龄化现象严重，常住人口中 60 岁以上人口占村庄总人口的 56%。

伊列克得村产业经济发展主要依托第一产业，主要包括以奶牛养殖为主的畜牧养殖业和以赤芍、黄芪等中草药的特色种植业。

(1)畜牧养殖　目前，村庄中养殖以肉牛养殖为主，依据村庄中良好的养殖经验和丰富的草场资源大力发展养殖项目，现从事肉牛养殖的有 13 户。

(2)特色种植　现有耕地 3 905 亩，草场面积 4 万亩，每年对外出租耕地 3 000 亩，主要种植小麦、油菜、马铃薯等农作物。因地处寒带，赤芍、返魂草等中草药是主要的贩卖品种，目前主要种植柴胡、小黄芩、大黄芪、沙参、芍药、白鲜皮和金莲花等。

1.5　人居环境

村庄对外交通主要分为公路和铁路。村庄北侧紧邻 301 国道，东侧可至兴安岭社区，西侧可至乌奴耳镇；滨洲铁路穿村而过，以货运为主，客运班次为两天一列。目前村庄内部道路总长为 6.5 km，已硬化长度为 4.5 km，未硬化长度为 2 km，未硬化道路主要集中在铁路北侧，为村民自发形的土质道路；农村道路，村庄道路宽度为 5.5 m，内部道路宽度为 2.5 m。

村庄基础设施建设整体较好，基本可满足人口日常生产生活需求，具体建设情况见表 1。

表 1　村庄基础设施建设情况

基础设施类别	建设情况
给水	仅有路北两户接通自来水，其余均未接通；公共取水点共计 4 处，自备水井 27 处
排水	未设污水处理设施
电力	已全部通电，均为铁路电
电信	仅有两户村民未覆盖有线网络；村庄均已覆盖有线电视
垃圾	设有 7 个公共垃圾箱
厕所	设有 3 个公共厕所

本村配有卫生室、图书馆、文化活动中心及活动广场各 1 处、百货商店 3 处(其中季节性商店 1 处)，均位于滨洲铁路南侧。

村庄户均住房面积 65 m^2，总住房建筑面积 4 420 m^2。现村域建筑类型以土木结构建筑和砖混结构建筑为主，现有住宅中老旧住宅 65 套，2000 年后政府出资新建 51 套，共计房屋 116 套，其中危房 2 套，其余房屋建筑质量较好。

2 规划目标与定位

2.1 村庄类型

伊列克得村属于特色保护类村庄。

2.2 规划目标

到规划期末，伊列克得村公共管理与公共服务用地及公共设施用地保持不变，建设用地总规模和城乡建设用地规模分别减少 5.68 hm^2 和 2.46 hm^2（表 2）。

表 2 村庄规划目标

指标	规划基期年	规划远期目标年	规划基期与远期变化量	属性
耕地保有量 /hm^2	15.86	15.47	–0.39	约束性
永久基本农田保护面积 /hm^2	0.00	0.00	0.00	约束性
生态保护红线规模 /hm^2	0.00	0.00	0.00	约束性
建设用地总规模 /hm^2	43.93	38.25	–5.68	预期性
城乡建设用地规模 /hm^2	13.73	15.99	–2.46	约束性
公共管理与公共服务用地规模 /hm^2	0.93	0.93	0.00	预期性
公用设施用地规模 /hm^2	0.94	0.94	0.00	预期性
户均宅基地 /（m^2/ 户）	0.00	0.00	0.00	约束性

2.3 村庄定位

依托良好的生态环境及山水格局，通过提炼以现有文物保护建筑为主的中东铁路遗产文化、森工文化等文化精髓，进一步改善人居环境，落实国土整治与生态修复，重点发展特色种植与精品养殖、休闲式康养、体验式文旅等精品产业，打造充分体现林区特色的旅居式康养村落，并为同类型林区村庄提供规划思路。

3 规划安排

3.1 空间布局

规划伊列克得村形成村民生活更舒适、生活环境更优美、满足产业合理发展的基本格局，保留传统种植特色同时又满足现代畜牧业发展的用地，合理确定村庄的生活、生产和生态用地，同时合理划定相应的分区。按照村庄两面环山，一面邻水，北高南低的地形地貌特征以及畜牧业产业优势，合理确定村庄发展规模。

村域内以“水”为源，跨“轨”联合，形成以“轨、道”为轴，以“绿”廊道的“多心、八区、三轴线”的空间结构(图 1)。

(1)铁路管控区　以铁路变电站为核心,形成铁路管控区域。

(2)历史保护区　以 3 座文物保护单位为中心,对木刻楞进行保护与修缮,并划定建设控制线,形成历史保护区。

(3)原住居住区　以林场驻地为中心,分布在村域东北侧及村域西南侧,以保留村民原住风貌为主,形成原住居住区。

(4)精品养殖区　以新建牛舍项目为中心,分布在村域西南侧。

(5)生态修复区　对现有废弃矿山进行生态修复与整治,形成生态修复区。

(6)康体养生区　对村庄中部集中空闲房屋进行升级改造,打造木刻楞式民宿片区,形成康体养生区。

(7)生态涵养区　以村庄南部集中连片的湿地为基础,形成村庄生态涵养区。

(8)特色民宿区　以村庄规划定位为基础,以森林火车旅馆、房车营地为核心,形成特色民宿区。

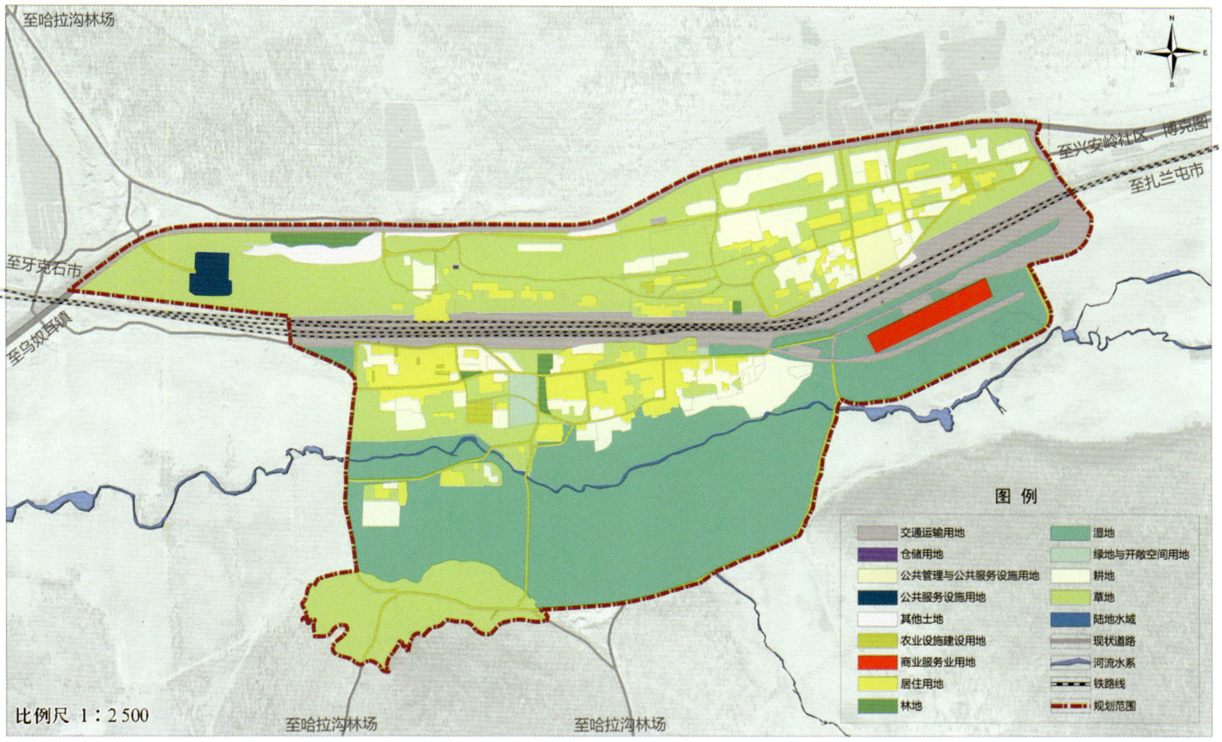

图 1　村庄规划图

3.2 “三区三线”

村域“三生”空间系统是村庄健康发展的综合平台,是不可分割的统一整体,依据确定的发展定位和要求,以路网、生态廊道等为框架,构筑“建设、农牧、生态”融合的村域空间发展格局,明确建设、农牧业、生态空间的主要区域(图 2)。

(1)建设空间　村庄的建设空间主要为铁路用地及铁路用地南、北侧的居住用地。规划村庄建设空间总面积为 104.65 hm^2。

(2)农牧业空间　村庄的农牧业空间主要指畜牧业空间,即提供畜牧产品为主体功能的空间。该空间水源充沛,主体功能是提供畜牧天然牧草,兼有生态功能。规划村庄生产空间面积为 51.62 hm^2,主要用地类型为沼泽草地。

(3) 生态空间　生态空间是指以提供生态产品或生态服务为主体功能的空间。以村庄南部第三次全国国土调查数据库中河流水面图斑为主体，并向外延伸 5 m 的缓冲区作为村庄生态空间。规划村庄生态空间面积为 2.01 hm^2。

表 3　村庄“三区三线”面积统计

“三生”空间		面积 /hm^2	比例 /%
生态空间		2.01	1.27
其中	生态保护红线面积	0.00	0.00
农牧业空间		51.62	32.61
其中	永久基本农田保护面积	0.00	0.00
建设空间		104.65	66.11
其中	村庄建设边界内集中建设区	38.25	24.16
总面积		158.29	100.00

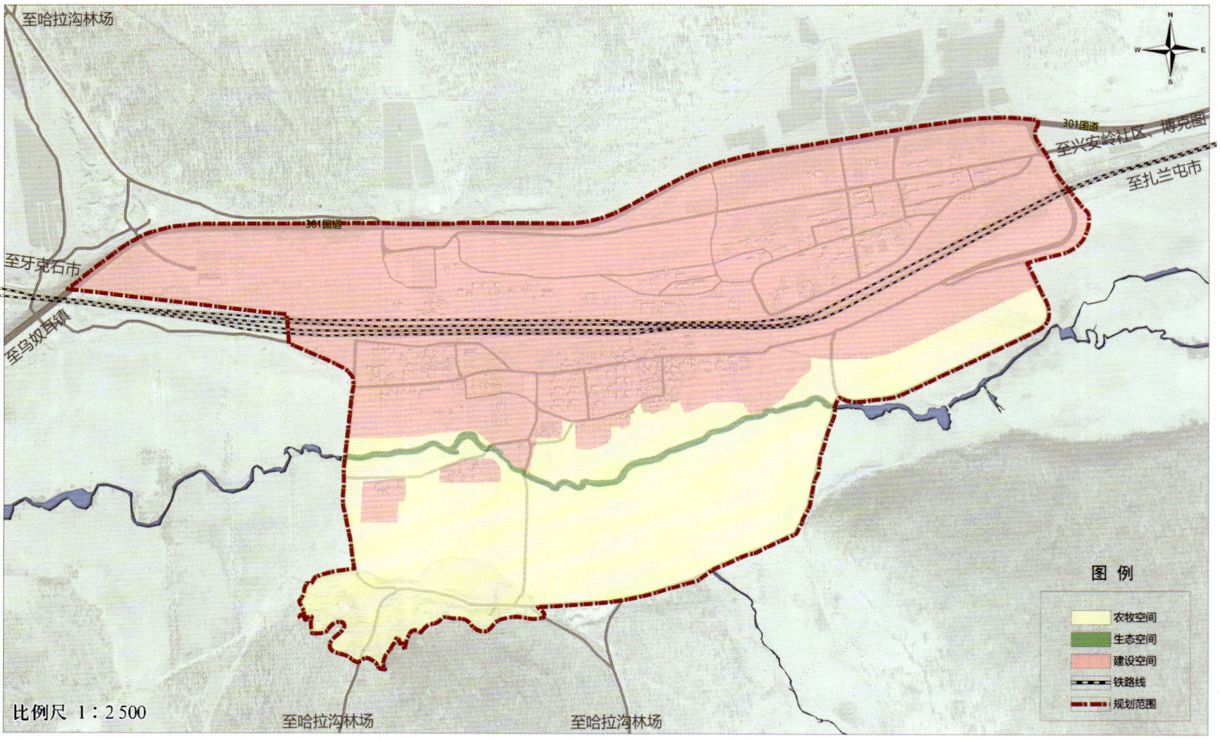

图 2　村庄“三区三线”图

3.3　产业规划

将生态优势转变为发展优势和经济优势，充分利用村庄良好的自然与生态资源，打造以体验式文旅为亮点，以特色种植、精品养殖为依托，以森林康养为导向的精品生态文旅村落，形成村庄自循环体系。

规划伊列克得村形成以生态农业、文旅融合及森林康养为三大核心的与村域开发保护格局相契合的产业布局空间。

(1) 生态农业区　以村域南部天然草地为基底，依据草畜平衡的原则，以不破坏生态平衡为前提，形成村庄生态农业产业区，塑造生态特色型片区。

(2) 文旅融合区　以村域西北部 3 座木刻楞、林业局和伊列克得火车站为核心，文物保护与文旅产业相融合，重点发展以文物观光、文化体验为主的融合产业，塑造文化特色型片区。

(3) 森林康养区　以森林火车主题旅馆和康养民宿区为核心，重点发展以特色民宿为主的森林康养产业，塑造产业特色型片区。

3.4 中心村规划

(1) 住房规划　本次规划无新增住房用地，以整合现状住房用地为主。针对伊列克得村闲置房屋及间歇性居住房屋占比超过一半的现状，尊重农民的自主意愿，保障农民的合法权益，采取盘活存量用房，植入新型开发模式，探索伊列克得住房使用新模式。根据村庄现状房屋使用情况，可将房屋分为闲置房屋、间歇性居住房屋和常年居住房屋（图 3）。

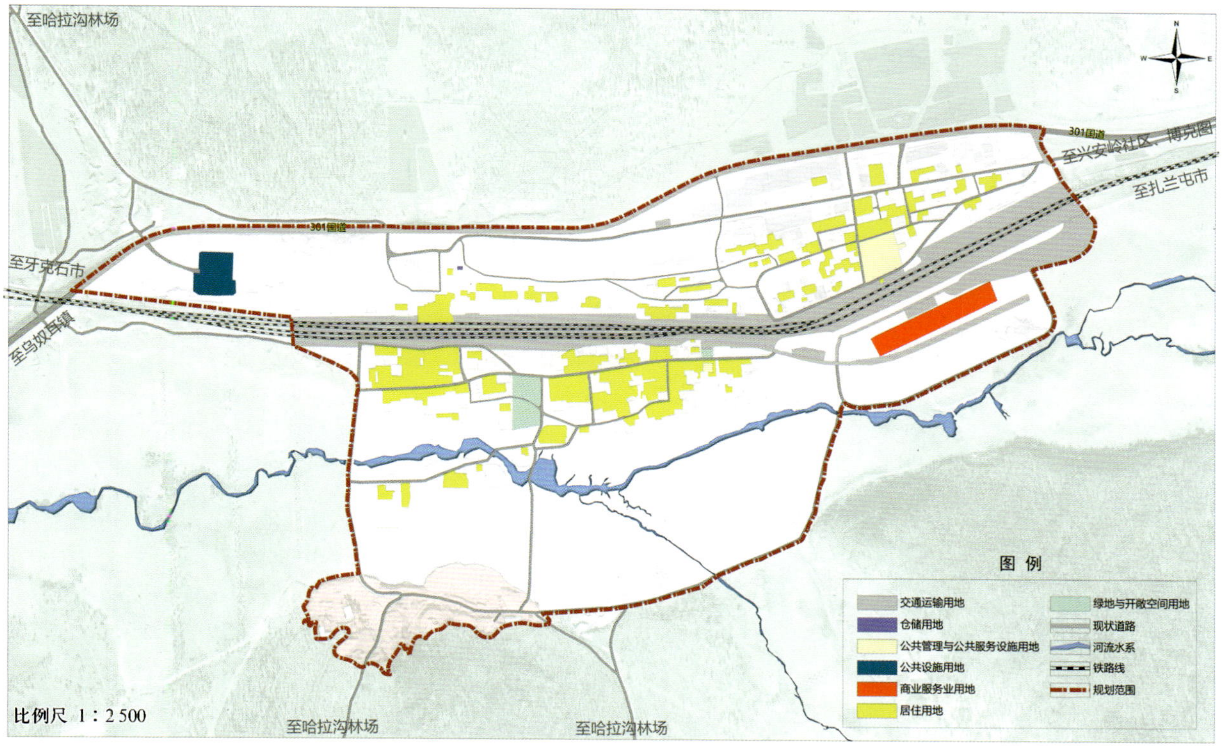

图 3　中心村建设用地规划图

(2) 道路交通　村庄对外交通道路以 301 国道为主，规划继续将 301 国道作为对外交通的主要道路，向西连通牙克石市、乌奴耳镇，向东连通兴安岭社区、博克图镇，并通过已有道路与哈拉沟林场建立良好联系。尊重村庄原有组织与肌理，依托现有道路网结构，打通淤塞点，新建主要道路 1 183 m，红线宽度为 6 m；次要道路 2 099 m，宽度为 3 m（图 4）。

(3) 给排水工程　伊列克得村现状集体水源 2 处。由于现状水源井水质较好，出水水质满足国家标准，可直接饮用。规划村南保留现状集体水源井，村北利用水质较好的村民自备水源井采取集中供水。村庄生活饮用水水质满足《生活饮用水水质标准》(GB 5749—2022)。规划对现状水源井进行改造升级，通过机井处理，便于村民用水。

伊列克得村整体地势有利于雨水重力排出，规划排水体制为"雨污分流制"。规划村庄以集中住户共建共用化粪池或污水收集罐收集污水及粪便，确保污水不外排下渗污染地下水源及周边环境，由上级人民政府统筹安排，定期处理，生态排放。

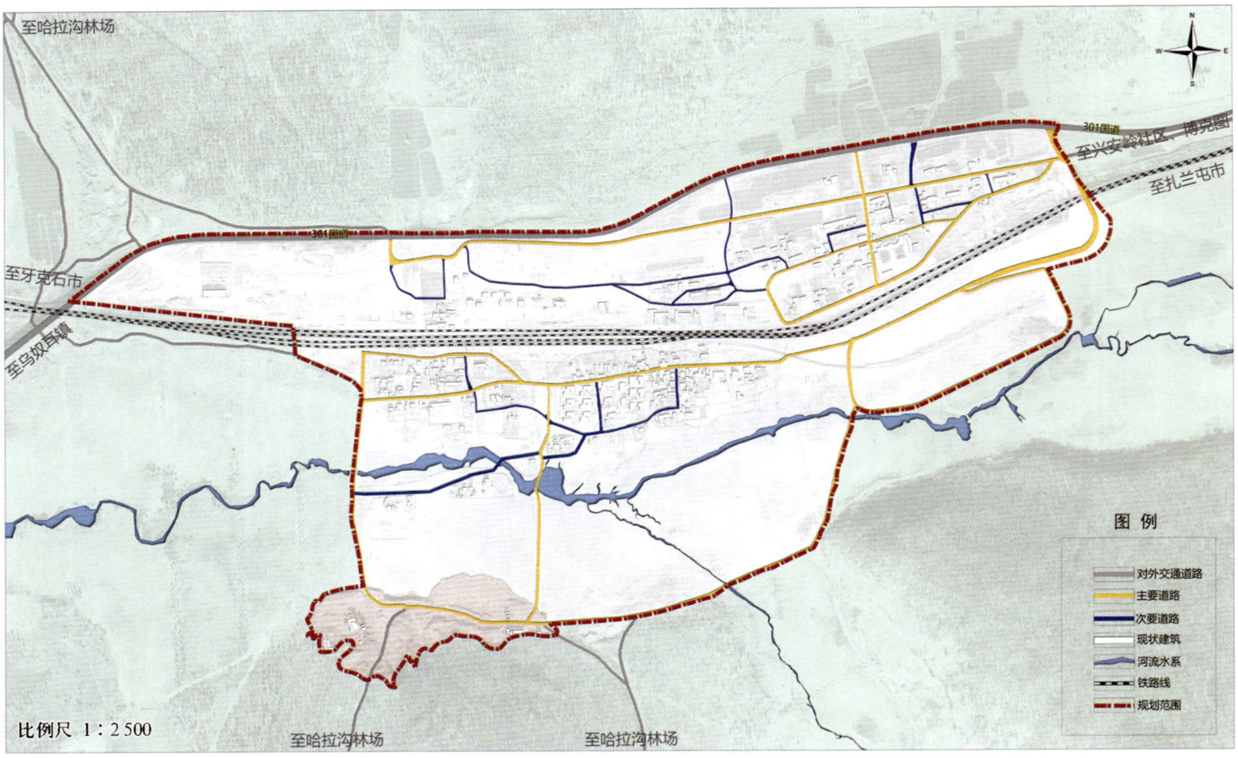

图 4　村庄交通规划图

(4) 公共服务设施规划　规划与党群服务中心合并设立科普教育基地，用于丰富村民业余生活、培养村民再就业技能及吸引周边旅客。升级改造现有卫生室，以卫生室所为基础，建立健全村庄医疗卫生网络体系，加强村卫生医务人员培训，提高专业素质，增强医疗设备投入与保障。依托村庄总体发展康养定位，增设疗养设施，吸引周边人群，打造森林老年疗养中心。将文化设施和体育设施合并设置，并在村域西南侧增设活动广场 1 处，便于村民集散。加强设施建设，丰富活动内容，定期开展各类文化活动，以满足村民日益增长的精神文化需要。同时设置文物、纪念、宗教类设施，在村庄水塔、俄式木刻楞等文物周围配置文物保护设施。改造现有木刻楞作为村庄博物馆，展示村庄历史、民俗风情。以满足村民日常消费和生活用品需求为导向，实现美好生活向往为愿望，在铁道北侧新增 1 处便民超市，服务铁路北侧村民与居民，可利用现有村民宅院进行功能升级与改造，设置在铁路北侧公共服务中心半径范围内，用地面积为 50 m^2。对铁路南侧现有便民超市进行室内环境的改造与翻新，逐步将生活与销售功能分离，便于村民使用。规划在道路南侧、村委会北侧改造现有空闲村民宅院 1 处，功能置换为快递驿站，以满足村民实际需求（图 5）。

(5) 绿地与景观规划　根据农村土地实际利用情况，可以将农村村庄绿地分为公共绿地、防护绿地、附属绿地和生产绿地。同时，村庄绿地布局依照所形成的绿色空间环境分为村庄外围绿色空间、村庄内部绿化、村内村外绿色纽带等 3 个层次。村庄绿地规划形式有块状绿地布局、带状绿地布局、楔形绿地布局和混合式绿地布局。

景观形成“一核两轴五片区”总体格局。“一核”指以居民委员会及周边村庄景观为核心，提升公共活动空间景观质量，点状改造房屋及庭院；“两轴”指以“泉水 + 河流”为主要轴线，以“铁路线”为次要轴线，形成特色景观风貌廊道及绿化廊道；“五片区”指田园乡村片区、生态牧场片区、森林康养片区、珍珠矿坑片区、铁路探秘片区。

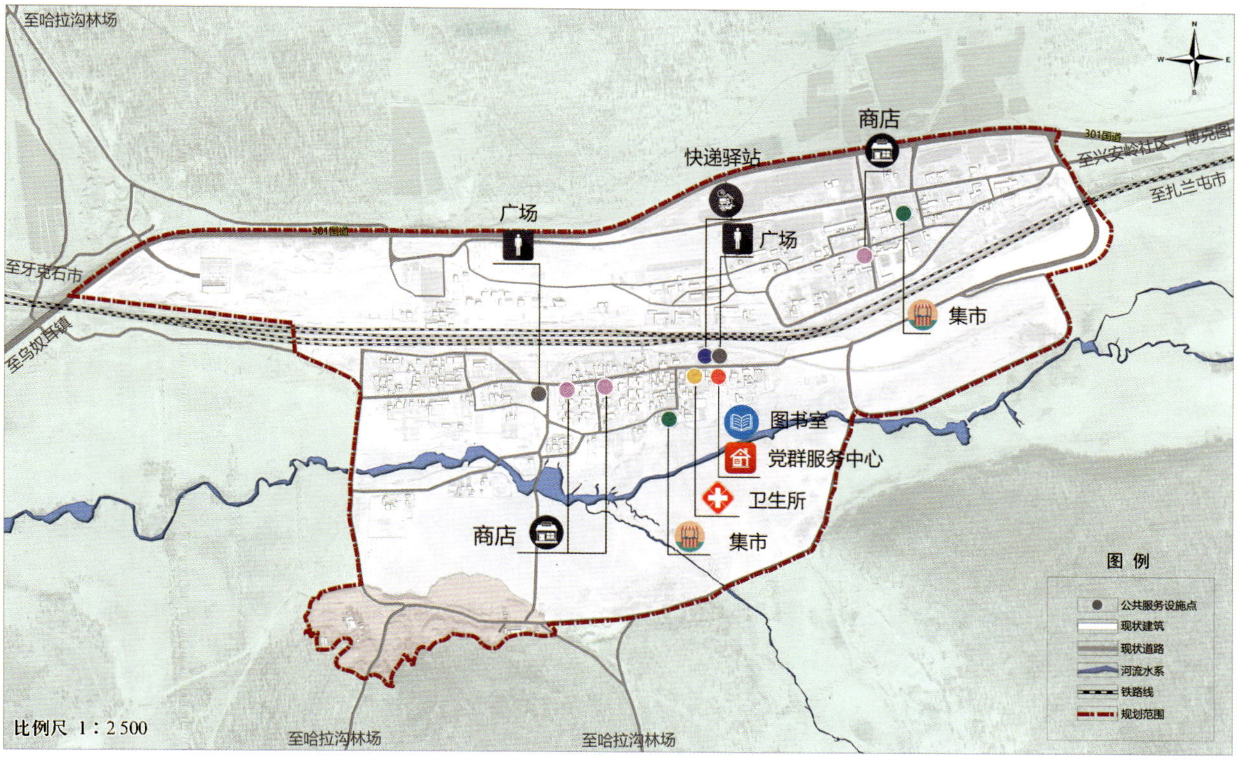

图 5 村庄公共服务设施规划图

3.5 历史文化传承与保护

伊列克得村现状历史文化资源较为丰富，但存在数量少，缺乏故事性，特色不突出，缺乏吸引力，周边同质化资源竞争激烈等现实问题。规划从区域层面融入中东铁路文化旅游，在村域层面通过游览路线的设计、森林火车旅馆、俄式木刻楞生活场景复原、水塔瞭望、未来邮筒等让历史真实细节再现，形成完整的故事片段，鲜活生动历史。通过村庄南部小山丘的地理位置，规划打卡拍点、森林日、森林精灵等场景设计和活动植入等强化村庄历史文化魅力空间，让游客形成强烈的“代入感”从而获得全面沉浸式体验，营造村域历史文化魅力空间。

(1) 保护、建设控制范围

保护范围：伊列克得 01 号、02 号、03 号俄式木刻楞全部区域。

建设控制地带：以伊列克得 01 号、02 号、03 号俄式木刻楞墙为基线，向东 5 m、向西 5 m、向南 5 m、向北 2 m。

(2) 文保单位、历史建筑保护措施　本次规划范围内 3 处俄式木刻楞均已被认定为牙克石市级文物保护单位，其中 2 处为两层式建筑，上层为木结构，下层为石碶结构，现主要使用功能为居住功能；剩余一处为一层，下方为石碶结构，上方为木结构，现为空闲房屋；历史年代久远，具有较高的历史价值、文化价值、艺术价值，规划一同进行保护。

根据《中华人民共和国文物保护法》规定，在文物保护单位的保护范围内不得进行文物保护工程以外的其他建设工程，并且根据保护文物的实际需要，经省、自治区、直辖市人民政府批准，可以在文物保护单位的周围划出一定的建设控制地带，并予以公布。在文物保护单位的保护范围和建设控制地带内，不得建设污染文物保护单位及其环境的设施，不得进行可能影响文物保护单位安全及其环境的活动。

本次规划范围内有两处历史建筑，一处为水塔，一处为国营商店。水塔、国营商店均位于村南侧，紧靠通村铁路线。水塔塔顶损毁，塔身保护完整，现无实际使用功能。国营商店现处于闲置。

3.6 生态修复与国土空间综合整治

(1)农村建设用地整理　当地政府可通过一定方式收回这些闲置和低效利用的建设用地，并进行整理后，按标准重新分配给农户建房或作为预备建设用地，同时严格限制农户在村庄外围占用耕地建房，以达到盘活存量建设用地、控制建设用地规模并提高土地利用效率的目的。确定村庄内部用地改造的对象，妥善整理村庄内部建设用地。

(2)人居环境整治　采用户分类、村收集、镇转运、县处理的治理原则，采用标准桶和机械装自卸式收运车共同收集，后运送至垃圾转运站和处理厂。开展非正规垃圾堆放点排查整治，重点整治垃圾山、垃圾围村等现象。合理选择改厕模式，因位于严寒地区，可采用深坑式厕所，贮粪池底部应低于当地冻土层；部分家庭饲养牲畜的农户，宜建造三联通沼气式厕所。加快推进户用卫生厕所建设和改造，同步实施厕所粪污治理。加强改厕与农村生活污水治理的有效衔接。厕所粪污、畜禽养殖废弃物一并由上级人民政府统一组织处理并资源化利用。根据村庄人口现状，采用多种形式的污水收集及处理方式，以实现污水的应收尽收和及时处理。规划运用生态湿地（氧化塘或生物滤池）等模式集中处置。

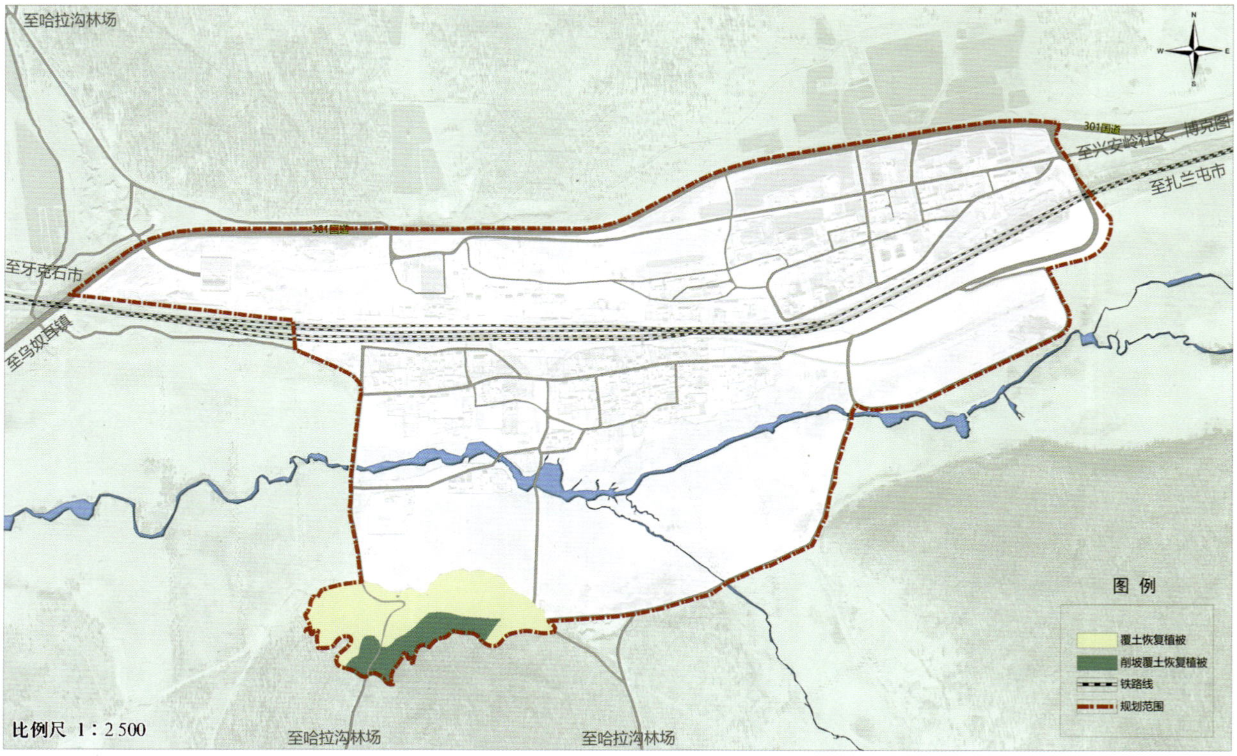

图6　村庄生态修复与国土综合整治图

3.7 防灾减灾规划

村内规划文物保护单位、历史建筑均为四级耐火等级建筑，耐火性较差。规划在木刻楞北部修建高位消防水池，建成常高压消防给水系统，备好消防水源，保持防火间距，满足消防需要。

在对文物保护单位、历史建筑进行修缮时，应避免增加火灾荷载和火灾危险性，修缮所用材料应使用不燃或难燃烧材料，同时结合最新的消防工艺，对耐火极限低的建筑、建筑构件，采取一定的防火保护措施，提高其耐火极限和整体的耐火等级。电气设备修缮施工时，应符合消防安全技术规程的要求，预防电气火花引起的火灾。电气线路应采用铜芯绝缘导线，并采用阻燃 PVC 穿管保护或穿金属管敷设，不应直接敷设在梁、柱等可燃构件上，严禁乱拉乱接电线。灯具和灯泡不应靠近可燃物。

3.8　实施保障

(1) 规划传导及管控　以国土空间规划统筹协调各类空间规划，形成总体规划、专项规划、详细规划三类空间规划体系；加强规划国土管理融合，切实保障土地利用总体规划空间管控目标落实；按照系统性、整体性、协同性的要求开展“多规合一”空间管理。

根据村庄规划内容，制定实施细则和管理办法，指导各项建设活动，把本次规划所确定的内容，贯穿于规划、设计、建设和管理的全过程，并将更多内容吸纳入村规民约中。

(2) 加强组织领导，做好技术指导　加强对规划实施的组织领导，各级政府、建设规划部门高度重视，建立必要的联系沟通机制，定期开展技术指导和巡回服务，解决项目建设所需的资金、技术和人才，为村庄的建设创造良好的政策环境。

(3) 创新管理方式，积极招商引资　在牙克石市人民政府、乌奴耳镇人民政府的统一领导下，由村委会主导，积极申请专项资金等完善村庄公共服务设施及基础设施，并结合传统媒体和智慧新媒体等对村庄展开宣传，通过组织节庆活动、文化摄影展等活动吸引招商引资，引入社会资本共同经营，用于文化保护与特色产业发展，激活村庄潜力。

(4) 尊重村民意愿，强化公众参与　通过召开座谈会和村民代表会议，使村民了解村庄规划的内容和要求，以及规划实施的意义，通过设立保洁员监督污水处理及垃圾分类及转运工作，并通过积分兑换方式提高村民积极性，促进村庄文明建设。

4　规划总结与启示

村域各类空间开发建设活动，按照法定村庄规划实施乡村建设规划许可管理。村民委员会发挥规划执行主体责任，村委会严格执行规划方案，明确和落实村委会和村民责任，严格按照村庄规划进行用地安排。鼓励村民全过程参与规划编制与实施，使村民享有知情权、参与权、表达权、监督权，保护村民的各项权益。深化全体村民规范用地意识，合理引导，提高村民的合法用地、依规用地意识，把遵守村庄规划变为全村的自觉行为。

锡林郭勒盟西乌珠穆沁旗浩勒图高勒镇脑干宝力格嘎查村庄规划（2021—2035年）

1 村庄介绍

1.1 村庄概况

脑干宝力格嘎查位于内蒙古自治区锡林郭勒盟西乌珠穆沁旗浩勒图高勒镇东南部，距浩勒图高勒镇约30 km，距西乌珠穆沁旗约46 km，距锡林郭勒盟约160 km。村庄北邻巴拉格尔高勒嘎查，东、南、西三个方向被乌日图高勒嘎查包围，巴拉格尔河的两条支流从村庄穿过。

1.2 资源禀赋

脑干宝力格嘎查属丘陵地貌，海拔高程在1 087～1 502 m，地势西低东高。

脑干宝力格嘎查地处大兴安岭北麓，蒙古地槽西缘，地下水补给面积大，含水层均由全新统坡洪积、冲洪积物组成。分布连续稳定，厚度比较厚，含水层岩性为砂砾卵石，为承压水。厚度为3.23～10.70 m，最深22.52 m，水位埋深一般为1.51～2.67 m，最深8.19 m。涌水量30.61～79.90 t/h，水质为矿化度小于1 g/L的HCO_3-CaNaMg型水，本区地下水资源为1 807万m^3。地质构造为第四系散堆积孔潜水，分为冲层、洪积层、坡积层，地下水埋藏浅，钻140 m深水井，单井出水量达25 m^3/h，水质良好，适宜人畜饮用和灌溉。

脑干宝力格嘎查村域总面积19 225.85 hm^2其中建设用地25.20 hm^2，占村域总面积的0.13%；非建设用地包括农用地18 156.80 hm^2，占村域总面积的94.44%；其他用地1 043.85 hm^2，占村域总面积的5.43%。

1.3 社会经济

脑干宝力格嘎查大多家庭年收入在20万元以上，整体收入水平较高。收入来源主要为承包草场和养殖牛羊。

1.4　人居环境

脑干宝力格嘎查为内蒙古草原传统村落，整体为丘陵地形，东高西低。村庄住宅主要为现代砖瓦式平房，部分保留传统蒙古包，现代与传统并存。牧民以点状形式散居在整个村域内。

村庄整体空间为茫茫草原，住宅以点状形式散居在整个村域内，基本无街巷空间。

2　规划目标与定位

2.1　村庄类型

脑干宝力格嘎查属于特色保护类村庄。

2.2　主要目标

依据内蒙古自治区《村庄规划编制规程》，根据脑干宝力格嘎查的地理位置、地形地貌、资源禀赋、历史文化、经济社会发展、基础设施、传统风貌等因素，提出规划目标，进一步统筹谋划村庄发展定位。

(1) 近期目标　明晰人口和用地规模，完善基础设施和公共服务设施，实现村庄环境的普遍改善，牧民生活品质的有效提升，村庄安全的可靠保障，构建生态宜居的乡村空间和绿色低碳的发展方式。

(2) 远期目标　引导产业发展，提升农宅品质，完成国土综合整治与生态修复，保护与传承乡土、民族文化，延续和塑造民族风貌特色，形成和谐淳朴的人文环境，完成乡村和民族文化的复兴。

2.3　村庄定位

脑干宝力格嘎查 2015 年荣获 CCTV 中国十大最美乡村奖，自然环境优美；2017 年 3 月被国家民族事务委员会评为“中国少数民族特色村寨”，列入第二批“中国少数民族特色村寨”名录，人文资源丰富；西部距蒙古汗城旅游区 30 km，东部紧邻古日格斯台国家级自然保护区，区位条件优越。

依托自身独特的生态及民俗资源，协同浩勒图高勒镇其他村庄，构建旅游配套设施，将高效畜牧业和旅游业有机结合，并以此为核心，打造以草原观光，草原畜牧业生活体验、民俗体验为重点的内蒙古“游牧文化生态宜居村”。

3　规划安排

3.1　空间布局

村庄现状牧民以散居的形式，分散居住在整个村域范围内，由于整个村庄几乎全部位于生态保护红线内，所以规划保持牧民住宅基本不变。整理村庄现状除住宅外其他的建设用地，预留 1.34 hm^2 建设用地指标，占村庄建设用地的 5.62%，用于村庄旅游业开发和设施建设。规划村庄建设用地 23.86 hm^2，占村域总面积的 0.12%；农用地 18 158.13 hm^2，占村域总面积的 94.45%；其他用地 1 043.86 hm^2，占村域总面积的 5.43%（表 1）。

表 1　村庄国土空间规划用地统计

地类					面积 /hm²	比例 /%
	一级类		二级类			
	代码	名称	代码	名称		
农用地	03	林地	0301	乔木林地	218.47	1.14
			0303	灌木林地	347.37	1.81
			0304	其他林地	7.99	0.04
			合计		573.83	2.99
	04	草地	0401	天然牧草地	17 467.18	90.85
			0403	其他草地	57.11	0.30
			合计		17 524.29	91.15
	06	农用设施建设用地	0601	乡村道路用地	51.72	0.27
			0603	畜禽养殖设施建设用地	8.29	0.04
			合计		60.01	0.31
	小计				18 158.13	94.45
建设用地			0601A	乡村道路用地	19.68	0.10
	07	居住用地	0703	农村宅基地	3.71	0.02
	08	公共管理与公共服务用地	0801	机关团体用地	0.16	0.001
			0806	医疗卫生用地	0.01	0
			合计		0.17	0.001
	09	商业服务业用地	0901	商业用地	0.24	0.001
	13	公用设施用地	合计		0.06	0
	小计				23.86	0.12
其他用地	05	湿地	0503	沼泽草地	935.35	4.86
			0506	内陆滩涂	1.20	0.01
			合计		936.55	4.87
	17	陆地水域	1701	河流水面	51.79	0.27
			1704	坑塘水面	0.13	0.001
			合计		51.92	0.27
	23	其他土地	2305	沙地	55.39	0.29
	小计				1 043.86	5.43
总计					19 225.85	100

3.2 “三区三线”

规划脑干宝力格嘎查村域范围内全部建设用地，包括乡村道路用地、居住用地、公共管理与公共服务用地、商业服务业用地、公用设施用地为建设空间，以“开天窗”的形式调整出原生态红线，总面积 23.86 hm²；其他全部为生态空间，面积 19 201.99 hm²，其中生态保护红线面积 19 201.73 hm²。本次规划预留 1.34 hm² 建设用地指标用于日后旅游开发和设施建设，本次规划不予上图，建设项目规划审批时落地预留指标、明确规划用地性质，项目批准后更新数据库。

（1）生态空间布局与管控　村庄现状全部在生态保护区内，面积 19 225.85 hm²，其中生态保护红线 19 225.59 hm²。

在生态保护红线内，禁止开展大规模农业开发活动，大面积开荒，规模化养殖；禁止机场、车站建设；

可以开展生态保护修复和环境治理活动,当地居民正常生产生活设施建设、修缮和改造。

生态保护红线内已有人类活动和建设项目遵循尊重历史、实事求是、依法处理、逐步解决的原则,从严查处违法建设项目。

生态保护红线内已有的交通、通信、能源管道、输电线路等线性基础设施,风电、光伏设施,以及防洪水利等设施,按照法律法规规定进行管理、运行和维护,严禁擅自扩大规模。

(2)建设空间布局与管控 以浩勒图高勒镇国土空间规划管控任务为基础,划定脑干宝力格嘎查村庄建设边界,主要用于村民居住,公共服务和基础设施建设,以及休憩生产等。到2035年,村庄建设边界23.86 hm^2,建设空间占村域总面积的0.13%。划定村庄建设边界,严格执行“一户一宅”政策,规划申请新的宅基地,优先利用村内空闲地。允许农村集体经营性建设用地使用权出让、租赁、作价出资(入股)。

3.3 产业规划

沿村庄主要道路设置村庄游览路线,在村庄不同位置,设置滑草、草原滑翔、草原婚礼等不同活动。奶食品体验户、马奶体验户、内蒙古服饰体验户等众多民族特色的牧人之家分散于村庄各处。集中的蒙古包作为村庄特色民宿。

穿民族服饰,尝牛羊肉、牛奶、马奶等民族食品,体验蒙古族春节、敖包节、草原婚礼等民俗活动。

(1)蒙古族文化体验 蒙古族春节、那达慕大会、马奶节、敖包节、祭祖节、燃灯节等独一无二的少数民族节日文化,对游客有天然的吸引力。祝寿礼、婚宴礼、《姑娘宴歌》、整羊席等可以为游客带来独特的文化体验。以此为基础,创建村庄文创工作室,构建村庄文创产业。

(2)草原风景观光 发展观光型、体验型畜牧业,形成一三产联动协同发展。以旗县为单位,农牧产品统一制作、出售,打造当地奶制品、肉制品品牌。

(3)生活度假服务 对现状院落进行改造升级,形成“牧民所有、村集体统一管理、企业式经营”综合运行机制,发展精品民宿、家庭度假酒店、餐饮服务等,针对前来观光、休闲、度假的人群提供优质的住宿体验。

3.4 中心村规划

(1)宅基地 依据《西乌珠穆沁旗浩勒图高勒镇脑干宝力格嘎查宅基地及集体建设用地宗地表》以及村庄宗地矢量图,对村庄住宅在第三次全国国土调查的基础上重新划定,规划村庄宅基地面积3.71 hm^2,位置与现状保持一致。

(2)道路交通 规划村庄路网基本保持不变,对村庄主路进行硬化修缮,村庄支路保持不变。主路宽4~8 m,长约24.60 km,其中需硬化部分17.73 km,水泥路面。支路宽2~4 m,保持不变,路面材质为砂石路、土路。

(3)给排水工程 村庄现状采用牧民自打井的供水方式,能够满足牧民的日常用水需求。规划至2035年,村庄供水普及率达到100%,规划人口468人,用水量标准为120 L/(d·人),则生活用水量为56.16 m^3/d。规划村庄水源保持不变,为地下水。

村庄现状无集中的污水处理设施,牧民的生活污水直接排放到草原。雨水为自排。

(4)电力电信供热工程规划 村庄主路旁的牧民已实现集中供电,电力来源为道伦达坝嘎查35 kV变电站,其他离主路较远的牧民(约60%)采用太阳能供电,冬季用电紧张。村庄按人均用电负荷0.7 kW/(人·d),规划村庄人口为468人,则2035年村庄的电负荷为327.60 kW/d。规划村庄电源来自道伦达坝嘎查35 kV变电站保持不变,经村中变压器转换为220 V电压为村中供电。沿村庄支路新建电力线路，将村庄全部牧民纳入集中供电。

现状村庄邮政、电视已完成全面覆盖，部分离主路较远的牧民，手机和网络信号较差。规划沿村庄支路新建电信线路，完成村庄电信全覆盖。

村庄现状为牧民自供暖，规划村庄供热方式保持不变。

(5)环卫设施规划　村庄现状无垃圾收集点，牧民每周去县城购物，自行将垃圾带至县城处理。村委会旁有1处公共厕所，为旱厕。村庄按照“村收集、镇转运、县处理”的垃圾收集处理模式，在村委会旁新建1处垃圾收集点(不独立占地)，配置垃圾收集设备和专职人员，垃圾由专人收集，经乡镇垃圾中转站再转运至县城垃圾处理厂集中统一处理。

3.5　生态修复和国土综合整治

(1)建设用地整理　本次村庄规划对村庄现状建设用地进行整理，农村住宅用地及村委会办公室、卫生室用地以《西乌珠穆沁旗浩勒图高勒镇脑干宝力格嘎查宅基地及集体建设用地宗地表》和村庄宗地矢量图为标准，在第三次全国国土调查的基础上重新划定。其余现状为废弃建筑或空闲地的建设用地，拆除废弃建筑，恢复为农用地，建设用地指标统一整理，预留建设用地指标1.34 hm^2，为日后村庄建设和旅游业发展提供条件。

规划建设用地指标23.86 hm^2，预留指标1.34 hm^2，规划前后村庄建设用地总指标保持不变。

(2)农用地整理　脑干宝力格嘎查村域范围内农用地包括林地、草地、农用设施建设用地。

规划村庄农用地增加1.33 hm^2，其中天然牧草地增加1.48 hm^2，畜禽养殖设施建设用地减少0.15 hm^2，其余农用地保持不变。

(3)生态保护修复　村庄目前存在草场退化、沙化等问题，多为天气原因造成，但并不严重，此外还有过度放牧等现象存在。为改善草原生态环境，促进畜牧业和村庄社会经济的可持续发展，制定如下措施。

①牧民应当依照法律、法规和承包合同的规定，履行保护、管理、建设和合理利用基本草牧场的义务，坚持以草定畜、增草增畜的原则，建立合理的轮牧制度。

②牧民应当采取改良牲畜品种、提高牲畜质量、加快牲畜出栏和轮牧、封育、种植多年生牧草、建设草库伦等措施，恢复植被，实现草畜平衡。

③严禁任何单位和个人开垦村庄草牧场，本次规划中还牧、还草的土地，不得重新建设。

3.6　防灾减灾规划

(1)防震规划　对于一般建筑物按7度设防，新建工程必须按国家颁布的《建筑物抗震设计规范》进行抗震设计和建设。

规划村委会为应急指挥中心，牧民就近疏散。

(2)防洪规划　以保护和修复水生态系统为重点，加强湿地建设，提升河道防洪排涝能力。对于沟渠沿线做好防洪设施的安排，确保村庄住宅及牧民的安全。继续贯彻“全面规划、综合治理、防治结合、以防为主”的防洪减灾方针，防洪工程的规划建设应与流域规划相协调，科学合理确定防洪标准，加强防洪减灾设施的建设和保护，健全雨洪利用设施，保证村庄防洪安全。

规划村庄内的巴拉格尔河支流防洪标准为10年一遇。

(3)消防规划

①消防站规划：规划设置村委会为村级消防指挥中心，以统一指挥调度村庄工作小组和义务消防队及时展开扑救工作，控制火势蔓延，同时向公安消防119指挥中心报警。村庄不设单独消防站。

②消防给水规划：消防用水量计算按规划人口不足10 000人，规划消防用水量按同一时间内火灾

次数 2 次，一次灭火时间 2 h，一次灭火用水量 10 L/s，村庄消防一次用水量为 144 m^3。

村庄消防月水利用牧民自打井和地表自然水体，可以保证村庄在生产、生活用水达到最高峰时，仍能供应消防水量。

③消防通道规划：消防车道的净宽、净空高度不宜小于 4 m，满足配置车型的转弯半径，尽头式车道满足配置车型回车要求。消防车道应保持畅通，严禁设置隔离桩、栏杆等障碍设施，不得堆放土石、柴草等影响消防车通行的障碍物，保证发生火灾时，消防车辆能够直接到达失火地点。

结合村庄道路系统规划，村庄主路、支路作为村庄消防通道，使消防车辆能够顺利进入村庄实施灭火作业。

(4) 防疫规划

①人口防疫：贯彻落实《内蒙古自治区疾病预防控制服务能力建设行动方案》，按照“突出重点、分类指导、注重实效、分类实施”的原则，对全村适龄儿童进行接种国家免疫规划疫苗。在炭疽、钩端螺旋体病等疫情流行暴发时，对重点人群进行疫苗接种。到 2035 年，适龄儿童接种国家免疫规划疫苗率达到 100%，炭疽疫苗、钩端螺旋体疫苗等应急疫苗接种人群率达到 100%。

②动物防疫：坚持“预防为主，综合防控”和“加强领导，密切配合，依靠科学，依法防治，群防群控，果断处置”的原则，把动物疫病防治作为重要民生工程。健全种用、乳用动物健康标准，实施种畜禽场疫病净化计划。扶持规模化、标准化、集约化养殖，减少散养比例。定期监测、严格消毒，遵守死亡动物无害化处理，降低动物疫病发生风险。

3.7　近期规划安排

规划近期至 2025 年，村庄完成拆除废弃建筑、整治村庄乱堆乱放的环境整治和土地整治工作，并且完成电力线、电信线搭建和村庄道路修缮的基础设施建设工作。

3.8　实施保障

(1) 规划传导与指标管控　村庄规划严格在上位国土空间规划的指导与约束下编制，落实国土空间规划确定的规划目标、规划分区、重要控制线、要素配置等规划内容。落实相关约束性指标，不违背各项管控要求。

(2) 规划动态完善　建立规划动态维护制度，加强评估及监督检查，及时研究规划实施过程中新情况，做好规划动态完善，有计划、有组织地对村庄规划的实施情况进行评估和维护。

(3) 政策机制　运用建设用地增减挂钩、工矿废弃地复垦利用等政策工具，融合财政、投资、产业、交通、水利等各类措施，建立政策统筹机制平台，保障规划目标的实现，促进村域国土空间格局的优化。

4　规划总结与启示

(1) 公众全程参与　深入了解村民意愿，提升村庄规划的实用性和可操作性；规划成果经村委会审议和村民代表决议后，报县政府审批；以多种方式及时公布并长期公开，将规划的主要内容纳入村规民约。

(2) 严格执行用途管制制度　村域各类空间开发建设活动，按照法定村庄规划实施乡村建设规划许可管理。

(3) 村民委员会发挥规划执行主体责任　村委会严格执行规划方案，明确和落实村民与村委会责任，严格按照村庄规划进行用地安排。

(4) 深化全体村民规范用地意识　合理引导，提高村民的合法用地、依规用地意识，把遵守村庄规划变为全村的自觉行为。

阿拉善左旗巴彦木仁苏木联合嘎查村庄规划（2021—2035 年）

1 村庄介绍

1.1 村庄概况

联合嘎查位于巴彦木仁苏木驻地西北角，可通过京藏高速、敖巴高速（S33）、110 国道、磴乌公路、巴彦木仁至吉兰泰公路、乌兰布和至敖伦布拉格公路、滨河路与乌海市、敖伦布拉格镇、吉兰泰镇联系，交通便捷，是巴彦木仁苏木镇政府所在地，东邻黄河，与巴彦木仁苏木所属上滩嘎查、巴音套海嘎查及巴彦树贵嘎查为邻，总面积 8 198.21 hm^2。

1.2 资源禀赋

联合嘎查东邻黄河，西靠乌兰布和沙漠，地形总体上由西南向东北倾斜，东部沿黄河地区地势较低，西部以沙漠为主，地貌起伏较大。紧邻黄河的水资源优势与浩瀚的沙漠旅游资源是联合嘎查最具特色的资源优势，有利于农业生产和生态环境的治理。同时，大面积的沙地，可种植梭梭、沙冬青等防风固沙植物，以及肉苁蓉、锁阳等沙生作物。联合嘎查所处地理纬度及水源日照条件非常适宜酿酒葡萄的种植。

联合嘎查西侧是有名的乌兰布和沙漠，乌兰布和沙漠旅游资源的"独特、原始、古朴、奇异"正好适应现代旅游发展的趋势，符合旅游者的心理需求，旅游开发前景广阔。乌海市大力发展旅游也为联合嘎查创造了客源优势。

联合嘎查集民族文化，历史文化和艺术文化于一体。回、蒙、汉等多民族杂居，具有独特的民族文化特色优势，本次规划挖掘了黄河古渡与盐坨古道的历史文化，将户外竞技、摄影写生、观光采摘等文化旅游元素融入"大漠小镇，黄河渔村"的开发建设。

2021 年，联合嘎查村域总面积为 8 189.21 hm^2，其中农林用地 6 152.28 hm^2，占村域总面积的 75.04%；建设用地 78.56 hm^2，占 0.96%；自然保护与保留用地 1 967.37 hm^2，占 24.00%。

1.3 社会经济

联合嘎查现有户籍人口 153 户 330 人，其中蒙古族 7 人，回族 274 人，汉族 49 人。人口分布主要集中于沿黄河区域，包括南、北小康村以及嘎查驻地。

目前，联合嘎查人均纯收入 8 678 元，现状产业以种植业和养殖业为主，产业相对粗放，没有系统规划。

1.4　人居环境

联合嘎查现状公共设施主要集中在嘎查驻地，包括苏木政府 1 个，卫生室 1 个，活动中心 1 个、便民连锁超市 1 个。

安全饮水工程：目前，沿中轴路已经敷设给水干管，水源来自嘎查北部的饮水安全工程。排水工程：部分地区已敷设排水管道，但还未形成体系，需要规划完善。

电力工程：目前，沿中轴路已架空设置电力线路，电源为巴彦木仁 35 kV 变电站。

通信工程：目前，嘎查已基本实现“户户通、村村通”广播电视通信工程。

环卫工程：嘎查现有 3 座公共厕所，结合公厕设有 3 处垃圾收集点，无垃圾转运设施。

2　规划定位与目标

2.1　村庄类型

联合嘎查村属于特色保护类村庄。

2.2　规划定位

围绕联合嘎查的地理位置、地形地貌、资源禀赋、历史文化、经济社会发展、基础设施、传统风貌等因素，将联合嘎查打造成为“特色保护类”村庄。统筹“山水林田草沙村”的生态保护修复，利用靠近黄河且历史文化资源丰富的地理位置优势，合理利用村庄特色资源，发展节水型设施农业、沙漠特色旅游业和生态沙产业，形成特色资源保护与村庄发展的良性互促机制。

2.3　规划目标

围绕村域功能定位以及《联合嘎查乡村振兴规划》，以联合嘎查水资源和沙地资源为特色条件，以生态沙产业示范区为生态保护基础，以基础设施较好的沿黄河带状区域为开发利用重点，做到统筹安排各类资源，集中力量发展联合嘎查特色景观旅游。促进生态沙产业发展已补足荒漠化加重的生态短板，构建望得见沙，看得见水，人与自然和谐共生的生态空间；实现农商文旅融合发展，产业绿色高端，布局生产生态有机相融的农业空间；均衡配置公共服务，建设和谐宜居的生活社区，科学引导构建联合嘎查现代乡村建设空间。

(1) 合理控制新增建设用地总量　到 2035 年，联合嘎查建设用地总规模控制在 97.19 hm^2 以内，新增建设用地规模为 18.63 hm^2，全部为城乡建设用地。

(2) 加强生态环境保护与修复　规划期内，充分发挥各类农用地的生态功能，加强基础性生态用地的保护。联合嘎查涉及乌兰布和生态沙产业示范区约 53 hm^2，预计到 2035 年，嘎查林地面积预期达到 25.67 hm^2，草地面积预期达到 5 562.87 hm^2。

(3) 优化国土利用结构　到 2035 年，农林用地面积达到 6 138.20 hm^2，比 2021 年减少 14.08 hm^2；建

设用地面积由 2021 年的 78.56 hm^2 增加到 2035 年的 97.19 hm^2。

到 2035 年，嘎查自然保护与保留用地 1 967.37 hm^2，比 2021 年减少 4.53 hm^2。其中，湿地减少 0.2 hm^2，陆地水域面积减少 0.05 hm^2，用于嘎查内部景观道路建设。

3 规划安排

3.1 空间布局

基于自然地理格局，落实《巴彦木仁乡村振兴规划(2018—2022)》发展战略，规划形成“两心、两带、四区”的国土空间格局(图 1)。

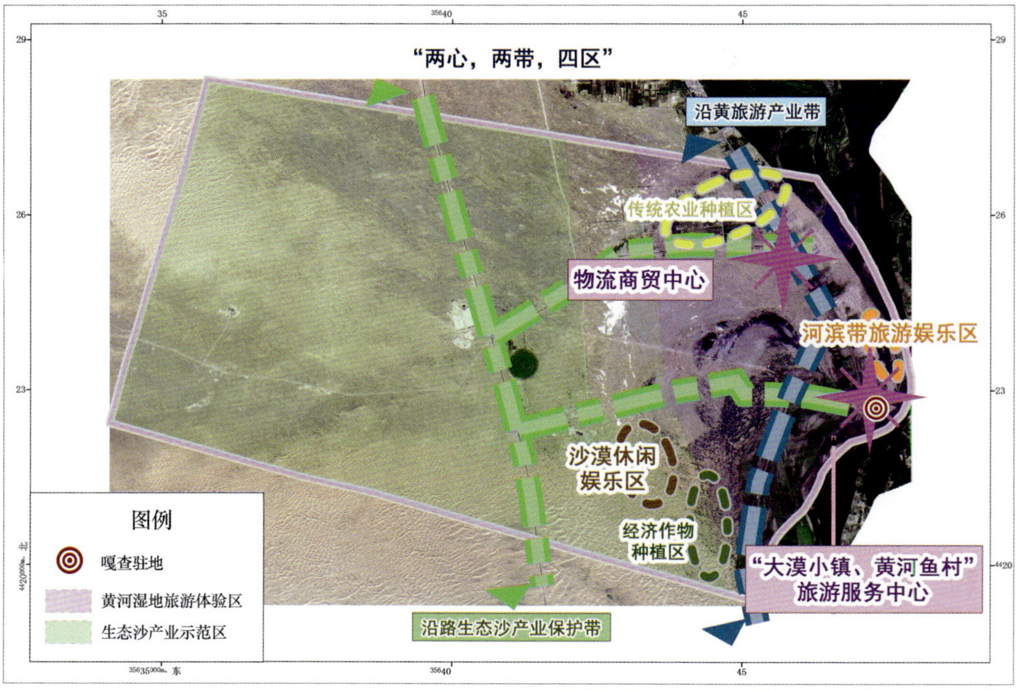

图 1 国土空间总体格局

(1) “两心”

①大漠小镇、黄河渔村旅游服务中心：位于巴彦木仁镇域中东部，是乌兰布和示范区首个乡村振兴示范点，充分发挥黄河湿地旅游景观资源，结合农耕文化、渔业文化和蒙古族、回族等民族文化资源，大力发展绿色种养殖业、生态旅游产业，鼓励开展私人订制等旅游服务形式，打造示范区“大漠小镇、黄河渔村旅游服务中心”，展现联合嘎查民俗文化特色。

②物流商贸中心：位于联合嘎查东北部，以牛肉、羊肉、苁蓉、锁阳等农牧产品深加工为主，大力发展现代商贸物流产业，鼓励发展电子商务、专业合作社等形态。

(2) “两带”

①沿黄旅游产业带：位于联合嘎查东部，沿黄河呈带状布置，融入渔业文化、农耕文化等特色人文底蕴，因地制宜地发展农耕种植、渔业、旅游业等产业，做到宜种则种、宜养则养、宜游则游。

②沿路生态沙产业保护带：沿磴乌公路、巴彦木仁至吉兰泰公路以及规划的穿沙公路打造生态沙产业保护带，主要种植榆树、梭梭木等抗旱植物。

(3)“四区”

①传统农业种植区:位于联合嘎查东北部,大力发展无公害、无农药的有机小麦、玉米、有机食葵等农作物。

②经济作物种植区:位于联合嘎查东南部,以市场为导向,引进农业节水技术,按照种植标准化、生产集约化的要求,大力发展以甘草、苁蓉、锁阳为主的中草药种植,发展有机农业,建设全国一流的有机农业种植基地。

③沙漠休闲娱乐区:位于联合嘎查东南部,大力发展沙漠冲浪、沙漠滑沙、沙上运动、沙漠特色高尔夫等特色旅游项目。

④河滨带旅游娱乐区:位于联合嘎查东部,重点打造黄河垂钓、游艇观光、黄河浮桥、湿地景观公园等旅游项目。

3.2 “三区三线”

(1)生态空间布局及管控　2021 年嘎查生态用地 7 596.85 hm^2,占嘎查总面积的 92.66%;规划至 2035 年减少到 7 551.38 hm^2,占嘎查总面积的 92.11%。与 2021 年相比,2035 年生态用地面积减少了 45.47 hm^2。依据联合嘎查土地资源特点,村集体经济发展需要和村民意愿,生态用地在空间上主要布局于村西中部,规划期内,通过生态沙产业治理,将生态林中的荒草地规划为草地,自然保留地一部分发展有机葡萄种植。村域西部和中部,新增的科技沙草产业用地和灌木林及高覆盖草地均可防止水土流失,保持生态环境的稳定,逐步提升村域生态功能以及生态服务保障能力。

规划期末,联合嘎查生态保护红线 80.34 hm^2,占总面积的 0.98%,主要分布在村东部沿黄河岸带。生态红线内有河流水面、内陆滩涂、农村道路、坑塘水面、乔木林地、公路用地。

(2)农牧空间布局及管控　2021 年嘎查耕地面积 457.27 hm^2,占嘎查农林用地总面积的 7.43%,规划到 2035 年耕地面积为 479.02 hm^2,占嘎查农林用地总面积的 7.80%,比 2021 年增加 21.75 hm^2。主要分布在村东北部以及村东部沿黄河岸带。

规划期内,嘎查永久基本农田保护面积不低于 195.65 hm^2,划定的永久基本农田保护区片块,主要为水浇地,质量较高,主要布局在嘎查东部沿黄地区。针对整理耕地中存在的零星地类,保证耕地面积略有增加的同时,确保耕地质量不降低。建设以高效节能日光温室为主的节水型设施农业基地,发展高质高效高附加值产品,改善水土条件,防止水土流失。

(3)建设空间布局及管控　2021 年嘎查建设用地 78.56 hm^2,占嘎查总面积的 0.96%,规划到 2035 年建设用地总规模不超过 97.19 hm^2,占总面积的 1.19%,比 2021 年增加 18.63 hm^2。分布于沿黄河带的南、北小康村、黄河渔村,主要用于商业服务业、仓储用地、绿地与开敞空间、公共管理与公共服务用地等。

规划实行“详细规划 + 规划许可”的管制方式。为加强建设用地的空间管控,促进节约集约利用土地,保证规划期间村庄建设和产业发展需求,在规划村庄建设用地规模和布局确定后,规划期末,联合嘎查集中建设区面积 97.19 hm^2(图 2)。

3.3 产业规划

根据《阿拉善左旗巴彦木仁苏木总体规划(2016—2030)》,联合嘎查产业被划分为两部分,自西往东分别是生态沙产业示范区以及沿黄产业带,其中生态沙产业示范区已被纳入《阿拉善盟乌兰布和生态沙产业示范区总体规划(2015—2030)》范围内。

(1)生态沙产业示范区　规划生态沙产业示范区主要发展葡萄种植、节水型设施农业和科技沙草产业等生态沙产业,其中,联合嘎查规划为节水型设施农业聚集区,重点利用沙荒地发展甘草、牧草人工种植基地,建设以高效节能日光温室为主的设施农业基地,发展高质高效高附加值产品。

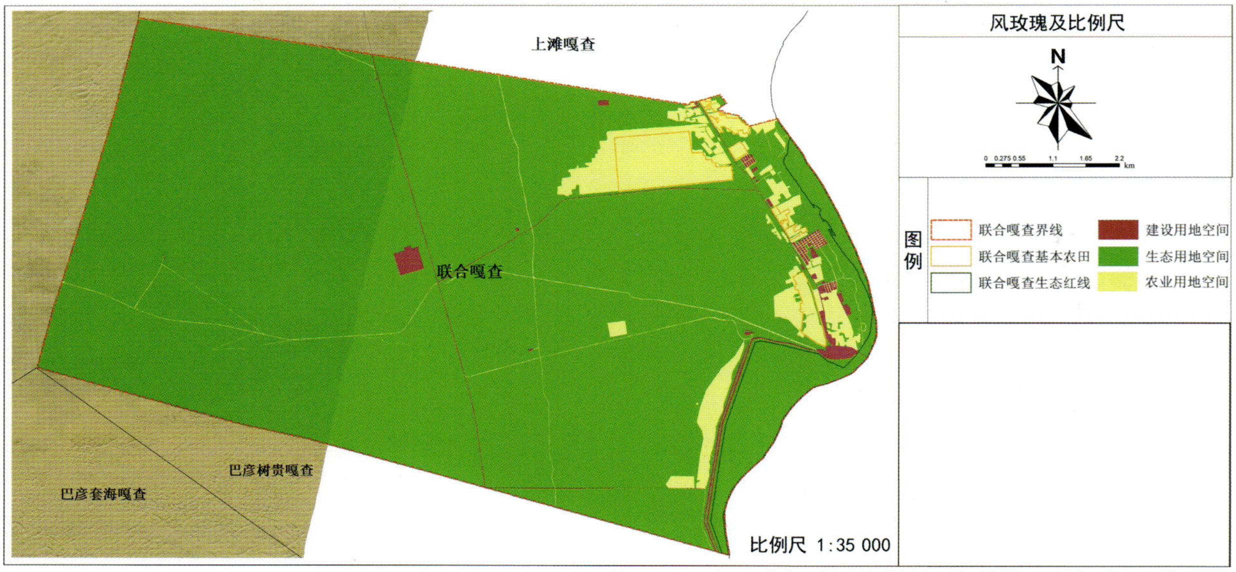

图 2 “三区三线”图

(2) 沿黄产业带　规划沿黄产业带主要发展农耕种植、渔业、旅游业等产业，其中，联合嘎查规划大漠小镇、黄河渔村，以发展旅游服务业为主。沿黄河湿地旅游景观资源、渔业文化和农耕文化资源丰富，合理设置湿地旅游、农家乐、民俗体验等旅游项目，体现巴彦木仁苏木文化特色，打造一条特色沿黄旅游产业带，主要包括田园产业研究示范基地、千亩花海、阡陌度假村、渔乐马场。

3.4　中心村规划

(1) 宅基地　合理确定宅基地用地规模。规划新申请的宅基地，必须控制在≤ 1 000 m^2/ 户的规定标准之内；优化利用村内空闲地、闲置宅基地和未利用地。

(2) 道路交通　联合嘎查对外交通有 1 条为中支五路，宽度约为 7 m，根据规划需要对该路的中轴路进行改造，同时进行道路绿化，使道路宽度达到 11 m。在村庄建设用地范围内道路系统方面，需要明确村庄道路等级体系，加快道路硬化速度，形成功能明确、等级合理的道路系统，提升当地的交通运输能力（图 3）。

(3) 给水工程规划　按照《内蒙古阿拉善左旗巴彦浩特城市总体规划（2015—2030）》的要求，巴彦木仁苏木人均用水量标准确定为 250 L/d，水源为地下水。管网布置方面，规划沿中轴路铺设给水主干管，支管沿村庄巷道呈支状布置，给水管理深需要满足冰冻线下 150 m（图 4）。

(4) 污水工程规划　根据当地的实际情况，规划中联合嘎查采用雨污分流的排水体制。污水处理方面，北村和南村河水收集后排放至嘎查东北角的地埋式一体化污水处理设备集中处理；嘎查驻地污水排放至驻地西南角的地埋式一体化污水处理设备集中处理。污水管网方面，规划设计多个雨水排放区，雨水管直布置在人行道或绿化带下，水管道按地形坡度进行敷设（图 5）。

(5) 雨水工程规划　规划主要采用管网和沟壑相结合的排放方式，新建道路下敷设雨水管，雨水管网布置主要按照地形来敷设，以减少埋深，同时充分利用现有的沟渠和地形进行排水。在雨水利用方面，收集来的雨水主要用于改善生态环境（图 6）。

(6) 电力工程规划　为了能提升当地的电力输送能力，根据当地村庄布局和村民需求，联合嘎查电力线采用架空形式（图 7）。

(7) 通信工程规划　未来联合嘎查要实现有线电视、广播、网络实现通村入户；移动、联通等移动电话信号覆盖嘎查的目标。根据规划，规划通信由苏木电信交接箱接入，规划通信光缆沿村庄主要道路采用架空敷设。同时根据村村通的要求，联合嘎查规划要求实现有线电视、广播电视网络覆盖全嘎查（图 8）。

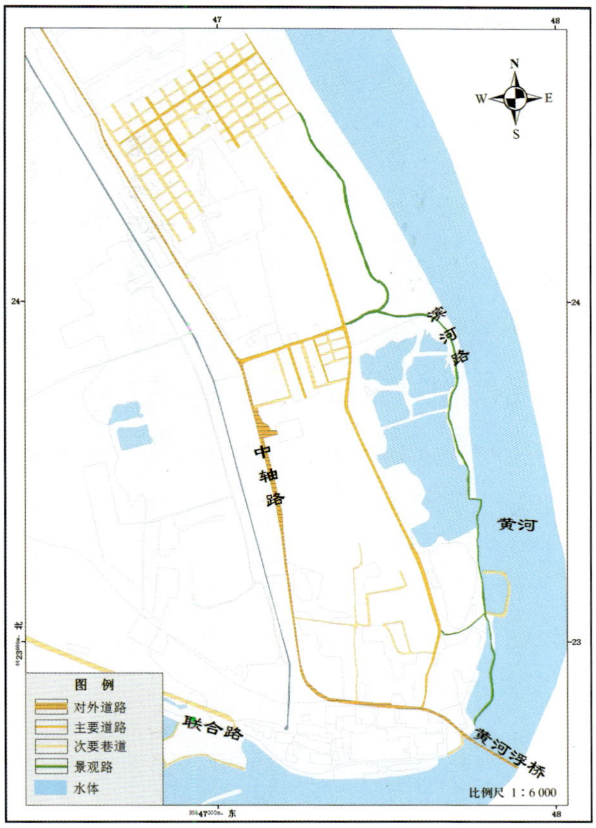

图 3　道路规划图

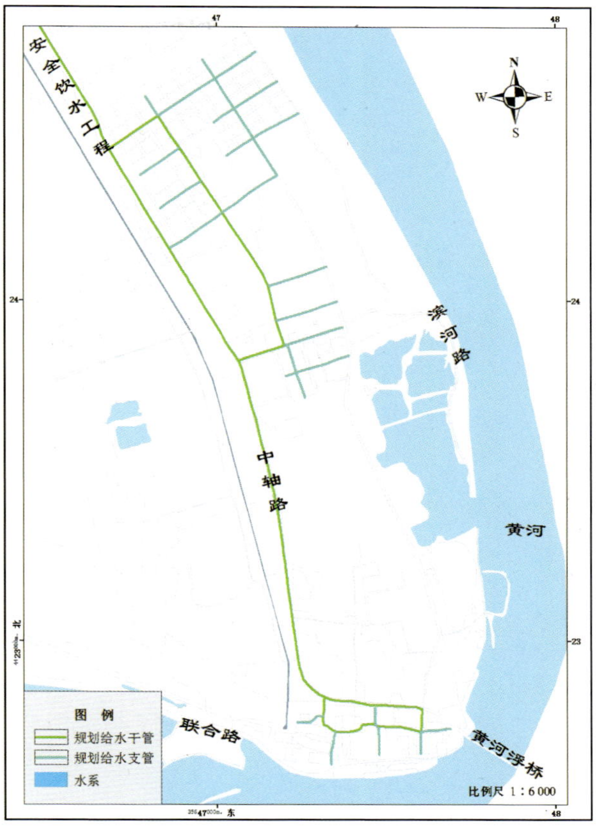

图 4　给水工程规划图

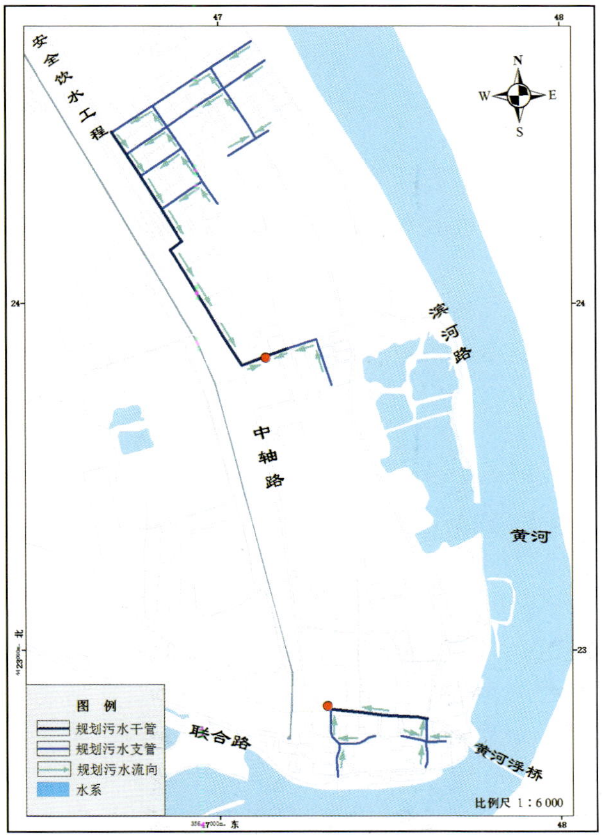

图 5　污水工程规划图

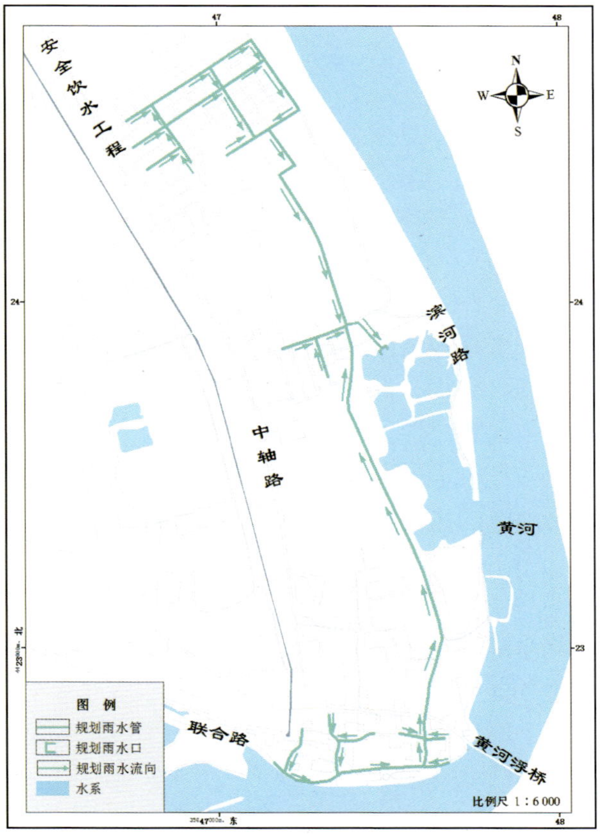

图 6　雨水工程规划图

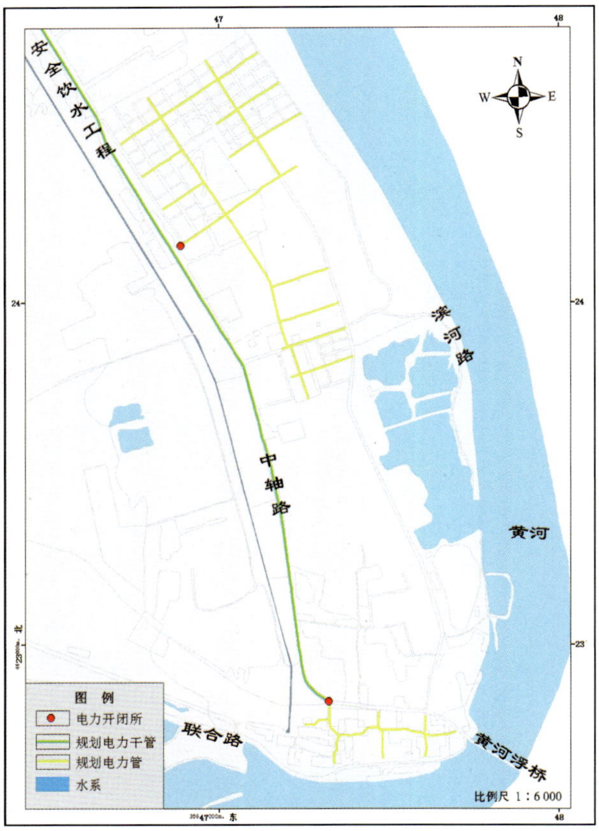

图 7　电力工程规划图

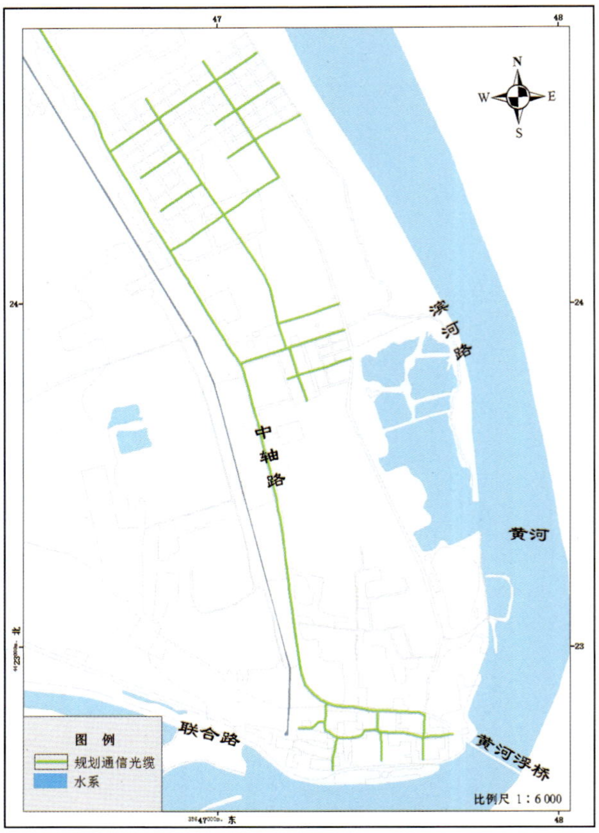

图 8　通信工程规划图

(8) 环卫设施规划　联合嘎查的垃圾处理主要按照“户集、村收、区坛”模式进行，同时沿中轴路按 400 m 的间隔合理布置废物箱，以便于方便进行垃圾废物收集工作。公共厕所布置按照不低于 1 座 /150 户原则进行，以满足当地居民的需要，并定期指派专人进行消毒，同时对嘎查居民内部厕所进行改造，厕所普及率要 ≥ 80%。在嘎查卫生维护方面，要推行生活垃圾分类处理及生活垃圾再利用，同时要定期清理黄河河道里的垃圾废物，完善环卫设施和相关人员配置，改善当地的环境状况（图 9）。

(9) 综合防灾规划　在防震方面，当地新建或改造的建筑要按照 8 级以上来设计，要将公园、绿地、广场作为地震疏散地，以提升当地防震减灾的能力；在防洪方面，海勃湾区的防洪设施要按照 100 年一遇的标准来进行设计，并对现有的防洪设施进行加固处理，并按照堤路结合的方式，结合当地防护绿带建设沿河景观带。提升联合嘎查防洪效果；在消防方面，联合嘎查当地的建筑需要按照《建筑设计防火规范》来进行设计，改造现有的道路网，提升当地消防的应对能力。主要建筑物、公共场所按规范设置消防通道，消防设施，并在 3 个居民点入口处各设置 1 处消防水鹤，服务半径为 500 m（图 10）。

(10) 公共服务设施规划　根据当地村庄布局，按照村民意愿，公共服务设施规划要按照当地农牧民生活和使用习惯进行合理布局。由此，联合嘎查的公共服务设施布局如下：设立 1 个公共服务中心，位于北小康村；在保留原有的卫生室的同时，在北小康村设立 1 个新的卫生室；公共厕所方面，在保留现有的公共厕所的同时，在 3 个居民点各设立 1 个公共厕所，并与之结合设置配套的垃圾收集点；在当地设置 3 个健身场所，分别在北小康村、南小康村和苏木驻地设置。为了能满足当地人的购物需求，在联合嘎查居民点各设立 1 个便利店（图 11）。

(11) 绿地与景观规划　为了能使联合嘎查环境更美观，结合当地实际，需要对道路街巷绿地和公园绿地进行规划。在道路街巷绿地方面，中轴路和联合路道路较宽，因此需要规划设置宽 3 m 的防护绿化

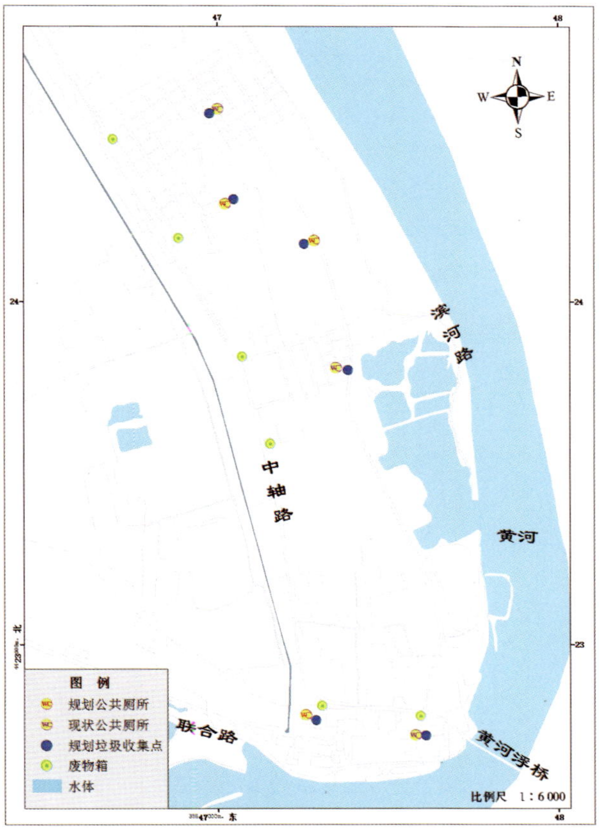

图 9　环卫设施规划图

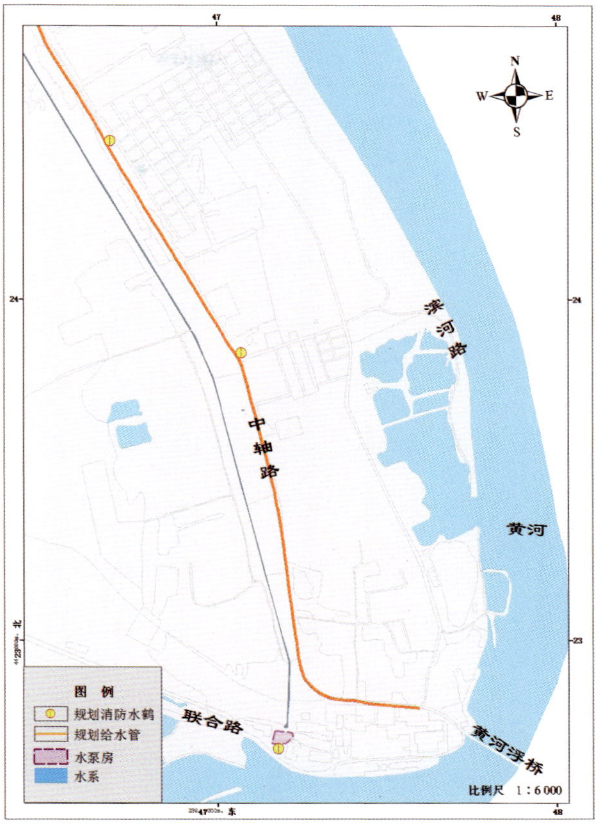

图 10　综合防灾规划图

带，用以种植耐旱的灌木及行道树；嘎查内部主要道路由于受路宽限制，只能以绿化点缀为主，只在局部区域以树池和花坛的形式加以绿化铺装。公园绿地方面，在嘎查的居民点设置公园，公园内部以绿化为主，以满足当地村民的游憩需要。广场规划方面，规划在联合嘎查设置 2 个广场，分别位于苏木驻地和北小康村，在公园内部提升绿化率，并配置相关娱乐设施，提升当地的活动场所空间，以方便村民进行各项娱乐活动（图 12）。

3.5　历史文化及特色风貌保护规划

联合嘎查拥有黄河浮桥遗址，具有丰富的文化资源，为了能使联合嘎查未来在旅游业方面具有更大的发展潜力。本规划充分发挥当地的黄河旅游资源，并结合嘎查的农耕文化、渔业文化和蒙古族、回族的文化资源，建设“大漠小镇，黄河渔村”的特色民俗小镇，打造建设乡村题材采风基地、黄河风情摄影基地、沙水文化写生驿站等，将当地优秀的文化发扬光大，以促进当地旅游业的快速发展。

3.6　生态修复和国土综合整治

根据目前联合嘎查的现状，当地需要生态修复和国土综合整治，本次规划主要进行当地的生态修复和自然保留地的整治，需要按照自然修复与人工修复相结合的方式进行。其中河道修复主要是将生态红线内的乡村道路和水浇地修复成湿地，通过进行适度的人工干预，修复生态功能，预计规划期内修复规模 106.96 hm^2。自然保留地整治则是对南村广场南侧的裸地进行整治，整治为林地，整治规模为 4.18 hm^2（图 13）。

图 11　公共服务设施规划图

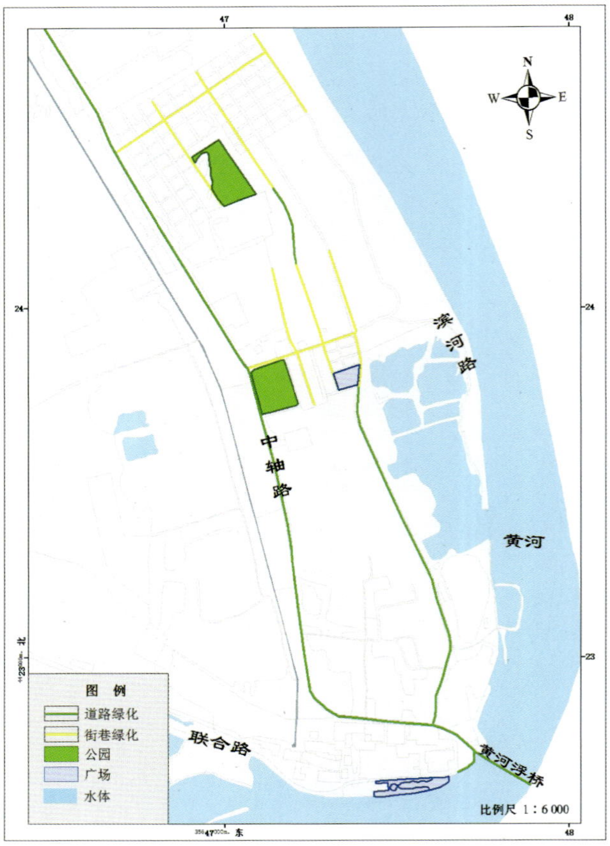

图 12　绿地与开敞空间规划图

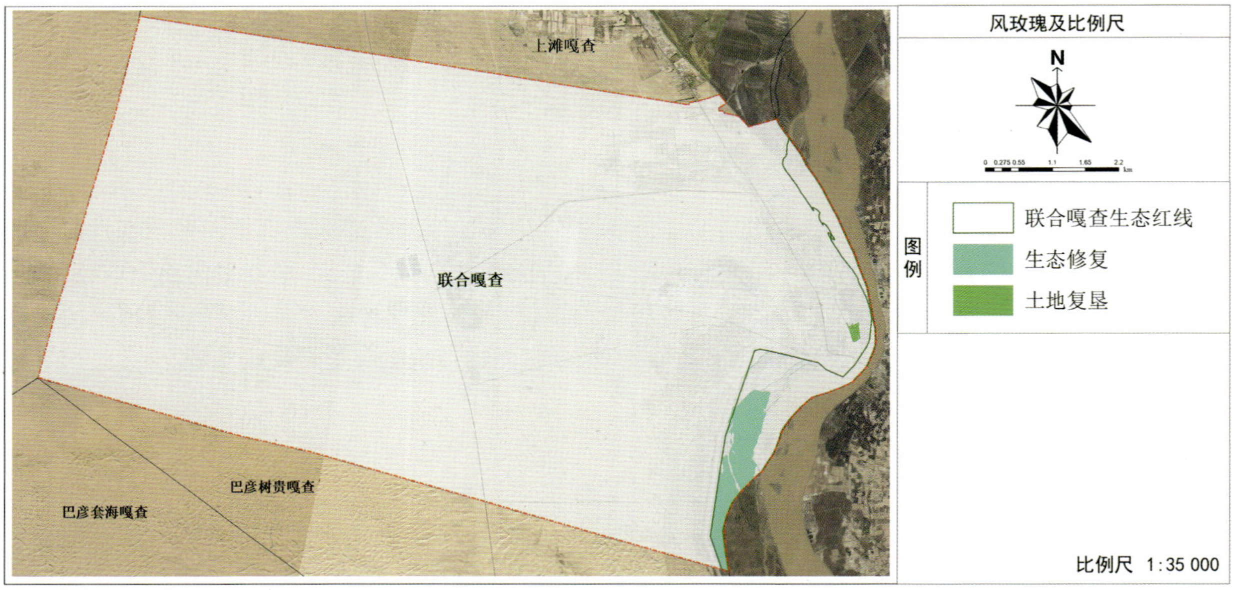

图 13　村庄生态修复与国土综合整治图

3.7 近期规划安排

(1)规划期限 近期建设期限为2021—2025年。

(2)建设规模

①人口规模:规划近期(至2025年)村内人口规模为420人。

②用地规模:规划近期(至2025年)村内建设用地面积约87.94 hm^2,其中城乡建设用地面积52.81 hm^2。

(3)近期建设主要内容 结合当地的实际情况,联合嘎查近期内优先建设苏木驻地,加快北村、南村和苏木驻地配套服务设施的建设,基本形成一个功能完善,配套设施齐全的苏木驻地,满足商贸服务、旅游接待等需求。

3.8 实施保障

(1)村民参与 村庄规划编制中,在收集资料、调查研究、确定规划目标、规划重点内容、方案比选、公告公示等阶段,应广泛征求相关部门和农牧民意见,必要时应召开规划协调会,对有关问题进行协商处理,形成一致意见。经多次协调,对规划目标、主要用地规模和布局安排等仍有异议的,应提交规划编制委员会或县级人民政府审定。

通过座谈会、村民大会等多种形式,对主要规划成果征求意见,并经村庄规划编制委员会论证。村庄规划在报送审批前应在村内公示30 d,报送审批时应附村民委员会审议意见和村民会议或村民代表会议讨论通过的决议。村民委员会要将规划主要内容纳入村规民约。

(2)分工协作,各负其责 相关部门要各负其责、通力协作、密切配合,确保圆满完成规划编制工作。自治区自然资源厅负责组织协调相关部门统筹推进村庄规划工作。盟市、旗县(市、区)各部门要配合苏木乡镇党委政府,主动做好技术指导和工作协调,开展行业队伍、村两委带头人培训和规划师下乡活动,推动测绘“一村一图”“一乡一图”建设,提供国土变更调查、地质调查、基础地理信息、年度评估等基础资料,并将规划成果纳入国土空间基础信息平台和国土空间规划“一张图”实施监督信息系统统一管理。苏木乡镇党委政府负责组织编制村庄规划,引导农牧民全程参与。鼓励社会各界投身乡村牧区建设,推动大中专院校、科研机构、企事业单位、行业队伍及社会各方面为村庄规划编制工作提供志愿服务。

(3)政策支持,经费到位 各地要根据实际,运用建设用地增减挂钩、工矿废弃地复垦利用等政策工具,融合财税、投资、交通、水利等各类措施,建立“多规合一”的政策统筹机制平台,引导聚合各类涉农资金,结合乡村振兴、新增建设用地土地有偿使用费等相关预算,鼓励在苏木乡镇范围内调节村集体经济组织涉及的国土空间开发保护权益,建立健全节约优先、成本共担、利益共享机制。加强人才队伍建设,培养新时代乡村规划师。适时开展典型村庄规划经验交流和典型案例宣传,发挥先进示范带动作用,积极营造村庄规划良好氛围。

(4)严格执行,实施监督 村庄规划一经批准,必须严格执行,任何部门和个人不得随意修改、违规变更,防止以其他规划之名扩大建设用地规模、占用耕地和生态用地等空间。乡村建设等各类空间开发建设活动,必须按照法定村庄规划实施乡村建设规划许可管理。确需占用农用地的,应统筹农用地转用审批和规划许可,减少申请环节,优化办理流程。确需修改规划的,严格按程序报原规划审批机关批准。鼓励各地探索研究村民自治监督机制,实施村民对规划编制、审批、实施全过程监督。

4 规划总结与启示

(1)双碳生态,绿色发展 村庄规划突出贯彻落实国家生态低碳发展战略,实现土地开发价值与有机农业、生态景观价值并重，打造黄河渔村名片，实现特色发展。联合嘎查西面位于乌兰布和沙漠边缘，东面紧靠黄河，土地受沙漠化影响严重，黄河湿地受沙漠侵蚀严重，生态环境脆弱。面临极脆弱的生态环境，联合嘎查村庄规划以保护生态环境，推动生态治理为方向规划，在沙漠边缘设置防护林，阻拦沙漠继续前推，并充分利用现有沙漠，设立沙漠休闲娱乐区，开展沙漠旅游、沙漠摄影、穿沙越野等项目；积极引进沙地农作物种植技术，种植苁蓉、锁阳等沙生经济作物，吸引投资与人口进驻，实现人进沙退。

(2)低碳生活，理念植入　将双碳政策目标和低碳生活理念根植入乡村文化，焕发低碳乡风文明。加强农村低碳价值观建设，在科学普及、思想建设的基础上，让村民理解双碳政策的内涵、目标和意义，理解农事生产与双碳政策的密切关联，涵盖农业生产、乡村生活的全过程。

(3)历史传承，乡土乡情　对现有文化与历史古迹进行保护利用，充分发扬当地风土人情，体现乡村文化。知屋漏者在宇下，知政失者在草野，村民是最了解村庄情况的人群，规划的实施也离不开村民的支持，村庄规划应充分体现村民的意愿，调研时我们通过问卷调查和入户访谈的方式，与村民展开交流，对其提出意见进行总结，对村庄规划的设计方案进行更改。在后续的环节中，为使村民积极参加到村庄规划中，我们将规划成果发到村民居住微信群中，让村民积极了解村庄规划进程，并开展村民委员座谈会、村民代表大会向村民讲解规划，让村民充分了解规划情况，方便提出意见。

(4)融入当地，体现民意　与村民开展深入交流，充分了解当地情况，将村民积极融入规划过程中，充分体现民意。联合嘎查在历史上是重要的黄河古渡与驼盐古道，历史底蕴深厚，现保存有盐务所和盐仓两座历史建筑，盐务所中各种历史文物保存状况良好，可发展为小型展览馆，让游客了解关于食盐的古老历史。联合嘎查苏木驻地为渔村与黄河古渡口，可发展渔村农家乐，让游客充分感受当地的渔业文化，感受当地风土人情。

第三篇　城郊融合类

察右前旗玫瑰营镇玫瑰营村村庄规划（2021—2035 年）

1 村庄介绍

1.1 村庄概况

玫瑰营村地处察右前旗玫瑰营镇西南部，是一个有着百余年历史的古老村庄，为玫瑰营镇镇政府所在地，全村户籍人口 2 467 人。玫瑰营村地势较为平坦，村域内有集宁绕城高速、国道 G335、县道 X554 从境内通过，对外交通十分便利。

1.2 历史沿革及资源禀赋

玫瑰营村境内土地肥沃，地势平坦，有丰富的光热、风能、草原资源。1904 年天主教士来此传教，并于 1907 年修建华北地区最大的主教堂，以天主教《玫瑰经》为典，改名为玫瑰营。民国走西口年间，山西、直隶（即河北）等地的人云集玫瑰营，使玫瑰营人口迅速增长，种植业、畜牧业、商业、手工业有了空前发展（图 1）。

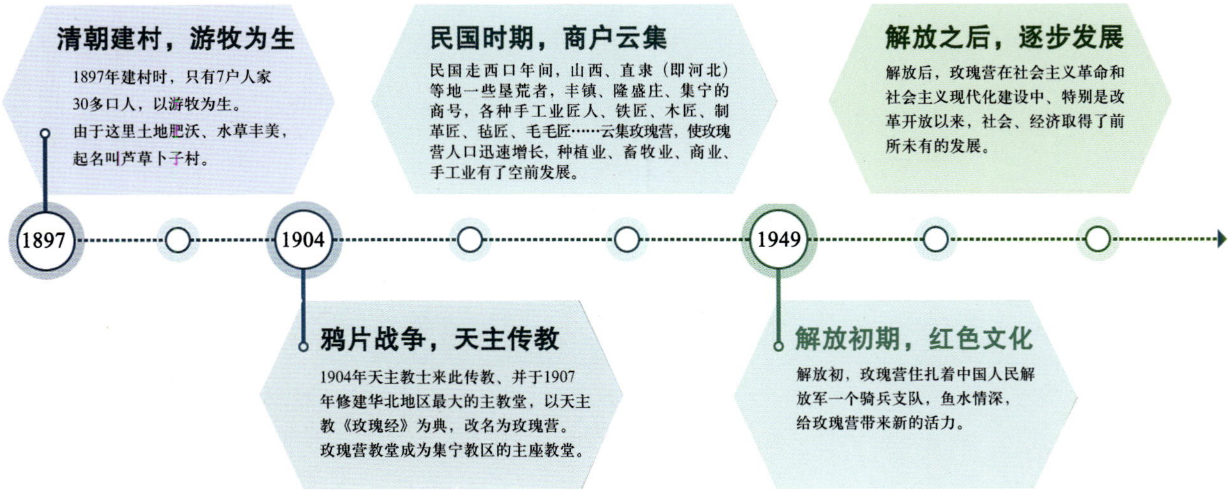

图 1　村庄历史发展脉络

1.3 人口与产业情况

玫瑰营村面积 13.7 km^2,下辖 3 个自然村、8 个村民小组。2019 年末,全村户籍人口 2 467 人,村庄常住人口本村 879 人,村庄外来人口 480 人。

玫瑰营村产业以传统农业为主,主要种植土豆、玉米、杂粮,养殖猪、牛、羊。村庄中部有商业街,有大量小商业店铺,类型丰富。

1.4 土地利用

玫瑰营村村域面积共计 1 367.02 hm^2,其中,农用地面积为 1 188.73 hm^2,占比 86.96%;建设用地面积为 154.17 hm^2,占比 11.28%;其他用地面积为 24.12 hm^2,占比 1.76%(图 2)。

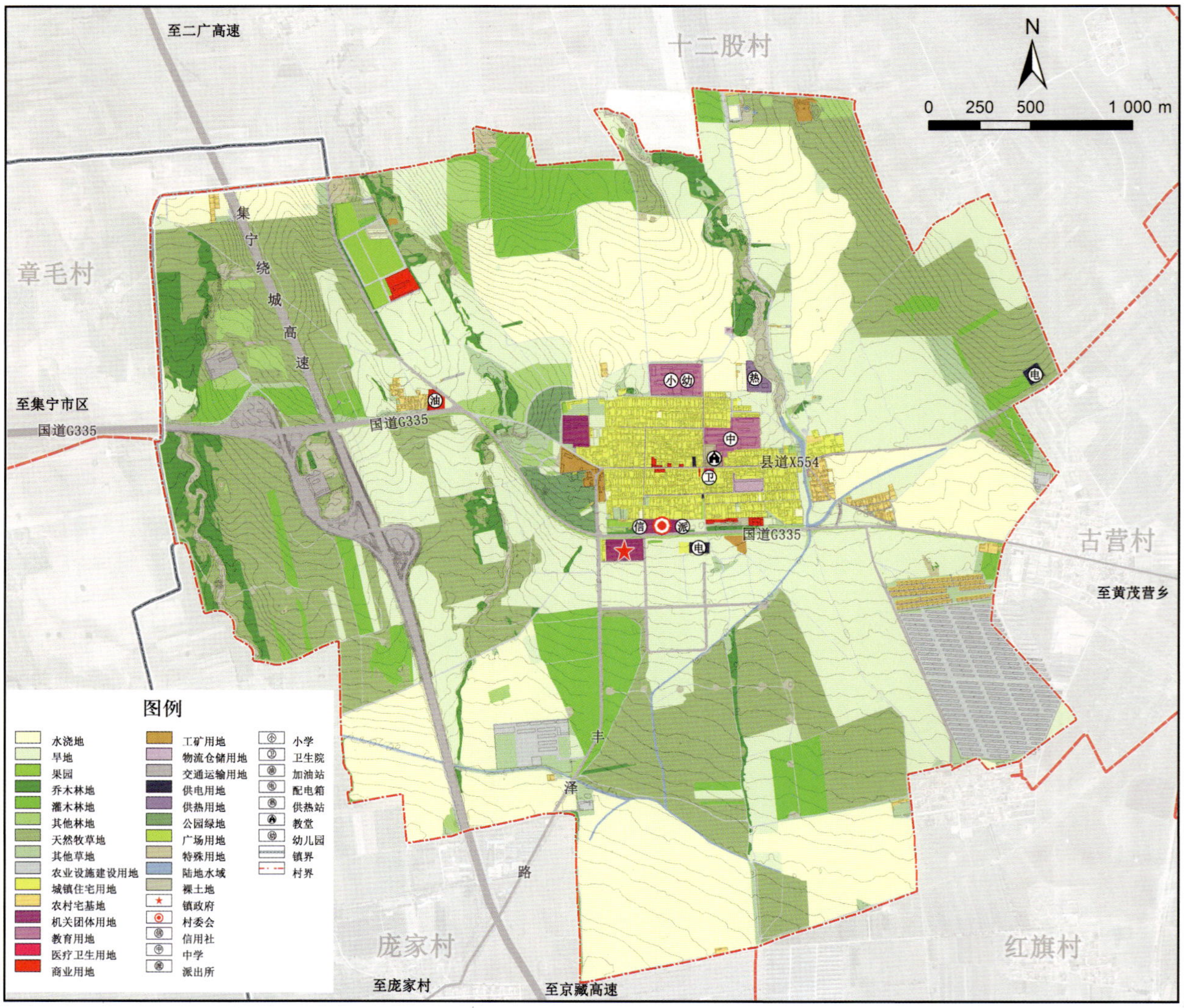

图 2 土地利用现状图

1.5 风貌特色

直到 20 世纪 80 年代，昔日较为繁华的玫瑰营村渐渐失去当年的活力，作为镇政府驻地，玫瑰营村建设用地较为集中，但用地闲置、破旧宅基地较多，缺乏广场、养老院等服务设施。玫瑰营村有百年商贸特色和中西文化资源，但整体风貌一般，空间景观与文化古村定位不协调，人居环境和村容村貌有待提升(图 3)。

图 3　村庄风貌照片

2 规划目标与定位

2.1 村庄类型

玫瑰营村属于城郊融合类村庄。

2.2 村庄定位

以习近平新时代中国特色社会主义思想为指导，全面贯彻党的二十大精神，基于乡村振兴时代背景和区域发展机遇，结合相关规划指引，依托玫瑰营村良好的历史文化基础和区位交通条件，将玫瑰营村定位为：乌兰察布城郊乡村文化街区，玫瑰营镇特色商贸与休闲服务中心。

2.3 发展目标

依据自治区国土空间规划的要求，结合玫瑰营村实际情况，综合部署生产、生态、生活空间，确定村庄发展目标、发展规模与发展方向，合理布局各类用地，完善公共服务设施与基础设施，落实自然生态环境和历史文化遗产保护、防灾减灾等的具体安排，加强景观风貌特色控制与村庄设计引导，营造切合当地特色，并与经济社会发展水平相适应的宜居环境。玫瑰营村规划目标见表1。

表1 村庄规划目标

规划指标	规划基期年	规划近期目标年	规划远期目标年	规划基期与规划远期变化量	属性
耕地保有量 /hm^2	636.09	600	584.36	−51.73	约束性
永久基本农田保护面积 /hm^2	247.84	264.80	264.80	16.96	约束性
生态保护红线面积 /hm^2	0	0	0	0	约束性
建设用地总规模 /hm^2	154.17	180.24	188.87	34.70	预期性
城乡建设用地总规模 /hm^2	125.33	121.20	134.15	8.82	约束性
公共管理与公共服务用地规模 /hm^2	12.98	12.61	13.03	0.05	预期性
公用设施用地规模 /hm^2	2.55	4	4	1.45	预期性
户均宅基地 /（m^2/ 户）	350	350	350	0	约束性

3 规划安排

3.1 空间布局

落实旗、乡镇国土空间规划的约束性指标和强制性内容，落实上位规划确定的重大工程和项目，依据村庄自身发展目标，结合村产业发展，明确各类土地规划用途，调整用地布局。规划农用地1 154.82 hm^2，占比84.48%；规划建设用地188.87 hm^2，占比13.37%，面积较多的为交通运输用地、居住用地、绿地与开敞空间用地；规划其他用地23.22 hm^2，占比1.7%（图4）。

3.2 三条控制线

（1）农牧空间划定与管控　考虑永久基本农田约束、耕地与草地的生产价值，选择村域经济生产用地（水浇地、旱地、果园、乔木林地、灌木林地、其他林地、其他草地、农业设施建设用地）划定农牧空间。既要保护耕地资源，又要合理开发利用土地，在农业结构调整过程中，积极进行种植业结构调整，稳定粮食，调整品种，提高单产，抓好经济作物的种植。

（2）生态空间划定与管控　玫瑰营村不涉及生态保护红线，规划选择水域、天然牧草地、裸土地、沟渠等生态要素划定生态空间，引导自然环境的保护。强化生态空间管制，加强人居环境、生态环境建设和环境污染综合治理，坚定不移地走生态优先、绿色发展之路，实现发展和保护的协同共进。

（3）建设空间划定与管控　玫瑰营村为镇政府所在地，规划在落实城镇开发边界的基础上，遵循做优增量、盘活存量、预留弹性的原则，合理确定村庄建设范围和规模，优化功能布局与空间形态，促进村庄与周边地区协调发展。

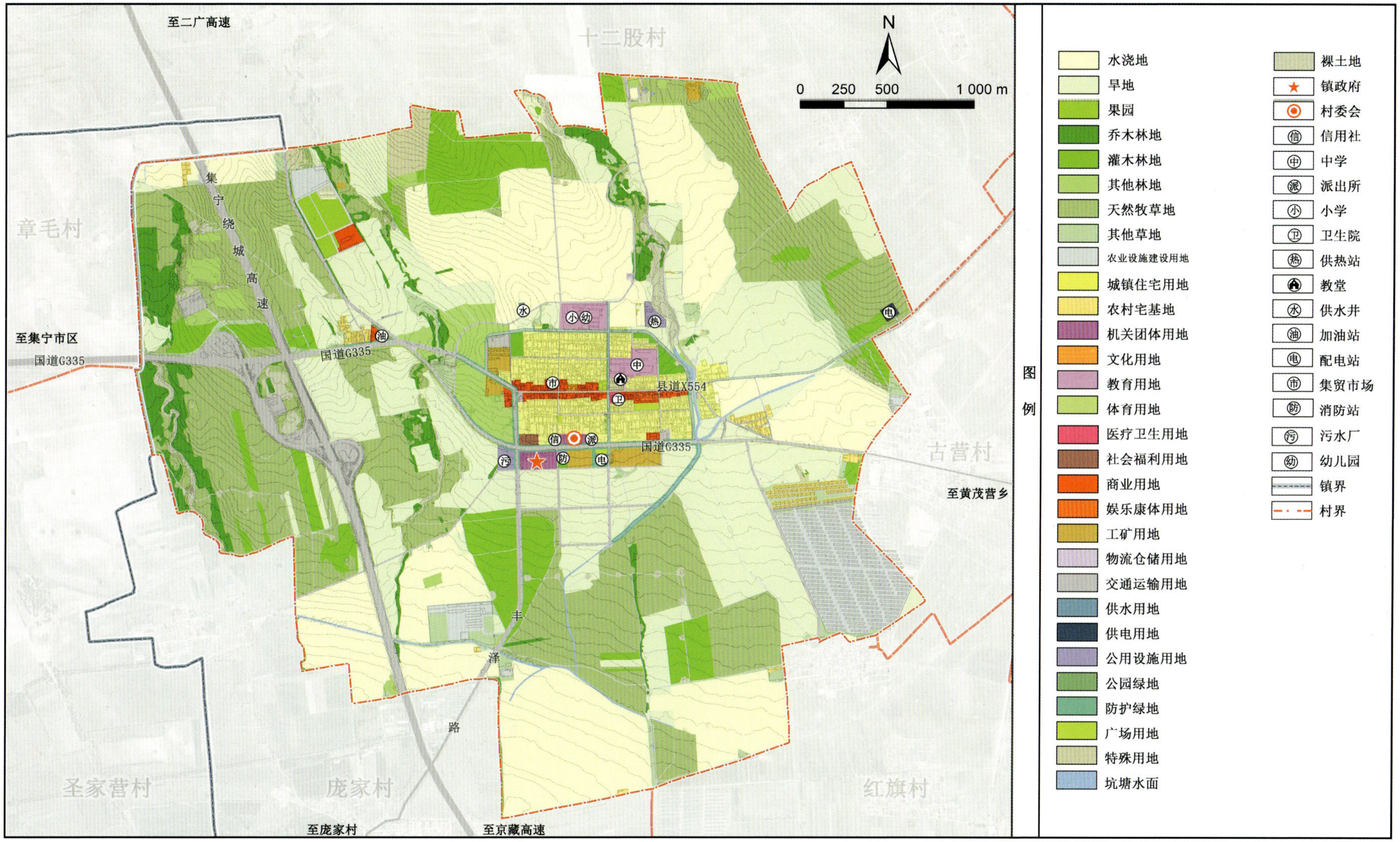

图 4　国土空间用地布局图

依据村庄自身发展目标，规划从改善路网结构、完善配套设施、美化村庄环境、整合居住空间、补充产业空间等方面优化用地布局。为应对村庄发展的不确定性，在村庄集中建设区外划定弹性发展空间，满足特定条件下的开发建设需求。

3.3 产业规划

项目以城市周边乡村、镇驻地乡村、传统文化乡村为研究出发点，通过系统梳理地方本底资源特色，再现察哈尔地区百年商贸历史、展示中西文化碰撞、农牧文化交融特色，提出特色化、精品化的村庄发展路径（图 5）。

(1) 还原村庄中部 1 km 历史商贸街区，依托历史建筑及历史文化资源，发展文化旅游与体验。

充分利用玫瑰营村百年商贸历史，华北地区最大天主教堂、粮库历史建筑等文化资源，挖掘展示历史文化原真内涵，综合不同地域、不同时期文化遗存，以西方天主文化、蒙元文化、近代文化多元文化为核心特色，打造成为游客可感知、体验的文化旅游产品。

(2) 发展生态种养殖产业，打造高标准规模化生产基地，建成首都绿色、特色农畜产品生产供应基地。

围绕察右前旗冷凉、昼夜温差大、不易发生病虫害、土壤清洁无污染等资源禀赋，以各类加工工业企业为龙头，有机农畜产品加工为重点，推动建设无公害马铃薯基地、无公害杂粮基地、绿色畜产品生产供应基地等，加强生产基地与龙头企业的联系，促进传统农业向现代农业转变。

(3) 以农产品加工为核心，建设工业生产片区，繁荣镇区经济。在镇区南部建设工业生产片区，引入农产品加工企业，辐射周边乡村农牧业种植养殖基地建设。充分发挥城郊型空间区位优势，着力发展工业和服务业，扶持和发展民营企业、小微企业，繁荣镇区经济，带动地方就业。

(4) 依托设施农业基础，推动休闲农业发展。依托红旗设施果蔬基地，积极推进设施农业和休闲农业发展，合理引导农民种植反季节瓜果蔬菜，拓宽农牧民增收渠道。利用城郊区位优势，开展蔬果采摘。

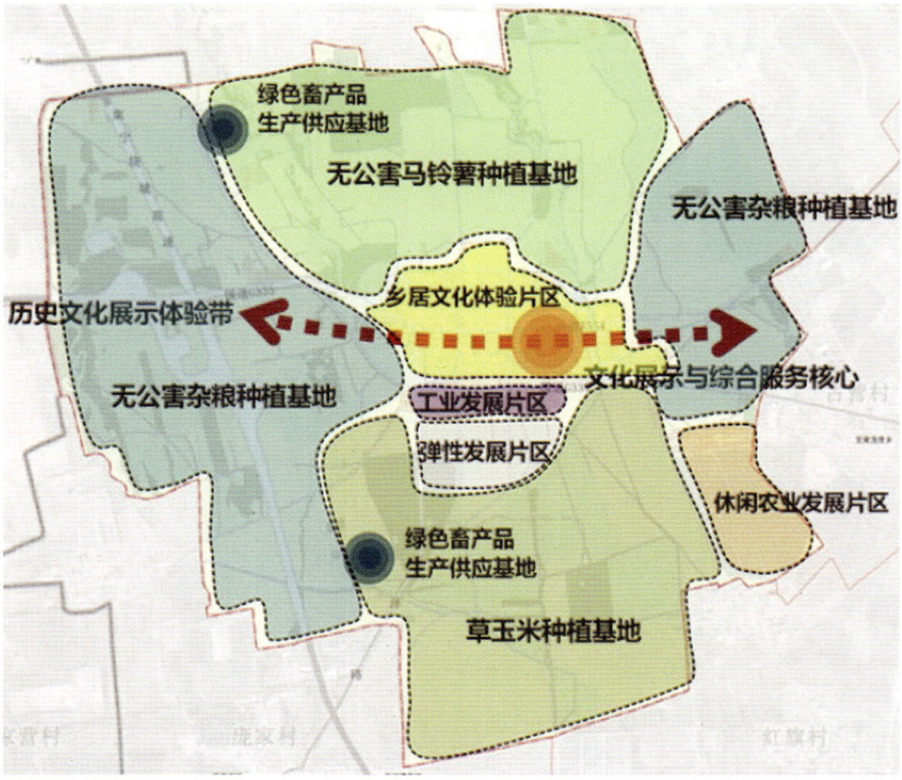

图 5 产业空间格局

3.4　中心村规划

（1）严格执行“一户一宅”政策，挖潜存量，布局村庄住房　遵循农村减量发展原则，严格执行“一户一宅”政策，在建设用地边界控制的情况下，通过内部更新提升建设质量、增加院内绿化，打造更好的人居环境。为满足村内村民扩大养殖、人畜分离的空间需求，将闲置宅基地用于村民养殖生产空间，提高村民收入。

（2）充分结合居民需求，保障公共服务设施品质　重点增设养老幸福院、旅游服务设施和中部商业服务设施，满足在地村民和外来游客的服务需求。

（3）优化路网结构，提高通行效率　规划玫瑰营村道路系统为对外联系道路、乡间道路、村内主路、宅间路四级。新建村庄环村路，打通断头路，村内形成“六横五纵”方格路网，对土路进行路面硬化，配合中部文化街区新建两处生态停车场，完善照明设施。

（4）改善污水、垃圾、厕所等重点市政设施问题　排水采用雨污分流体制，新建 1 处污水处理站，2 个生态污水降解池，将生活用污水净化。明确垃圾分类回收点，针对北方公厕冬季寒冷问题，对公厕进行改造。

（5）按照少硬化多绿化的原则，加强街坊庭院绿化建设，种植行道树，增设广场。

中心村建设用地规划见图 6。

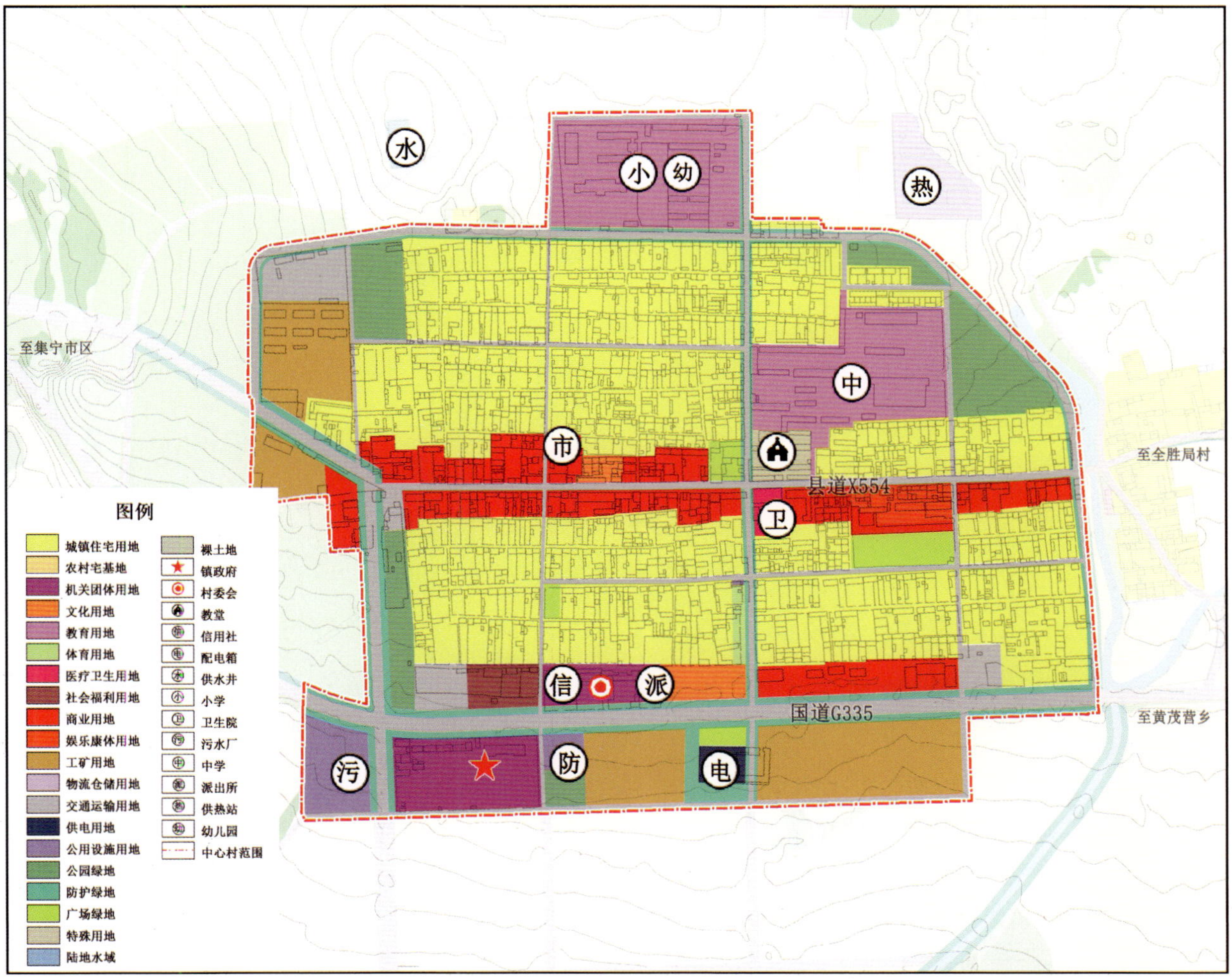

图 6　中心村建设用地规划图

3.5 风貌设计

规划将优美的自然风光与村庄人文脉络深度融合，营造有特色、有节奏、有故事的空间设计，重点对若干建筑进行改造，形成对一个村庄的整体发展策划和空间支持。规划重点将中部 1 km 历史商贸街区进行规划设计，分为 4 个街段进行打造，目标为在地居民提供精致生活的家园，为年轻人提供回归乡村的场所，为过境游客提供精品食宿的驿站（图 7）。

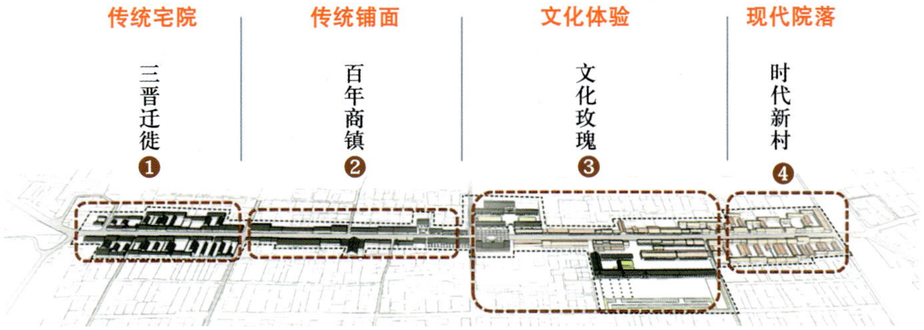

图 7　街区故事线

(1) 第一街段——三晋迁徙：追溯人口迁徙历史，感悟艰苦奋斗精神。

充分挖掘本地人口迁徙历史，以活态体验的形式在街区最西段规划文化剧场、文创产品售卖、手工艺馆等商业业态，面向游客开放。以传统山西四合院为风貌特征，先改建沿街建筑立面，加建柱廊，改用小青瓦屋顶，再根据发展状况，逐步改建为传统院落（图 8）。

(2) 第二街段——百年商镇：再现百年商贸历史场景，体验市井繁华。

在现状沿街商业的基础上，在街区中部打造若干现代商业服务设施。研究百年前内蒙古地区商贸集镇风貌特点，还原设置各类商号，鼓励书店、集贸市场等主题业态，作为特色文化商业服务设施。沿街加长廊，改建成晋商商铺立面，原有街道分时段限行，增加外廊或外摆区域后更适合步行尺度，营造出热闹的街区氛围（图 9）。

图 8　街段一空间改造效果图

图 9　街段二空间改造效果图

(3) 第三街段——文化玫瑰：展现中西蒙多元文化融合。

对现有的天主教堂和闲置粮库进行保护性改造。保留玫瑰营镇天主教堂原始功能，修复、还原其历史风貌，对其历史故事进行挖掘展示，设置研修体验课程。利用闲置粮库，保留历史风貌，提升改造为旅游综合服务和特色农产品交易中心（图 10）。

(4) 第四街段——时代新村：展现玫瑰营新时代新村风貌。

村东部宅院体现新时代乡村风貌，同时利用闲置宅院，鼓励开展农家乐，提供餐饮住宿服务（图 11）。

图 10　街段三空间改造鸟瞰图

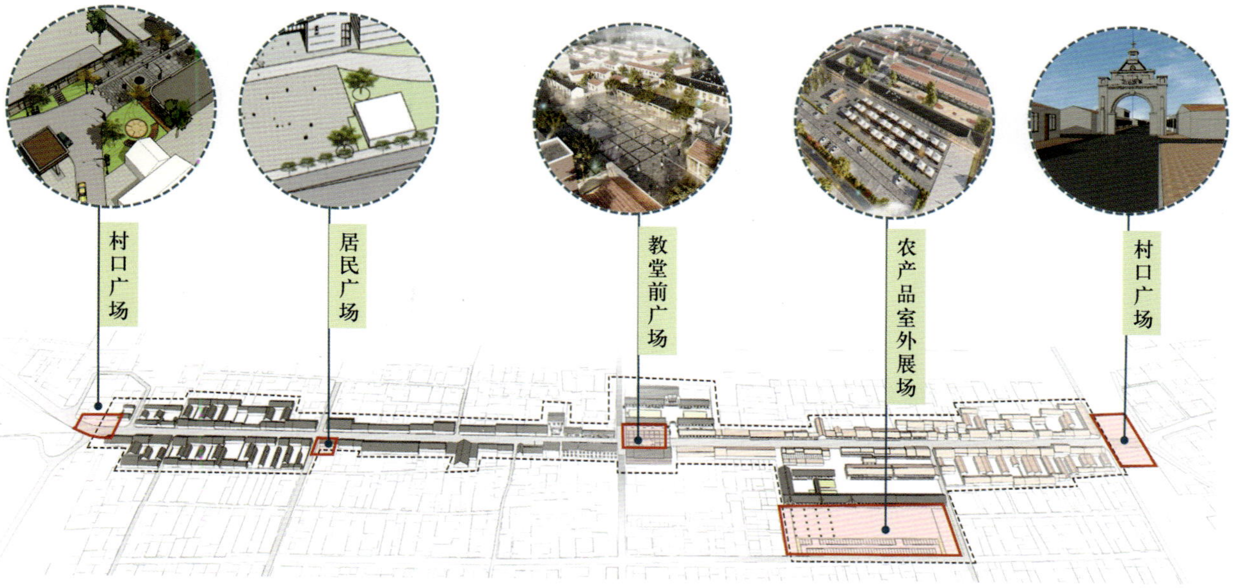

图 11　5 个主要的公共空间建设意向

3.6　历史文化保护与开发策略

规划建议将天主教堂、粮库列为历史建筑，划定保护范围和建设控制地带，将察哈尔文化作为非物质文化遗产，列入保护名录。

按照历史建筑保护和控制要求，严格遵循“保持原貌、传统工艺”的维修原则，加强对历史建筑的维护修缮，将历史建筑单体修缮与环境整治和改善相结合。

充分挖掘天主教堂的历史文化价值，在教堂内专辟展厅，展示天主教堂历史变迁与文化内涵，结合文化旅游，开展相关体验活动。

在保护修缮粮库外观风貌的基础上，结合旅游发展，将其改造为旅游综合服务中心，设置展厅，展示玫瑰营镇历史沿革、百年商贸文化、近代历史文化等，设置问询、休憩、餐饮、展示、售卖、会议活动等综合服务功能。

挖掘梳理察哈尔文化，如察哈尔民歌、蒙古族奶食、敖包祭祀、服饰、饮食、畜牧等民俗文化等，保护承载非物质文化遗产的文化空间，对非物质文化遗产传承人进行扶持，推进非物质文化遗产传承人培训计划。

3.7 近期规划安排

立足于实施导向和村民认知能力，一方面将近期建设内容归类为三大板块、八项工程，分别为民生板块、产业板块和环境提升板块，包括农宅整理建设工程、安全及防灾减灾建设工程、历史文化保护工程、村庄产业发展建设工程、宅间道路修缮工程、公共服务设施建设工程、市政基础设施建设工程、人居环境整治工程，明确项目规模、投资估算和责任主体，将近期项目落到实处（图 12）。

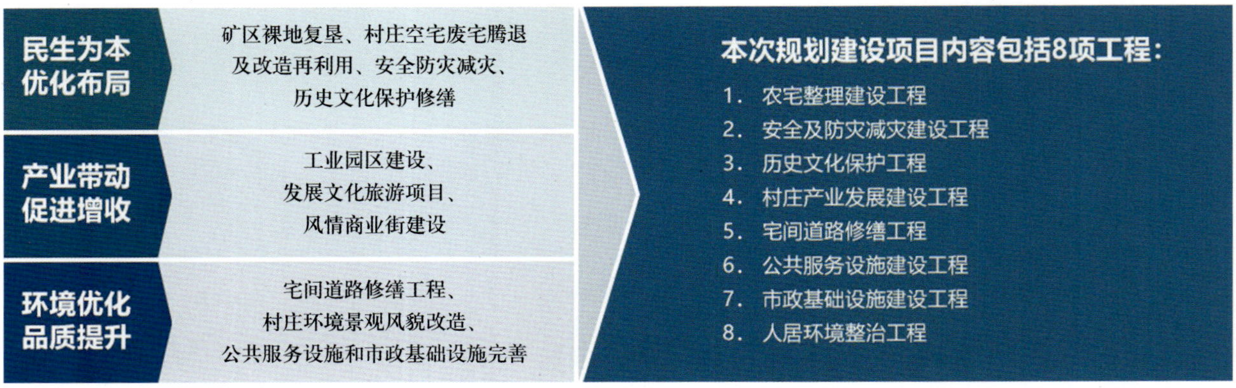

图 12　村庄近期建设的三大板块、八项工程

4 规划总结与启示

2022 年 9 月，本规划通过察右前旗人民政府正式批复。在规划编制过程中，得到了社会各界的充分肯定。本次规划的总结与创新分为以下 3 个层面。

4.1 技术层面的创新

本次规划注重村庄规划的实用性，提出“产业策划—空间规划—风貌设计—落地实施”四位一体的规划思路，目标再塑玫瑰营发展活力，提供空间支撑落地，并在特色空间设计上投入大量研究。

4.2 编制过程的创新

本次规划注重村庄规划编制过程中的村民参与，在规划前期，通过调查问卷、访谈的形式了解村民需求。在方案阶段，多次征询村民意见不断修改空间方案，由以往政府、规划师主导的规划转变为村委主导、村民参与、编制单位技术支持、政府依法审批的多方参与编制模式。

4.3　实施层面的创新

做村民看得懂的规划，规划将改造的方式用图片对比的方式让村民看得懂、能实施，增强规划的可用性和提高村民的参与度。现玫瑰营村大部分项目已开展建设，规划有效指导了玫瑰营村村庄整治和建设工作，为村庄发展指明方向(图 13)。

图 13　村庄建设总平面图

包头市稀土高新区万水泉镇黄草洼村村庄规划（2022—2035 年）

1 村庄介绍

1.1 区位概况

黄草洼村隶属于包头市稀土高新区万水泉镇，邻近 210 国道，南绕城、包伊公路东西横贯，南邻黄河，近郊区位优势明显。村域面积为 415.32 hm^2。

1.2 自然资源

黄草洼村属于平原地区，地势较平坦。村庄总体生态环境良好，现有耕地面积 202.19 hm^2，林地面积 35.21 hm^2。因南邻黄河有小部分坑塘水面分布在村庄东南侧。

根据第三次全国国土调查成果，村域总面积 415.32 hm^2，其中，耕地面积 201.53 hm^2，占村域总面积的 48.52%；林地面积 35.16 hm^2，占村域总面积的 8.47%；草地面积 31.66 hm^2，占村域总面积的 7.62%；农业设施建设用地面积 15 hm^2，占村域总面积的 3.61%。建设用地总规模 116.23 hm^2，其中村庄用地面积 95.86 hm^2，占村域总面积的 23.08%；区域基础设施用地 20.37 hm^2，占村域总面积的 4.90%。其他土地面积 15.75 hm^2，占村域总面积的 3.80%（图 1）。

现状村庄建设用地 97.76 hm^2，现状人均建设用地 810 m^2/ 人；村庄现状宅基地面积为 48.83 hm^2，现状户均宅基地面积为 840 m^2/ 户。

1.3 经济社会概况

根据第七次全国人口普查数据，村庄户籍 474 户 1 057 人；常住人口为 1 074 人，其中户籍常住人口 366 人，流动人口 444 人。村庄主导产业以种植蔬菜为主，主要种植大葱、洋葱、白菜、青椒、菜花、土豆、芹菜等农作物。据统计，截至 2021 年年底，村集体经济收入 30 万元左右，主要来源于村内土地租赁，先后有木材市场、凯达商砼、博客视频等企业入驻村内。

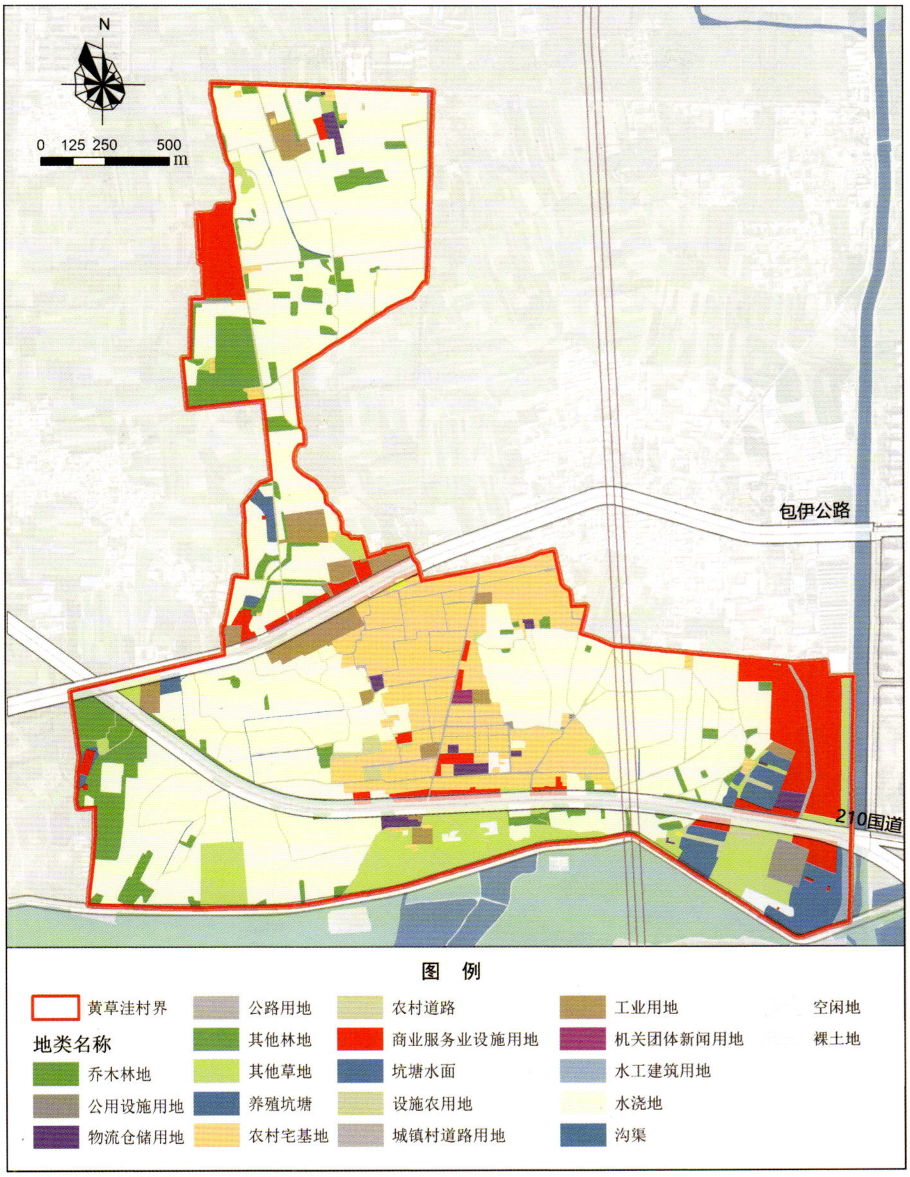

图 1　黄草洼村国土利用现状图

1.4　公共服务设施

村内公共服务设施集中布置于村委会的院落中，有党群服务中心、剧场、警务室及健身器材，是黄草洼村公共服务的核心。商业设施沿主干道两侧布局，有 2 处卫生室。

1.5　基础设施

(1)道路交通

①对外交通：黄草洼村交通区位优越，有 2 条东西向公路从村里通过，自北向南依次为包伊公路、南绕城公路，对外交通优势明显。这两条公路也是村庄内部连接主城区的对外主要交通干线。

②村庄内部交通：村庄内道路系统由主要道路、次要道路、宅间道路三级等级构成。村内有 1 条主要道路南北向穿过村庄，道路路面宽度为 3～6 m；黄草洼村内部道路狭窄，道路等级低，道路功能不明确。

(2)市政基础设施

市政基础设施现状情况见表 1。

表 1 市政基础设施现状情况

给水工程	现状水源采用村庄内部机井供水,机井将生活用水泵送至净水设施,净化后沿给水管供给居民日常使用
排水工程	现状村内生活污水采用直排方式解决;因地面有铺装,雨水难以自然渗透,地面积水较为严重
燃气工程	现状村内已接通天然气
供热工程	现状部分村内居民采用天然气壁挂炉进行取暖,少部分居民使用电热供暖
电力工程	现状村内用电由九原供电分局供给,以架空电力线连接变压器后分户供电为主,现状部分设备老化、变电站对地距离小等问题
通信工程	村内已接通电信管线,但村内线路混乱,影响美观
环卫设施	村内生活垃圾收集设施基本完善,村内卫生基本达标

2 规划目标和定位

2.1 村庄类型

根据村庄区位、人口、经济等现状,黄草洼村属于城郊融合类村庄。

2.2 规划目标

坚持创新、协调、绿色、开放、共享的新发展理念,按照“规划引领、示范带动、全面推进、配套建设、突出特色、持续提升”的要求,坚持把美丽乡村建设与产业发展、农民增收和民生改善紧密结合起来,通过科学布局、整洁村容环境,建设宜居、宜业的美丽乡村,提高乡村居民生活品质,促进美丽乡村建设与农村经济、社会、环境的协调发展,形成“布局合理、基础设施齐全、特色鲜明、生活富裕、文明和谐”的美丽乡村。

到 2035 年,耕地保有量不低于 202.13 hm^2,永久基本农田保护任务不低于 142.1 hm^2;村庄建设用地总规模 92.29 hm^2,户均宅基地面积控制在 742 m^2/ 户以内(表 2)。

表 2 村庄规划目标

指标	规划基期年	规划远期目标年(2035 年)	规划基期与远期变化量	属性
耕地保有量 /hm^2	201.53	202.13	+0.6	约束性
永久基本农田保护面积 /hm^2	142.1	142.1	0.00	约束性
村庄建设用地总规模 /hm^2	95.86	92.29	−3.57	预期性
公共设施用地规模 /hm^2	30.77	32.41	+1.64	预期性
公用设施用地规模 /hm^2	4.03	4.93	+0.9	预期性
人均建设用地规模 /(m^2/ 人)	795	708	−87	预期性
户均宅基地 /(m^2/ 户)	840	742	−98	预期性

2.3　规划定位

以村庄资源和交通优势为依托，将黄草洼村建设成为以“棚菜种植”为特色，打造集“有机农业、科技农业、休闲农旅、农业体验”于一体的综合型文旅休闲现代化乡村。

3　规划安排

3.1　国土空间布局

（1）村域国土空间总格局　根据村庄发展建设实际，明确村庄开发保护格局和各类空间规模（表 3）。

表 3　“三区三线”面积统计

“三区三线”		面积 /hm^2
农业空间		288.6
其中	永久基本农田保护面积	142.1
建设空间		126.7
其中	村庄建设边界内集中建设区面积	90.9
总面积		415.3

①生态空间：不涉及生态空间。

②农业空间：包含永久基本农田、水浇地、草地、林地等用地，面积为 288.6 hm^2，占村域总面积的 69.5%；村庄内水浇地面积为 202.13 hm^2，其中永久基本农田面积为 142.1 hm^2，划入一般农业空间的有 60.02 hm^2。规划落实永久基本农田划定成果，落实补充耕地任务，守好耕地红线（图 2）。

③建设空间：包含村庄居民点用地、建设用地及其他的零散用地，面积为 126.7 hm^2，占村域总面积的 30.5%。

将黄草洼村国土用地分为一级和二级规划分区。一级规划分区包括农田保护区和乡村发展区；二级规划分区包括永久基本农田保护区、村庄建设区、一般农业区和林业发展区，其中村庄建设区面积 126.6 hm^2，一般农业区面积 73.3 hm^2，林业发展区面积 73.4 hm^2（图 3）。

（2）各类空间管控措施

①农业空间：基本农田保护区经依法划定后，任何单位和个人不得改变或者占用。国家能源、交通、水利、军事设施等重点建设项目选址确实无法避开基本农田保护区，需要占用基本农田，涉及农用地转用或者征收土地的，必须经国务院批准。不得随意占用耕地，未经批准，不得在园地、商品林及其他农用地进行非农建设活动，不得进行毁林开垦、采石、挖沙、采矿和取土等活动。

②建设空间：建设边界内农村宅基地、农村基础设施、公益事业设施和公共服务设施、商业服务业项目、农村人居环境整治项目、符合规定的农村一二三产业融合发展等项目应向建设边界内集聚，优先利用村庄内部的未利用地。规划期内村庄建设边界原则上不得调整，如需调整按规划修改处理，严格论证，报规划审批机关批准。

建设边界外除依据规划明确的产业用地、基础设施用地以及零星机动指标落地之外，一般不得在村庄建设边界外新增建设用地。在不突破国土空间规划建设用地指标等约束条件、不破坏生态环境和乡村风貌的前提下，利用农村本地资源开展农产品初加工、发展休闲观光旅游而必需的配套设施建设用地，可在村庄建设边界外安排少量“点状”建设用地；农村道路、电力、电信等线性公益设施用地，以及宗教、殡葬等特殊用地可以在边界外安排。

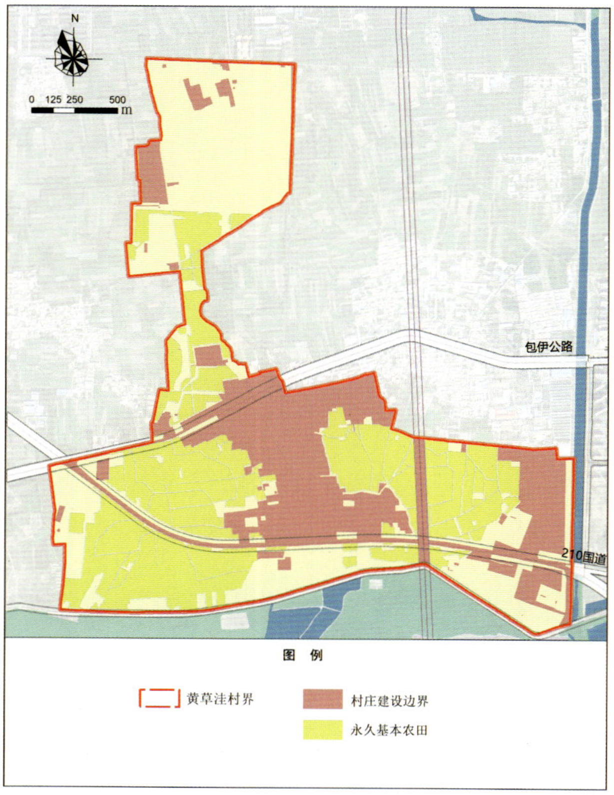

图 2 村域国土空间控制线图

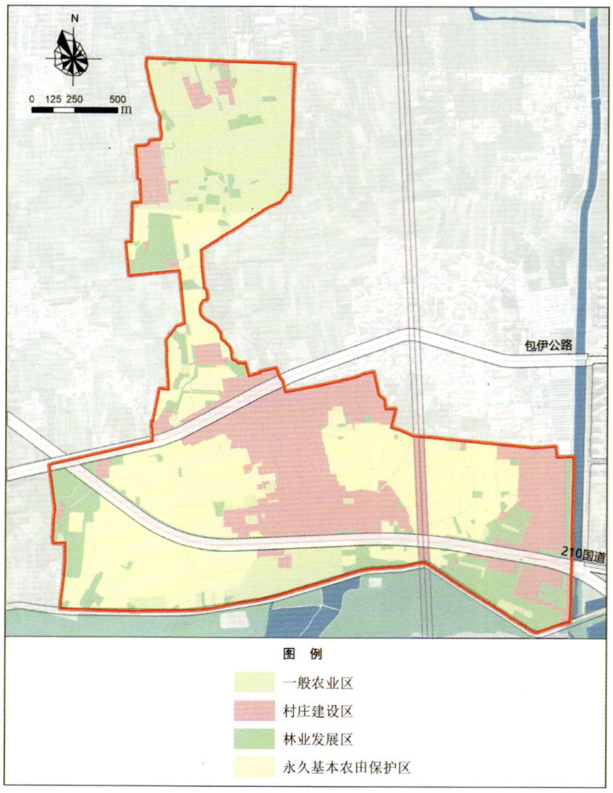

图 3 村域规划分区图

3.2 国土用地布局

黄草洼村规划全域面积为 415.32 hm^2。农用地面积 279.7 hm^2，占村域总面积的 67.4%；建设用地面积 121.29 hm^2，占村域总面积的 29.2%；其他用地面积 14.32 hm^2（图 4）。

规划用地指标：规划村庄建设用地 92.97 hm^2，规划人均建设用地 713 m^2/人；规划现状宅基地面积为 48.40 hm^2，规划户均宅基地面积为 742 m^2/户。

3.3 产业发展规划

（1）产业发展定位　黄草洼村按照村庄规划总体思路要求，为促进乡村振兴战略深入实施，以“棚菜蔬果”为媒介，以农业科技为支撑，以休闲农旅为载体，以助推产业升级为重点，打造集农业、休闲、观光、体验于一体的现代农业文旅园，发展集仓储、中转、交易于一体的综合服务园，实现产业升级、产业增值、农业增效、农民增收。

（2）产业总体布局　根据黄草洼村的特色资源和发展目标，规划构建“五个产业片区”的产业布局结构。“五个产业片区”即有机农业提升区、现代农业观光区、特色农业生产区、特色农旅融合区、生活及综合服务区（图 5）。有机农业提升区，即以有机蔬菜种植及大棚蔬果为主的农田区；现代农业观光区，即以现代化种植业为主的农耕观光区；特色农业生产区，即村庄特色蔬菜农产品种植区；特色农旅融合区，即以生态垂钓、共享农场、农业体验、农产品交易等休闲业态为主导的特色区。

对村庄东侧产业用地提出指导性指标，将涉及空间需求的规划控制要素纳入图则，采用类似于控制性详细规划层面的控制引导来满足空间管控的要求，主要是明确用地功能、开发强度、周边退让等一般管控要求，形成管控图则，从而更加有效地指导村庄产业项目落地实施（图 6）。

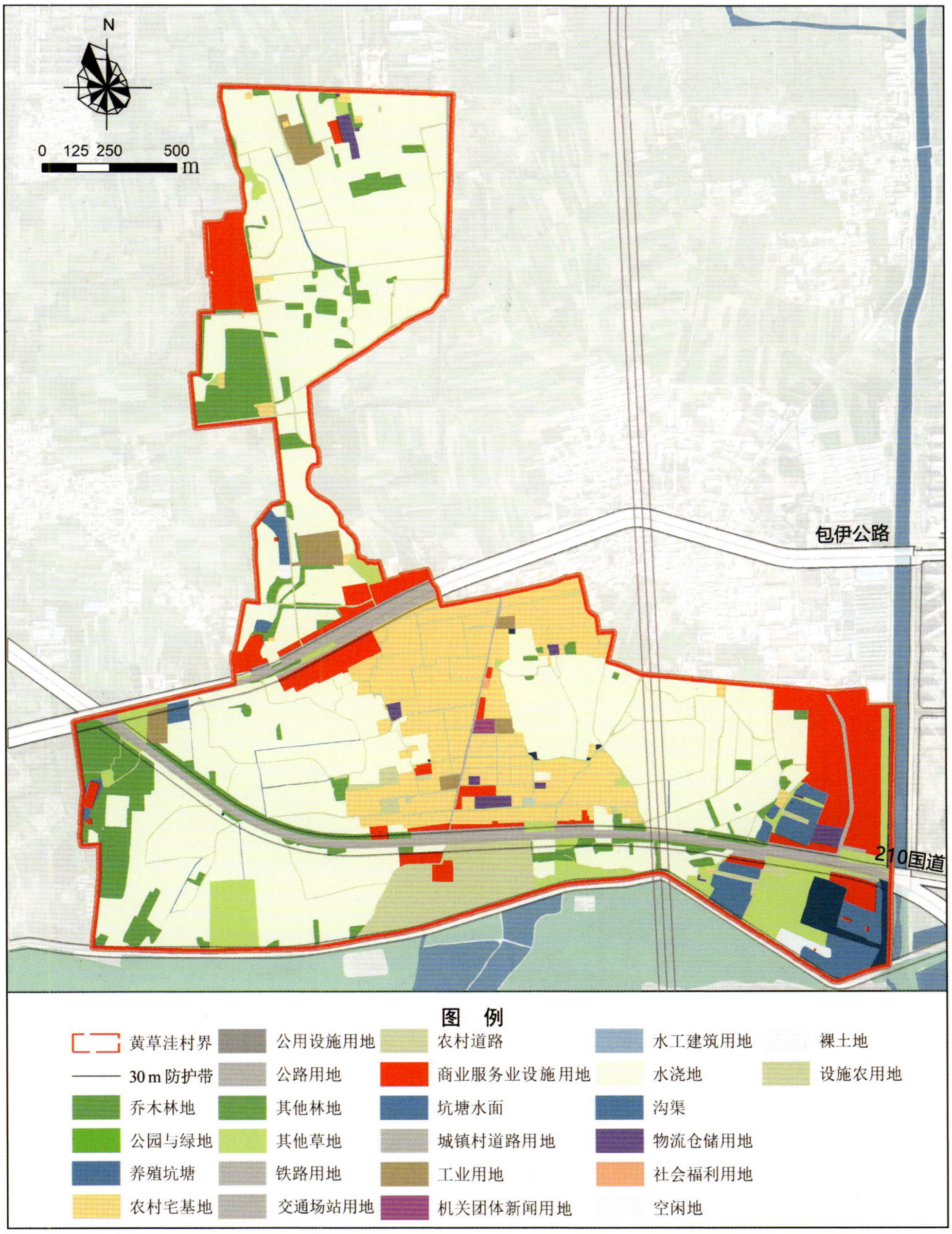

图 4　村域国土空间规划图

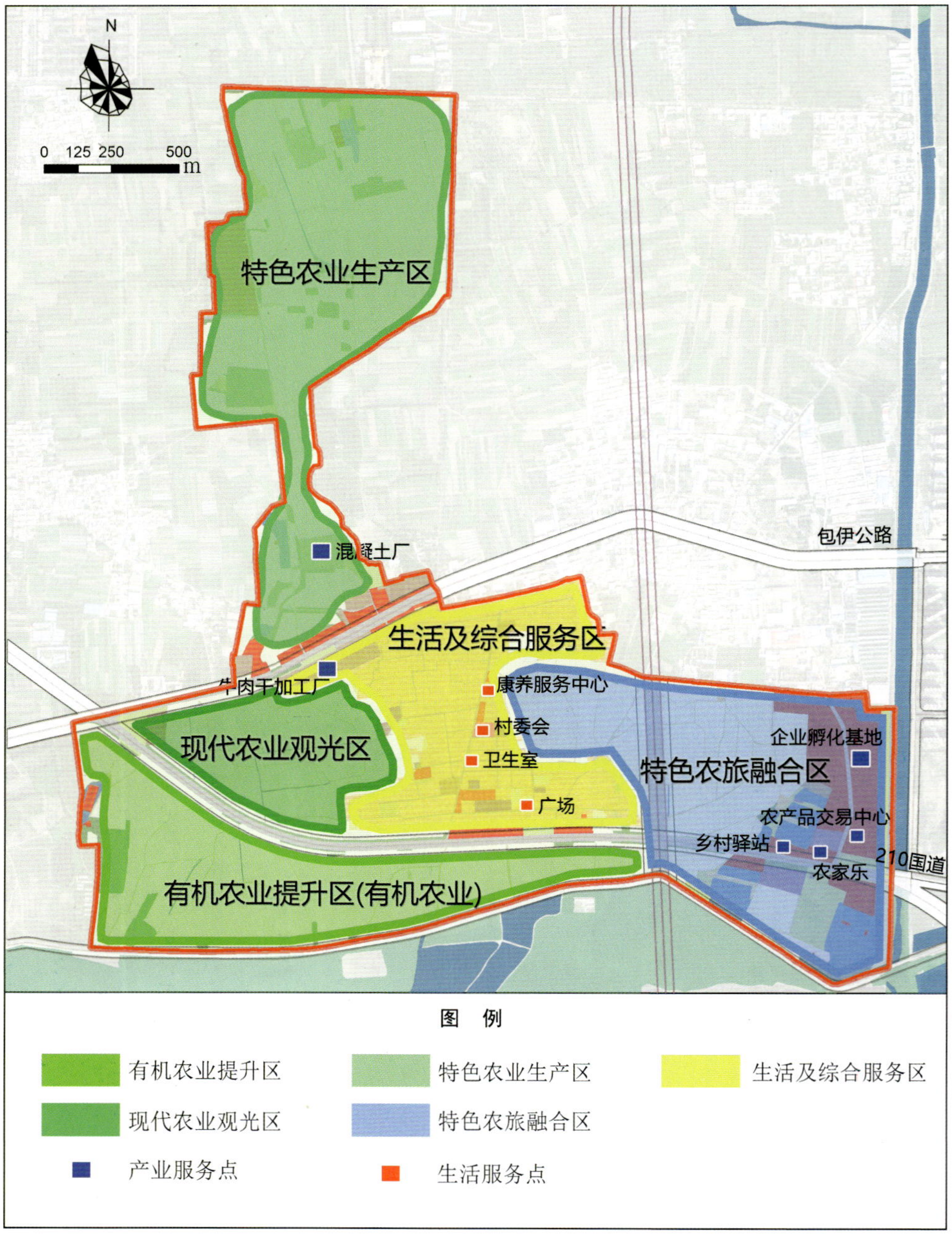

图 5 村庄产业布局规划图

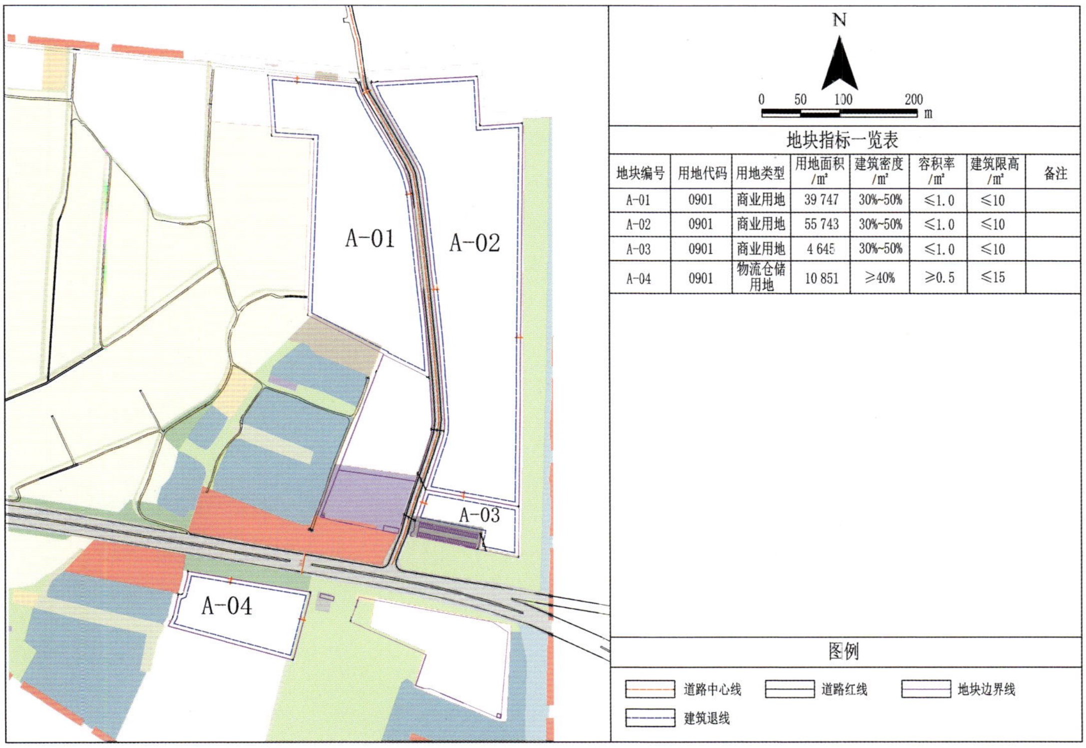

地块指标一览表

地块编号	用地代码	用地类型	用地面积/㎡	建筑密度/㎡	容积率/㎡	建筑限高/㎡	备注
A-01	0901	商业用地	39 747	30%~50%	≤1.0	≤10	
A-02	0901	商业用地	55 743	30%~50%	≤1.0	≤10	
A-03	0901	商业用地	4 645	30%~50%	≤1.0	≤10	
A-04	0901	物流仓储用地	10 851	≥40%	≥0.5	≤15	

图 6　村庄产业用地管控图

3.4　住房布局规划

本次规划以整治规划为主，庭院整治主要是改建及更新，对原有封闭式围墙的改造，一般采用通透式围墙改造或者利用花围墙，采用的颜色基本与建筑立面改造相协调，采用白、红、灰等传统建筑色彩（图 7）。

图 7　村庄住宅院落意向图

3.5　基础设施和公共服务设施规划

（1）基础设施规划　黄草洼村现状基础设施条件良好，除污水工程和雨水工程外，能满足村庄发展需求。

①道路交通规划：根据村庄土地利用，交通流量流向，现有道路网系统和自然地形，基本满足村民生产生活的需要，确定保留现状路网形式和布局，规划将村庄内部主要道路经一路路面进行提升改造，宽度控制在 8 m，其他次要道路及宅间路宽度控制在 3～6 m（图 8）。

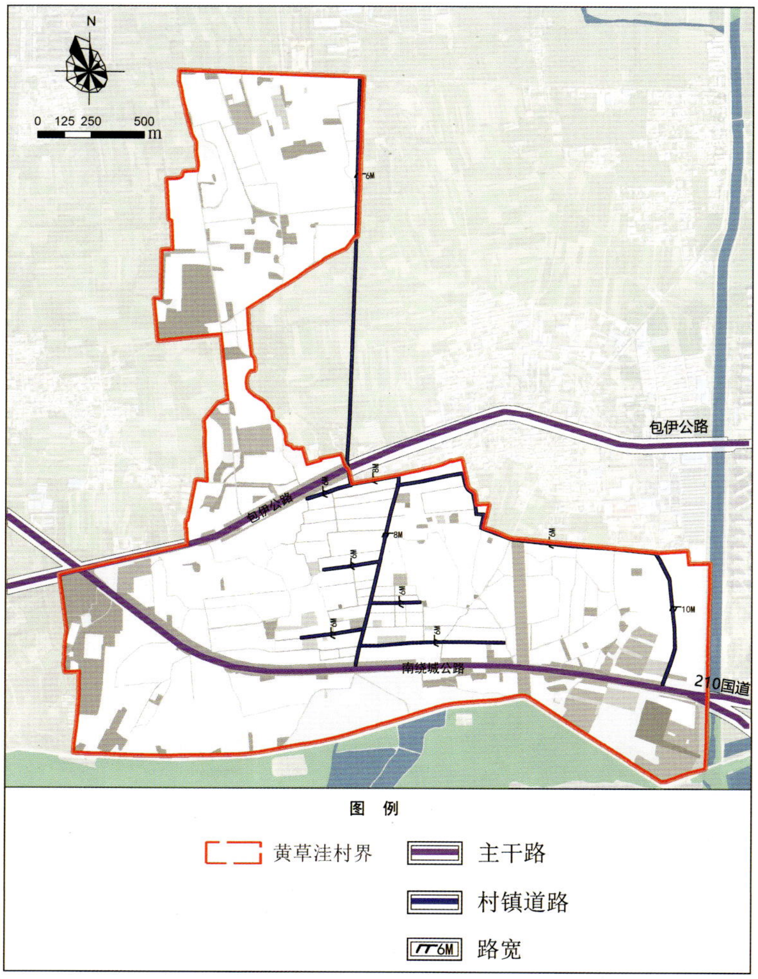

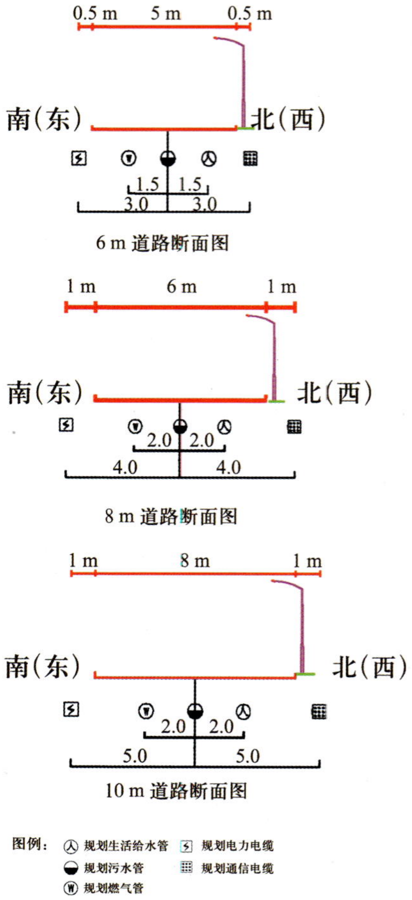

图 8 道路工程规划图

②污水工程规划:将生活污水排放至沿南绕城公路排污管道,经南绕城公路污水管道至万水泉污水处理厂,村内污水管道沿干路铺设,干管管径 DN300～DN400(图 9)。

③雨水工程规划:村庄内部大部分地面有铺装,雨水难以自然渗透,部分区域积水较为严重。规划近期在村内建设雨水池 2 座,经雨水管线(水管进行深埋,利用重力引导至雨水池)排放至规划雨水池以及村东南侧现状雨水池,经处理后用于浇灌农田等。规划远期雨水排放方式为道路雨水管线,接入市政雨水管线进行排放(图 10)。

④海绵策略:将村内停车位改造成透水植草砖生物滞留带,用来收集周围雨水。树池改造成滞留式生态树池,收集雨水。在空间受限区域采用渗井的方式实现雨水收集。

(2)公共服务设施规划　结合村庄自身发展的需求,完善、提升现有公共服务设施水平。规划服务设施布局尽可能结合村庄意愿以及村民生活和使用习惯进行合理布局,各类服务设施相对集中,形成黄草洼村核心功能区(图 11)。

①党群服务中心:村庄内有 1 处党群服务中心,规划对其进行改造提升。

②康养服务中心:考虑村庄内老龄化情况,利用闲置的商业建筑,打造黄草洼村康养服务中心,占地面积 0.09 hm^2。

③商业设施:规划保留部分现状商业建筑,结合村民意愿设置农家乐以及农产品交易市场。

④医疗设施:村庄现有 2 个卫生室,规划对其进行改造提升。

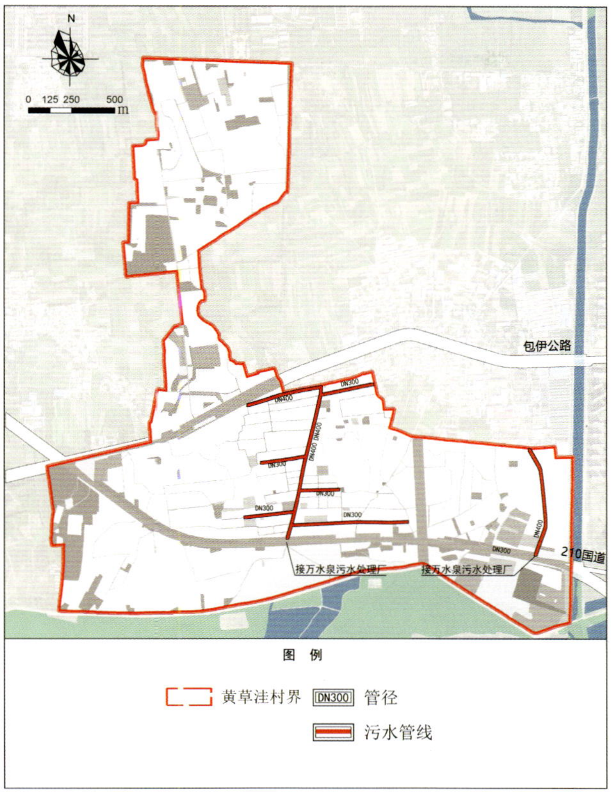

图 9　污水工程规划图

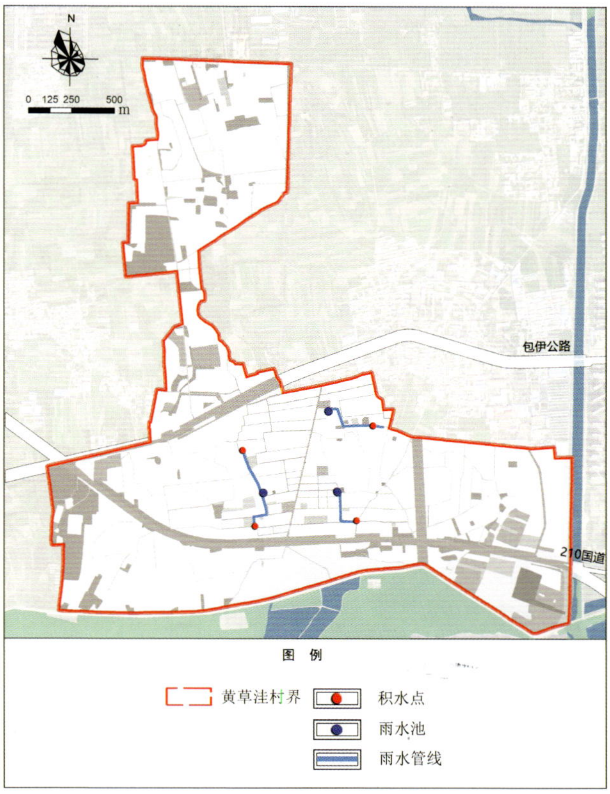

图 10　雨水工程规划图

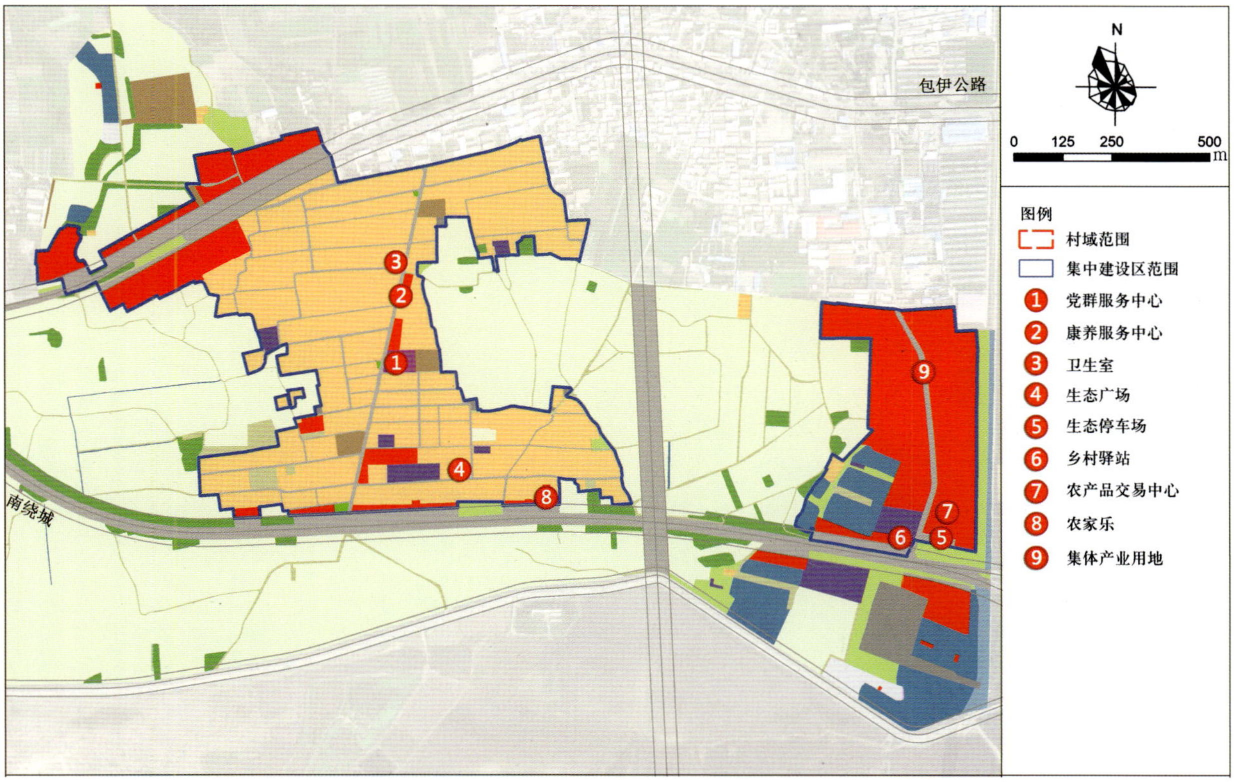

图 11　村庄公共服务设施规划图

(3)防灾减灾规划

①消防规划：在村委处增设消防设施，消防干管与给水管网相结合，沿村内主要道路布置。

②抗震规划：根据《中国地震动参数区划图》(GB 18306—2015)，黄草洼村地震动峰值加速度分区为0.15g(相当于地震基本烈度为8度)。规划考虑各片区中心广场和公共绿地、林地、农田作为疏散区域，一旦发生震情，应迅速组织居民进行疏散。

3.6 绿地与景观风貌规划

打造2处村庄核心景观空间，形成黄草洼村独特的景观标志。一是将村庄现状空闲地规划为生态休闲广场；二是将村入口处的部分商业用地规划为公园绿地(图12)。

村庄主要道路完善各类植物配置，突出乡村景观的自然性。注重村庄内部相关设施建设，利用村庄内多处闲置和开敞空间、公共建筑、院落空间等，结合绿化景观形成统一完整的公共空间体系(图13)，完善街巷、小品、入村标志性构筑物、文化墙、标语等。加强对于非物质文化遗产方面的宣传和建设，如传统村庄绘画、村容村貌宣传画(图14)。

图12 街角绿地效果图

图13 村域鸟瞰图

图 14　村庄风貌改造后意向图

3.7　国土空间综合整治与生态修复

黄草洼村按照全域规划、全域设计、全域整治的要求，对村庄生产、生活空间进行全域优化布局。国土综合整治主要为农用地整治和建设用地整治（图 15）。

（1）农用地整治　对现状零散农田，通过补种、连片使其连通整理，最终达到规模化的高标准良田；规划后耕地面积 202.13 hm^2，较现状增加 0.6 hm^2。

（2）建设用地整治　以盘活农村集体建设用地为导向，保障村庄发展，对村庄集体建设用地进行整治。村域建设用地增加 5.06 hm^2，主要为区域基础设施建设用地；村庄建设用地减少了 3.57 hm^2。

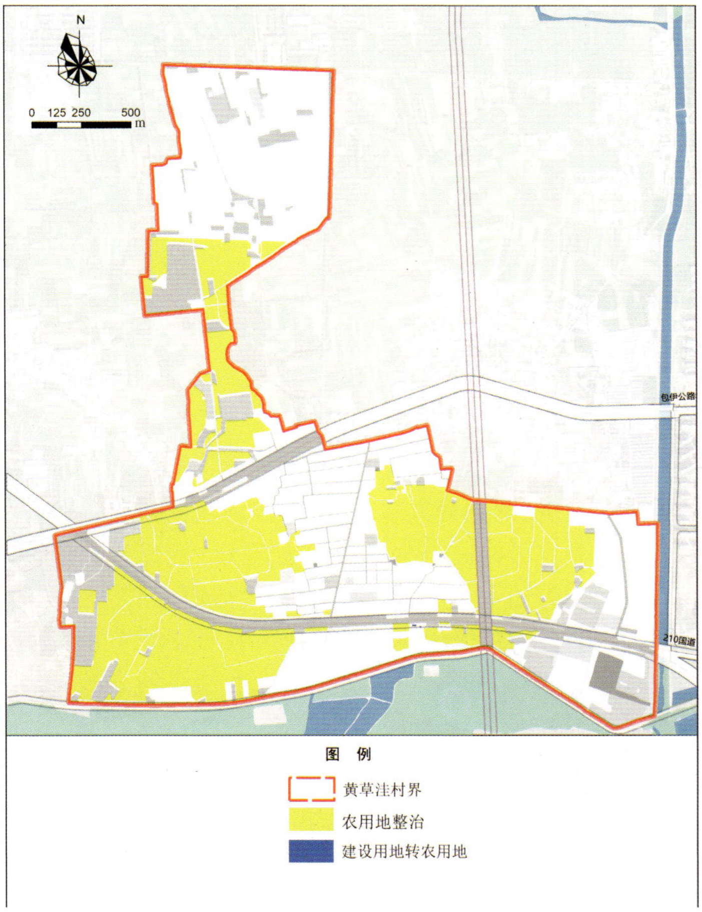

图 15　村庄国土综合整治规划图

3.8　近期规划安排

通过盘活村庄建设用地，完善村庄公共服务及基础设施，发展村庄农旅产业。村庄近期建设项目分为国土综合整治、环境治理、村庄建设、道路交通、公用设施、公共服务设施、产业发展七大类 13 项（图 16）。

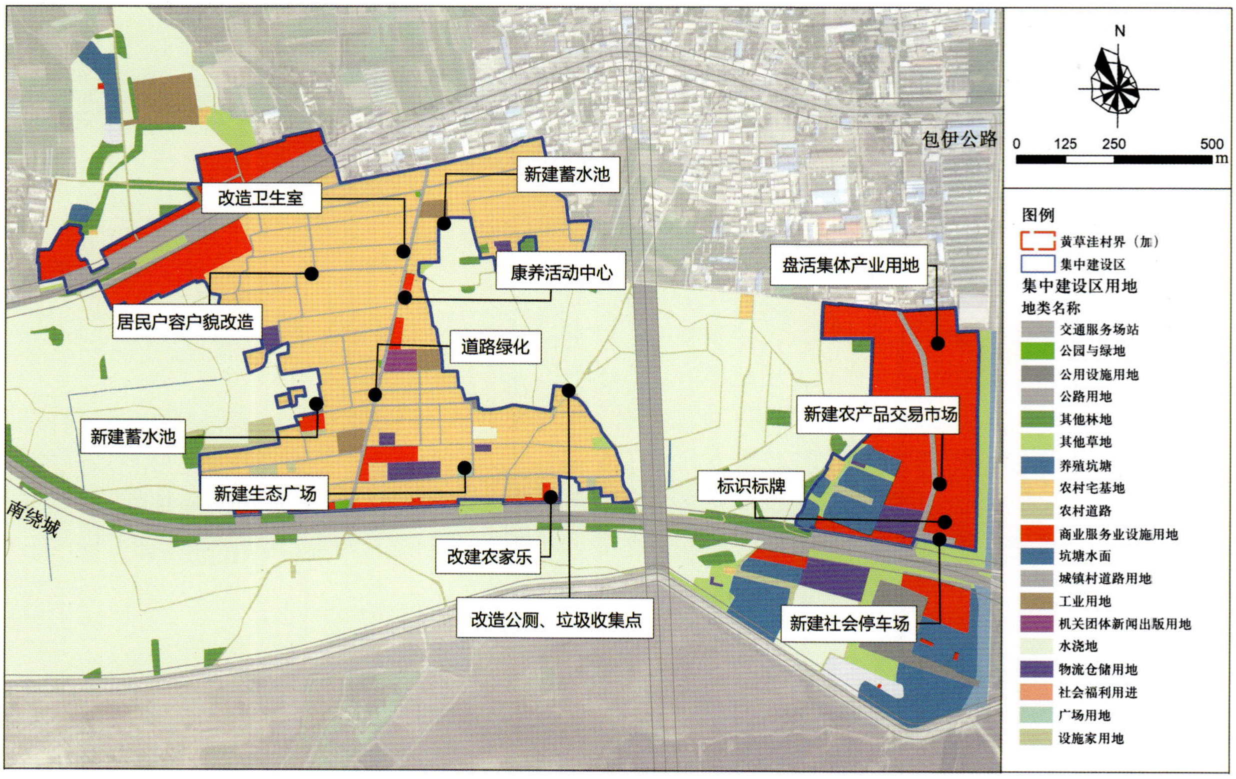

图 16　黄草洼村庄建设计划图

4　规划总结与启示

4.1　规划特点与创新点

（1）公众的参与　通过采取座谈、问卷等方式，了解村民诉求及村庄发展需求。公示阶段通过村民代表大会、专家评审会、听证会，激发了村民的参与热情，让规划“更智慧”、更“接地气”。

（2）空间的管控　在规划控制方面采用类似于控制性详细规划层面的控制引导来满足空间管控的要求，主要明确用地功能、开发强度、周边退让等一般管控要求，形成管控图则。

（3）价值的挖掘　基于村庄资源禀赋及区位优势的产业发展谋划，规划中寻找特点，包装提升成为卖点，通过村庄特色产业，一二三产业融合来发展。

（4）空间的重塑　立足内涵发展，存量用地更新，盘活农村集体建设用地、荒地和水面等资产资源，融入地方文化的重要空间节点，营造风貌特色。

（5）建设的模式　规划坚持“以农民为主体，以产业为引领，以自然人文为特色”的建设模式，让村庄开枝散叶，永续发展。

4.2　规划思考

在国家生态文明建设、乡村振兴战略实施、国土空间规划体系变革的背景下，新时代的村庄规划是最基层的规划，要做到“实用性”，看得懂、能落地、好监督，来赋能农村未来的发展方向。通过编制黄草洼实用性村庄规划，有以下几点思考。

(1)合政策　在村庄规划编制过程中，以第三次全国国土调查数据作为基础空间数据的基础，融合村庄现状和发展需求，将每一处土地规划清楚。合法合规地使用村庄建设用地指标，不规划不建设。

(2)准定位　从村庄文化特色、资源禀赋、乡风民俗出发，结合实际发展现状、发展意愿以及综合实力，找准村庄发展定位，做到“有一说一”，拒绝“千村一面”。同时尊重现状、因地制宜，积极挖掘村庄的渊源和特色，找到立村根本。

(3)强配套　基础设施配套建设应与村庄发展定位相衔接，满足村民实际需求。对于以产业发展为主导的村庄，需结合产业情况，在道路、供水、供电方面加强建设。

(4)善利用　充分利用人、事、物，进行生态化改造、在地化建设，对村庄改造，尊重村民的使用需求，有效利用乡土材料，因地制宜建设。

(5)重引导　村庄规划，要落地实施，之后怎么办？要注重对村民思想观念的引导。村民是践行者、见证者，更是守护者，在村庄规划的持续过程中，引导村民持续进行人居环境建设以及村庄基础设施的维护。

现阶段的村庄规划需结合村庄实际情况和发展前景，做出科学评估。对于村庄建设用地指标，以减量规划为主，盘活土地资源，实现资源变资产；积极探索闲置宅基地的利用措施，是村庄规划的重中之重。

阿拉善盟额济纳旗巴彦陶来苏木乌苏荣贵嘎查村庄规划（2021—2035年）

1 村庄介绍

1.1 村庄概况

乌苏荣贵嘎查行政隶属于额济纳旗巴彦陶来苏木，紧邻旗政府所在地，距达来呼布镇1 km，地理位置东经101°04′33″～101°45′24″，北纬41°54′05″～42°02′47″；东邻温图高勒苏木，西邻达来呼布镇，北邻苏泊淖尔苏木，国道G331从东侧入村，向东穿越村庄。

1.2 自然资源禀赋

（1）地质地貌　为北东走向的断裂凹陷盆地。地形呈扇状，总势西南高，北边低，中间低平。地域大部海拔高度1 200～1 400 m，相对高度50～150 m，平均海拔1 000 m。最低点西居延海，海拔820 m。主要山脉、山峰为马鬃山，海拔高度1 600 m。地形主要由戈壁、低山、沙漠、河流、湖泊和绿洲等类型构成（图1）。

（2）气候条件　额济纳旗巴彦陶来苏木属内陆干燥气候。具有干旱少雨，蒸发量大，日照充足，温差较大，风沙多等气候特点。常见天气现象多风。春、冬季各月发生较多，以春季为甚。年均≥8级以上大风日数44 d。大风常伴随沙尘暴，年均沙尘暴次数14次。

1.3 经济社会条件

乌苏荣贵嘎查辖1个自然村，总人口132户440人。常住人口116户416人。2020年全村年户均年纯收入为5万元，收入来源为种植哈密瓜，养殖白绒山羊、骆驼等（图2）。

1.4 公共服务设施和基础设施现状

（1）公共服务设施　嘎查内现有村委会、活动室、图书室，不是独立的办公点且未设立在嘎查集中

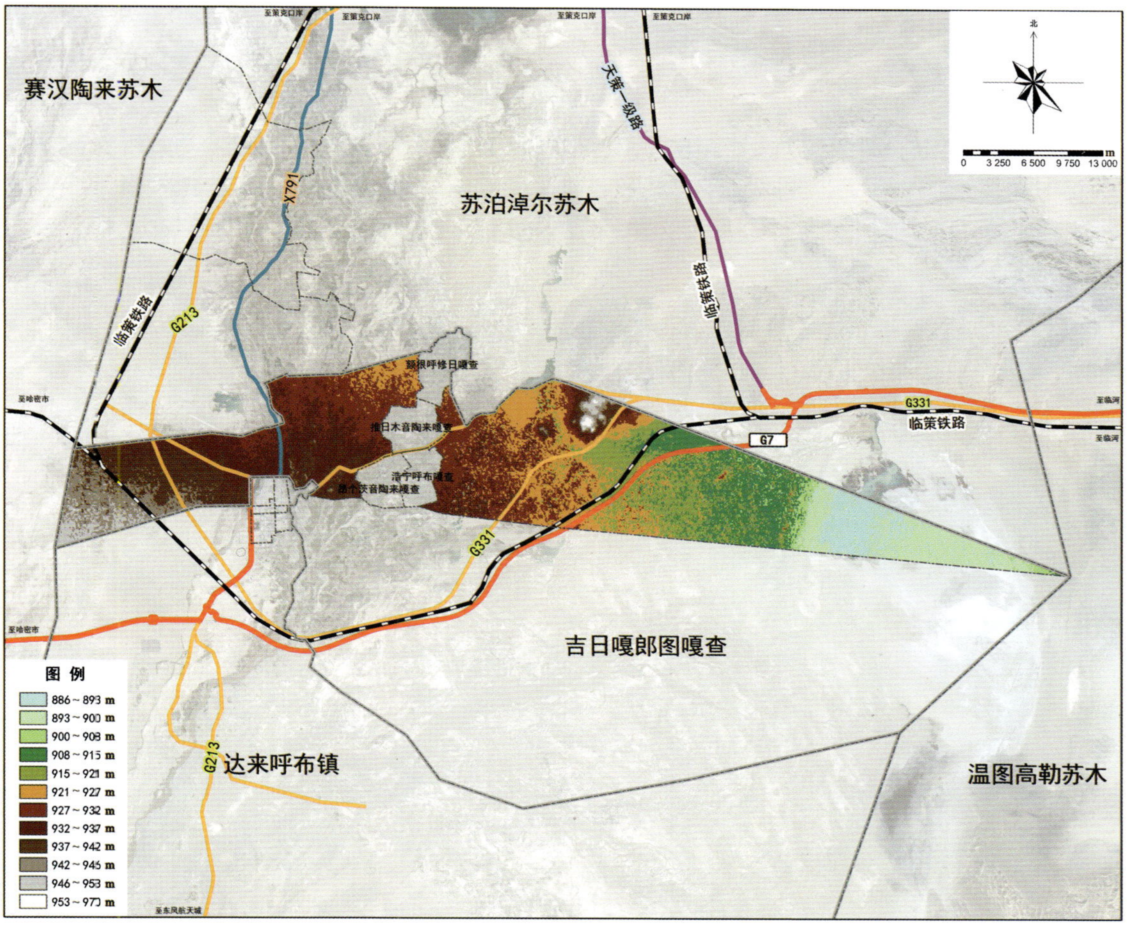

图 1　村域高程分析图

图 2　村庄资源禀赋

区，利用率低。嘎查内居民均安置于旗所在地达来呼布镇，镇区公共服务设施配套完善。

（2）基础设施　嘎查内没有自来水，偏远牧区饮用水主要源于潜水井及深水井，供水有保障但水质有待提升。有 78 眼灌溉井，能够满足居民灌溉农用地需要。

嘎查内无完整的排污系统，现状雨水和污水排水方式为自然排放，自然蒸发。

嘎查内现在有 110 kV 输变电线路，居民用电普及率 100%。通信信号覆盖率达 100%。

嘎查内无燃气设施，居民取暖、生活燃料均采用燃煤（柴）、用电、瓶装液化气（图 3）。

图 3　村庄基础设施

2　规划目标与定位

2.1　村庄类型

乌苏荣贵嘎查为城郊融合类村庄。

2.2　规划目标指标

本次规划主要面向耕地保有量、永久基本农田保护面积、生态保护红线面积、建设用地总规模、城乡建设用地规模、公共管理与公共服务用地规模、公用设施用地规模、户均宅基地规模等 7 项具体指标进行量化，共提出 4 项约束性指标和 3 项预期性指标（表 1）。

表 1　村庄规划目标

指标	规划基期年	规划近期目标年（2025 年）	规划远期目标年（2035 年）	规划基期与远期变化量	属性
耕地保有量 /hm^2	620.55	620.55	620.55	0	约束性
永久基本农田保护面积 /hm^2	52.76	52.76	52.76	0	约束性
生态保护红线规模 /hm^2	13 186.85	13 186.85	13 186.85	0	约束性
建设用地总规模 /hm^2	514.18	515.54	515.54	1.36	预期性
城乡建设用地规模 /hm^2	59.52	57.87	57.87	−1.65	约束性
公共设施用地规模 /hm^2	0.69	1.4	1.4	0.71	预期性
公用设施用地规模 /hm^2	52.06	52.06	52.06	0	预期性
户均宅基地 /（m^2/ 户）	—	—	—	—	约束性

2.3　规划定位

本次规划以乡村振兴为契机、以乡村农业发展为基底，以乡村生态宜居为目标，并根据村庄的地理位置、资源禀赋、历史文化、经济社会发展等因素，融合区域发展需求和村民发展诉求，将乌苏荣贵嘎查村定位为：乡村振兴引领区、农文旅融合示范区。

3　规划安排

3.1　村域国土空间布局及用途管制

嘎查“三生”空间系统是嘎查健康发展的综合平台，是不可分割的统一整体。依据确定发展定位和要求，以路网、水系、生态廊道等为框架，构筑“生产、生活、生态”三生融合的村域空间发展格局，明确生产、生活、生态空间的主要区域。

3.2　规划控制线

严格落实生态保护红线、永久基本农田，以巴彦陶来苏木国土空间规划管控任务为基础，划定乌苏荣贵嘎查村庄建设边界。以村域空间发展格局为框架划定农牧、生态和建设空间，明确三类空间规模及管控要求（图 4），乌苏荣贵嘎查规划大致形成八分生态、一分农牧、一分建设的村域用地布局。

（1）建设空间布局与管控措施

①空间布置：建设空间主要为农村居民点和农村其他建设用地，包括居住用地、公共管理与公共服务设施用地、仓储用地、交通运输用地、公用设施用地、绿地与开敞空间用地、特殊用地、留白用地等，村庄内不属于建设用地的乡村道路用地、天然牧草地，与建设用地关系密切，本次规划纳入建设空间进行管理（图 5）。

规划至 2035 年，乌荣贵嘎查建设空间面积为 68.33 hm^2，占村域总面积的 0.16%。

②管控措施：建设项目符合本规划使用规定的，可依程序办理建设用地审批手续。严格执行“一户一宅”政策及国家、自治区、盟宅基地等相关办法。有序推进零星建设用地整合，合理安排农村建设用地，优先满足嘎查基本公共服务设施用地需求。

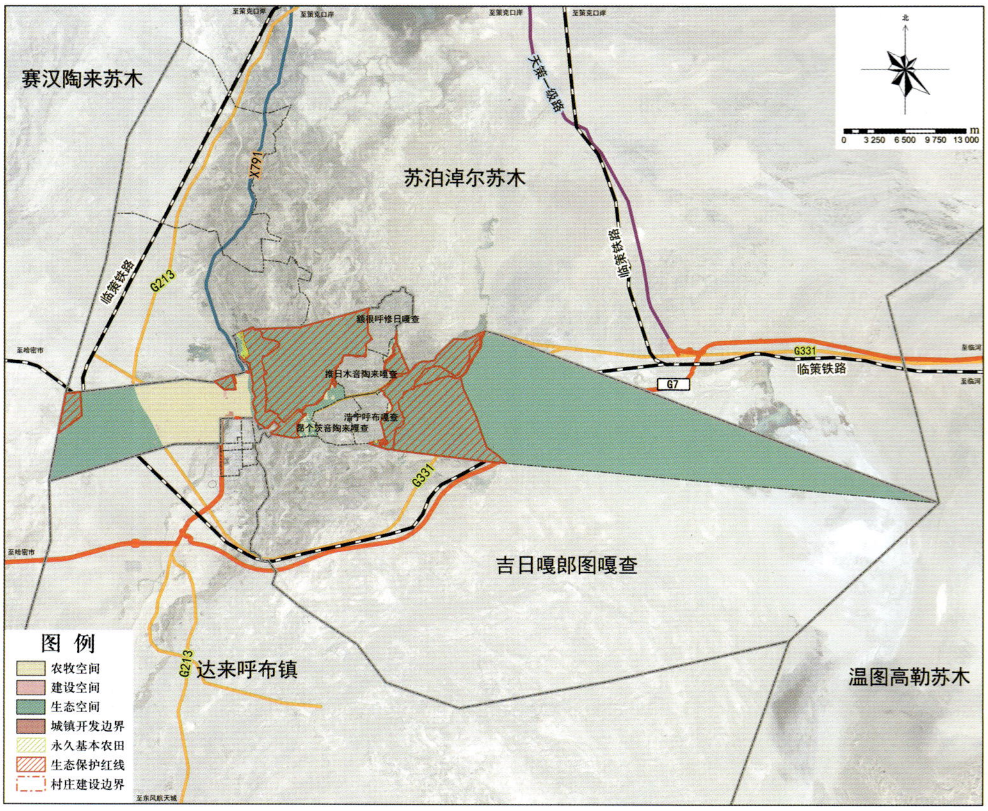

图 4　村域国土空间控制线图

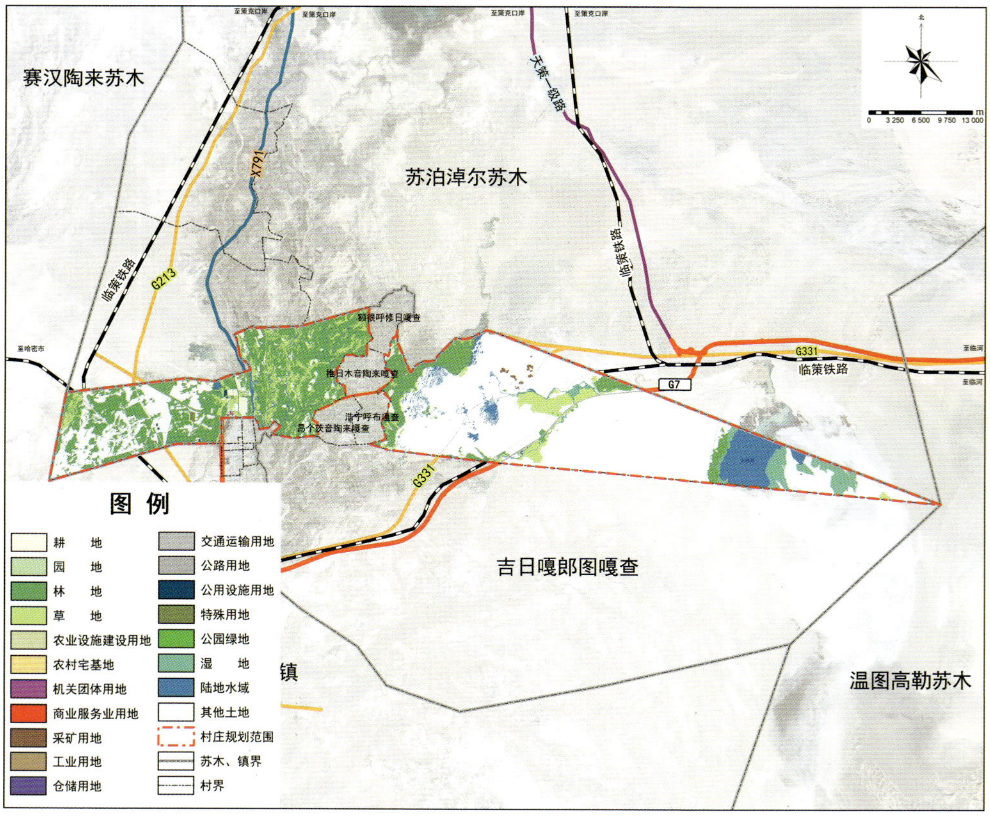

图 5　村域规划图

(2)农牧空间布局与管控措施

①空间布局：规划期末耕地保有量 780.25 hm^2。耕地分布于村域中部，耕地质量等别大部分为 10。上级下发的永久基本农田面积为 52.76 hm^2(图 6)。

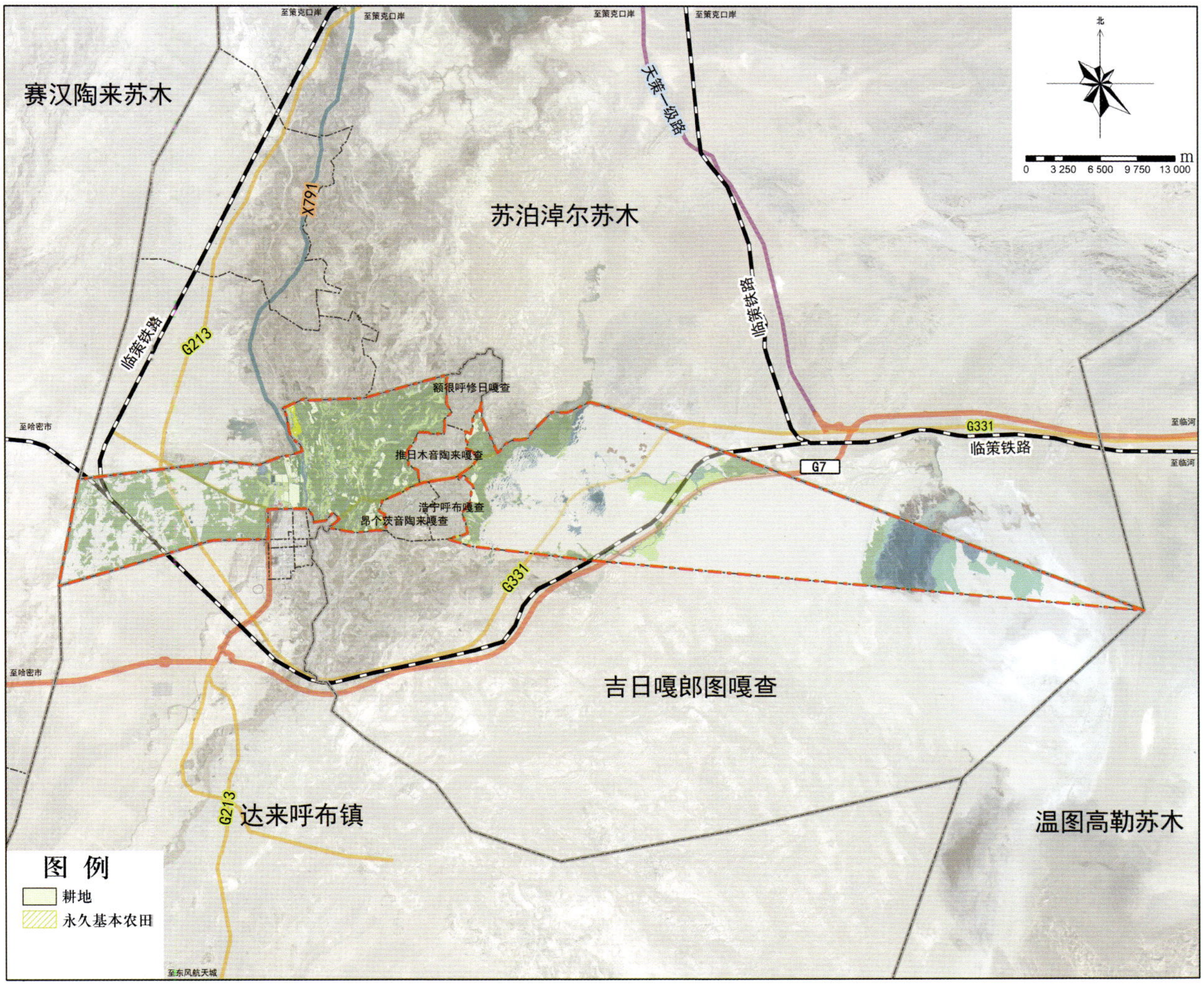

图 6 村域耕地和永久基本农田分布图

村庄的农牧业生产空间主要包括耕地、林地、草地、农业设施建设用地。其主体功能是为农牧业生产服务，也纳入农牧业生产空间进行管控。

规划至 2035 年，乌苏荣贵嘎查农牧空间面积为 4 053.75 hm^2，占村域总面积的 9.29%。

②管控措施：永久基本农田用途管制，参照国务院的《基本农田保护条例》具体管理实施要求。

一般耕地虽未列入永久基本农田保护区范围，但仍属农业用地区的重要组成部分，不得随意改变用途。

(3)生态空间布局与管控措施

①空间布局：生态空间主要包括其他土地。农用地中的其他草地，其未开发用作农业生产，生态功能大于农业功能，纳入生态空间进行管控。

规划至 2035 年，乌苏荣贵嘎查生态空间面积为 39 528.96 hm^2，占村域总面积的 90.56%(其中上级下发的生态保护红线面积为 13 186.85 hm^2)。

②管控措施

生态保护红线：红线内的自然保护地核心保护区，原则上禁止人为活动，其他区域严格禁止开发性、生产性建设活动，在符合现行法律法规的前提下，除国家重大战略项目外，仅允许对生态功能不造成破坏的有限人为活动。

其他生态功能区：规划范围内的生态林地、水域等其他生态功能用地，按照“慎砍树、不填湖”的要求，严格控制各类开发活动占用、破坏，未经批准不得进行破坏生态景观、污染环境的开发活动。

3.3 道路交通规划

乌苏荣贵嘎查与外部联系的道路主要为 G7、G331、G213、X791；村内的主干道与 G331、X791 相接，村内主干道与村内次干道相接，构建了该村与外界联系的主要道路系统（图 7）。

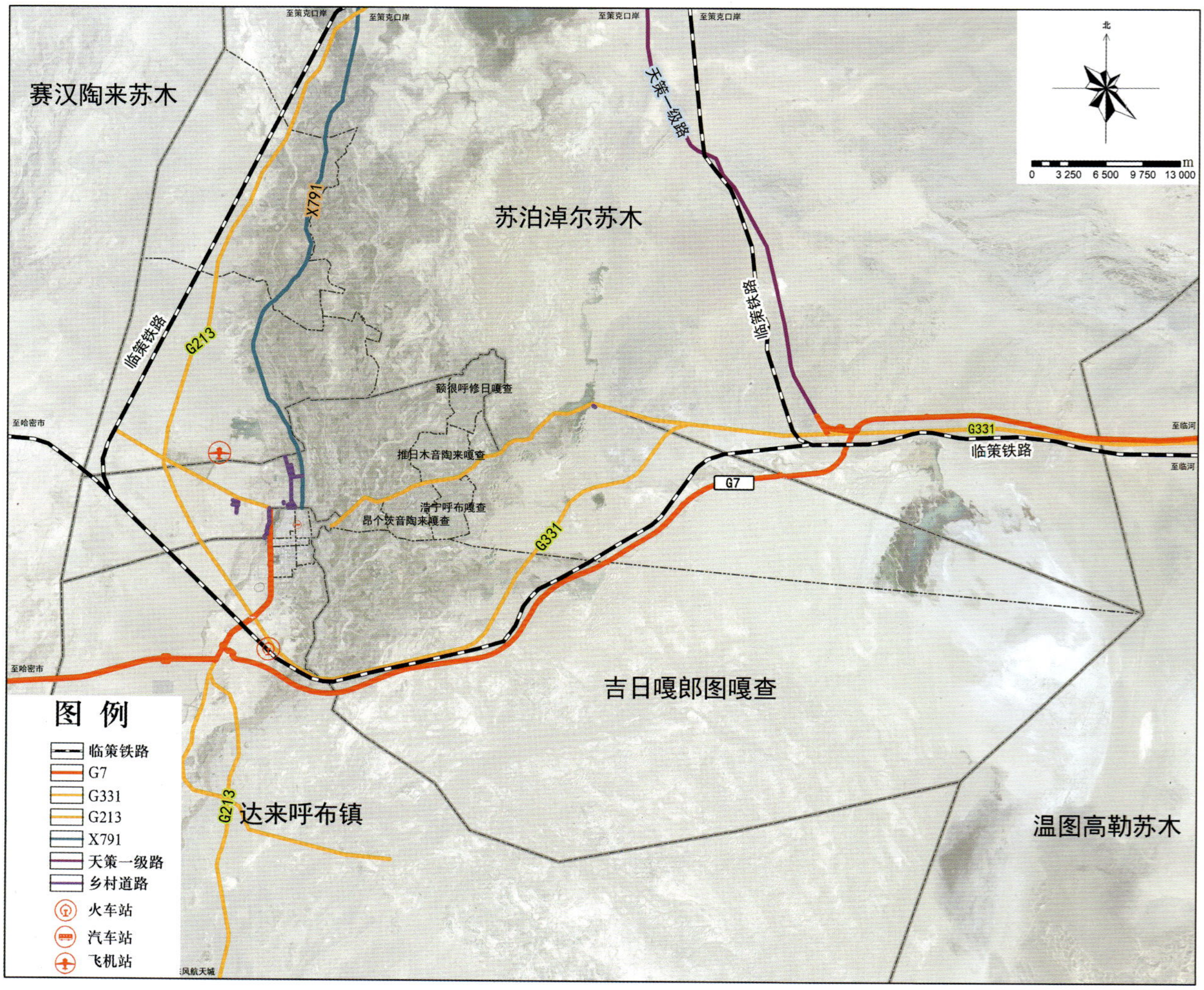

图 7 村域交通规划图

（1）村庄主路 为集中居民点内各地块之间的联系道路，道路面宽宜为 4～6 m，局部受限路段为 3～4 m。本次规划在劳动渠东侧沿渠新增一条乡村道路，便于村民通行。

（2）村庄次路 为村庄内的乡村道路及田间道路，在现状基础上进行局部道路疏通和道路拓宽。应满足单向行车以及非机动车行驶和步行要求，道路面宽为 2～3 m。

3.4　产业发展规划

依据“一体化、融合化、联动化”的产业发展战略，推动一二三产融合发展。

(1)第一产业　根据乌苏荣贵嘎查自身农业资源，健全标准化生产规范管理体系，设计规范包装，统一标志，建设现代化农业生态庄园，注重农产品地理标志认证，形成品牌效应、规模化效应，提高市场竞争力。

(2)第二产业　加强与农业的联动发展，拓展产业链，提升产品附加值，实现产业深度融合。依托现有蜜瓜交易市场的发展优势，推动原始农业的转型升级。

(3)第三产业　规划利用本嘎查原有生态和文化优势发展乡村休闲旅游产业，积极融入全域旅游规划建设，发展集胡杨观光、瓜果采摘、农业休闲于一体的乡村旅游业，促进当地经济发展。梳理区域和村内旅游资源，策划旅游项目，丰富休闲业态，串联区域游线，完善旅游设施(房车营地、导览牌、公厕)，提升实施运营能力。

构建以蜜瓜种植为基础，以胡杨观光为特色、以发展乡村旅游为补充的产业兴旺嘎查。优化嘎查的各用地布局，构建“一带三区”的总体产业布局。

3.5　住房布局规划

乌苏荣贵嘎查至规划期末，农村宅基地用地规模为3.45 hm^2，保留现状规模；户均宅基地面积为261 m^2/户。

要求严格执行“一户一宅”政策，严格执行《内蒙古自治区农村牧区宅基地管理办法》确定的宅基地面积标准，规划新申请的宅基地必须控制在标准规定范围内。宅基地选址应避开地质灾害隐患点、避让区，退让距离应符合铁路、高压走廊、国道、省道、县道、乡道、河流渠道水体等标准的规定。

3.6　公共服务设施和公用设施规划

(1)公共服务设施布局　综合考虑村民主要出行方式、出行时间、各村人口规模、各村之间以及乌苏荣贵嘎查与镇区间的距离，构建乡村共享生活圈，合理配置嘎查公共服务设施的规模及设施种类。

本次规划新增村委会、停车场、农机停放场所，并提升现状公共设施。改善乌苏荣贵嘎查基础设施，方便村民的正常生活(图8)。

(2)公用设施规划　为满足村庄卫生和村民安全需求，在现有公用设施的基础上，结合安置于达来呼布镇镇区内的村民需求和村庄发展需要，提质改造给水、排水、电力、通信等工程(图9)。

3.7　国土综合整治与生态修复

(1)农用地整治　对规划范围内实施农用地整治，将部分废弃地、低洼地覆土以及拆旧复垦，提高耕地集中连片度及耕地质量，提升田间基础设施配套，使农业空间成为灌排设施完善、土地平整肥沃、田间道路通畅、产出效益高、适应现代农业发展要求的农业生产区。

(2)建设用地整治　通过实施城乡建设用地增减挂钩、“三优三保”专项规划等各类建设用地整治项目，改善闲置低效用地使用效率问题，提升全域人居环境，助力产业转型升级，优化建设用地布局结构。

(3)山水林田湖草生态修复　规划将沟渠生态受损区域进行修复和整治，构建生态绿道网络系统。规划对村内的沟渠进行清淤疏浚，按照沟渠的自然走向和生态环境进行修复。

(4)村域人居环境整治　充分衔接各部门农村人居环境整治专项规划，扎实搞好农村人居环境整

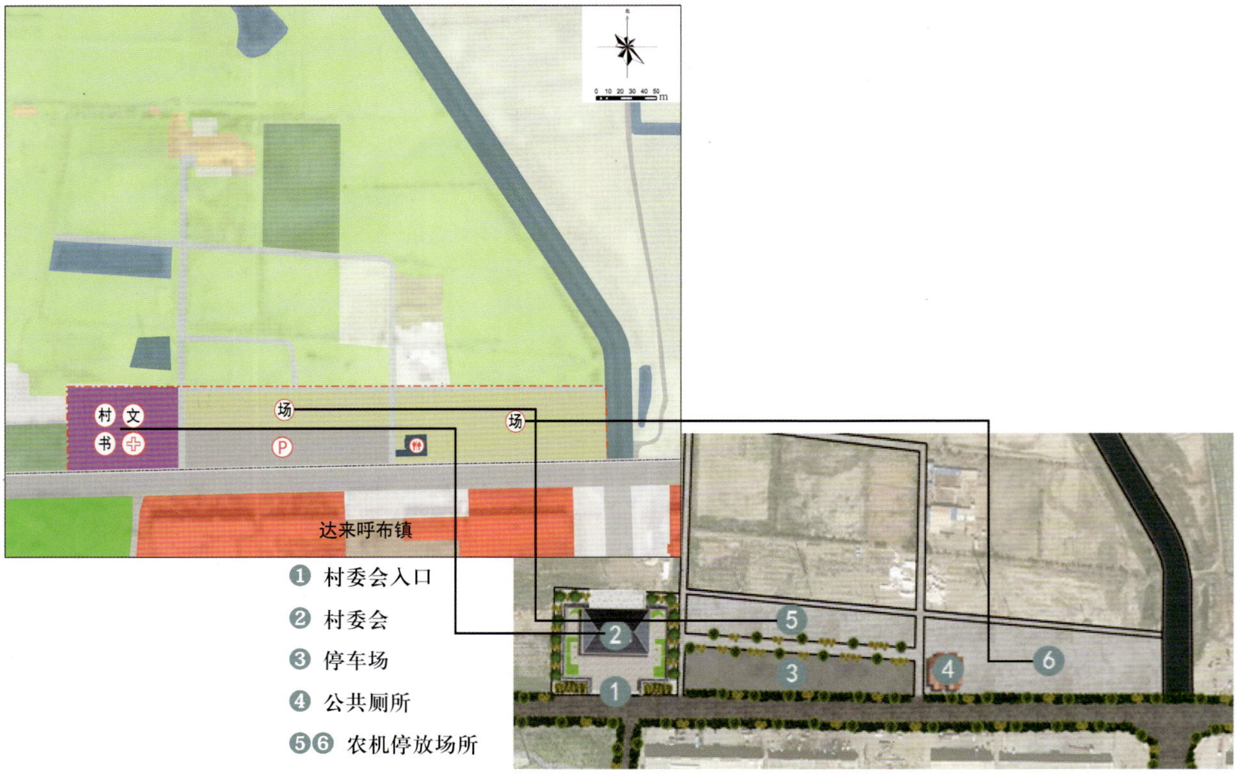

图 8　中心村建设用地规划图

图 9　电力和通信设施

治。分类推进农村“厕所革命”。全面推进农村生活垃圾治理，开展就地分类、源头减量试点。梯次推进生活污水治理，优先解决中心村生活污水问题。开展嘎查黑臭水体整治。支持村民开展嘎查清洁和绿化行动，推进“美丽家园”建设（图 10）。

4　规划总结与启示

4.1　公众参与

本规划以“公众参与”为手段，全程参与、全民参与，形成村民和相关利益主体全程公众参与的机制，使村庄规划能更好地表达广大居民的意愿，尊重当地风俗习惯，力求规划切合实际，让农民接受，规划完成后，通过公开展示，深入宣传，以村规民约的方式确定规划，使规划具有约束力，形成执行规划的自觉性。

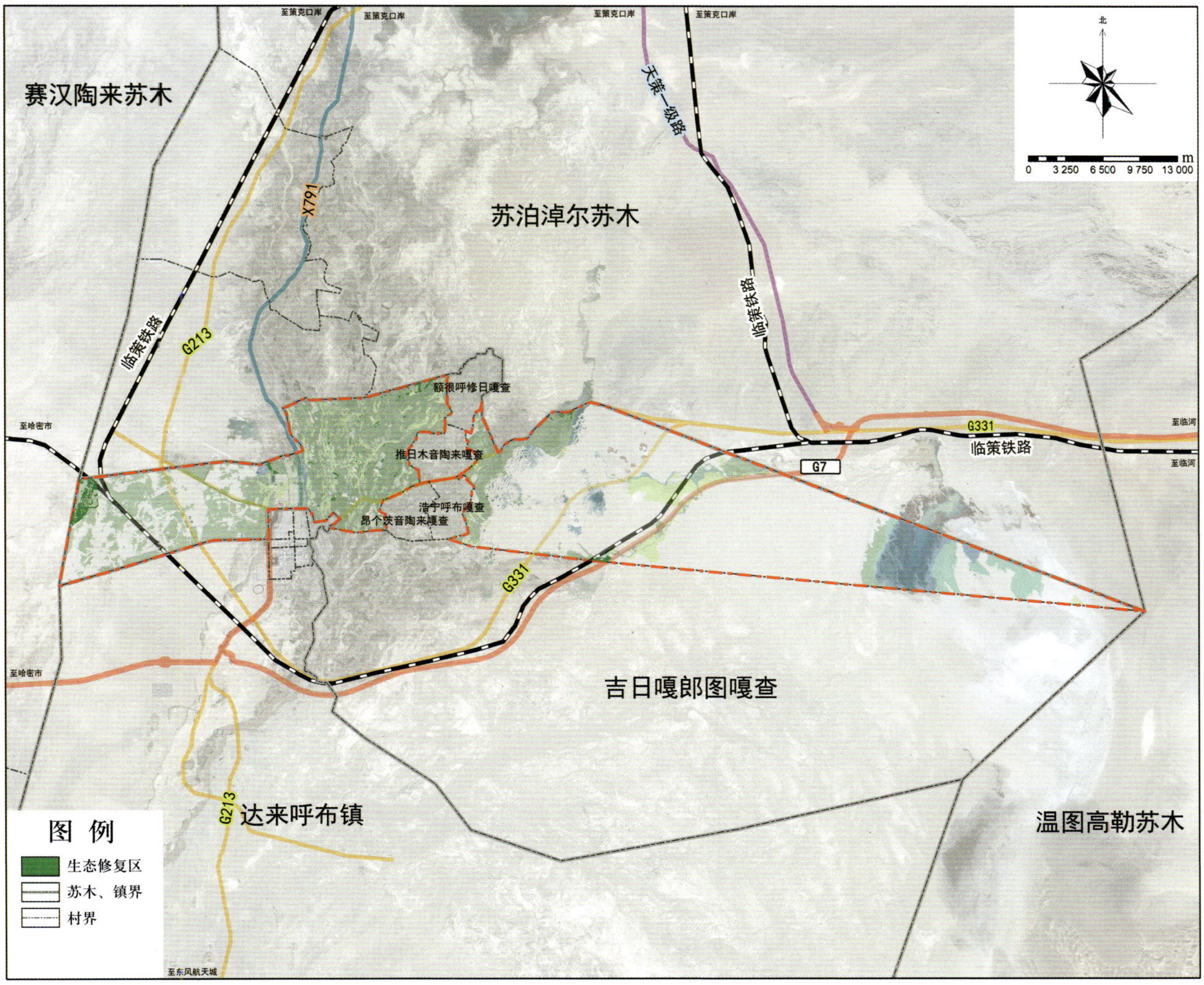

图 10　村域国土综合整治与生态修复图

4.2　创新表达

(1)城市和乡村的结合,让该村庄成为一个城市绿心和生态屏障,城市与乡村互为补充,为居民带来了更多的就业机会和收入来源,提升了当地居民的生活水平。

(2)以培育农业经营体系发展新动能为目标,追求“更具活力”的新型经营体系。

(3)通过合理规划和建设,基础设施水平得到了显著提升,农业生产实现了规模化、智能化发展,旅游产业的发展也取得了显著成效。

4.3　村庄亮点

(1)当地有效保护阿拉善双峰驼、土尔扈特文化等本土珍贵的地方优势资源,着力优化畜群结构,探索专业化、规模化发展之路,深入挖掘骆驼文化,大力培育骆驼产业,骆驼产业已成为农业发展的亮点。

(2)传承传统文化的同时,探索新型宣传渠道;坚定文化自信,通过深入研究把传统文化的精神标识、文化精髓提炼出来、展示出来,通过多渠道去传播。

4.4 思考与经验

（1）分类指引，刚弹结合　探索规划“留白”机制，为嘎查未来经济发展提供弹性空间。在规划村庄集中建设区时对暂不明确规划用地性质的建设用地进行“留白”，同时为满足村民居住、农村公共公益设施、零星分散的乡村文旅设施及农村新产业新业态等暂时无法明确未来具体位置和规模的用地需要，有需求的村庄可因地制宜预留不超过 5% 的建设用地机动指标，待建设项目规划审批时落地机动指标、明确规划用地性质，项目批准后更新数据库。

（2）推进全域土地整治，做全域国土空间规划　树立“山水林田湖草生命共同体”的理念，尊重本底，生态治理，强化耕地保护。通过落实三条控制线对全域全要素进行管控。

包头市青山区兴胜镇王老大村村庄规划
（2021—2035年）

1 村庄介绍

1.1 村庄概况

王老大村隶属于包头市青山区兴胜镇，青山区位于包头市中部，地处呼包银经济带、呼包鄂城市群的重要位置。北依阴山山脉，南邻黄河，是市四区之一，包头市青山区行政管辖范围，西接昆都仑区，东邻石拐区，南靠九原区总面积约280 km^2。王老大村位于青山区青大线1 km路北，背靠大青山，南邻永和窑村、顶独龙贵村，东邻管箩铺村，西邻当铺村。距离包头市中心城区直线距离约5 km，距离包头东站约16 km。

1.2 资源禀赋

王老大村整体地势北高南低，北依大青山，村域南部村庄集中建设区整体平缓，大部分坡度在0°～7°。水资源稀缺，水资源严重不足。村内一直使用深井水，由于长年累月抽取，地下水位不断下降。

依据包头市青山区现状基数转换数据，规划范围内现状用地总规模为895.64 hm^2。其中，农用地571.83 hm^2，占土地总面积的63.85%；建设用地286.21 hm^2，占土地总面积的31.96%；其他用地37.59 hm^2，占土地总面积的4.20%。

1.3 社会经济

王老大村仅辖一个行政村，根据第七次全国人口普查数据，村庄户籍人口303户734人；常住人口为1 103人，其中户籍常住391人，外来常住712人。由蒙、汉、回3个民族构成。

王老大村现状一产以蛋鸡饲养、农作物种植为主，农作物种植包括粮食作物、蔬菜等产品；二产较为薄弱，只有初级生产的个人企业，村庄企业现状有50个，其中有营业执照的为21家，多为5人以下初级生产的个人企业，主要产业类型为小型加工厂、库房等，且现状调研显示多为停产的状态，整体企业效益一般，亟待升级；三产尚未发挥区位交通优势，没有打造出有吸引力的旅游产品。

1.4 人居环境

自然村由村内主要道路分为东、西两个区域，东部区域属于老村，历史年代较为久远，住宅布局较为灵活自由，总体建筑质量较好，但有个别院落建筑质量相对较差；西部区域建设较为规整，住宅建筑质量较好，道路情况良好(图 1)。

图 1 中心村鸟瞰图

村内公共服务设施集中布置于村委会的院落中，布置了党群服务中心、卫生室、活动室及健身场所，是王老大村公共服务的核心。村内没有小学及幼儿园，供村内休闲娱乐的仅有商店和戏台，商业设施较少，缺少集中活动场地。在村庄东侧、戏台的北侧现存 1 座有一百四五十年历史的龙王庙，原是村民求雨的地方，现已荒废。

村域内水源来自地下水，未与城市市政管网相连接；没有完整的排污系统，目前居民的生活排污方式是每户在院落外各自设置排污池；天然气入户基本完成，仅存在少量住户因安装问题无法安装天然气；没有热电厂集中供热体系；现状用电以连接变压器后分户供电为主，能够满足村民用电需求；有现有 3 座旱厕、3 座水厕、垃圾池 7 个较为分散的布置在村庄内部；有 1 处垃圾中转站。

2 规划目标与定位

2.1 村庄类型

王老大村属于城郊融合类村庄。

2.2 主要目标

按照产业兴旺、生态宜居、乡风文明、治理有效、生活富裕的总要求，科学有效引导村庄规划建设，促进乡村振兴。

规划至2035年，调整优化后，农用地640.01 hm^2，占总面积的71.46%，较基期年增加68.18 hm^2；建设用地242.29 hm^2，占总面积的27.05%，较基期年减少43.92 hm^2（表1），其中村庄建设用地总面积89.08 hm^2，较基期年增加3.39 hm^2；其他用地13.35 hm^2，占总面积的1.49%，较基期年减少24.23 hm^2。

表1　村庄规划目标

指标	规划基期年	规划近期目标年（2035年）	规划远期目标年（2035年）	规划及其与远期变化量	属性
耕地保有量/hm^2	101.83	101.83	101.83	0	约束性
永久基本农田保护面积/hm^2	52.45	52.45	52.45	0	约束性
生态保护红线规模/hm^2	315.47	315.47	315.47	0	约束性
建设用地总规模/hm^2	286.21	242.29	242.29	−43.92	预期性
城乡建设用地规模/hm^2	97.97	98.21	98.21	0.24	约束性
公共设施用地规模/hm^2	0.15	0.59	0.59	0.44	预期性
公用设施用地规模/hm^2	0.57	0.57	0.57	0	预期性
户均宅基地/（m^2/户）	997.18	944.16	944.16	−53.02	约束性

2.3 村庄定位

建设一个以生态农业为基础，乡村假日游为拓展，有机食品产销为抓手，多产业联动发展的管理科学、生态高效、活力魅力的城郊融合型产业新村。将王老大村打造为包头市青山区有机食品产销基地、大青山沿线乡村旅游重要节点、内蒙古自治区乡村振兴示范样板。

3 规划安排

3.1 空间布局

落实上位规划要求，在不改变上位规划主要控制指标、充分尊重生态的前提下，根据本规划发展目标和现状资源本底，优化调整村域用地布局，确保山水林田湖草等各项生态要素以及农村住宅（图2）。

3.2 "三区三线"

坚守底线控制，严守永久基本农田保护红线、生态保护红线、建设用地边界控制线。规划至2035年，形成"农田集中连片、农民集中集聚、农业集中经营，空间形态高效集约"的美丽乡村新格局。王老大村规划大致形成五分生态、三分农牧、二分建设的村域用地布局（图3）。

（1）农牧空间布局与管控　农牧空间主要位于村域南部，落实永久基本农田保护面积52.45 hm^2，总面积211.35 hm^2，约占村域面积的23.60%，主要为耕地（125.61 hm^2）、林地（36.01 hm^2）、草地（35.13 hm^2）和农业设施建设用地（12.12 hm^2）等。

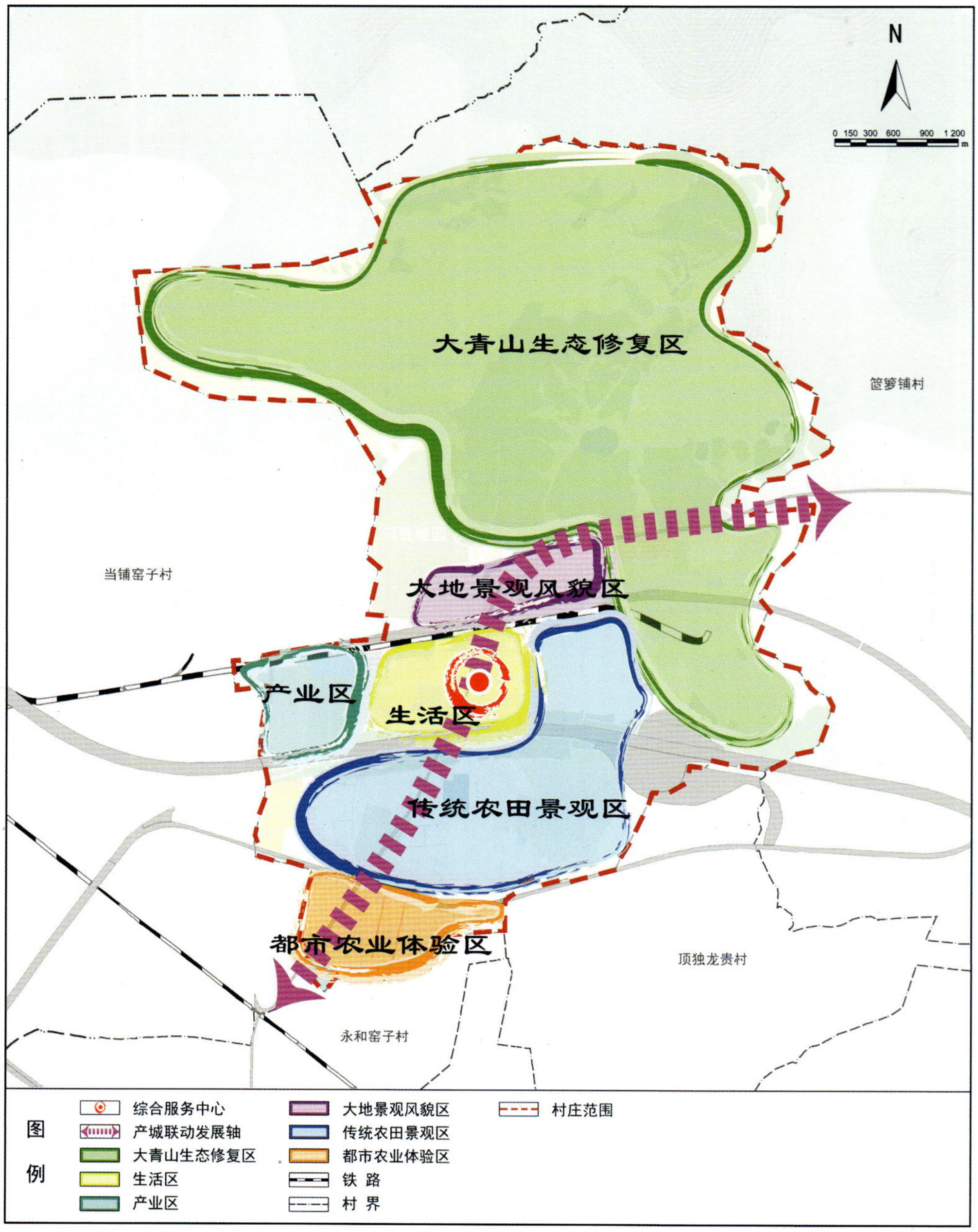

图 2　村庄空间总体局部图

严格落实永久基本农田保护管制规则；严格执行耕地占用补偿制度；不得随意扩大设施农用地面积或改变其空间布局；未经批准，禁止占用林地进行非农业建设，禁止占用林地进行毁林开垦、采石、挖沙、取土等活动。

(2) 生态空间布局与管控　生态空间位于村域北部，落实生态保护红线面积 315.47 hm^2，总面积 428.37 hm^2，约占村域面积的 47.83%，主要为草地（270.14 hm^2）和林地（140.48 hm^2）等。

在生态保护红线内，符合现行法律法规前提下，除国家重大战略项目外，仅允许对生态功能不造成破坏的有限人为活动。有序引导生态空间内各地类之间的相互转变，禁止与生态功能冲突的开发建设，符合准入条件下，控制各类建设项目的规模和利用强度。允许基础设施、农牧业、农村牧区产业融合项目开发和依法批准的休闲农业及其配套设施建设。

(3) 建设空间布局与管控　村庄建设空间主要位于村域中部，总面积 255.92 hm^2，约占村域面积的

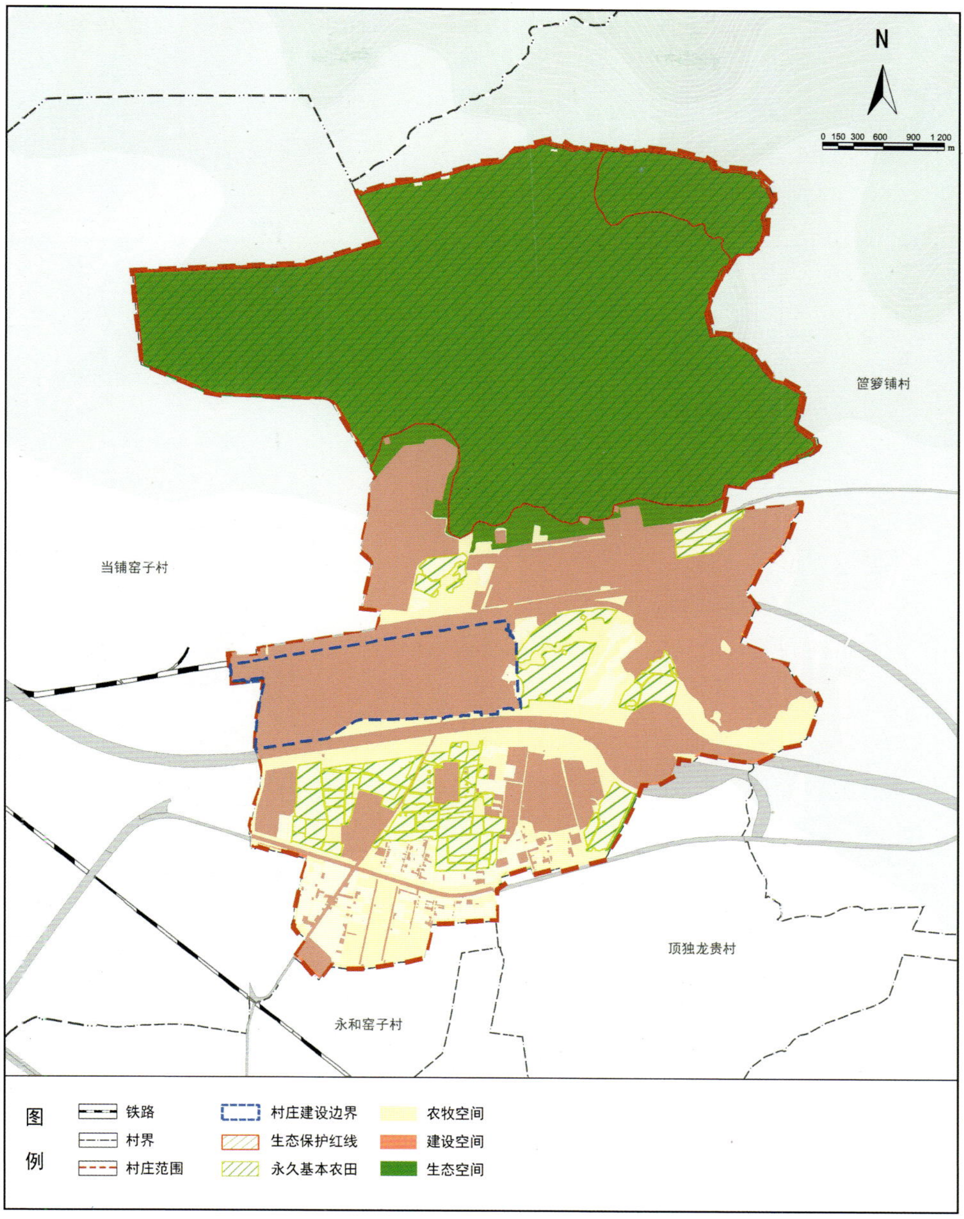

图 3　村庄"三区三线"图

28.57%，主要为工矿用地（58.18 hm^2）、交通运输用地（55.33 hm^2）和居住用地（34.05 hm^2）等。

村庄建设边界是村庄规划中的刚性管控线，积极引导乡村建设行为向村庄建设用地边界内集聚。在不突破国土空间规划建设用地指标等约束条件、不破坏生态环境和乡村风貌的前提下，利用农村本地资源开展农产品初加工、发展休闲观光旅游而必需的配套设施建设用地，可在村庄建设边界外安排少量"点状"建设用地，指标由乡镇统筹，可在乡村土地整治和存量优化用地指标腾挪实现乡镇统筹平衡，也可在乡镇国土空间规划中预留的 5% 机动指标中平衡。

3.3　产业规划

王老大村应充分利用现有的第一产业蔬菜大棚种植、特色养殖，第二产业农产品初加工、冷链物流仓储，第三产业旅游、农业景观、农家乐、民宿、休闲养生、儿童游乐等资源，形成一二三产产业链。形成以特色养殖业、农产品初加工、蔬菜大棚种植、冷链物流仓储为主导，以乡村农业景观旅游业为特色的产业新村，实现乡村振兴。

根据王老大村的特色资源和发展目标，规划形成了十一大产业片区，分别为山野养生区、农业公园、矿山修复乡村振兴示范区、村庄民宿体验区、乡村驿站、食品生产体验区、蔬果采摘区、现代养殖体验区、现代公寓居住区、生态农业观光区和都市农业体验区（图 4）。

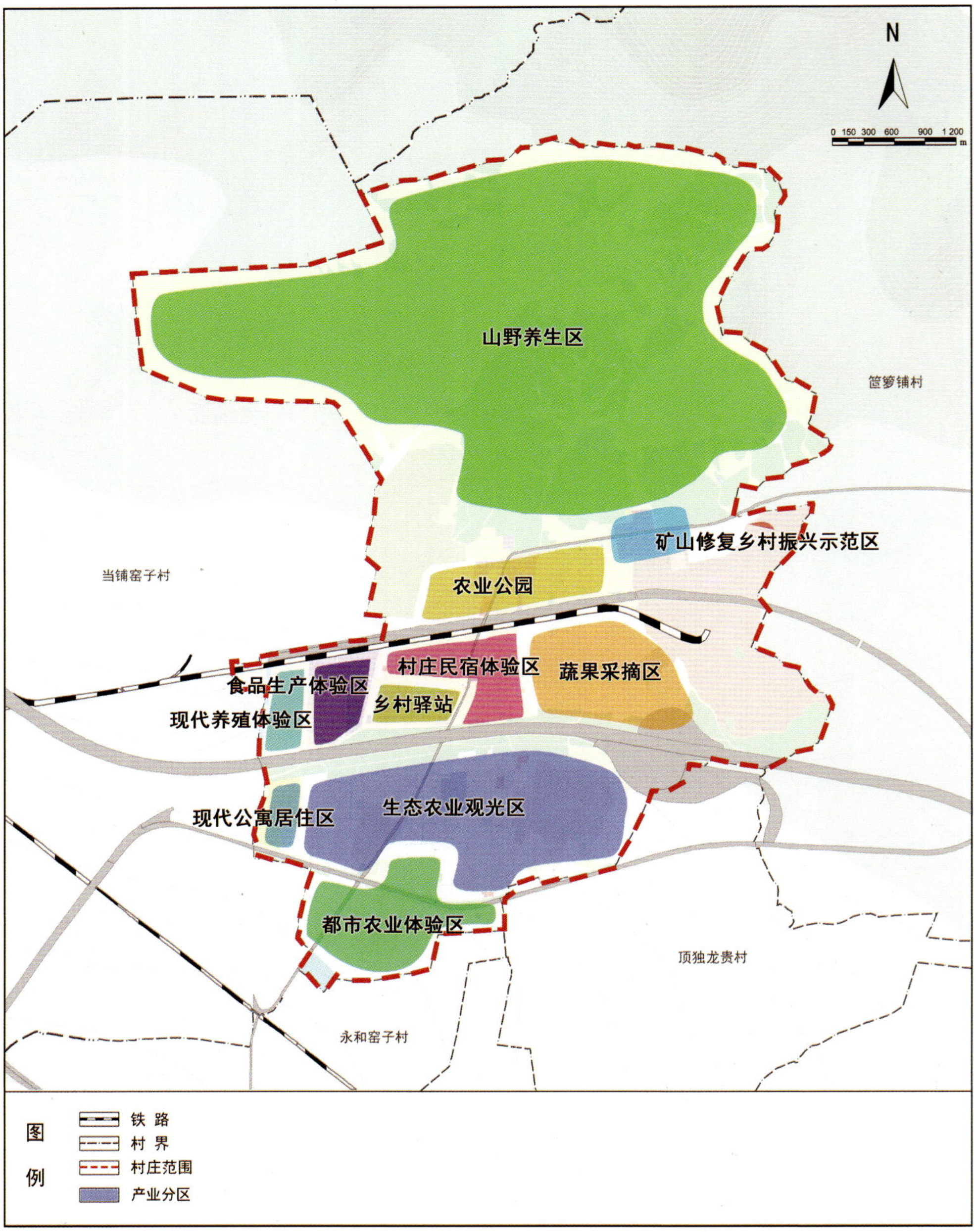

图 4　村庄产业布局规划图

（1）山野养生区　位于村域的北部大青山生态保护红线区域，减少人工开发痕迹，以生态保育为主导功能，开展徒步、探险等运动养生活动。

（2）农业公园　是本次产业规划的重点区域，位于大青山健身步道和村庄入口的交点处，可作为村庄对外门户，利用农业景观资源打造大地景观，发展观光、休闲旅游，作为村庄吸引人流的热点地区。

（3）矿山修复乡村振兴示范区　位于村域北侧骑行道两侧，打造大青山沿线旅游产业发展的重要节点。矿山生态修复现实往往缺乏动力，为推进生态修复顺利进行，本次引入社会资本，在不占用生态保护红线和农用地前提下，挪出部分城乡建设用地指标，发展旅游产业。

(4)村庄民宿体验区　位于村庄居住区内，利用建筑条件较好的院落发展乡村民宿，使游客留得下，体验乡村生活慢节奏。沿村庄主要生活道路两侧发展农家乐餐饮带。

(5)乡村驿站　位于村庄居住区南部，依托现状驾校改造的大型广场，组织丰富多彩的节庆赛事，如利用现状驾校跑道开展儿童卡丁车、平衡车游玩及赛事。

(6)现代公寓居住区　利用村域范围内的城镇住宅用地，建设多层公寓，注重乡村风貌和居住现代化需求的平衡，可满足游客多种居住需求，同时可疏解外来人口的居住压力。

(7)生态农业观光区　以现代化、规模化农田景观观光为主。

(8)蔬果采摘区　发展传统农业，突出乡村景观特色，兼具观光和蔬果采摘，注重打造网红农业节点。

(9)都市农业体验区　位于村域最南部，维持现有大棚的产业功能，在进行反季节蔬果生产的同时，可发展多主题的农园，体验田园生活的乐趣，如家庭农园、学童农园、高龄农园、残疾人农园等。

(10)现代养殖体验区　位于村庄生产区的西部，依托鸡蛋现有市场占有率，整顿现状养鸡场，发展王老大品牌特色鸡蛋，以绿色天然新鲜为卖点。

(11)食品生产体验区　位于村庄生产区东部，利用现有的建设基础、发挥蛋鸡养殖优势和大棚蔬菜种植优势，开发食品初加工、冷链物流，为目标市场青山区提供健康新鲜菜蛋，带动村集体经济。

3.4　中心村规划

(1)宅基地　王老大村现状宅基地面积为 25.32 hm^2，规划宅基地面积为 23.89 hm^2，减少部分为拆除了1处建筑质量差的院落另选址新建，拆除院落原址进行配套幼儿园建设。

本次规划以整治规划为主，对整体村庄的建筑分保留、整治和拆除三种整治措施。对于现状建筑质量良好的建筑予以保留，包括整体建筑结构和外立面的保留。对于建筑质量一般的建筑分别采取不同程度的整治措施。包括外墙面加砖加保温层，外立面粉刷等。而对于建筑质量很差的一些危房和影响整体村庄环境质量的棚圈等进行拆除，需要时进行重新建设。

(2)道路交通对外交通　对现状部分土路进行硬化；落实包头市北绕城公路项目的建设，加强与包头市青山区道路联系。

①内部交通：生产区内以物流及农产品加工等生产功能为主，路面宽度在 8～10 m；生活区现状道路沿干路东西分为两种情况：干路西侧现状情况较好，规划保留现状，主要做提升改造工程，路东道路情况需进行系统完善。

②干路西侧：道路系统较好，基本全部完成硬化。后期重点在道路绿化的提升改造及破损路面的修复工作。

③干路东侧：规划在村内最西侧新增 6 m 宽南北向道路，与现有硬化道路打通，规划道路宽度为 3～5 m(图 5)。

(3)基础设施规划　王老大村现状基础设施条件良好，除供水和环卫外，能满足村庄发展需求，本次仅对供水和环卫进行说明。

①供水：依据《包头市城市总体规划(2008—2020)》中心城区给水工程规划图，王老大村南侧范围内已有城区市政管线接入，因此，依据《包头市城市总体规划(2008—2020)》，王老大村直接从城区市政管线取水口接管引入村内，供村庄用水。

②环卫：保留现状水厕，对现有旱厕进行水厕改造工程，在集中广场的北侧结合垃圾收集点新增布置1处水厕，方便游客及周边村民使用。保留现状垃圾池并进行提升改造工程，将其作为垃圾收集点的同时，根据布局及需求节点新增废物箱，在村内做到垃圾箱、垃圾收集点的两级布置(图 6)。

(4)公共服务规划　村委会除现状功能之外，结合村庄第三产业发展需求，新增旅游服务中心功能，配套对接游客餐饮以及举办活动等工作，形成综合服务中心，占地与原村委会面积相同即 0.15 hm^2。利用空闲地规划幼儿园 1 处，满足学龄前儿童在村内居住的教育需求，占地约 0.15 hm^2。考虑村庄内老龄化情况，结合公园设置颐养中心 1 处，服务村内老人，占地约 0.27 hm^2。保留现有干路便民超市、农资超

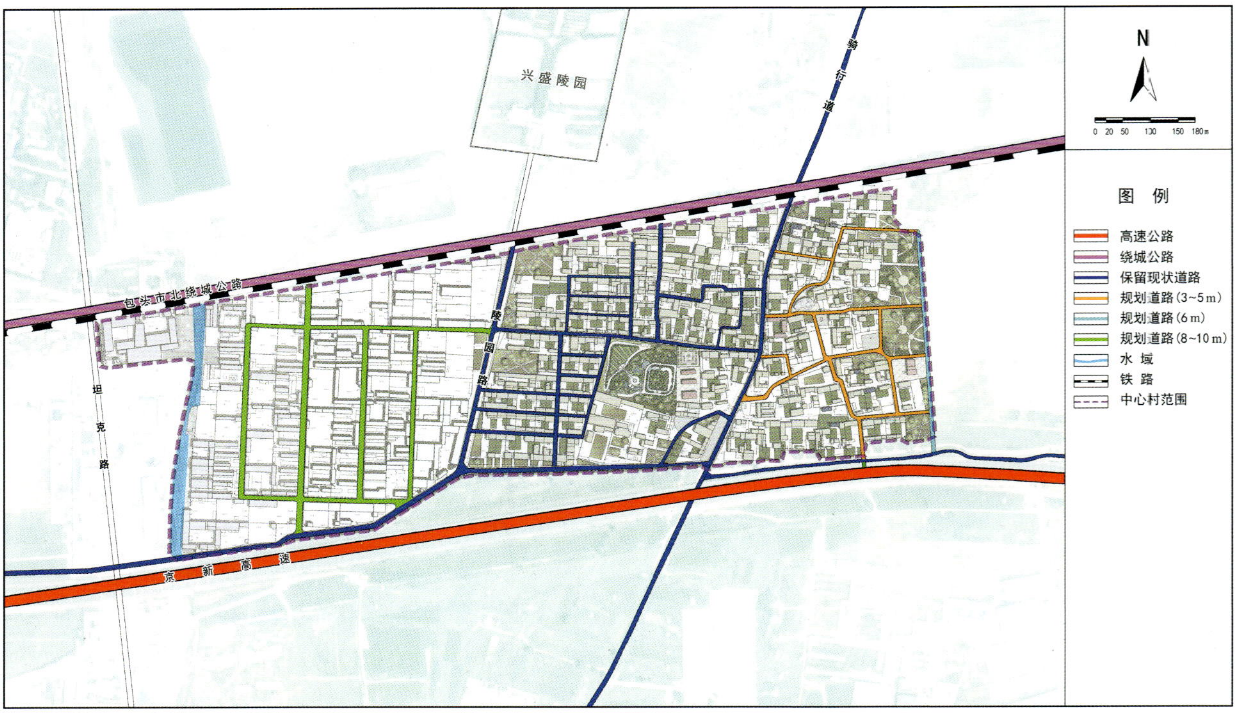

图 5　中心村道路规划图

图 6　中心村公共服务设施与基础设施规划图

市等，为居民及游客提供日常生活及农货消费，占地约 0.11 hm^2。结合现有戏台，通过安置健身设施或组织活动等方式重拾区域活力，占地约 0.04 hm^2。

（5）绿地与景观规划　打造 2 处村庄核心景观空间，形成王老大村独特的景观标志。一是现在的驾校空间打造为乡村游园。二是以现在的庙、戏台打造历史文化游园。结合道路改造村落与自然风貌相结合的乡村景观风貌，丰富空间层次，营造精致的街道环境。改造提升村庄现状空地、现状广场，提升村民日常健身活动和交往兴趣需求，打造村景相融、宜人舒适的邻里休闲空间（图 7）。

图 7　中心村绿地景观规划图

3.5　特色风貌规划

统一村庄院落内外建筑色彩，采用白色为主色调，灰色、红色为辅。建筑材质方面，以涂料为主，对于原有瓷砖贴面的院落，院内建筑仍采用瓷砖贴面形式，院墙采用涂料改造，以此保持其院内的建筑质感统一性。采用坡屋面的形式为主，屋面材料选用红色、灰色材质砖瓦和涂料，统一村内屋顶形制和颜色，以此打造村庄整体建筑的第五立面效果（图 8）。

对于村庄内建筑高度的控制，遵循包头市、兴胜镇以及村庄内对于建筑高度的管控，新建的住宅房屋均为 1 层，层高不得超过 3.3 m，总高度不超过 5 m；新建公共建筑不超过 2 层，层高不超过 3.9 m，总高度不超过 10 m（图 9）。

加强对于非物质文化方面的宣传和建设，如传统村庄绘画、村容村貌宣传画等。

3.6　生态修复和国土空间综合整治

通过对规划范围内实施农用地整治，将部分废弃地、低洼地覆土以及拆旧区复垦，提高耕地集中连片度，提高耕地质量，提升田间基础设施的配套，解决农业生产问题，使得农业空间成为灌排设施完善、土地平整肥沃、田间道路通畅、产出效益高、适应现代农业发展要求的农业生产区。

类型	单体效果图示	风貌引导	
村民住宅		建筑色彩	白色(主) 灰色(辅) 红色(辅)
		建筑面积	新建住宅面积为：80~120 m^2
		建筑高度	新建均一层，层高度 3.3 m 以内，总高度 5 m 以内
		屋顶	住宅建筑以坡屋顶为主，平屋顶为辅，平坡屋顶结合
公共建筑		建筑类型	村委会(办公建筑)、幼儿园、养老院
		建筑色彩	白色 灰色 红色 黄色
		建筑高度	建筑不超过二层，层高不超过 3.9 m，总高度不超过 10 m
生产建筑	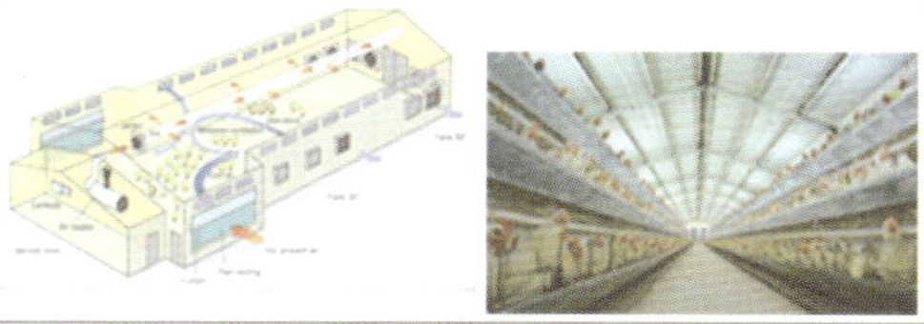	建筑高度	建筑一层，层高不超过 8 m，总高度不超过 10 m
		建筑色彩	白色 灰色 黄色
		建筑类型	设施农业、禽舍、初级加工、物流仓储等，具体建筑形态依照使用功能、设备生产工艺等要求确定
绿地公园		植物配置	乔木：国槐、油松 灌木：丁香、小叶女贞等
		硬化铺装	透水砖、面包砖、青砖、卵石、水磨石、彩色混凝土
		器材设施	全民健身器材、老年人活动场地、木制座椅、无障碍公共卫生间

图 8 村庄建设风貌引导图

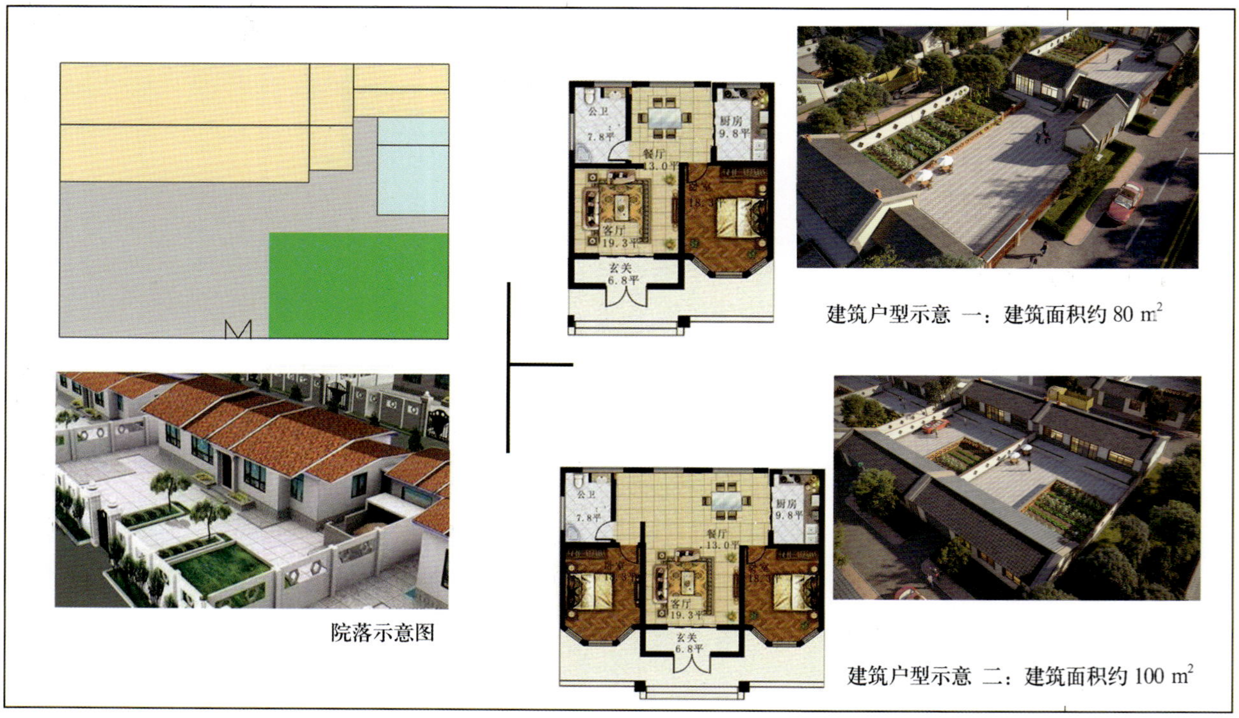

图 9 村庄院落、建筑户型示意图

规划期末预计耕地面积可增加 16.11 hm^2，由现状 101.83 hm^2 增加到 117.94 hm^2。同时，通过土地整治项目的实施，使规划范围内的耕地质量等级基本达到周边耕地的等级。

王老大村低效建设用地总面积为 6.78 hm^2，主要为分布在村域南部的工业用地，规划需要向开发边界内集中建设。整理后建设用地总面积为 242.29 hm^2，村庄建设边界内集中建设区总面积为 60.59 hm^2，建设边界外的建设用地面积为 181.70 hm^2。

王老大村村域内现状采矿用地总面积 116.29 hm^2，占村域面积的 12.98%，主要集中于村域北部，其中多为废弃状态，需进行修复，本次修复生态红线内采矿用地面积为 58.11 hm^2。

3.7　防灾减灾规划

(1) 消防规划　在村委会处增设消防设施，消防干管与给水管网相结合，沿村内主要道路布置，同时按照 120 m 服务半径间距设置室外消火栓（图 10）。

图 10　中心村安全设施规划图

(2) 抗震规划　建设区均应按地震烈度 8 度区的要求进行建筑物抗震设计。

(3) 防洪规划　加强村庄内河道两侧防护，为沿岸村庄和农田区防洪排涝提供安全保障。

(4) 应急避难及指挥　灾害发生时，村委会作为紧急疏散指挥中心，统筹协调各项防灾措施；村医疗卫生机构作为临时救治点；村庄对外交通和主次要道路作为避难通道；开敞空间及其他空旷场所在灾害发生时作为避难场所。

(5) 监控监测　补充安装监控设备，监控室设于村委内部。

3.8　实施保障

(1) 建立组织保障　成立由包头市青山区自然资源局和兴胜镇人民政府组成的王老大村村庄建设管理协调小组，做好组织发动、区镇两级统筹协调、检查督办等工作，定期在王老大村村委会召开村庄建设专题会议，研究村庄建设相关工作，及时解决王老大村村庄建设中存在的问题，确保项目建设、资金管理、组织发动、统筹协调、档案管理、后续服务等工作有专人负责。

建立由乡村责任规划师、乡贤能人、返村大学生组成村庄建设技术服务小组，聘用乡村责任规划师作为王老大村村庄建设技术服务小组组长，全面负责监察乡村建设进度和质量，组织商讨村庄建设中遇到的技术问题，与组员提出切实可行的解决方案，确保王老大村村庄建设稳步、有序、保质推进，对于未来村庄发展，给予建设性意见。

(2)落实资金保障　充分发挥市场机制的配置作用，形成稳定、充足的资金投入和良好的资金运作机制。整合多方面的投资渠道，涉及农田水利设施建设资金、现代农业生产发展资金、农业技术推广与服务资金、林业补助资金、农业综合开发补助资金、新增建设用地土地有偿使用费、农村环境连片整治示范资金、农村危房改造补助资金等多种资金，统筹用于乡村建设。

积极推行集体经营性建设用地以租赁、作价入股等有偿使用方式流转土地，相关部门需制定政策标准做好流转后土地的收益分配，切实维护当地村民的切身利益。

(3)建立技术保障　建立农村专业合作经济组织，负责产品的集中加工、统一销售、生产资料的统一购买、新品种和新技术的统一引进。建立健全农村新型合作经济组织的管理机制和运行机制，围绕农产品生产、加工、贮藏、运输、销售等环节，积极开展科技服务、生产服务、信息服务、市场营销，促进传统农业向现代农业转变，提高农民的组织化程度，进而推进农业产业化经营，提高土地的集约利用水平。

(4)疏通人才通道　发挥乡贤能人带头示范作用。授予乡贤荣誉称号，宣传报道乡贤的优秀事迹，利用乡贤的声望和中立身份，在村民自治的大框架下，给予乡贤参与村民纠纷调解、资源分配、村庄规划管理等公共事项监督和管理的权利。

开辟绿色通道和给予税收优惠，吸引大学生、退役军人、企业家等到农村创业。在吸引政策上，放宽创业补贴和小额担保贷款门槛，提供经营场所，在税收和工商登记方面开辟绿色通道。联合利用农业广播学校、农业科研院所、涉农院校、农业龙头企业等各类资源，为农民教育培训提供渠道。设立奖励机制，鼓励工程师、规划师、建筑师、教师、医生等社会人才下乡服务。

(5)加强制度建设　完善村民理事会。在王老大村两委的指导下，充分征求群众意愿，按照村庄事项类型成立红白事理事会、环境卫生理事会、文化保护理事会、产业发展理事会、项目建设监管理事会等各类理事会，按照自治半径相对合理、公共利益联系紧密的原则，在村委会专门设置会议室，建立重大问题村民代表讨论制度，充分听取群众意见，代表村民对集体的公共事项议事协商。对于集体经济收益的土地承包、宅基地处理、集体经济承包等问题，应广泛听取群众意见。

完善理事会制度。各类理事会在王老大村两委的指导下，根据村庄公共事项类型制定理事会章程、会议制度和调解制度，拟定环境卫生、文化保护、产业发展、项目建设监管等制度，并纳入村规民约。通过健全工作机制，建立议事协商工作清单和设岗定责，充分发挥理事会在公益事业办理、矛盾纠纷调解、村民诉求畅通、文明新风倡导、生产生活改善、文化保护传承等公共事项上议事协商的作用。

4　规划总结与启示

(1)严格执行用途管制制度　村域各类空间开发建设活动，按照法定村庄规划实施乡村建设规划许可管理。

(2)村民委员会发挥规划执行主体责任　村委会严格执行规划方案，明确和落实村民与村委会责任，严格按照村庄规划进行用地安排。村庄整治要立足于改善村容村貌，通过清理垃圾、杂物、残垣断壁、庭院，实现村庄的净化、绿化、美化和亮化。村庄整治应在尊重村民意愿、关注村落特色。完善电力供应的变配电设施、输电线缆架设或埋设，电话线缆、卫视天线等通信线缆及设备的配置等。

(3)深化全体村民规范用地意识　合理引导，提高村民的合法用地、依规用地意识，把遵守村庄规划变为全村的自觉行为。

巴彦淖尔市临河区乌兰图克镇东兴村村庄规划（2021—2035年）

1 村庄介绍

1.1 村庄概况

东兴村位于巴彦淖尔市临河区乌兰图克镇南部，地处巴彦淖尔国家农业高新技术产业示范区核心区域，北与长胜村相邻，东与八一乡相接，西侧与临河农场接壤，南侧紧邻曙光乡，距离乌兰图克镇人民政府驻地 18 km，距离巴彦淖尔市人民政府驻地临河区 8 km，县道临哈线、乡道章图线纵向穿越村庄南北，西距 G6 京藏高速临河收费站约 4 km，G110 国道在村庄南侧设有出入口。

1.2 资源禀赋

东兴村位于黄河“几”字弯顶端的河套平原上，地势开阔平坦。黄河是区域地表水和地下水的主要来源，水资源丰富。农牧业资源得天独厚，水土光热组合条件好，地处北纬 40° 黄金种植带上，四季分明，昼夜温差大，光照时间长，无霜期为 130 d 左右，适宜农作物种植和畜牧业生产。

根据第三次全国国土调查成果，村域总面积 1 400.74 hm^2，其中农用地 1 164.45 hm^2，占比 83.13%；建设用地 142.45 hm^2，占比 10.17%；其他用地 93.84 hm^2，占比 6.70%（图 1）。

1.3 经济社会条件

东兴村下辖 11 个村民小组，村委会位于二组。全村共有户籍户数 1 132 户，户籍人口 3 044 人，共有常住户数 612 户，常住人口 1 328 人。

村庄现状产业以温室蔬菜瓜果种植的设施农业为主，现有暖棚温室 4 336 亩，并结合发展采摘等休闲旅游产业；大田种植玉米、小麦、葵花等；牧业以牛、羊、马养殖为主，现有 1 处养殖场。2021 年，村民人均收入为 24 500 元左右，村集体年收入 10 万元，村集体资产总额 302 096 元。

1.4 公共服务设施和基础设施现状

东兴村现状公共服务设施配套较完善，现状村委会处建有党群服务中心、卫生室、文化室、图书室

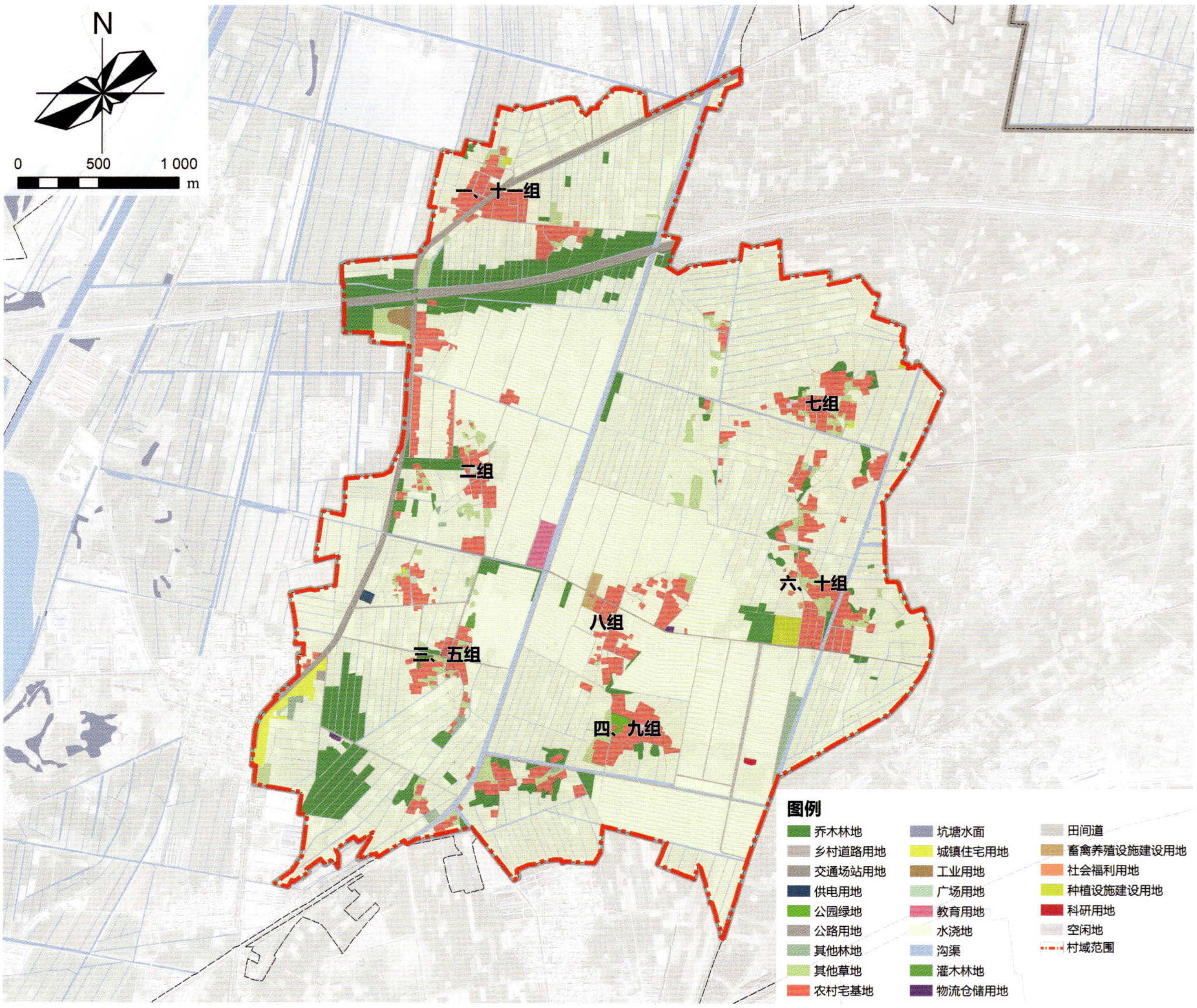

图 1　村庄土地利用现状图

等;现状二组、三五组建有活动广场,四组、九组建有小游园绿地。村内幼儿园、小学等教育需求主要在临河区和隆胜集镇解决。

村庄已实现 24 h 自来水覆盖;无雨水和污水处理设施;用电、有线电视、网络已实现 100% 覆盖;现状村民取暖采用分散式烧煤取暖方式,无集中供暖;村民做饭采用燃气或者使用电热锅的方式。村内各组设有垃圾收集箱,由村统一收集、镇统一转运处理,现有保洁人员 2 名。现有 2 座公共厕所,部分户厕改造完成,已改造水厕户数 243 户(图 2)。

2　规划目标和定位

2.1　村庄类型

东兴村属于城郊融合类村庄。

图 2 村庄综合现状图

2.2 主要目标

以习近平新时代中国特色社会主义思想为指引，全面贯彻党的二十大精神，按照产业兴旺、生态宜居、乡风文明、治理有效、生活富裕的总要求，坚持规划先行、有序推进，推动各类规划在村域层面“多规合一”，实现村庄建设发展有目标、重要建设项目有安排、生态环境有管控、自然景观和文化遗产有保护、农村人居环境改善有措施，努力将东兴村建设成为宜居、宜业、宜游、宜养、宜学的农业农村现代化示范村。

(1) 国土空间目标　规划至 2035 年，东兴村耕地保有量不低于 945.02 hm^2（主要为批次用地占用）；永久基本农田保护面积维持在 222.94 hm^2 以上；村庄建设用地规模不超过 198.20 hm^2；户均宅基地控制在 709.87 m^2/ 户以内，人均村庄建设用地不大于 535.68 m^2/ 人（表 1）。

表 1　村庄规划目标

指标	现状基期年	规划目标年	基期与远期变化量	属性
耕地保有量 /hm^2	1 007.66	945.02	–62.64	约束性
永久基本农田保护面积 /hm^2	222.94	222.94	0.00	约束性
生态保护红线面积 /hm^2	0.00	0.00	0.00	约束性
建设用地总规模 /hm^2	142.45	239.08	96.63	预期性
村庄建设用地规模 /hm^2	104.03	198.20	94.17	约束性
公共管理与公共服务用地规模 /hm^2	3.33	2.49	–0.84	预期性
户均宅基地 /（m^2/ 户）	859.69	709.87	–149.82	约束性
人均村庄建设用地规模 /（m^2/ 人）	341.75	535.68	193.93	约束性

(2) 经济发展目标　规划至 2025 年，村民人均可支配收入约达 34 500 元，村集体经济预计达到 50 万元以上；规划至 2035 年，村民人均可支配收入约达 56 200 元，同时村集体经济预计达到 200 万元及以上。

(3) 公共服务设施与基础设施目标　规划至 2035 年，村内应有达到国家或省级标准化建设的村委会、文化活动室、图书室、体育健身设施和场地、卫生室、养老服务站、疗养设施等。村内车行路面硬化率应达到 100%，人行地面铺装率达到 90% 以上，适当规划公共停车场。农村饮用水卫生合格率达 100%；生活污水处理覆盖率应达 90% 以上；广播、电视、电话、网络、邮政等公共通信设施齐全、信号通畅，互联网覆盖率达 100%。设置小型消防设施和临时避难场所，制定灾害救助和疫情防控应急预案。

(4) 人居环境目标　建立生活垃圾清扫保洁收运处理体系，生活垃圾经分类减量后无害化处理率达 80% 以上；农户卫生厕所普及率达 100%。标准化畜禽圈舍达 100%，畜禽粪便综合利用率达 85% 以上；农药、化肥包装物及农用塑料薄膜等生产废弃物清除率达 100%；农膜回收率达 80% 以上；农业面源污染控制率达 70% 以上；农作物秸秆综合利用率达 90% 以上，努力建设“无废乡村”。

2.3　总体定位

规划东兴村立足优越的区位交通条件，以现状资源禀赋和优势产业为基础，以优化产业布局及结构调整为抓手，依托巴彦淖尔国家农高区建设，推动健康农业、有机农业、绿色农业、循环农业、再生农业、休闲农业相融合，大力发展集现代农业、研学游学、休闲旅游、康养度假、商贸物流于一体的现代化富美乡村。

2.4　发展策略

(1) 夯实农业发展基础　积极推进高标准农田建设，加快土地流转步伐，提高土地规模化经营水平。建设现代农业科技创新示范基地，在土地综合整治基础上扩大设施农业规模，形成具有东兴村特色的现代农业示范基地。

(2) 提升农业发展效益　健全生产、加工、仓储保鲜、冷链物流等全产业链，建设绿色订单生产基地，推动产业规模化、标准化、现代化发展。以农产品区域公用品牌为引领，积极开展“三品一标”产品申报认证和授权推荐，不断提升特色农畜产品的知名度与市场竞争力。

(3)建设美丽宜居乡村　深入推进“四好农村路”建设，持续开展国土综合整治与生态修复行动，完善农村卫生管护长效机制，加快补齐农村人居环境短板，着力打造精品精致美丽乡村。有效提升农村社会管理水平，全面加强精神文明建设，推动移风易俗，弘扬时代新风。

3　规划安排

3.1　空间布局规划

东兴村村域总面积 1 400.74 hm^2，规划至 2035 年，规划农用地面积 1 072.71 hm^2，比现状减少 91.74 hm^2；规划建设用地面积 239.08 hm^2，比现状增加 96.63 hm^2；规划其他用地 88.95 hm^2，比现状减少 4.89 hm^2（图 3）。

本次规划在建设用地边界内预留 5% 的建设用地机动指标，村民居住、农村公共公益设施、零星分散的乡村文旅设施及农村新产业新业态等用地可申请使用。

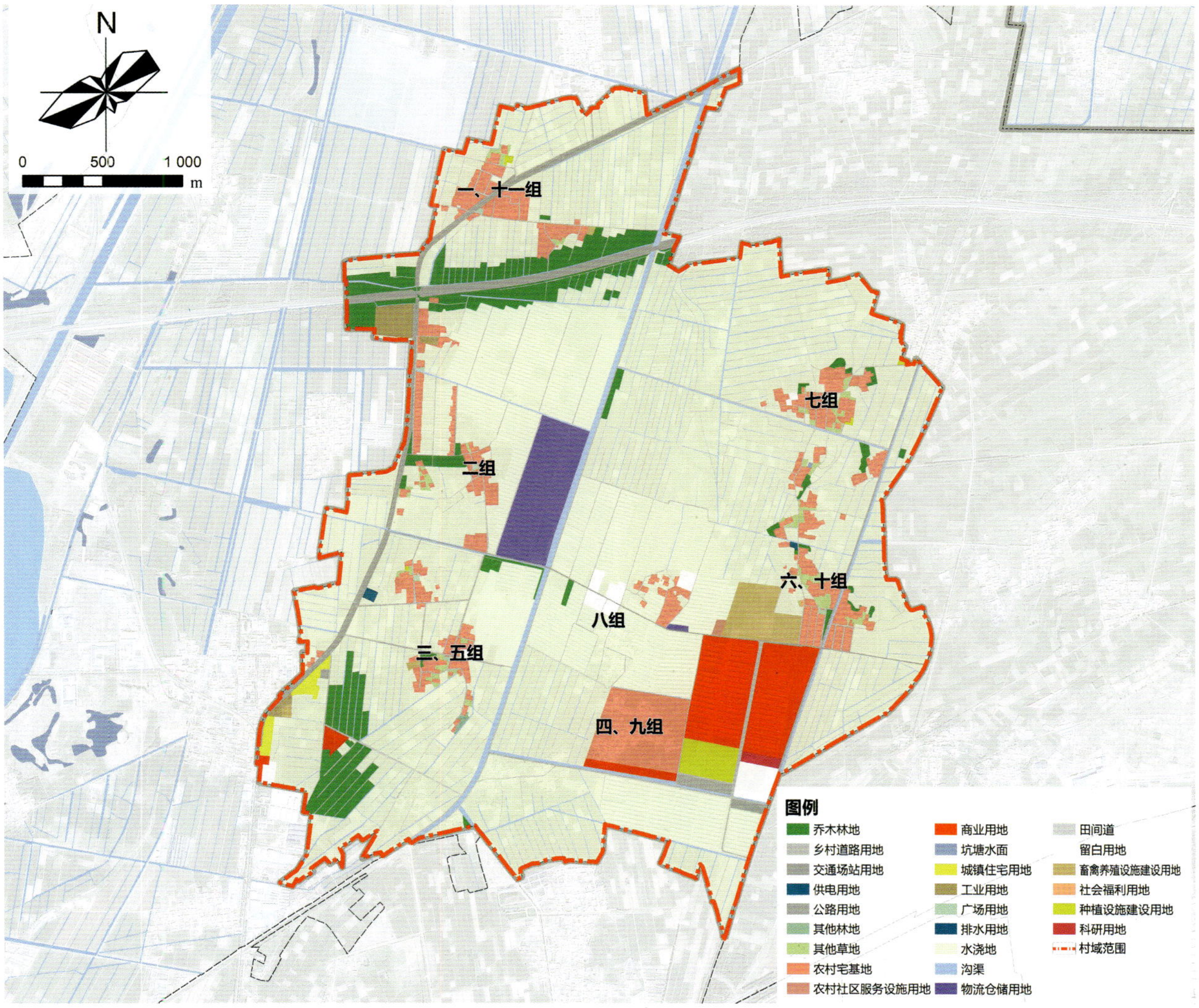

图 3　村庄土地利用规划图

3.2 “三区三线”规划

严格落实上位规划确定的生态保护红线、永久基本农田，合理划定村庄建设边界。加强生态环境系统修复和整治，优化村庄生态空间；落实最严格的耕地保护制度，保障设施农业和农牧业产业发展，优化村庄农牧空间；统筹考虑村庄发展布局以及基础设施和公共服务设施用地布局，优化村庄建设空间(图 4)。

(1)农牧空间布局及管控　规划至 2035 年，村庄落实永久基本农田保护面积 222.94 hm^2，划定农牧空间面积 1 132.01 hm^2，占村域总面积 80.82%。

严格落实永久基本农田保护制度，禁止任何单位和个人在基本农田保护区内建窑、建房、建坟、挖砂、采石、采矿、取土、堆放固体废弃物或者进行其他破坏基本农田的活动。禁止任何单位和个人占用基本农田发展林果业和挖塘养鱼。

(2)生态空间布局及管控　东兴村内无生态保护红线。东兴村位于河套平原粮食生产功能区，结合村庄国土实际情况本次未划定生态空间。

(3)建设空间布局及管控　规划至 2035 年，划定村庄建设空间 268.73 hm^2，占村域总面积的 19.18%；其中村庄建设边界内集中建设区面积 205.09 hm^2，占村域总面积的 14.64%。

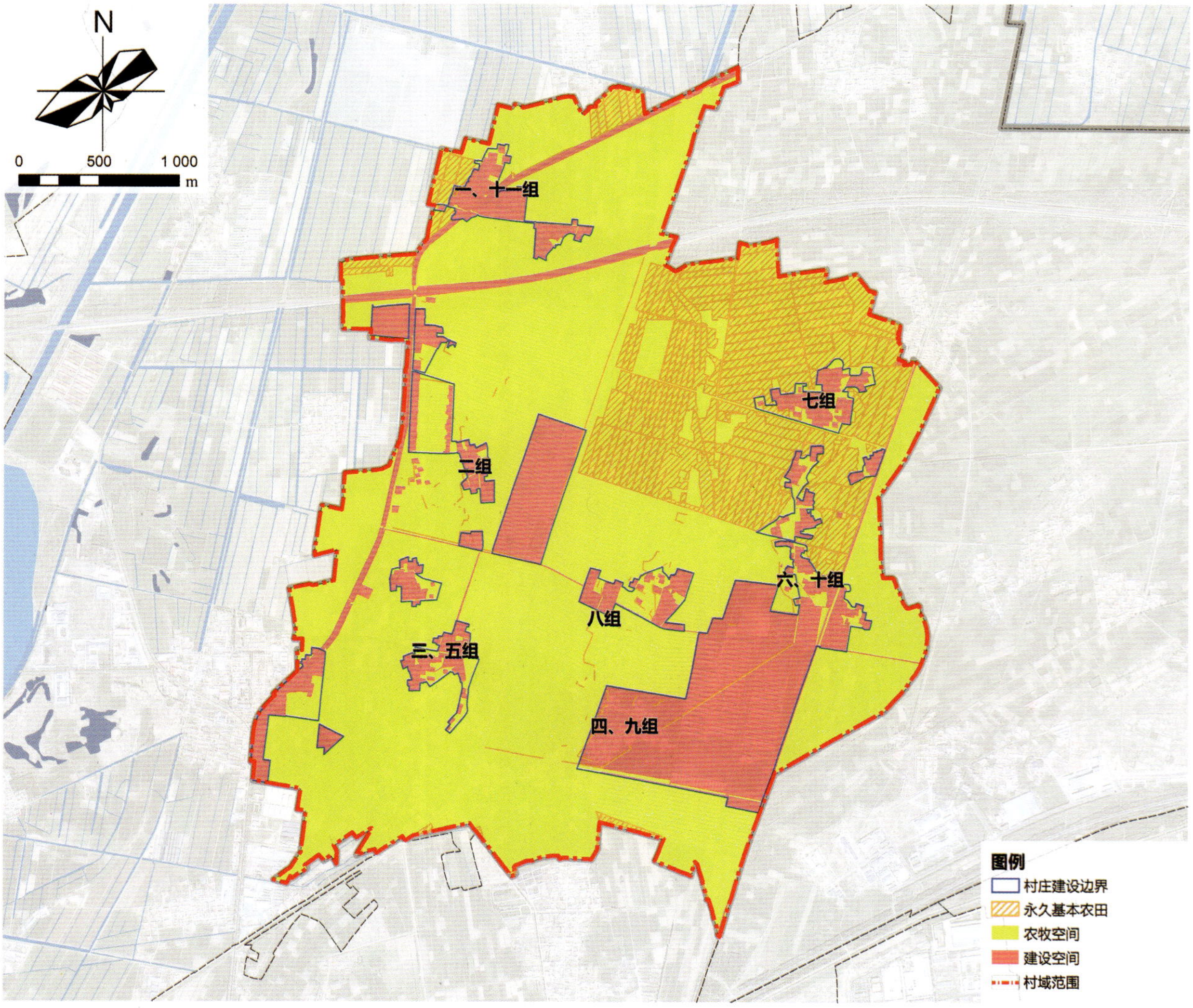

图 4　村庄“三区三线”规划图

规划期内村庄建设边界原则上不得调整，村庄建设空间内的经营性用地，鼓励探索以集体土地入市方式进行出让。有序推进空心村整治和村庄整合，合理安排农村建设用地，优先满足农村基本公共服务设施用地需求。

3.3　产业发展规划

(1)产业发展思路　实施乡村振兴战略，紧紧围绕一二三产业融合，大力开发农业多种功能，因地制宜发展现代农业、科技示范、游学研学、田园休闲、康养度假等多种功能，加快仓储保鲜、冷链物流、电子商务、商贸服务等设施建设，延长产业链、提升价值链、完善利益链，实现产业健康可持续发展。

(2)产业布局规划　规划东兴村形成“一心、四轴、四片区”的产业结构(图5)。

①一心：依托农高区鲜农农业科技园，不断提高农产品研发与创新示范水平，结合田园康养新村建设，发展观光、采摘、休闲、娱乐、康养、研学等多种功能，打造村庄现代农业高新技术示范核心。

②四轴：沿村庄外部两条纵向对外交通，形成村庄两条主要对外联系发展轴。沿村庄内部两条横向主干交通，构成村庄产业振兴轴和村庄旅游发展轴。

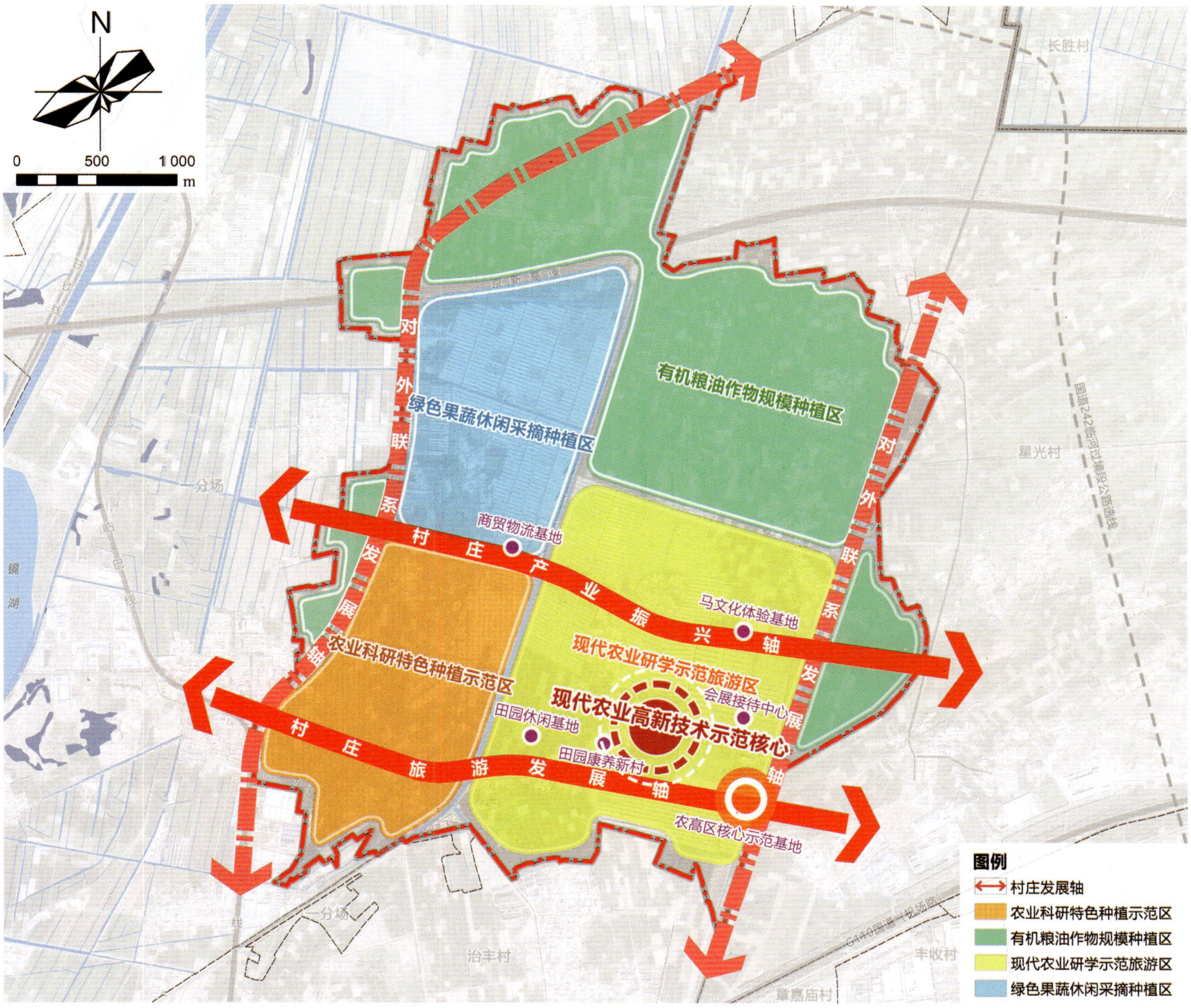

图5　村庄产业布局规划图

③四片区：通过整合优化，将村庄产业布局分为现代农业研学示范旅游区、绿色果蔬休闲采摘种植区、农业科研特色种植示范区、有机粮油作物规模种植区共四大片区。

3.4 住房布局规划

规划至 2035 年，东兴村人口总数约 1 350 户 3 700 人。按照临河区农村牧区宅基地面积标准，确定村庄户均宅基地面积为小于 500 m^2。由于历史遗留等因素，规划至 2035 年，东兴村农村宅基地面积为 95.83 hm^2，户均宅基地面积 709.87 m^2/ 户，比基期年减少 149.82 m^2/ 户。

3.5 公共服务设施规划

保留现有公共服务设施并进行改造提升，补齐部分自然村文化活动室等空缺，规划中心村新建村庄党群服务中心 1 处。规划在中心村四、九组田园康养新村内新增养老服务站，打造“嵌入式养老”驿站，提供居家养老、送餐配餐等（图 6）。

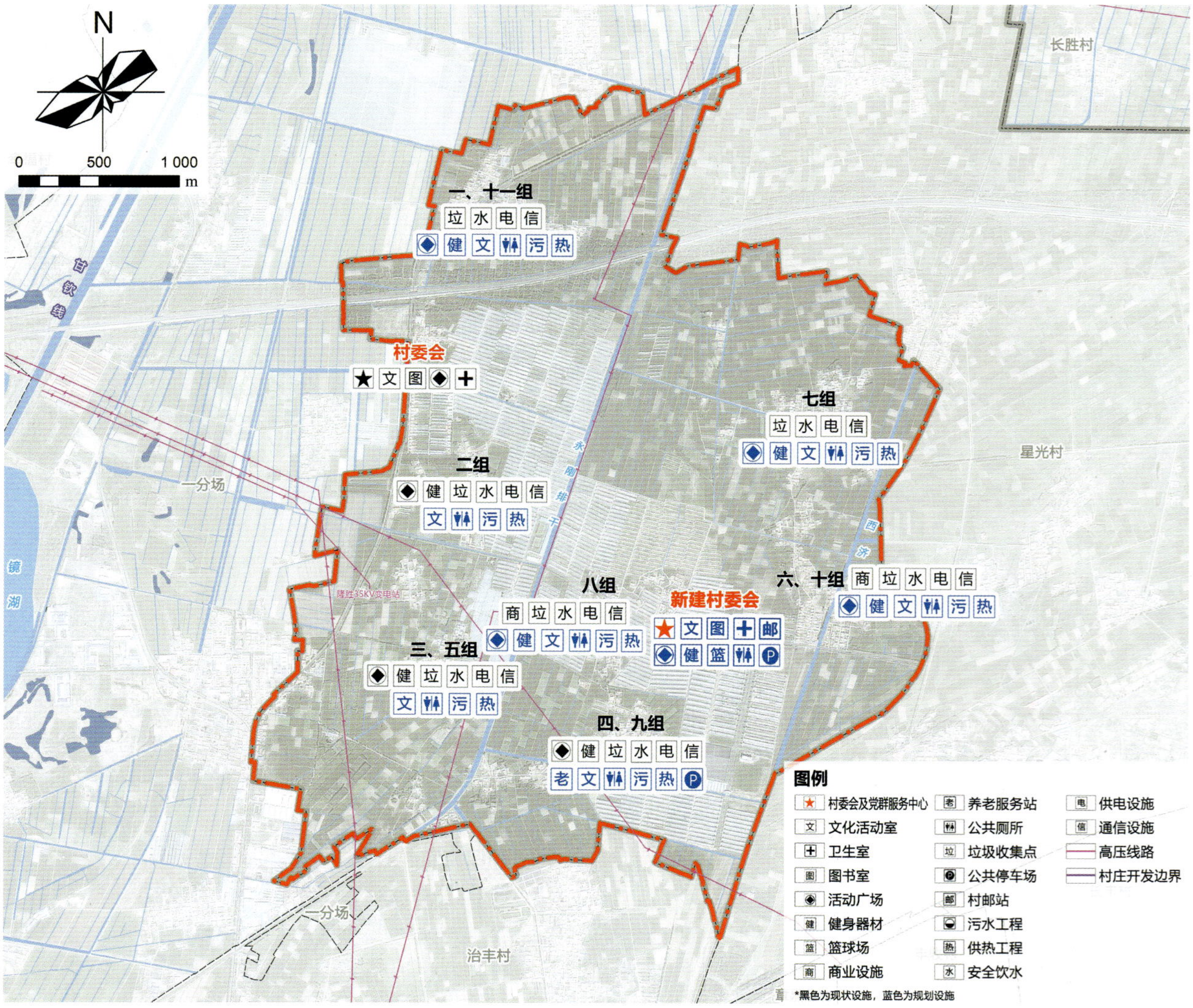

图 6 村庄公共服务与基础设施规划图

3.6　基础设施规划

(1) 给水设施规划　规划至 2035 年，村庄最高日用水量预测约 4 836 m^3/d。规划给水干管管径 DN150～DN250，支管管径 DN100。

(2) 排水设施规划　规划至 2035 年，村庄污水量预测为 3 385 m^3/d。规划污水主干管管径 DN300～DN500，支管管径 DN200。

(3) 电力设施规划　规划不断提高电力供应能力以满足村庄持续发展需求，村庄供电采用环状、支状相结合的供电系统。

(4) 通信设施规划　规划逐步实现通信业务、有线电视、网络宽带三网融合，村庄电信及有线电视线路沿主要道路单侧架设。

(5) 供热设施规划　规划远期实行集中供暖，热源以邻近的开发区供热管网为热源。

(6) 环卫设施规划　规划新增 8 座公共厕所，并结合公共厕所设置生活垃圾收集点。村内按每 3～5 户设置 1 处的标准配置垃圾收集箱，同时在小公园、公共广场等活动场地设置分类垃圾桶。

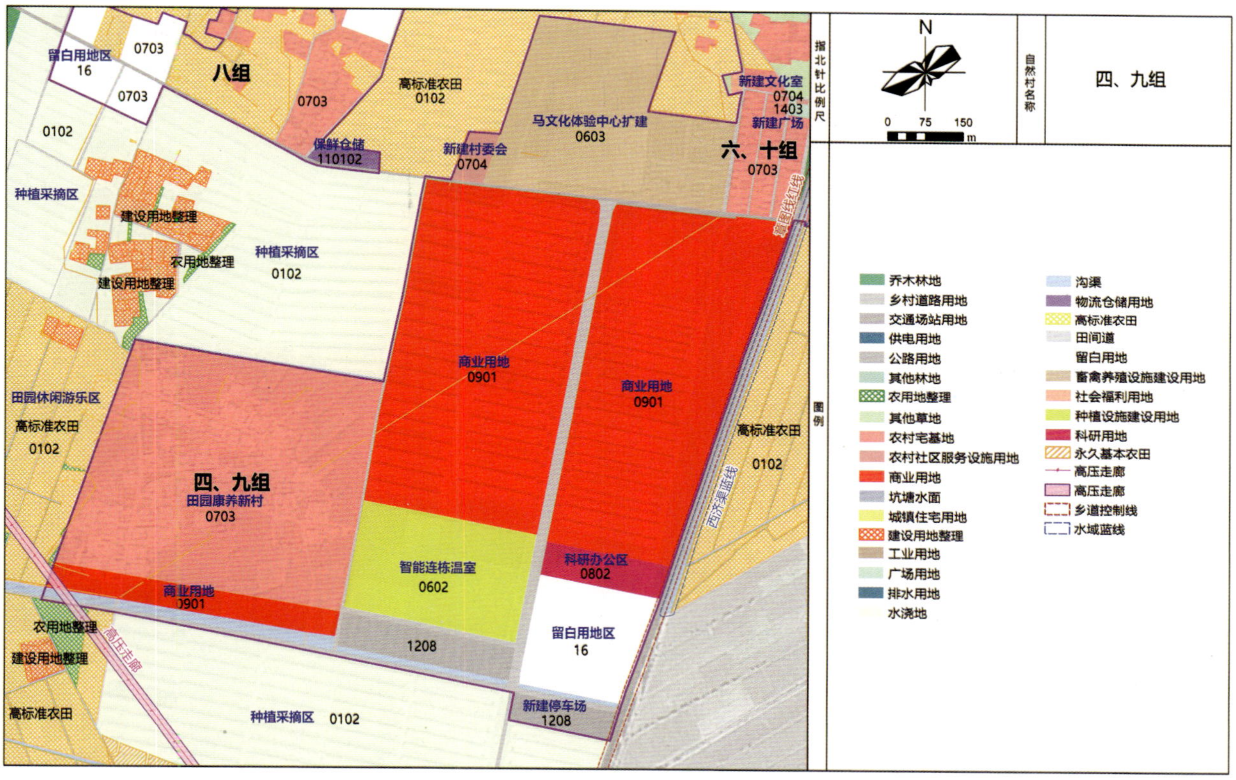

图 7　中心村建设用地规划图

3.7　国土综合整治和生态修复规划

(1) 农用地整理　对现状 26.42 hm^2 的利用率低、产出率低、质量较差的农用地整合治理，并完善农田基础设施。逐步将村庄永久基本农田全部建设成高标准农田，提高农田集中连片程度，改善农业生产条件和生态环境。

(2) 建设用地整理　将现状 15.72 hm^2 不予保留的各类破旧、闲置、散乱、低效、废弃的农村建筑和实施移民安置的宅基地规划为非建设用地，并根据其土地适宜性和周边土地利用情况，合理确定规划用途。

(3) 人居环境整治　针对村庄人居环境的问题，从解决村庄“脏、乱、差”入手，统筹建筑风貌整治、绿化美化亮化、生活垃圾治理、厕所粪污治理等方面措施，提高村容村貌和环境卫生。

3.8 防灾减灾规划

规划结合村庄卫生室建设医疗救护中心，在党群服务中心设置防灾指挥中心，将对外交通和通村道路作为主要疏散通道，充分利用村内农田、公园、广场、空地等作为综合防灾疏散场所。

3.9 近期规划安排

东兴村近期计划安排各类项目共 28 项，其中产业发展类 8 项，包括微型动物园建设项目、物流中心建设项目等；公共服务设施 4 项，包括新建党群服务中心、养老服务站等；基础设施 3 项；国土综合整治和生态修复类 3 项；人居环境整治 10 项；预测建设资金约 93 773 万元（图 8）。

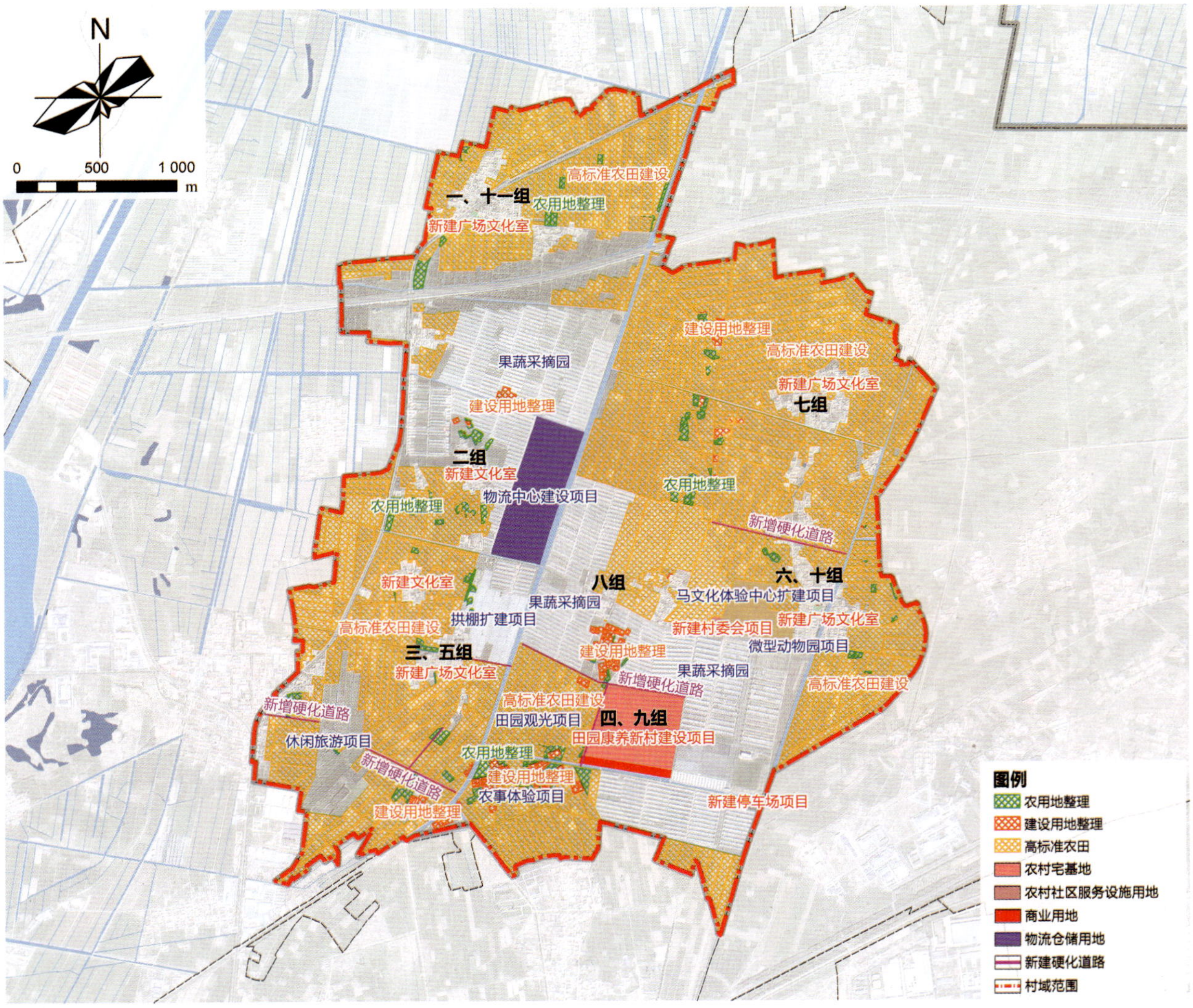

图 8　村庄近期建设规划图

3.10　实施保障

建立旗县区、乡镇两级村庄规划建设统筹协调机制，对重点项目、资金使用及相关政策进行统筹协调。加强规划评估，做好规划的动态完善。建立监督检查制度，对违法违规行为及时处理。建立信息平台，将规划成果纳入国土空间规划“一张图”实施监督信息系统。

加强村庄规划的效力，村庄规划一经批准，必须严格执行，任何部门和个人不得随意修改、违规变更。通过座谈会、村民大会等多种形式，对主要规划成果征求公众意见，并经村庄规划编制委员会论证。村民委员会要将规划主要内容纳入村规民约。

4　规划总结与启示

充分考虑村庄生态环境、资源条件、社会经济发展水平等因素，编制因地制宜、切合实际的村庄规划，培育发展适应东兴村的新产业、新业态。尊重地方民俗风情和村民生活习惯，强化乡村特色资源的保护、传承和活化利用，彰显地域文化特色。

做好规划衔接、促进“多规合一”，突出规划的引领作用，以目标为导向制定切实可行的行动计划，建立建设项目库，按照先规划后建设、不规划不实施的工作模式，提高规划的科学性和可操作性，强化村庄规划的法定地位。

鄂尔多斯市东胜区铜川镇铜川村村庄规划（2022—2035年）

1 村庄介绍

1.1 村庄概况

铜川村位于铜川镇南部，北靠东胜区，东邻常青村、准格尔旗，南与伊金霍洛旗接壤，西邻罕台镇，距铜川镇镇政府 1 km。

1.2 资源禀赋

铜川镇境内地势西高东低，地形属丘陵沟壑地带，一般海拔 1 269～1 577 m，境内最低点位于该钺红泥塔村民小组。

铜川镇属温带大陆性季风气候，其特点是冬长夏短，四季分明，夏季温热，秋季短促不定、气温下降快，冬季寒冷干燥、降水少；年平均气温 6.4 ℃，1 月平均气温 -10.3 ℃，7 月平均气温 21.7 ℃，生长期年平均 184 d，无霜期年平均 144 d。年平均日照时数 3 093.7 h，年平均降水最 385.7 mm。

依据东胜区 2020 年变更数据，铜川村域总面积 4 519.96 hm^2，村庄规划范围总面积 4 003.50 hm^2（图 1）。

1.3 社会经济

铜川村下辖 8 个社，户籍人口为 421 户 1 182 人，常住人口为 145 户 342 人。人均年收入为 3 万～5 万元，主要来源于种植和养殖，种植业以玉米和土豆为主，养殖业方面以牛和羊为主。

村内建有党群服务中心、文化室、广场、卫生室各 1 处。铜川村有 1 个社已通自来水，其余社使用自打水井，灌溉水源源自地下水。村内目前无排水系统和污水处理设施，产生的生活污水采用自然排放的方式进行处理。电力设施及电信设施完善，可满足居民日常使用。村内现状无燃气设施，大多使用煤和柴火。

1.4 人居环境

村内现状有公共的垃圾收集点，布置较为分散。

村委会附近有大片活动场地，利用率较低，可增加公共服务设施以丰富村民日常娱乐活动。

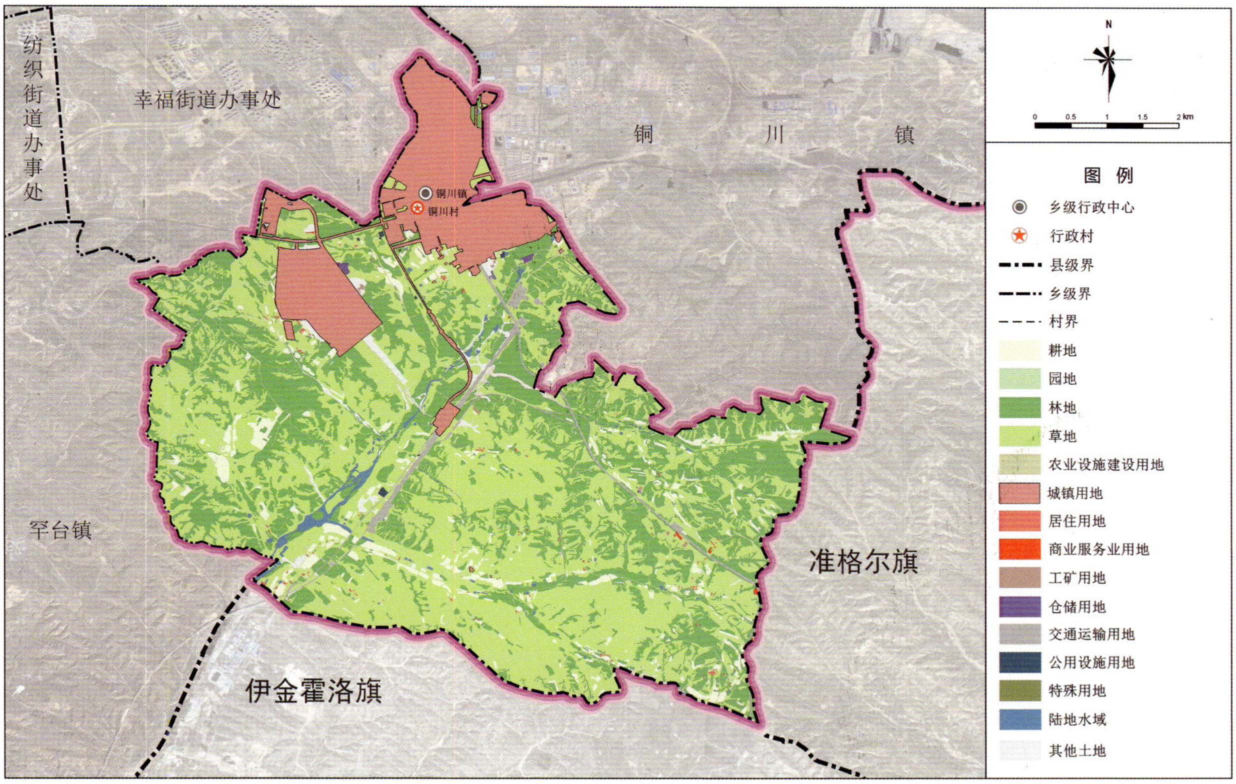

图 1　村域现状图

2　规划目标与定位

2.1　村庄类型

村庄类型为城郊融合类。

2.2　主要目标

坚持"以人为本"的思想，在发展经济的基础上，从实际出发，全面规划、合理布局、节约用地、因地制宜地确定建设规模，构建完善的社会基础设施和公共服务体系，切实解决农牧民生产和生活的实际问题。

到 2035 年，形成一二三产业融合发展格局，产业结构往现代化与多元化方向发展，农牧民人均年收入达到 10 万元。耕地保有量 182.95 hm^2，永久基本农田保护红线 155.73 hm^2（表 1）。

完善配套设施，改善村居环境。村庄公共服务设施和基础设施更加完善，居住条件干净、舒适，居民文化生活丰富，就学就医便利。医保参保率达到 100%，适龄儿童入学率达到 100%。

强化村庄设计，明确整治方向。通过环境整治后达到村容村貌整洁，环境舒适优美，乡村特色鲜明，公共服务与基础设施完备齐全的目标。

表 1　村庄规划目标

指标	规划基期年	规划近期目标年	规划远期目标年	属性
耕地保有量 /hm^2	183.81	182.95	182.95	约束性
永久基本农田保护面积 /hm^2	155.73	155.73	155.73	约束性
生态保护红线面积 /hm^2	—	—	—	约束性
建设用地总规模 /hm^2	101.28	171.80	171.80	预期性
城乡建设用地规模 /hm^2	81.52	152.03	152.03	约束性
公共管理与公共服务用地规模 /hm^2	0	0.13	0.13	预期性
公用设施用地规模 /hm^2	3.01	3.01	3.01	预期性
户均宅基地 /（m^2/ 户）	154.21	161.83	161.83	约束性

2.3　村庄定位

综合上位规划、区位条件、现状基础、发展诉求等因子，规划定位为“产城融合、幸福铜川”。规划期实现承接城镇产业转移、服务城区、生活富裕的和美乡村。

3　规划安排

3.1　空间布局

规划构建“共建一心，两轴带动，三区共融”的空间总格局（图 2）。

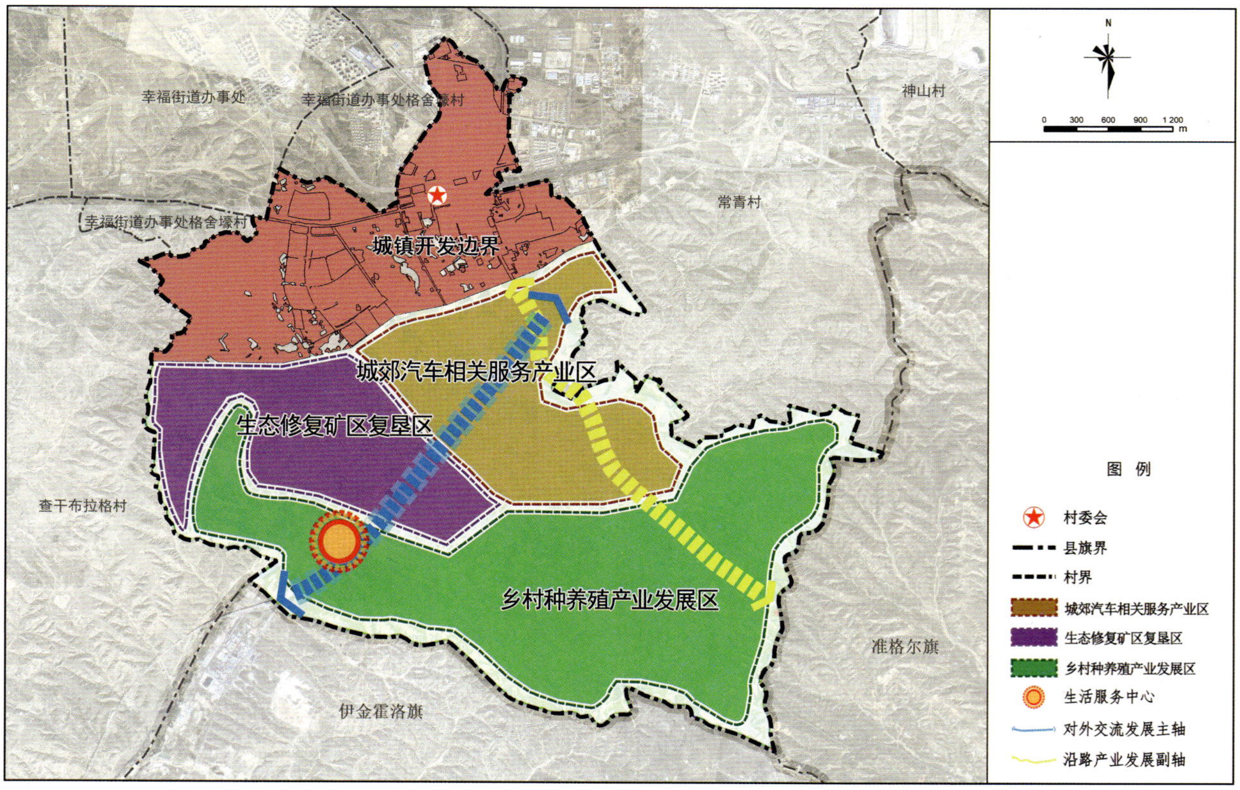

图 2　村庄总体格局规划图

共建一心：指生活服务中心。
两轴带动：对外交流发展主轴，沿路产业发展副轴。
三区共融：村域划分为乡村种养殖产业发展区、城郊汽车相关产业区、生态修复矿区复垦区。

3.2　三条控制线

严格落实耕地和永久基本农田保护制度，村域内未划定生态保护红线，按照节约集约用地和实施乡村振兴战略的原则目标，划定村庄建设边界。按照村域自然地理格局和产业发展为框架划定农牧、生态和建设空间，明确三类空间规模及管控要求（图 3）。

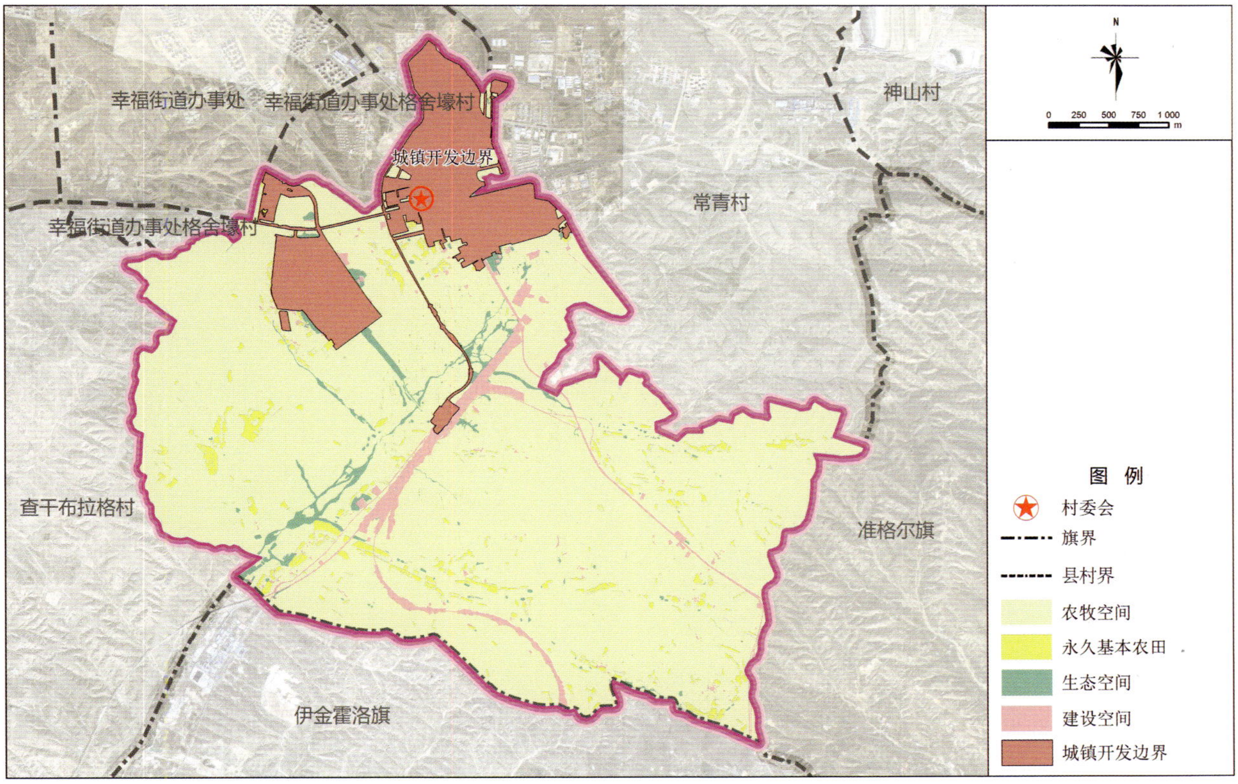

图 3　村庄“三区三线”图

（1）农牧空间布局与管控　落实耕地划定 182.93 hm^2，分布较为分散，占村庄规划范围的 4.57%；永久基本农田 155.73 hm^2，分布较为分散；园地面积为 0.72 hm^2，占村庄规划范围的 0.02%；林地面积为 1 471.92 hm^2，占村庄规划范围的 36.77%；草地面积为 2 048.63 hm^2，占村庄规划范围的 51.17%；农业设施建设用地面积为 52.27 hm^2，占村庄规划范围的 1.31%。

参照《基本农田保护条例》具体管理实施要求，任何单位和个人不得擅自占用或改变用途。坚决落实最严格的耕地保护制度，坚守耕地规模底线，加强基本农田保护建设。严格控制各类建设占用耕地、永久基本农田、林地、基本草原等农用地。

（2）生态空间布局与管控　铜川村生态空间面积为 94.98 hm^2，占规划范围总面积的 2.37%。村域内未划定生态保护红线。

保护村内天然林、水域、自然保留地等生态空间，重点保护天然林，加强对生态公益林的保护，不得进行破坏生态景观、污染环境的开发建设活动，做到慎砍树、禁挖山、不填湖。优化乡村生态空间格局，做到尽可能保留乡村原有的地貌、自然形态，系统保护好乡村自然风光和田园景观。

(3)建设空间布局与管控　铜川村的建设空间主要由宅基地、村庄基础设施、公共服务设施、村集体经济等村庄建设用地组成。严格控制建设规模等开发强度,坚持节约集约使用土地。鼓励村社集体经济组织以出租、合作等方式盘活利用空闲农房及宅基地,按照规划和用地标准,改造建设民宿民俗、休闲农业、乡村旅游等农村体验活动场所。划定村庄建设边界 47.22 hm^2。

3.3　规划分区

规划分区分为一级规划分区和二级规划分区。一级规划分区包括农田保护区、乡村发展区和矿产能源发展区。乡村发展区细分为二级规划分区,包括村庄建设区、一般农业区、林业发展区、牧业发展区(表 2、图 4)。

表 2　规划用途分区表

一级规划分区	二级规划分区	面积 /hm^2
农田保护区	永久基本农田保护区	197.33
乡村发展区	村庄建设区	671.15
	一般农业区	0.72
	林业发展区	1 499.26
	牧业发展区	2 147.47
矿产能源发展区	矿产资源开采区	1.42

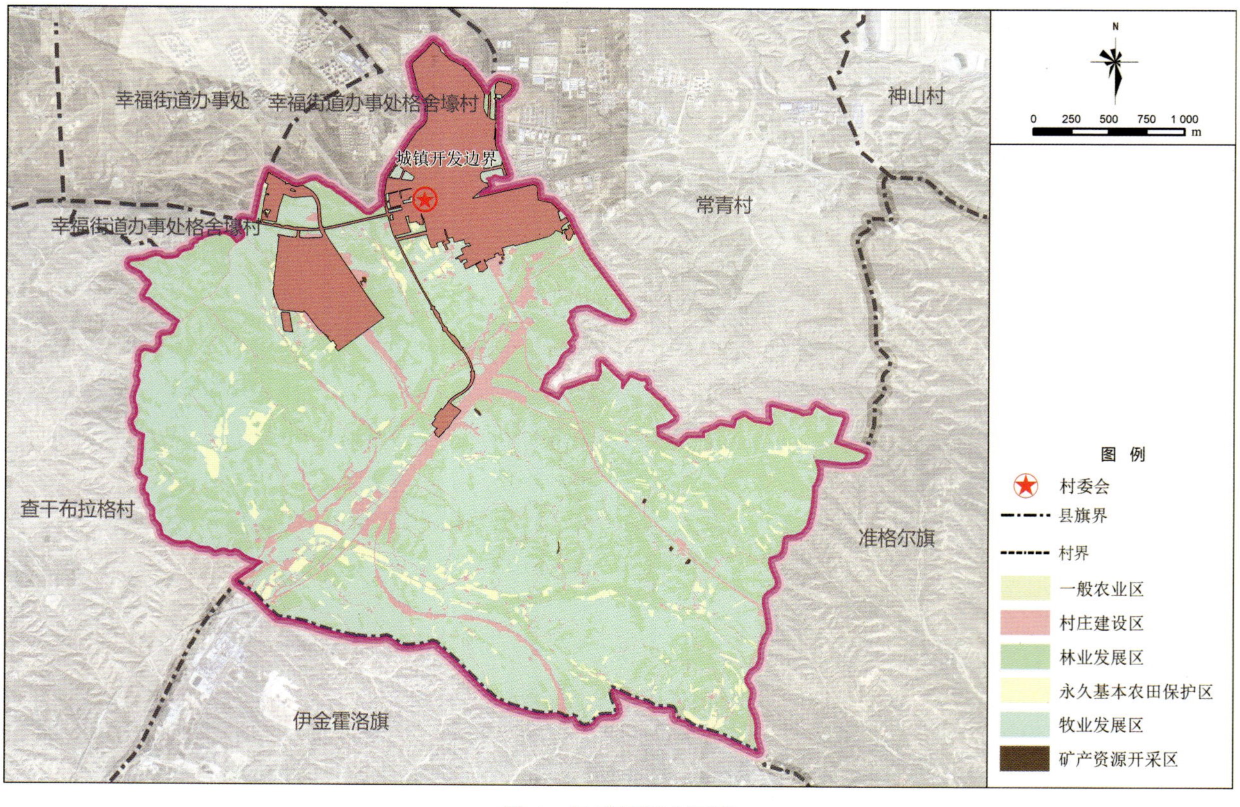

图 4　村域规划分区图

3.4　产业规划

大力发展具有地方特色的优质、现代、绿色生态农牧业，走适养精养优质优价、加工增值、品牌带动的高端农牧业发展路子。

根据自然资源和环境条件及经济社会发展要求，依托现有的城乡区位优势和产业基础，利用既有的铜川汽车产业园，在村内发展配套的汽车维修保养产业，承接城市汽车产业发展的外溢功能。

通过建立电商平台、网络销售、实体店等销售网络，不断扩大农畜产品销售流通渠道。依托村域便利的交通条件与城郊区位优势，发展流通服务体系建设，培育和完善农村市场体系，以及为企业服务的资金、劳务、信息、技术等要素市场，推动商品性农业基地的发展、产加销一体化经营，增强对村办企业的服务职能。种养殖业与旅游观光相结合，建设精品农业体验区，提供农耕体验、瓜果采摘、亲子互动、田野餐桌等旅游项目。

以规模稳定、品种多样、品质优良的一产为基础，发展农产品加工，延伸产业链条。促进一二三产融合发展，建立多元化产业联合体。

全村规划为农业多产业融合发展区、汽车相关服务产业区、矿区生态发展区等三大产业片区（图 5）。

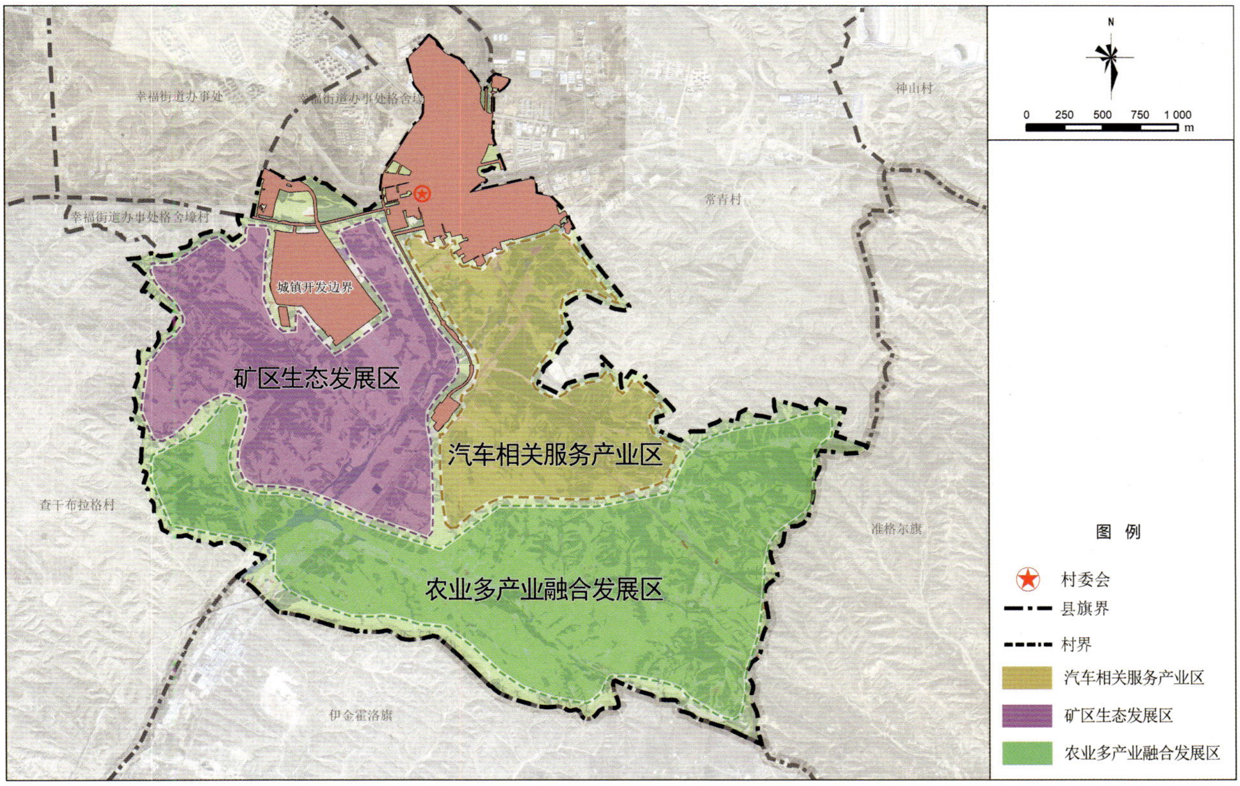

图 5　村庄产业布局图

3.5　中心村规划

(1) 宅基地规划　充分考虑当地建筑文化特色和居民生活习惯，因地制宜提出住宅建设的户型、层高、风貌等设计要求。统筹考虑村民意愿，维持现有住宅空间布局。新建户均宅基地 300 m^2，至 2035 年，规划宅基地 7.62 hm^2（图 6）。

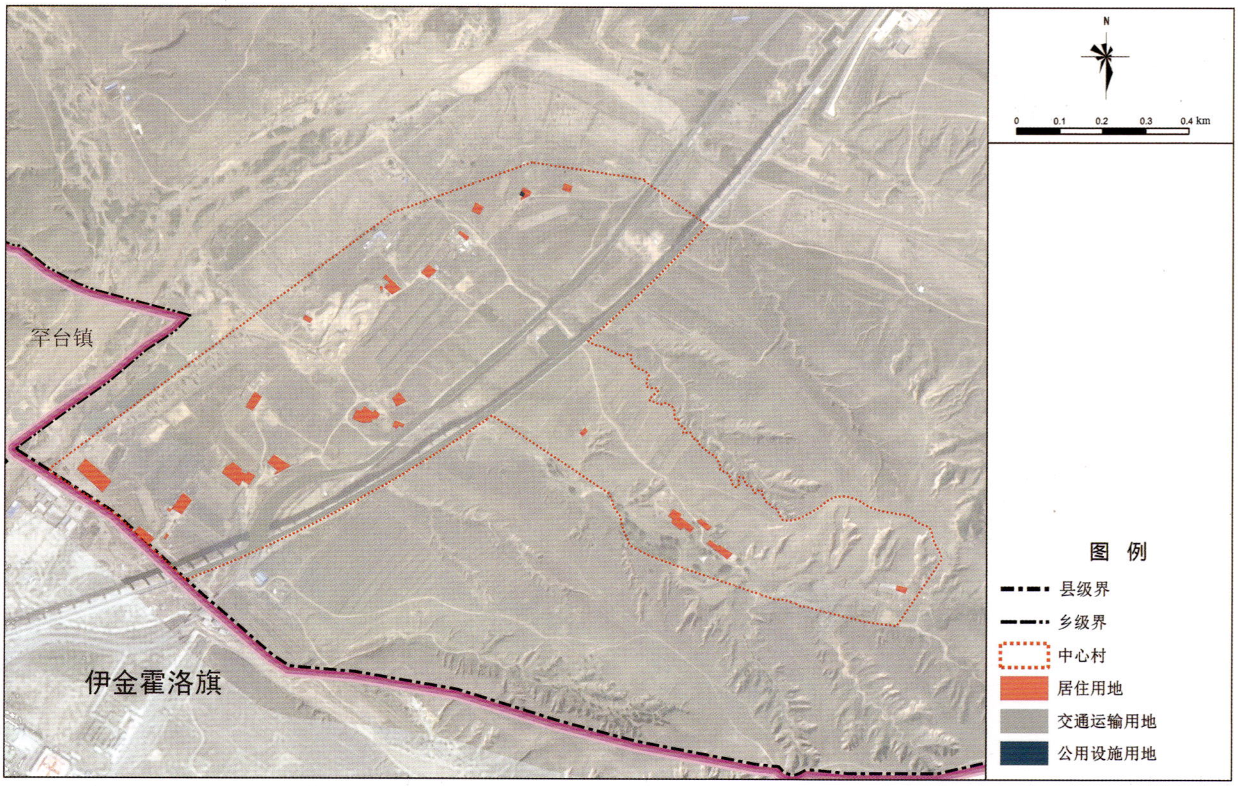

图 6 中心村建设用地现状图

(2)道路交通规划 村庄道路拓宽至6～8 m,满足通行和消防要求。村庄田间道路路面宽度3～5 m。村域范围内现状土路改造为水泥路或沥青路面。

(3)公用设施规划 规划保留现状供水井,采用环状管网供水。采用雨污合流制,在相对集中的居民点建设公用污水处理池。更新电力老旧线路 10 km,增加 5 台变压器。在信号较弱的自然村建设 1 台基站,架设通信光缆。居民燃料采用瓶装天然气、电力。供热工程将采用单独供热的形式,可使用家用小型采暖系统、太阳能采暖以及电取暖。环卫工程在村域内实施 45 户户厕改造,增加 3 处垃圾收集点。

(4)绿化与景观规划 采取列植方式,树种可选择国槐、小叶杨等,下层绿化栽种宿根花卉等。采用"见缝插绿""户前绿化"的方式进行庭院绿化。

3.6 历史文化传承及保护

落实各类保护对象的保护范围和建设控制地带划定,明确保护重点和保护要求。保护文物本体及其周边环境,大力实施原址保护,加强预防性保护、日常保养和保护修缮。重点保护体现历史文化核心价值的外观、结构和构件等,及时加固修缮,消除安全隐患。保护能够真实反映一定历史时期传统风貌和民族、地方特色的历史地段。保护村落传统格局、历史风貌、人文环境及其所依存的地形地貌、河湖水系等自然景观环境,整治不协调建筑和景观,延续历史风貌。注重整体保护,传承传统营建智慧。保护非物质文化遗产及其依存的文化生态,发挥非物质文化遗产的社会功能和当代价值。

3.7 生态修复和国土综合整治

依据上位国土空间规划和生态保护修复专项规划开展生态修复。

(1)林地保护与修复　实施平原造林,开展农田林网、交通廊道防护林等生态防护林和景观生态林的建设,实现生态空间的互联互通。种植草、灌木等植物进行高中低搭配,以此来增加修复进程及碳汇能力。

(2)农用地整治　整理现状零星耕地和农用地,通过土地开发整理复垦形成新增耕地的土地,纳入农用地整理范围,作为永久基本农田占用补划和动态优化的潜力地块。

(3)矿山保护与修复　根据矿山开采的方式,结合周边的地类情况,通过工程措施修整场地形态,达到农用地使用的地形、坡度要求以后,种植沙棘。

(4)建设用地整治　确定闲置、废弃房屋和土地的用途和去向,实行建设用地增减挂钩政策。对村域范围内的低效用地有计划地进行改造,盘活存量土地。

3.8　防灾减灾规划

(1)防洪规划　加固堤防。结合村庄绿地、果园、农田等非建设用地,保留一定的泄洪空间。

(2)抗震规划　农房按照抗震设防标准进行设防,人员密集场所宜加大一级设防。

(3)消防规划　设置微型消防站,配备消防泵、水带、便携式灭火器等设备。在全村主要路口及防火重点部位架设电视监控摄像头,加大巡防力度。

(4)防疫规划　在旧庙沟社、白家沟社等社规划一处应急保障物资储备点。

3.9　近期规划安排

近期内主要针对村庄现状亟待解决的生态修复、公共服务设施与基础设施工程及产业发展方面的项目进行建设。

生态修复整治方面包括低效耕地整治(面积约为 103 hm^2)、低效园地整治(面积约为 0.67 hm^2)、林地抚育(面积约为 250 hm^2)、水资源修复(面积约为 27 hm^2)、采空区修复(面积约为 376 hm^2)及防洪堤坝建设(长度约为 5 km)。公共设施建设方面包括旧庙沟社新建的垃圾收集箱和公共厕所。产业发展方面为建设张家圪坨社农业基地。

3.10　实施保障

(1)加强领导　建立镇、村村庄规划编制、实施小组,加强村庄规划及审批实施的领导。

(2)多元投入　对于村内集体受益或跨村受益的基础性、公益性建设项目,争取各项涉农专项资金,村民投工投劳进行建设;对于生产经营性项目,实行集体与村民共同投入的办法来筹集资金。

(3)加强农村经济合作组织　根据发展主导产业的需要,本着民主协商互助合作的原则,建立农民专业合作经济组织,负责产品的集中加工、统一销售、生产资料的统一购买、新品种和新技术的统一引进、建立健全农村新型合作经济组织的管理机制和运行机制,调整农业产业结构,促进传统农业向现代农业转变,推进农业产业化经营,提高土地的节约集约利用水平。

(4)公众参与　通过座谈会、村民大会等多种形式,广泛征求村民意见和建议。村庄规划方案在报送审批前经村民代表会议通过,并在村内公示 30 d。规划批准后,通过“上墙”“上网”等多种方式及时公布并长期公开,方便村民了解、查询。将规划内容和管制规则纳入村规民约,长期实施和监督。

4　规划总结与启示

(1)探索了城乡融合类村庄规划的编制方法。首先,乡村为城区提供配套服务的空间、劳动力、优质农产品等服务。其次,城市为乡村提供技术、人才、金融、信息等基本服务,还可以将自身完善的公用设施辐射乡村地区。最后,探索建立"实用性"村庄规划编制体系,精细化规划内容。

(2)强化产业发展的带动引领作用。以产业规划为突破口,撬动乡村振兴。

(3)通过多方参与的管理体系保障规划运行,构建支撑规划实施管理的工作机制。驻村规划师陪伴式规划,为村庄规划提供了专业指导。

(4)结合乡村规划管理需求,建立了建设用地规定性和引导性指标体系。

(5)以近期建设规划为规划实施的重要抓手,将近期目标分解到各年度计划,并采取综合措施。构建了有规划、有项目、有资金、有主体、有标准的"五有"实施体系。

(6)提出了实施评估、动态维护、村庄规划修改情形、修改条件等内容,明确了村庄规划修改条件、修改审批程序,填补了相关法律法规的空白,适应了规划治理引导的需要。

第四篇　其他类

赤峰市松山区初头朗镇三座店村、福山庄村、肖家地村、池家营子村村庄规划（2021—2035年）

1 村庄介绍

1.1 村庄概况

三座店编制单元包含三座店村、福山庄村、肖家地村以及池家营子村4个行政村，四村连片，位于赤峰市松山区初头朗镇中东部。区位交通便捷，省道S219贯穿全域，与国道G111相连；地理区位优越，毗邻镇区，最邻近镇区的福山庄村，其党群服务中心距初头朗镇人民政府驻地仅3 km。

1.2 资源禀赋

规划区地貌基底独具特色，生态自然本底优越，“山水林田”格局突出，历史文化积淀深厚（图1）。

(1)山　规划区属丘陵地区，地形地貌复杂，村内山沟纵横，地势西高东低。

(2)林　山地植被多为人工林，树种以杨树、油松为主。

(3)水　三座店水库位于规划区中心，是以城市防洪、供水为主，兼顾生态农业灌溉和发电等综合利用功能的国家大（Ⅱ）型水库。

(4)田　农田多为旱地，有3处设施园区，规模约2 000亩，以番茄种植为主。

(5)历史文化　文化遗址资源丰富，以第七批全国重点文物保护单位三座店石城遗址为代表的夏家店下层文化，有丰富的研究和科普价值，其中福山庄村还有“独特的知青文化”和“神奇的皇家传说”。

1.3 土地现状

根据第三次全国国土调查成果，规划区土地总面积10 292.38 hm^2，其中耕地3 935.36 hm^2，占比38.24%；林地与草地面积共计5 130.23 hm^2，占比49.84%；园地和农业设施建设用地面积共计141.16 hm^2，占比1.37%；建设用地总规模248.26 hm^2，占比2.41%，其中村庄建设用地111.29 hm^2，占比1.08%；陆地水域678.00 hm^2，占比6.59%，其他土地159.37 hm^2，占比1.55%（图2）。

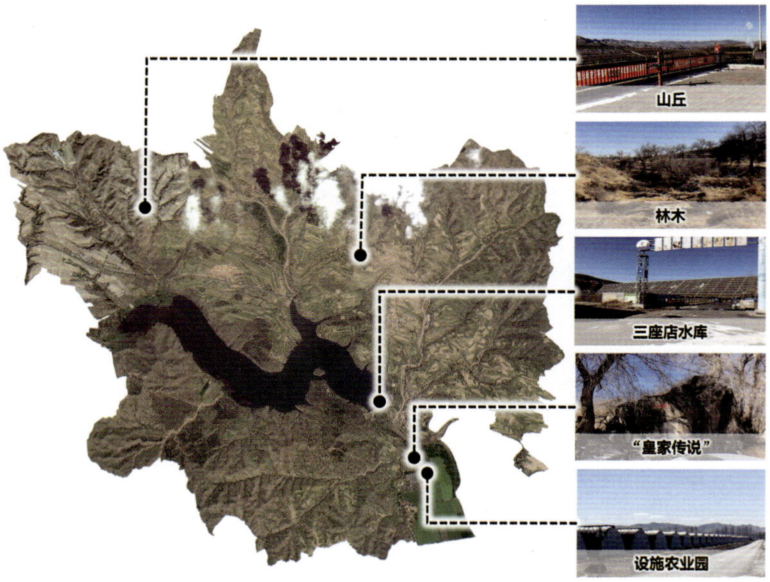

图 1　资源本底示意图

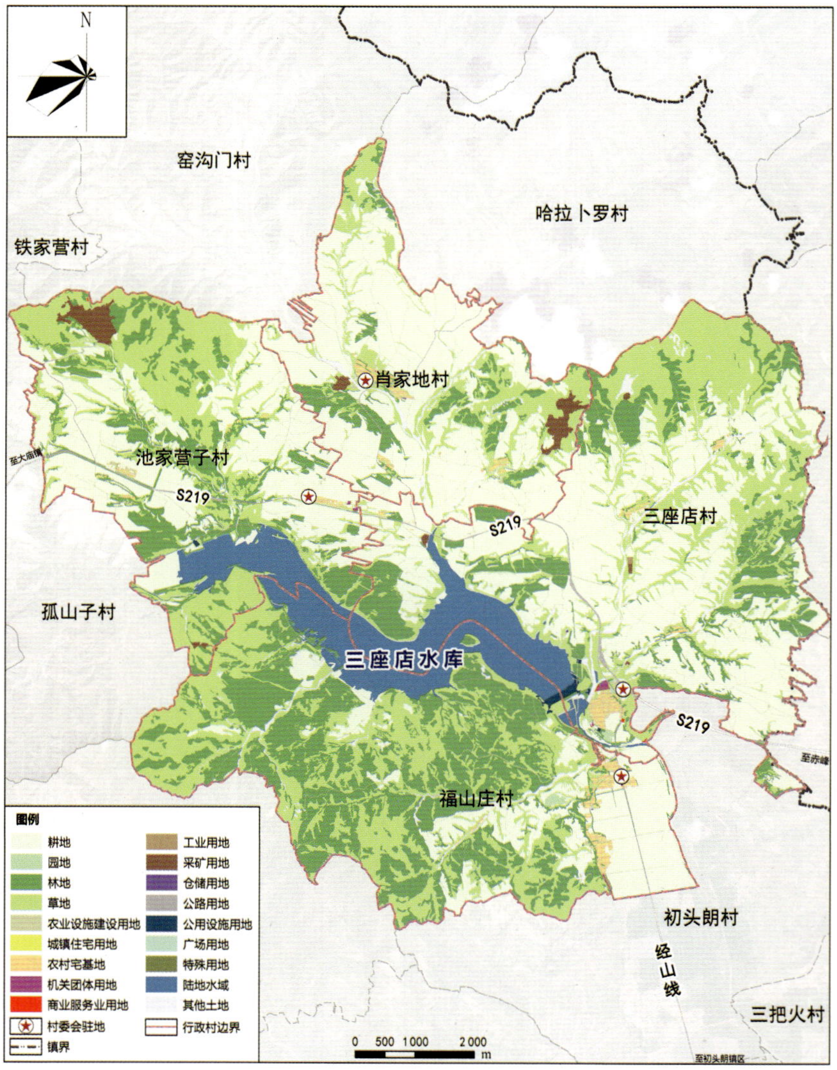

图 2　村域现状图

1.4　社会经济

规划区共辖 17 个自然村，2020 年户籍人口 6 982 人，共 2 281 户；常住人口以老人和青少年为主，青壮年外出打工居多。

规划区以第一产业为主，传统种植作物主要为谷子、玉米、荞麦等，养殖均为村民散养，以肉牛、肉羊为主；第二产业以工矿为主，分布于规划区北侧，大多处于停工停产状态；第三产业多为便民商超、加油站等小型服务业，沿经山线两侧分布。

1.5　基础设施

(1) 公共交通　公共交通为班车形式，无固定站点，由初头朗镇开往赤峰市区。

(2) 公共服务设施　现状公共服务设施较为齐全，包括卫生室、文化活动室、村邮站、草原书屋、健身活动广场、百姓大舞台等，设施大多与党群服务中心合设，缺乏集中养老设施。

(3) 市政公用设施　现状电力、电信等设施建设完善，排水设施建设滞后，现状雨水和污水主要沿地面漫流。各村组均设有 1～2 个垃圾收集点，基本满足村民需求，垃圾分类尚未普及；大部分垃圾收集点为露天垃圾收集池或收集箱，存在垃圾随意堆放现象，对环境卫生影响较大。

1.6　问题梳理

问题一：自然资源优势明显，但要素利用率低下，如何引领一二三产融合发展，带来更大的经济效益？

问题二：工业以传统工矿为主，高污染行业与三座店水源保护之间存在冲突，“产业兴旺”与“生态宜居”要如何平衡？

问题三：基础设施该如何最大限度地满足村庄发展和村民需求？

2　规划目标与定位

2.1　村庄分类

三座店村、福山庄村属于集聚提升类村庄；肖家地村、池家营子村属于其他一般村。

2.2　主要目标

至 2035 年，耕地保有量不低于 3 915.43 hm^2，永久基本农田保护面积不低于 3 002.96 hm^2，生态保护红线面积不低于 860.21 hm^2，建设用地规模预期控制在 220.40 hm^2 以内，城乡建设用地规模 118.14 hm^2，公共管理与公共服务用地规模 4.30 hm^2，公用设施用地规模 0.29 hm^2，新增宅基地控制在 400 m^2/ 户以内（表 1）。

表 1　村庄规划目标

指标	规划基期值	规划目标年	规划基期与目标变化量	属性
耕地保有量 /hm^2	3 915.43	3 915.43	0.00	约束性
永久基本农田保护面 /hm^2	3 002.96	3 002.96	0.00	约束性
生态保护红线面积 /hm^2	860.21	860.21	0.00	约束性
建设用地总规模 /hm^2	248.26	220.40	–27.86	预期性
城乡建设用地规模 /hm^2	111.29	118.14	6.85	约束性
公共管理与公共服务用地规模 /hm^2	4.32	4.30	–0.02	预期性
公用设施用地规模 /hm^2	0.29	0.29	0.00	预期性
户均宅基地 /（m^2/ 户）	395.56	—	—	约束性

2.3　村庄定位

大力发挥三座店水库和周围山脉形成的山水交融的生态优势，充分利用紧邻赤峰城区的良好区位，省道 S219、国道 G111 形成的便捷交通优势，依托现有的农业智慧园区，以番茄种植为特色，围绕农业产业链“接二连三”，以“企业带动、村企合作”为模式，构建以“田园 +”为引领的三产融合发展示范区；扎根乡土，挖掘村庄文化内涵，以“知青研学 + 乡村休闲”为主题，打造集田园休闲、山林观光、文化体验、科普研学于一体的近郊乡村旅游目的地，助推乡村旅游经济发展，全面实现乡村振兴。

3　规划安排

3.1　控制要素

严格落实生态保护红线与永久基本农田，同时充分考虑洪涝风险控制线、绿化造林空间、历史文化保护线等限制性要素，叠加作为村庄建设用地协调控制的底线管控区域（图 3）。

（1）永久基本农田　落实永久基本农田保护面积 3 002.96 hm^2，主要分布在规划区的东部与北部。

管控规则：从严管控非农建设占用永久基本农田，永久基本农田一经划定，任何单位和个人不得擅自占用或者擅自改变用途，严禁通过擅自调整县乡土地利用总体规划规避占用永久基本农田的审批，严禁未经审批违法违规占用。

（2）生态保护红线　落实生态保护红线面积 860.21 hm^2，为赤峰市中心城区（松山区）三座店水库水源地，位于规划区中心。

管控规则：生态红线内严禁不符合主体功能定位的各类开发活动，严禁任意改变用途。

（3）其他控制要素　规划区内涉及洪涝风险控制线 1 497.97 hm^2，绿化造林空间 6.34 hm^2，范围内禁止进行任何村庄建设开发活动；涉及历史文化控制线 133.33 hm^2，范围内用地布局、发展用地选择、各项建设活动，须有利于历史文化的传承与保护。

3.2　用地布局

依据村庄发展定位与目标，以底线管控区域为框架，优化调整村域用地布局，明确各类土地规划用途（图 4）。

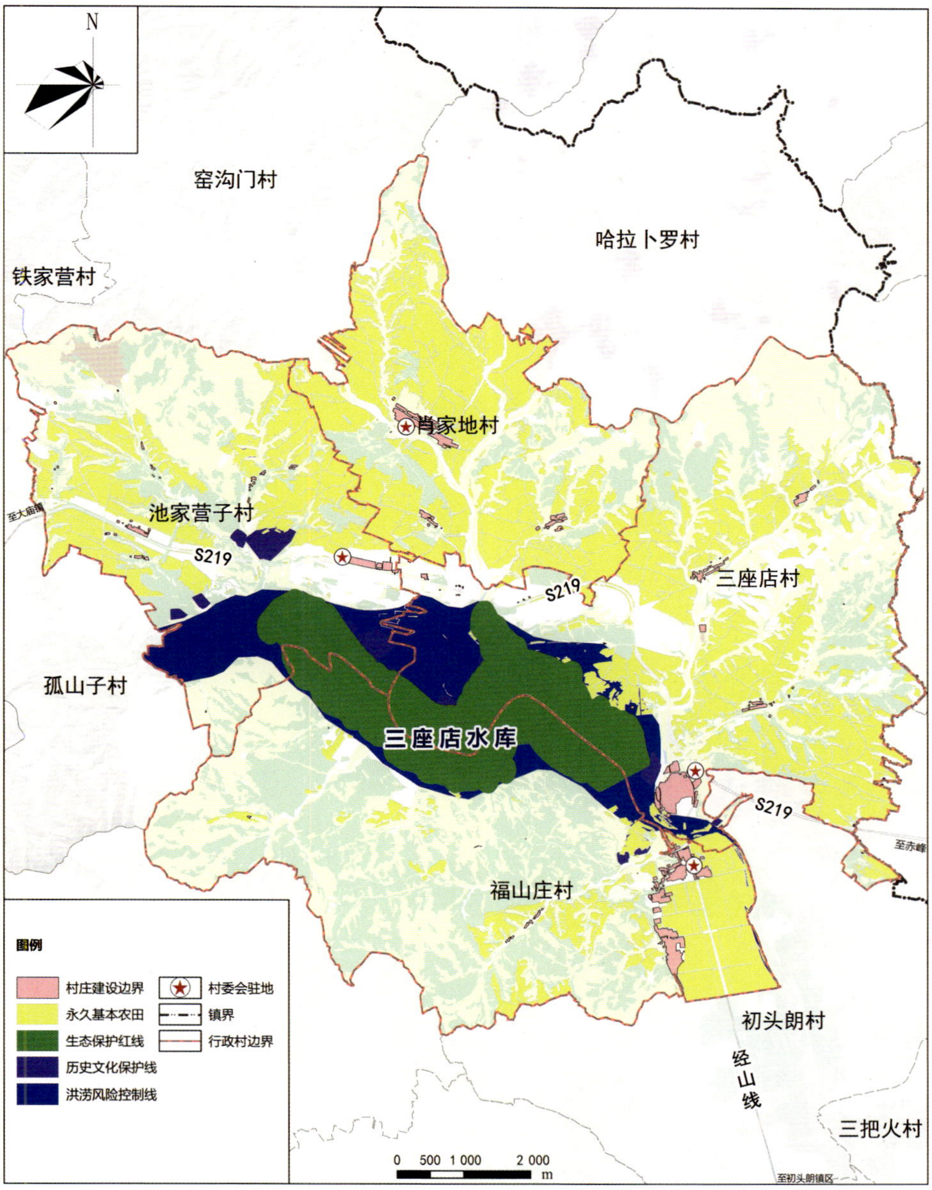

图 3　村域国土空间控制线图

(1)建设用地结构调整　至规划期末，建设用地规模为 220.40 hm^2，较基期年减少了 27.86 hm^2，建设用地增量用于各类村庄项目落实，工矿用地退出生态还林是建设用地减量的主要原因。

(2)农用地结构调整　规划至 2035 年，农用地规模 9 235.00 hm^2，规划期内增加 24.24 hm^2。其中林地增加 36.06 hm^2；草地减少 6.58 hm^2，耕地减少 0.82 hm^2，主要用于落实项目需求。

(3)其他用地结构调整　规划至 2035 年，其他用地 836.98 hm^2，规划期内减少 0.38 hm^2。

3.3　规划分区

落实初头朗镇国土空间规划要求，以村域国土空间的保护与保留、开发与利用两大功能属性作为规划分区的基本取向，结合管控要求划定 5 个分区：生态保护区、生态控制区、农田保护区、乡村发展区、矿产能源发展区(图 5)，其中生态控制区细分为生态修复区和生态保留区；乡村发展区细分为村庄建设区、一般农业区和林业发展区(表 2)。

N
窑沟门村
哈拉卜罗村
铁家营村
肖家地村
池家营子村
至大庙镇
S219
S219
三座店村
孤山子村
三座店水库
S219
至赤峰
福山庄村
初头朗村
经山线
三把火村
至初头朗镇区
图例
耕地
园地
林地
草地
农业设施建设用地
农村宅基地
机关团体用地
商业服务业用地
工业用地
采矿用地
镇界
仓储用地
公路用地
交通场站用地
公用设施用地
广场用地
特殊用地
留白用地
陆地水域
其他土地
村委会驻地
行政村边界
0 500 1 000 2 000
m

图 4 村域规划图

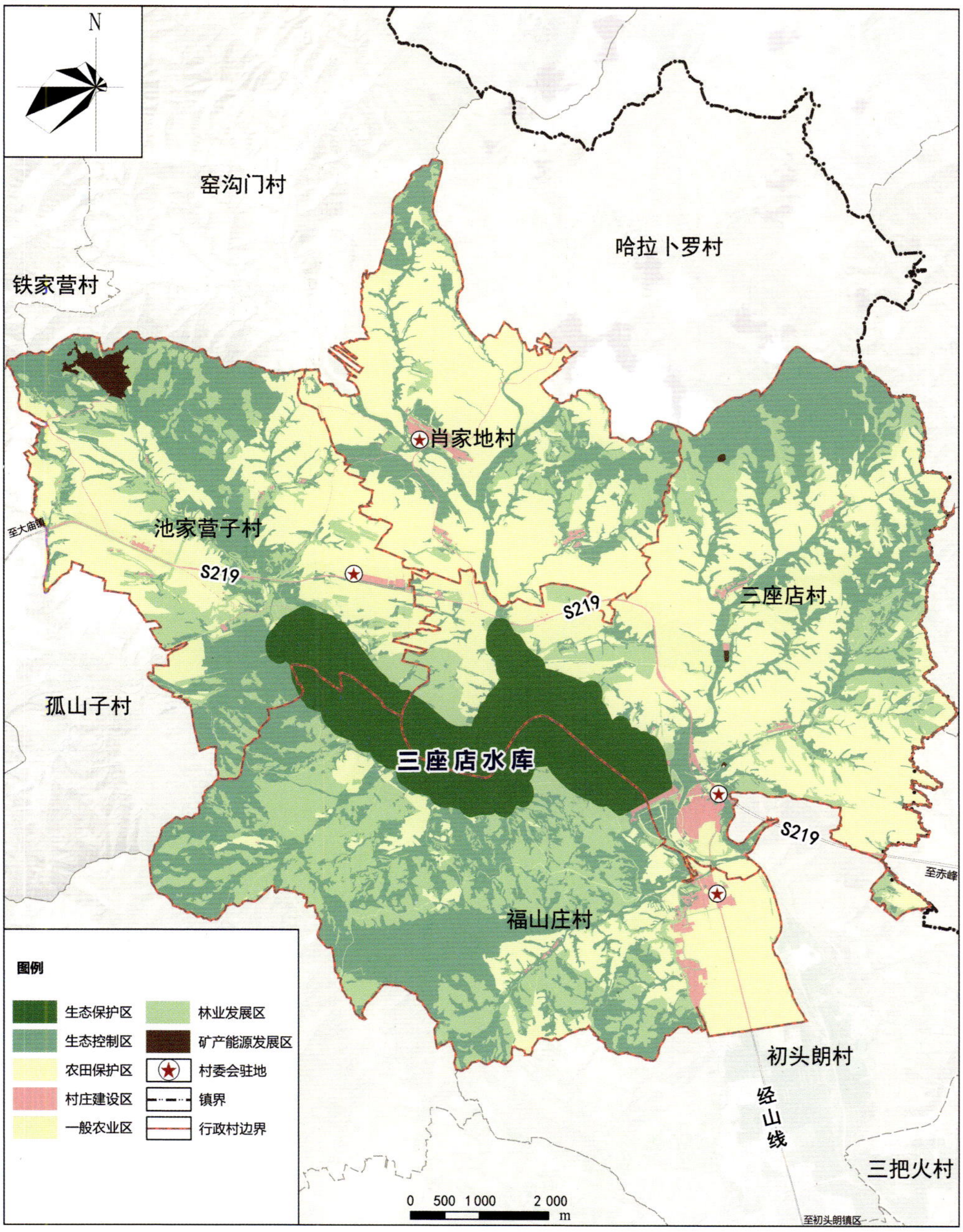
N
窑沟门村
哈拉卜罗村
铁家营村
肖家地村
池家营子村
至大庙镇
S219
S219
三座店村
孤山子村
三座店水库
S219
至赤峰
福山庄村
初头朗村
经山线
三把火村
至初头朗镇区
0 500 1 000 2 000 m
图例
生态保护区
生态控制区
农田保护区
村庄建设区
一般农业区
林业发展区
矿产能源发展区
村委会驻地
镇界
行政村边界

图 5　村域规划分区图

表 2 规划用途分区

一级规划分区	二级规划分区	面积 /hm^2
生态保护区	自然保护地核心区	860.21
生态控制区	生态修复区	310.03
	生态保留区	2 904.60
农田保护区	永久基本农田保护区	3 002.96
乡村发展区	村庄建设区	174.91
	一般农业区	1 025.43
	林业发展区	1 975.42
矿产能源发展区	矿产资源开发区	38.83

3.4 国土综合整治与生态修复

通过国土综合整治手段，对村庄闲置、低效、废弃、生态退化及环境破坏的区域进行治理，优化生产、生活、生态空间格局，促进耕地保护和土地集约节约利用，改善农村人居环境，助推乡村全面振兴（图 6）。

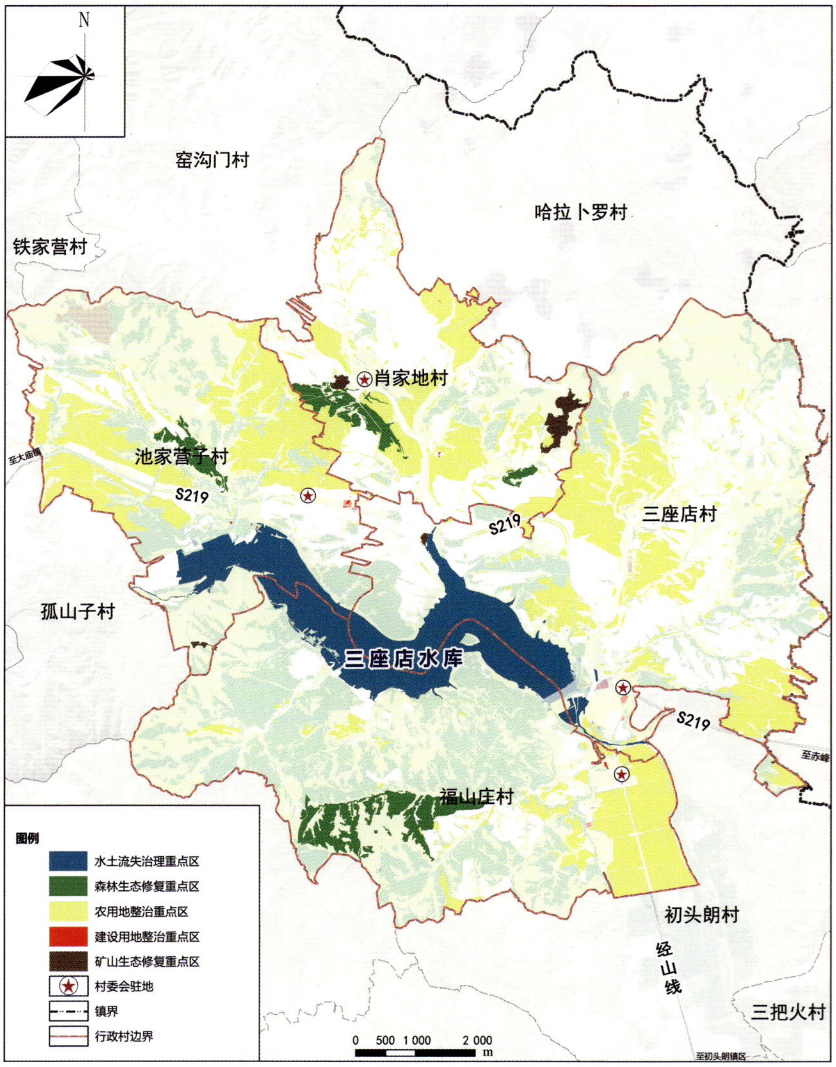

图 6 村域国土综合整治与生态修复图

(1)山水林田湖草沙生态修复　坚持山水林田湖草沙生命共同体理念，落实上位规划确定的国土空间规划综合整治和生态修复目标与项目安排，提升生态系统整体功能。

①针对三座店水库周边水土流失、水质不佳等问题区域，提出以水源治理、建设集防洪护岸、水源涵养、生物栖息等功能于一体的阴河上游绿色生态走廊为生态修复目标，划定 678.00 hm^2 为重点区域，确定重点工程为三座店水源监测保护工程以及阴河三座店水库上游松山区与河北省交界处至孤山子渠首河段河道整治工程。

②针对福山庄村、肖家地村和池家营子村山林生态服务功能退化等问题区域，提出以调整林业结构、恢复林地的多样性，促进阴河上游区域的生态平衡为生态修复目标，划定 228.25 hm^2 为重点区域，确定重点工程为福山庄退化山杏嫁接扁杏项目以及肖家地村和池家营子低效杨树改造项目。

(2)农用地整治　规划期内，拟优先对规划范围内 1 807.21 hm^2 永久基本农田分时序进行高标准农田建设，集约利用土地、改善农业生产条件，规划远期永久基本农田耕地质量等别平均提高 0.5～1 个等级。

(3)农村建设用地整理　规划期内，将 0.44 hm^2 不予保留的各类闲置、低效村庄建设用地规划为非建设用地，并根据周边土地利用情况及土地适宜性，合理确定规划用途；还将对 1.52 hm^2 低效村庄建设用地进行存量盘活更新，提高土地利用效率，激发村庄内部活力。

(4)矿山生态修复　规划期内，以全区生态安全为出发点，依据宜林则林、宜草则草原则，对 36.81 hm^2 矿山用地进行生态修复与治理工程，保障生态有效供给与水源安全，提升区域生态功能。

(5)人居环境整治　针对村庄人居环境不佳现状，从垃圾治理、污水处理以及“厕所革命”等方面，以改善农村人居环境，建设宜居宜业和美乡村为目标，通过集中养殖、庭院整治、农村垃圾治理工程、生活污水治理工程、“厕所革命”等措施，逐步改善村庄风貌。

3.5　产业规划

(1)产业发展布局　产业发展以优质农产品输出为主，通过提升人居环境、挖掘乡村文化内涵、活化乡村旅游之路，强化与周围乡镇生态旅游区合作，共同打造松山区西部景观精品旅游环线。根据村庄产业结构以及未来发展模式，规划为“一心、一轴、五区”的产业发展结构(图 7)。

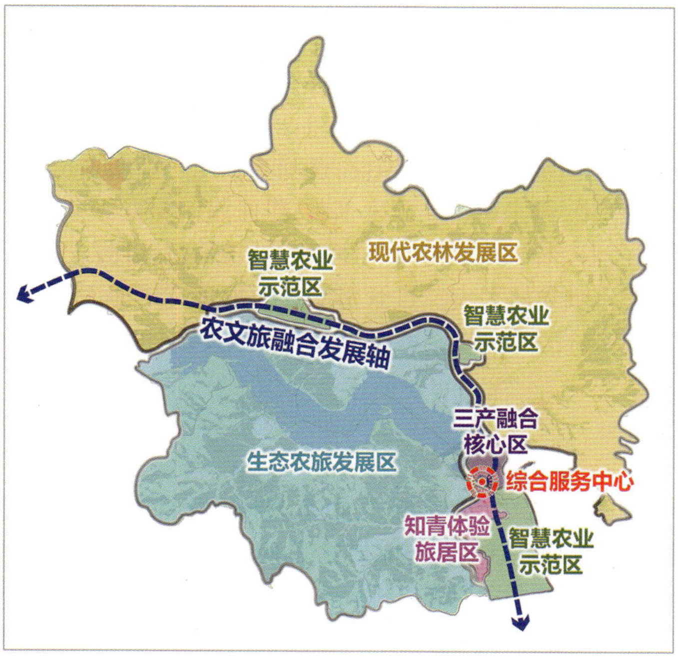

图 7　村域产业发展布局图

“一心”为综合服务中心。

“一轴”为农文旅融合发展轴。

“五区”为三产融合核心区、知青体验旅居区、生态农旅发展区、智慧农业发展区、现代农林发展区。

(2)农旅发展策划　立足规划区内农业与生态基底的发展，塑造“以农业带游，以文化带游，以生态带游，以产业带游”的发展思路，围绕着山、水、林、田进行生态建设发展，增加村庄的吸引力，通过旅游线路，串联起乡村内的所有旅游元素，形成“一心统全局，一线串多点”的旅游发展格局(图8)。

图8　村域农旅发展策划图

3.6　专项规划

(1)村域道路交通规划区　村域交通延续现有道路交通体系，对老旧路段进行升级和维护；重点优化现有村内道路，提高道路硬化率与亮化率，修缮断裂道路，道路宽度不宜超过6 m。新建福山庄村组至经山线道路和1处公共停车场(图9)。

(2)村域公共服务与基础设施规划　设施布局以需求为导向，以方便、适用为原则，相对集中布置。原址重建肖家地党群服务中心，新建三座店党群服务中心；新建广场用地2处，分别位于福山庄村和肖家地村；于福山庄村口处打造入口村标(图10)。

3.7　历史文化传承与保护

划定历史文化保护线规模为133.33 hm^2，其中核心区规模12.93 hm^2；重点保护三座店石城遗址和池家营子岩画遗址，禁止进行对保护格局和文物保护构成破坏性影响活动(图11)。

3.8　住房指引

从现状实际出发，综合考虑整体风貌，村庄建筑以1～2层建筑为主，建筑墙面色彩以白色、灰色和淡黄色为主，屋顶以红色坡屋顶和平屋顶为主，新规划的宅基地应延续村庄整体的居住布局，既要保持原有的村庄肌理，又要表达乡村传统韵味。

N
窑沟门村
哈拉卜罗村
铁家营村
肖家地村
池家营子村
S219
S219
三座店村
孤山子村
三座店水库
S219
至赤峰
福山庄村
初头朗村
经山线
三把火村
至初头朗镇区
图例
省道
主干道
次干道
支路
新增硬化道路
停车场
村委会驻地
镇界
行政村边界
0 500 1 000 2 000
m

图 9　村域交通规划图

图 10　村域公共服务与基础设施规划图

图 11　村域历史文化保护图

3.9 近期规划安排

近期规划安排生态修复、国土综合整治、历史文化保护、防灾减灾工程、产业发展、农村住房改造、人居环境整治和基础设施和公共服务设施建设等 8 类重点建设项目共 29 项，其中，产业发展项目 7 项：三座店康养小镇与农产品加工项目，池家营子科普教育基地，福山庄番茄分拣物流冷链中心、星空屋民宿、知青大院与驿站。

3.10 管控图则

规划对部分近期建设项目编制管控图则，对建设地块的用地性质、用地面积、四至范围进行说明，对容积率、建筑密度、建筑高度以及绿地率等控制性指标进行规定，控制指标按照当地地方标准执行（图 12）。

3.11 实施保障措施

（1）机制协调　建立联动协作机制，成立规划实施协调小组，由自然资源与规划部门共同负责，做好数据保障、资料收集、技术指导、规划审查和业务培训工作，农业农村、财政、环保、交通、水利等部门共同参与，积极提供资料，做好指导工作，在规划实施中统筹安排各类项目并推进实施，进而推动规划落实。

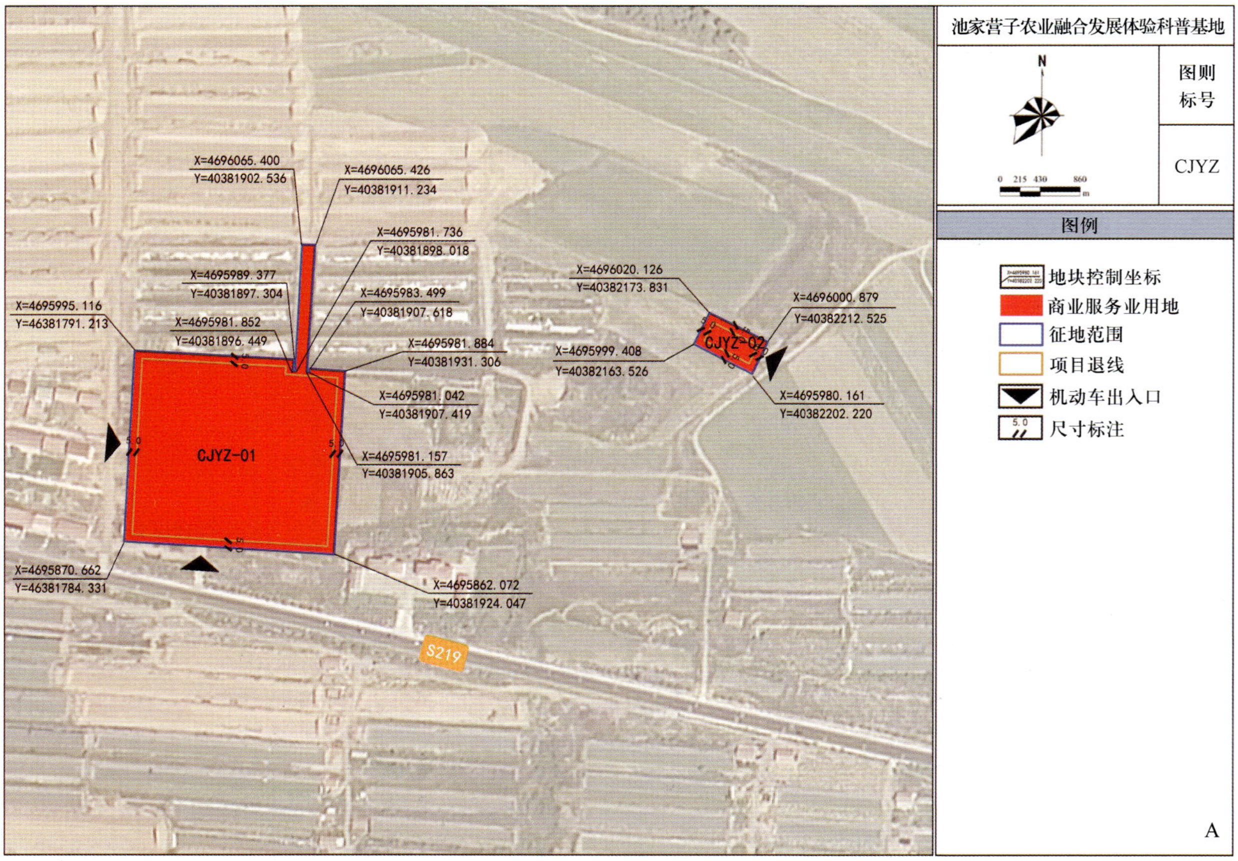

图 12　管控图

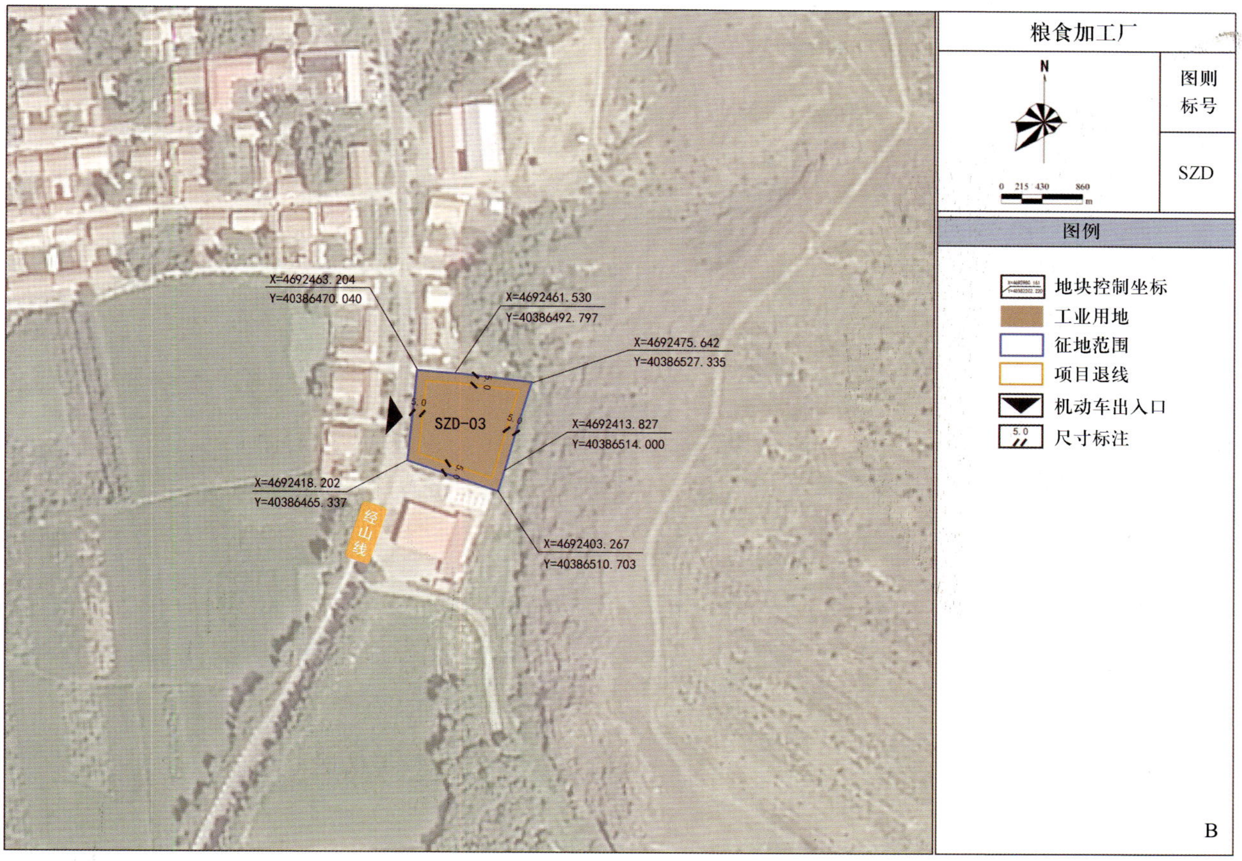

粮食加工厂
N
0 215 430 860 m
图则标号
SZD
图例
地块控制坐标
工业用地
征地范围
项目退线
机动车出入口
尺寸标注
X=4692463. 204
Y=40386470. 040
X=4692461. 530
Y=40386492. 797
X=4692475. 642
Y=40386527. 335
SZD-03
X=4692413. 827
Y=40386514. 000
X=4692418. 202
Y=40386465. 337
X=4692403. 267
Y=40386510. 703
经山线
B

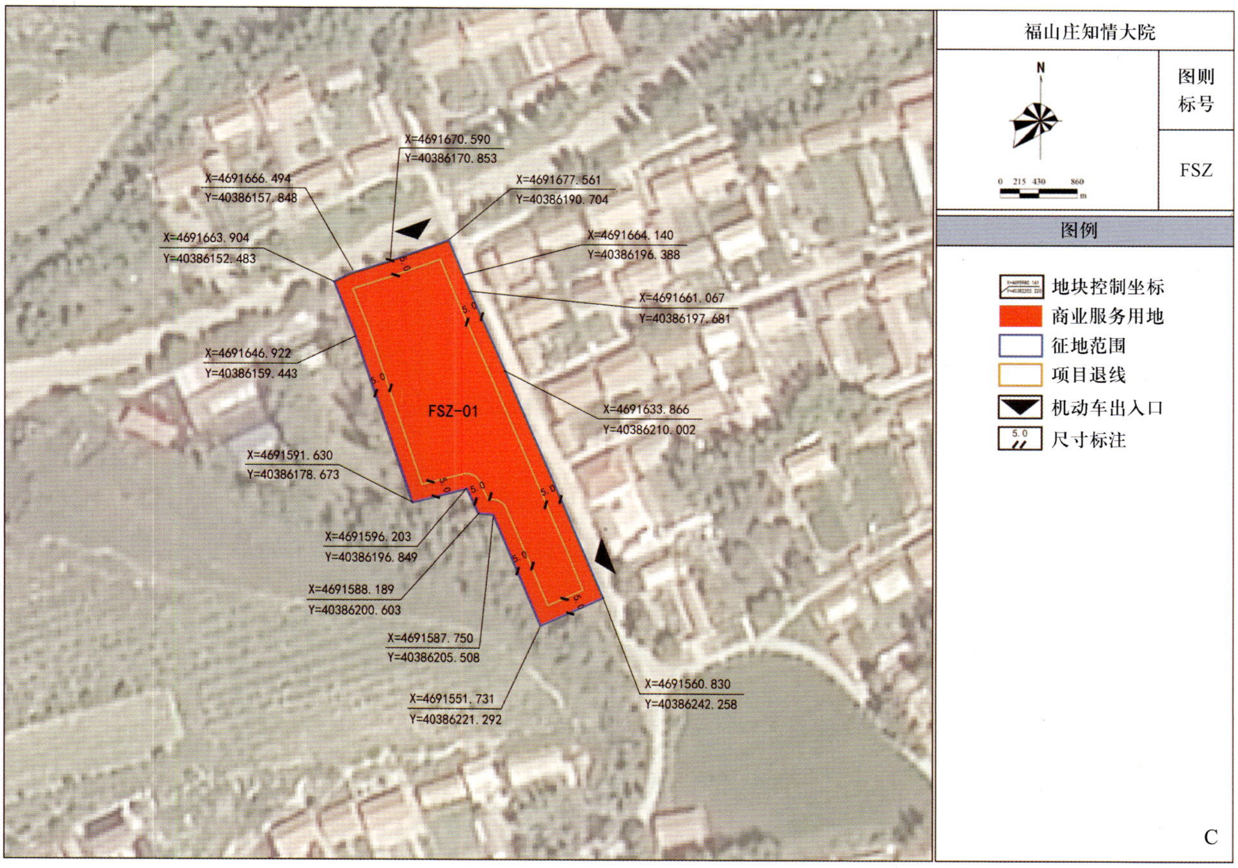

福山庄知情大院
N
0 215 430 860 m
图则标号
FSZ
图例
地块控制坐标
商业服务用地
征地范围
项目退线
机动车出入口
尺寸标注
X=4691670. 590
Y=40386170. 853
X=4691666. 494
Y=40386157. 848
X=4691677. 561
Y=40386190. 704
X=4691663. 904
Y=40386152. 483
X=4691664. 140
Y=40386196. 388
X=4691661. 067
Y=40386197. 681
X=4691646. 922
Y=40386159. 443
FSZ-01
X=4691633. 866
Y=40386210. 002
X=4691591. 630
Y=40386178. 673
X=4691596. 203
Y=40386196. 849
X=4691588. 189
Y=40386200. 603
X=4691587. 750
Y=40386205. 508
X=4691560. 830
Y=40386242. 258
X=4691551. 731
Y=40386221. 292
C

图 12(续)

(2)资金保障　财政专项资金重点补助村庄规划和基础设施建设,按经济条件,降低农村建设成本;在保障政府投入的同时,积极引入市场机制,引导社会力量和资本积极参与村庄规划编制和实施工作,鼓励旅游企业参与进来、多渠道筹集建设资金,由政府、企业、社会群体相结合,保障村庄规划与建设的资金。

(3)监督健全　发挥法律监督、行政监督、舆论监督和公众监督的作用,开展规划实施的监督管理工作。加大对违法建设行为的整治力度;由自然资源部门加强评估和监督检查,及时研究规划实施中的新情况,做到规划动态完善。

(4)公众参与　在村庄规划中公众参与应采取更符合农村现实的公众参与方法,如进行公众座谈会、村民意见公投、村民代表大会、民意问卷调查、入户访谈、规划培训等方式,鼓励村民能够更加自由地表达自己的看法。在规划实施过程还可以举行听证会、规划信息反馈活动来增加公众在村庄规划中的参与度。

4　经验总结与启示

(1)严控增量、注重存量　以"整体减量、局部增量"为原则,通过座谈咨询了解村庄发展需求,入户问卷调查等形式连接村民建设需求,对部分闲置民居或产业用房进行复垦或者还林以置换指标,另外结合产业发展,对建筑情况较好的存量闲置建筑进行修缮更新,作为产业发展资源,充分挖掘存量建设价值。

(2)明确定位,统筹规划　依托现状本底资源、发展意愿以及上位指引,对未来发展方向进行合理预测,明确村庄定位,并提出与之发展相符合的主要产业、发展方向、村庄类型及重点项目等。

(3)多问多访,实用为重　规划编制应以村庄实际情况为出发点,做到全面了解村庄,多问多走访,切实了解村民需求,编制实用、管用、好用且能最大程度满足村民和村庄需求的村庄规划。

鄂尔多斯市准格尔旗准格尔召镇沙蒿塔村村庄规划（2021—2035 年）

1 村庄介绍

1.1 村庄概况

沙蒿塔村位于准格尔召镇政府所在地东北部，距离准格尔召镇人民政府驻地 38 km，西部和东胜铜川镇相连，东部和暖水乡相接，南与锌尖村、四道柳村相连。村庄对外交通主要是通过通村路连接至周边的柏油路，对外交通便捷度一般（图 1）。

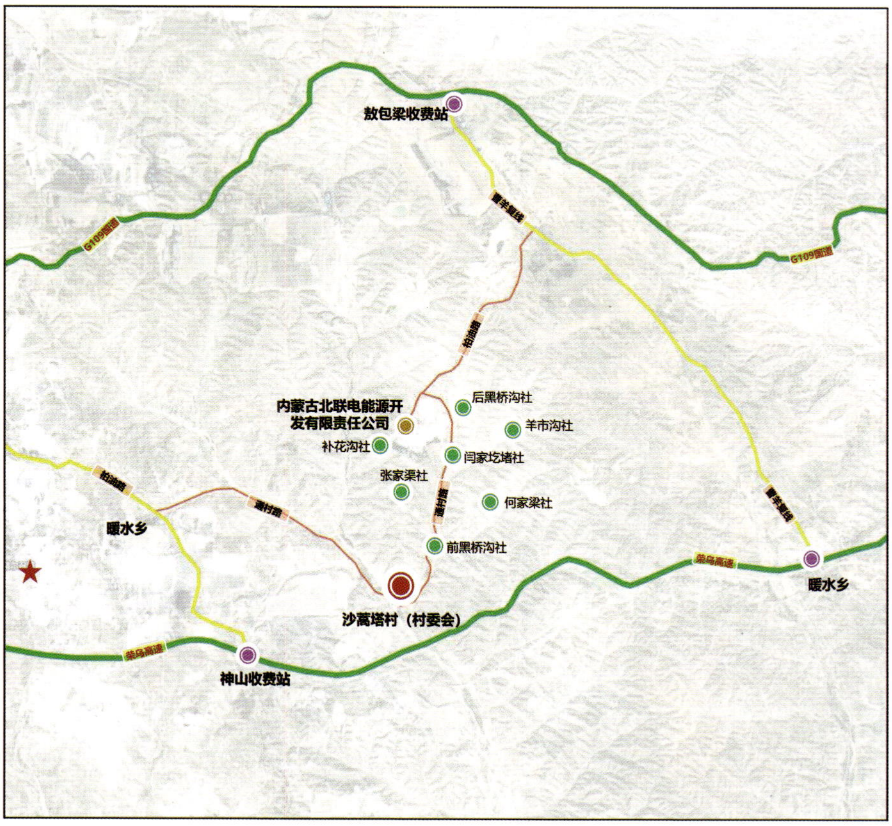

图 1　区位图

1.2 资源禀赋

沙蒿塔村地处准格尔旗西部，地形属丘陵沟壑区，分布壕塔地，梁昴丘陵地。全村有丰富的煤炭、砂石等资源，依托矿区企业，村庄矿区服务业逐渐兴起。

根据第三次全国国土调查成果，沙蒿塔村全域国土空间面积为 4 543.47 hm^2。其中：耕地 202.82 hm^2，占比 4.46%；林地、草地、湿地生态用地面积共计 4 015.35 hm^2，占比 88.38%；建设用地总规模 227.76 hm^2，占比 5.01%，其中村庄建设用地 17.53 hm^2，占比 0.39%；其他土地 58.53 hm^2，占比 1.29%（图 2）。

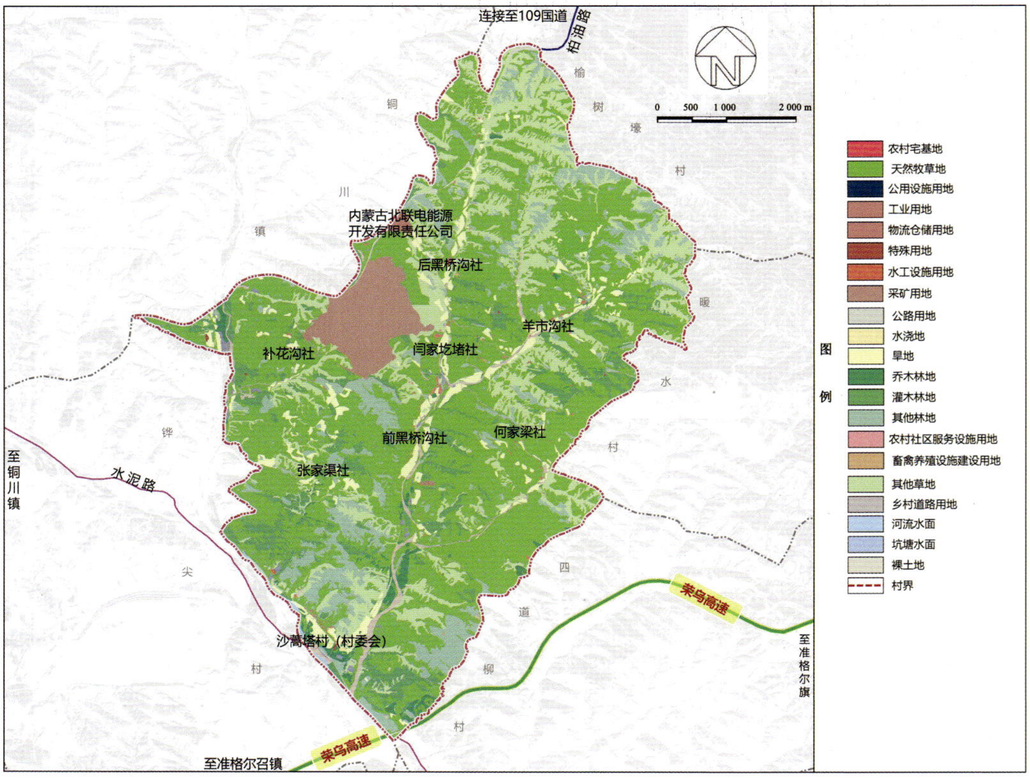

图 2 村庄现状图

1.3 社会经济

沙蒿塔村下辖 8 个农牧业生产合作社，因煤矿开采，已搬迁 3 个社至鄂尔多斯东胜区，保留 5 个社。农户收入来源主要为种植和养殖、搬迁补贴、煤炭补贴等各类矿区补偿资金。现状保留村社村民居住分散，人口较少，生产方式以农业耕种为主，兼有畜牧业，经济较为落后，发展缓慢，村集体经济以汽车服务业为主。

村内建有村委会，占地面积为 2 000 m^2，配备了党员活动室、办公室、会议室、图书室、电教室、村医务室、客房等便民服务设施。

1.4 人居环境

村内保留的 5 个村社已有 2 个村社已接通自来水，其余村社均未接通自来水，且由于煤矿开采导致地下水受到严重污染，自来水无法饮用，村民日常饮用水需要自购桶装水。

村内保留的村社生活污水均为自然排放，无污水处理设施。

村内未设置垃圾处理站，保留的5个村社有2个村社垃圾桶配置完善，其余村社均没有布置垃圾桶。

村域内供电线路大都是架空明线，农网改造已完成10.5 km，偏远住户电压不足。有线电视普及率达到100%。

村民的生活能源以燃煤和秸秆木材为主，村民采暖主要用土暖气、燃煤、暖炕取暖。

2 规划目标与定位

2.1 村庄类型

沙蒿塔村属于其他类村庄。

2.2 规划目标

将矿业发展与农业发展有机结合，培育新的增长点，使企业发展与当地新农村发展相协调、矿业发展与环境相协调、企业发展与社会相协调，实现工农一体、和谐共赢。结合新农村建设妥善解决村庄搬迁、塌陷地治理等长期制约煤矿持续发展的问题，在促进矿区循环经济发展的同时，带动周边农村建设，创造一个矿业企业与周边村庄和谐发展的新型模式。

至2035年，耕地保有量不低于202.82 hm^2，其中永久基本农田保护红线面积为22.69 hm^2。村域建设用地总面积为223.03 hm^2，其中城乡建设用地规模控制在12.81 hm^2以内，公共管理与公共服务用地规模0.72 hm^2，户均宅基地控制在1 192.30 m^2/户以内（表1）。

表1 村庄规划目标

指标	规划基期年	规划远期目标年（2035年）	规划基期年与目标年变化量	属性
耕地保有量/hm^2	202.82	202.82	0	约束性
永久基本农田保护面积/hm^2	22.69			约束性
生态保护红线规模/hm^2	0			约束性
建设用地总规模/hm^2	227.76	223.03	–4.73	预期性
城乡建设用地规模/hm^2	17.53	12.81	–4.73	约束性
经营性建设用地规模/hm^2	3.65	3.65	0	预期性
公共服务设施用地规模/hm^2	0.19	0.72	0.53	预期性
公用设施用地规模/hm^2	0.01	0.01	0	预期性
户均宅基地/（m^2/户）	1 955.38	1 192.30	–763.08	约束性

2.3 村庄定位

规划沙蒿塔村近期以人居环境提升为主，未来以现代化农牧业为主导产业，重点发展特色种植、特色养殖产业；依托矿区发展矿区服务业作为村庄辅助产业。最终形成一个特色农牧业为主、服务业为辅的“一产三产联合”的生态宜居型村庄。

3 规划安排

3.1 空间布局

目前，农村地区社会经济形势的原有空间载体难以适应和满足快速城镇化和工业化下的生产、生活和生态需求。城镇化进程中出现了农村空心化加剧、土地利用率低下、耕地地块细碎化及土地撂荒等问题。针对这些问题，以路网、水系、生态廊道等为框架，基于生态保护红线、永久基本农田等成果，根据相关规划与村庄发展建设实际划定三类空间，明确村庄开发保护格局和各类空间规模，通过对生产空间（农牧业空间）、生活空间（建设空间）和生态空间的合理布局，以期引导“三生”空间土地整合，实现各空间均衡发展（图3）。

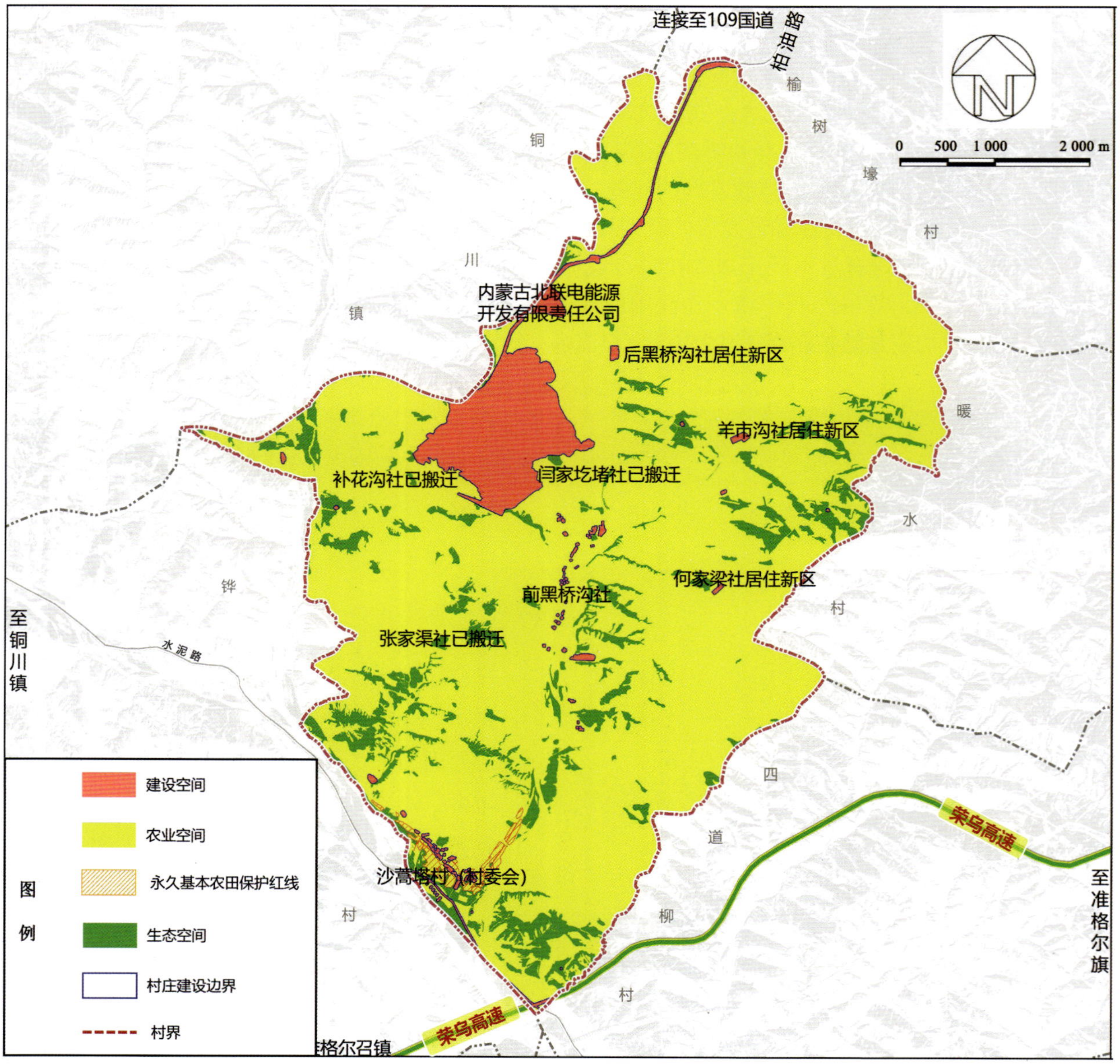

图3 村域“三区三线”规划图

(1) 生态空间　依托村域内两岸水系、防护林、生态牧草地打造具有地域特色的生态空间及廊道。

(2) 农业空间　整治低效农用地，提升农业现代化、规模化水平，发展现代农业集群。

(3) 建设空间　通过对沙蒿塔村村庄肌理梳理、建筑空间组合整治，各功能区的优化布局，打造宜居、宜业、宜游的生活空间。

3.2　三条控制线

落实国土管控要求，严守生态保护红线、永久基本农田，结合沙蒿塔村地形地貌情况、资源条件及产业发展，划定村庄生态空间、农业空间、建设空间三大空间，明确三大空间规模及管控要求。

(1) 农牧业空间布局与管控　结合国家和自治区粮食安全和重要农产品供给，充分发挥沙蒿塔村比较优势，落实永久基本农田保护红线和农牧业功能区制度，将农业发展区域细化为耕地种植、复垦与土地优化发展区、经济林带适度发展区、牧草地保护发展区，将矿区复垦土地的优化作为三个区域发展重点。

①耕地和永久基本农田保护：沙蒿塔村现状耕地保有量为 202.82 hm^2，规划至 2035 年，沙蒿塔村耕地保有量维持现状的 202.82 hm^2，其中永久基本农田面积 22.69 hm^2。

②其他农业用地规划：沙蒿塔村村庄规划在根据农业生产实际需要制定本规划，合理安排用于农业生产的园地、林地、草地、水域等其他农业设施用地。在满足农业服务半径要求的前提下，附属设施用地和配套设施用地也尽可能利用拆旧地块并相对集中布置。至 2035 年，园地、牧草地及其他农业设施用地共 3 676.61 hm^2。

(2) 生态空间布局与管控　沙蒿塔村未划入生态保护红线，合理安排村庄生态空间，加强国家和自治区重点生态功能区保护，树立山水林田湖草是一个生命共同体的理念，加强对生态空间的整体保护，修复和改善村庄生态环境，提升生态功能和服务价值，强化准入管理和底线约束。本村生态用地主要包括林地、陆地水域、其他自然保留地组成，至 2035 年，沙蒿塔村内生态用地面积 441.01 hm^2，占村域土地总面积的 70.6%。

(3) 建设空间布局与管控　规划坚持根据节约集约用地方针，开展“存量规划”“流量规划”和“减量规划”编制，在合理保障农牧民建房、公共服务和基础设施建设等农村建设合理诉求、不占用永久基本农田的前提下，针对村庄“生产、生活”发展需求，根据土地利用现状、人口、产业等情况对村庄建设用地布局进行优化调整。有效控制村庄建设用地无序扩张，不断提高农村建设用地利用水平和效率。

沙蒿塔村建设用地规划主要针对沙蒿塔村村域内宅基地和村庄内部基础设施安排进行优化布局，规划沙蒿塔村建设空间面积为 223.03 hm^2，其中村庄建设边界内集中建设区面积 12.81 hm^2。

3.3　产业发展规划

结合现状沙蒿塔村产业及资源、地形情况，规划总体形成“一轴、一心、三片区、多点”布局模式(图 4)。

“一轴”：充分发挥村庄农业资源和区位优势沿村庄主要通村路形成的产业发展轴。

“一心”：以村委会所在的沙蒿塔社集中建设区形成的居住、产业发展核心。

“三片区”：包括农牧业发展区、林草发展区、煤矿开采区。

根据市场导向，结合沙蒿塔村自身农牧区优势，发展模式为“绿色农业 + 生态旅游”。利用农田、山地、村庄宅基地、集体建设用地、森林湖泊、田园山水等资源，释放资源，把资源变资本，吸引更多的企业资金进入乡村。

(1) 第一产业　根据沙蒿塔村自然条件、历史沿革和产业发展需求，升级改造传统农业，引进喷灌、滴灌为主的现代化灌溉农业，实现第一产业的机械化作业；大田种植片区内放手发展价值高的经济作

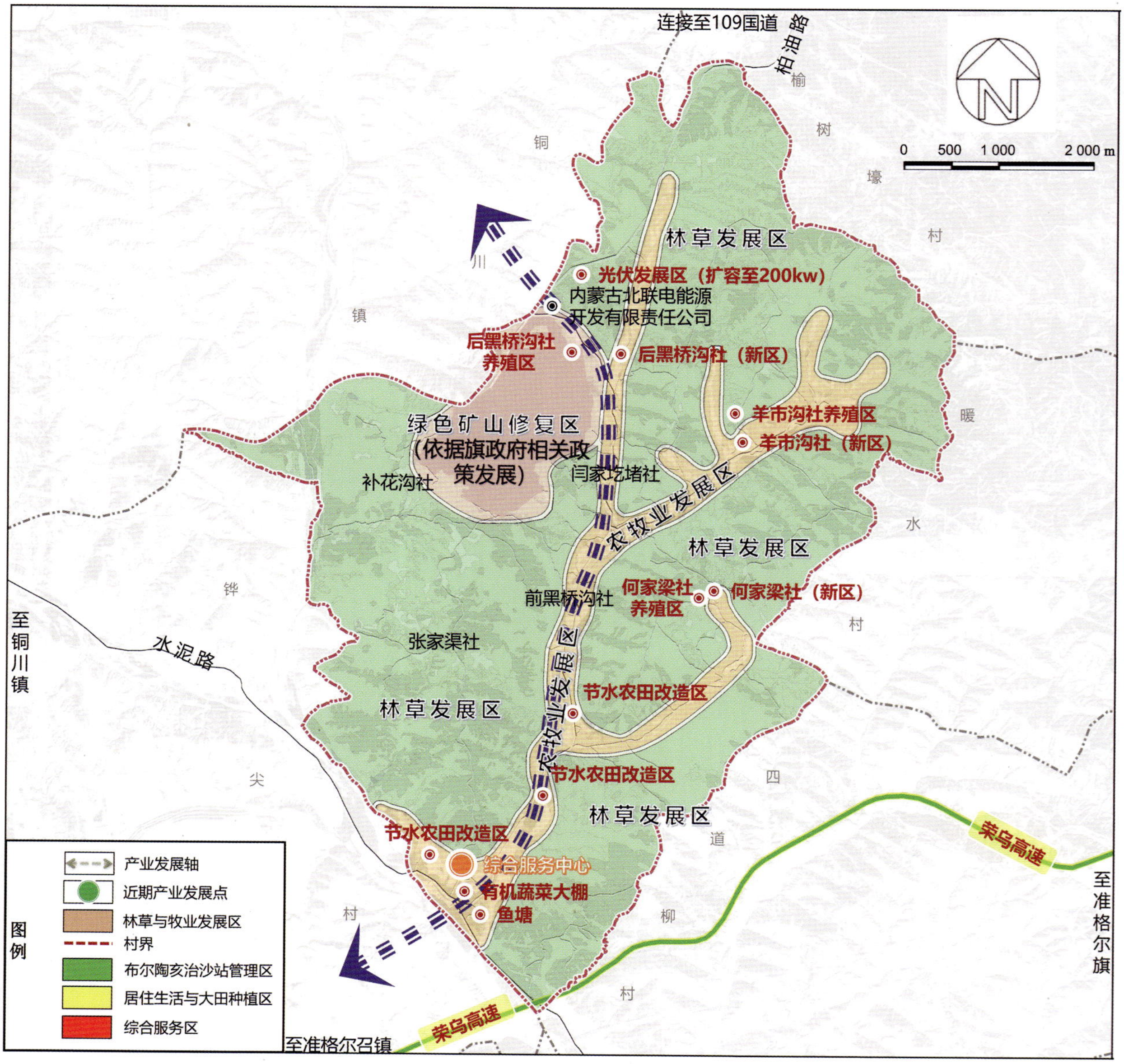

图 4　村庄产业布局规划图

物，大力发展特色种植。

①发展集中化养殖：丰富集约养殖内容，发展现代养殖业，与沉陷区苜蓿草种植形成产业、生态互补，使沙蒿塔村形成特色一品牧草场。何家梁社、羊市沟社、后黑桥沟社新区配套养殖用地总面积 3.2 hm^2。

②有机蔬菜大棚：结合现有的 10 栋种植大棚，实施设备提升，进行有机蔬菜种植，为矿区提供有机蔬菜服务，占地 1.67 hm^2。

③渔业：结合现有 2 处鱼塘，实施坑塘整治，发展生态渔业，占地 1.4 hm^2。鱼塘雨季可收集农业灌溉用水。

(2)第三产业

①餐饮服务业：结合现状两家农家乐，实施室内装修改造，增加菜品，依托矿区发展村庄餐饮业。

②集装站：结合村庄集装站，依托矿区发展皮带输送，壮大村庄服务业，增加村集体收入。

③新能源产业：在现有光伏产业基础上继续扩容至 200 kW，并电入网，增加村集体收入。

3.4　中心村规划

（1）住宅用地规划　沙蒿塔村建住房严格执行“一户一宅”政策，按照《内蒙古自治区农村牧区宅基地管理办法》确定的宅基地面积标准，每户新建宅基地规模控制在 400 m^2 以内。遵循方便居民使用、优化居住环境、体现地方特色的原则，根据村庄不同住户需求和住宅类型，综合考虑增加相应配套设施、完善道路系统和水电网管线建设等要求优化村庄建设布局（图 5、图 6）。

（2）村庄住宅设计　沙蒿塔村现状建筑质量较好，但整体风貌特色不明显，近期要对村庄整体风貌进行提升。

充分考虑当地建筑文化特色和居民生活习惯，遵循适用、经济、节能、卫生、美观的原则和采光、通风、消防、防震等要求，规划方案因地制宜提出住宅设计的内容。

为更好地凸显乡村风貌与村庄的地域性，本次建筑设计充分挖掘现状建筑特点，提取建筑特有元

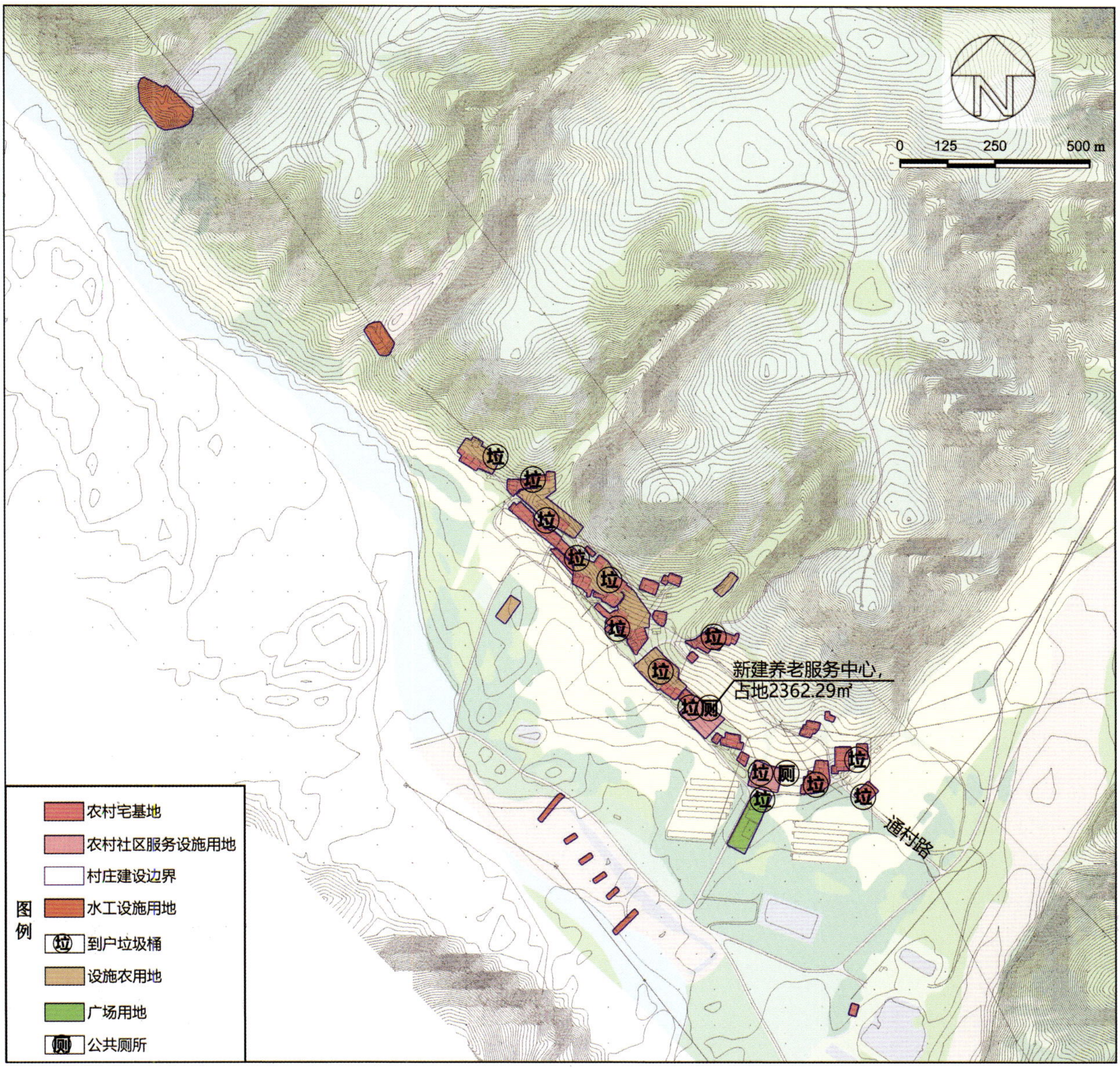

图 5　沙蒿塔村用地规划及管控图

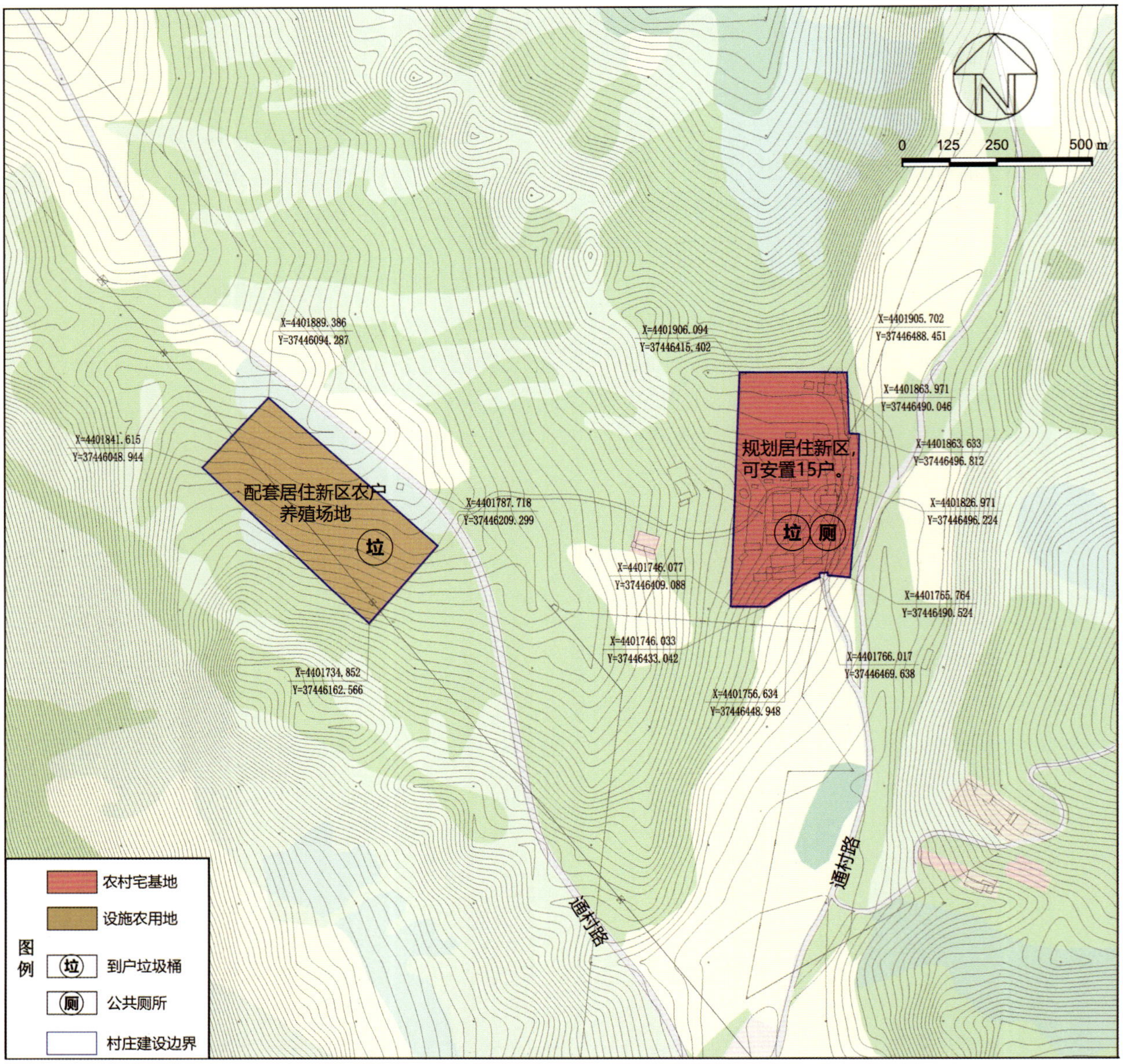

图 6　后黑桥沟社用地规划及管控图

素，并结合涂料，形成风格独特且贴近地气的建筑形式。

①建筑面积：新建宅基地每户面积控制在 400 m^2 以内，建筑占地面积比例不得超过宅基地面积的 50%（200 m^2）。

②层高设计：除公共建筑外，住宅建筑层高不得超过 2 层，住房净高不得超过 7 m。

③建筑退线：新建建筑宜后退村道 15 m 以上，后退乡道 5 m 以上。

④间距、朝向：住宅建筑前后间距与前建筑高度比不小于 1 ∶ 1，相邻山墙之间的间距不宜小于 4 m，建筑宜朝南布置。

（3）配套设施

①道路设施：铺设通村社道路及入户道路 5.5 km，各社布置路灯共 45 盏。

②公共服务设施：在沙蒿塔社建设养老服务中心，配套 30 个床位、老年活动中心、老年饭桌、公共澡堂等设施。

③基础设施：补全到户垃圾桶，每户实施“煤改电”工程进行用电取暖，沙蒿塔社、前黑桥沟社每户

埋设小型玻璃钢化粪池实施污水集中收集处理，后黑桥沟社、羊市沟社、何家梁社结合新区实施集中供水和污水集中收集处理。

(4) 村庄三线控制

①村庄红线：通村水泥道路红线控制宽度 6 m，入户道路红线控制宽度 4 m。

②村庄绿线：通村水泥道路两侧 1.5 m 种植绿植景观带。

3.5　生态修复和国土综合整治

落实上位规划确定的国土空间规划综合整治和生态修复目标与项目安排，针对空间治理问题，分类开展整治、修复与更新，提高国土空间的品质与价值。

(1) 山水林田湖草沙生态修复　坚持山水林田湖草沙生命共同体的理念，维护生态系统，改善生态功能，针对矿区带来的水土污染、地质灾害、山体破损、耕地损毁、植被退化等多种问题交织的问题区域，提出生态修复目标为恢复和重建矿区生态系统，划定矿区修复重点区域，确定重点工程为废弃露天矿山生态修复项目。

(2) 农用地整治　农用地整治主要包括耕地整治和设施农用地整治，耕地整治主要围绕加强水资源管理的任务目标，推进农田土壤实施改良工程，增加土壤肥力，完善农田灌溉和排水系统建设，构建快捷、高效的农灌系统。设施农用地整治方面主要是为村集体养殖用地预留发展空间。

(3) 农村建设用地整理　结合城乡建设用地增减挂钩，盘活存量建设用地，将不予保留的各类闲置、低效、废弃的农村建设用地规划为非建设用地，规划沙蒿塔村农村宅基地总面积 7.75 hm^2，其中沙蒿塔社、前黑桥沟社保留现有常住户，腾退偏远闲置宅基地；规划后黑桥沟社、何家梁社、羊市沟社以社为单位在本社集中建设新区，腾退闲置宅基地，规划宅基地总面积 2.92 hm^2，腾退闲置宅基地。并根据周边土地利用情况及土地适宜性，合理确定规划用途。

(4) 人居环境整治　针对村域人居环境的问题，卫生厕所全面普及，厕所粪污得到有效处理或资源化利用；生活污水治理率达到 65% 以上，基本消除较大面积农村黑臭水体；农村生活垃圾基本实现无害化处理，农村有机垃圾生态处理机制基本建立；农村自来水普及率达到 90% 以上。长效管护机制全面建立，到 2025 年，农村人居环境显著提升。

3.6　防灾减灾规划

拆除危房，新建村民住房按地震烈度 7 度设防；利用村内广场、游园、空地等形成临时疏散场地；以村内主要路等主要道路作为主要避震疏散通道；消防水源与村镇生活、生产给水共用水源，同时利用村内坑塘水体，设置取水平台；道路设施需满足消防通道、消防车的要求，作为消防通道宽度不小于 4 m，净空不小于 4 m；村民宅基地选址和农房建设必须避开自然灾害易发地区；结合村内现状卫生防疫中心，定期上报村内疫情情况。

3.7　近期规划安排

近期规划安排各类重点建设项目共 13 项，其中，产业发展项目 3 项：改造现有的蔬菜大棚发展有机蔬菜、扩大光伏产业并电入网、利用工矿返还和复垦的土地发展苜蓿种植产业以及林果经济项目；基础设施建设项目 2 项：公共厕所、乡村道路硬化和亮化；公共服务设施建设项目 8 项：村委会、文化活动室、体育活动场地、农家书屋、村级幸福院、老年活动室、文化活动广场、便民农家店；人居环境整治项目 2 项：居住新区建设、保留村社街道环境整治。

3.8 实施保障

(1)全面加强组织领导　成立人居环境整治领导小组,统筹协调沙蒿塔村农村人居环境整治重大问题。制定切实可行的实施方案和年度实施计划。

(2)加大资金投入力度　统筹安排农村人居环境整治专项资金,分年度列入财政预算,全力保障垃圾处理、卫生厕所改造、污水收运、实施设备管护等日常运行费用。

(3)强化责任,狠抓落实　旗委、政府将农村人居环境整治工作列入对各苏木乡镇街道目标责任考核范围,旗委农工部、旗农牧业局会同各牵头部门制定各专项考核办法,对苏木乡镇街道进行评估和验收。

(4)发挥农民主体作用　加强嘎查村治理体系建设,充分发挥好农村基层党组织核心作用和党员带头作用,带领农民群众移风易俗、改进生活方式、提高生活质量。

(5)健全行政执法机制　苏木乡镇综合执法局和有关部门执法局要按照《鄂尔多斯市农村环境综合整治条例》,结合实际,制定农村人居环境整治执法细则,加大对农村环境综合整治的执法监管查处力度。

(6)优化完善配套服务　完善村内水、电、路、通信等基础设施,实现厕所进户,垃圾集中清运。小区休闲广场、文化活动室、监控安保室、卫生室、超市配备齐全。有条件设立日间照料中心,开展为老年人送饭、打扫卫生、洗衣服、身体检查、响铃联系等服务,解除老年人后顾之忧,辐射带动居住分散的农户移居。

4 规划总结与启示

沙蒿塔村地处浅山丘陵地带,村内地势起伏较大,公共服务设施和基础设施配建成本非常高,本次规划中逐个入户,充分调研,征求村民意见,鼓励引导村民移民搬迁。在新区配建完善的公共服务设施和基础设施,提高村民生活质量。同时在新区规划的时候,保留村民的生活习惯,预留养殖用地,实现人畜分离;在集中养殖区配建宿舍,为未来认养模式做准备。新区的建筑充分挖掘当地的建筑文化,保留原有的建筑特点。